TRAITÉ PHILOSOPHIQUE

D'ASTRONOMIE POPULAIRE.

PARIS. — IMPRIMERIE DE FAIN ET THUNOT,
RUE RACINE, 28, PRÈS DE L'ODÉON.

TRAITÉ PHILOSOPHIQUE

D'ASTRONOMIE POPULAIRE,

OU

EXPOSITION SYSTÉMATIQUE

DE TOUTES LES NOTIONS DE PHILOSOPHIE ASTRONOMIQUE,

SOIT SCIENTIFIQUES, SOIT LOGIQUES,

QUI DOIVENT DEVENIR UNIVERSELLEMENT FAMILIÈRES;

PAR M. AUGUSTE COMTE,

Ancien élève de l'École Polytechnique, répétiteur d'analyse transcendante et de mécanique rationnelle à cette école, et examinateur des candidats qui s'y destinent,

Auteur du *Système de philosophie positive*.

———◆———

PARIS.

CARILIAN-GOEURY et Vor DALMONT, ÉDITEURS,

LIBRAIRES DES CORPS ROYAUX DES PONTS ET CHAUSSÉES ET DES MINES,

Quai des Augustins, nos 39 et 41.

1844.

PRÉFACE.

Ce traité représente le cours public d'astronomie populaire que je professe gratuitement, chaque année, depuis quatorze ans, à la mairie du 3ᵉ arrondissement de Paris. Sauf le discours préliminaire, chacun des vingt-trois chapitres de cet ouvrage correspond exactement à une leçon orale, depuis que cette longue expérience a permis aux diverses parties d'un tel enseignement de prendre le caractère et l'extension qui leur conviennent. La publication de ces leçons m'ayant été souvent demandée, je me suis décidé à y consacrer l'une des rares intermittences de ma grande élaboration philosophique.

Je me suis essentiellement attaché ici à n'exiger du lecteur d'autre préparation mathématique que celle qui résulte communément aujourd'hui d'une première année d'études élémentaires, y compris surtout la trigonométrie, et même la statique. L'étude de ce traité inspirera le désir et fera sentir la manière de remplir cette indispensable condition, chez tous ceux qui l'auraient jusqu'alors négligée. Quant aux lecteurs qui, au contraire, sont déjà suffisamment préparés aux plus hautes opérations mathématiques qu'entraîne le développement complet des diverses théories astronomiques, ils pourront suivre spontanément les différentes élaborations spéciales dont j'ai dû me borner ici à caractériser convenablement la nature et la destination. Ces inégalités d'instruction préalable, quelque prononcées qu'elles puissent être, comme aussi les divers degrés de loisir, ne devraient, à mon gré, jamais influer sur une marche vraiment didactique, mais seulement y régler l'extension et la spécialité de chaque étude partielle. En effet, la véritable loi générale de l'initiation individuelle résulte partout de sa conformité nécessaire avec l'initiation collective de l'humanité : en sorte que ces diversités secondaires ne doivent nullement affecter ni le plan ni l'esprit de tout enseignement bien conçu.

Après avoir convenablement apprécié, dans ce traité, comment chaque principale question astronomique est réductible à une recherche correspondante de géométrie ou de mécanique abstraites, le lecteur pourra donc, suivant sa propre instruction mathématique, ou exécuter lui-même l'opération, ou se borner à en admettre de confiance le résultat effectif. Entre tous ceux qui auront bien étudié cet ouvrage, il ne devra pas exister habituellement d'autre différence essentielle : en sorte que je m'adresse également ici à tous les esprits, quelle que soit leur préparation scientifique, qui veulent s'élever à une conception vraiment philosophique de l'ensemble de l'astronomie, sans se proposer aucune destination particulière. Pour toutes les notions plus détaillées, je renvoie d'avance aux divers traités spéciaux. Quoiqu'ils soient presque toujours composés comme si leurs lecteurs voulaient devenir des astronomes de profession, on y pourra puiser les divers enseignements secondaires que je devais écarter ici, en les rapportant toutefois à l'esprit et au plan de cet ouvrage. Je recommande surtout, en général, le traité complet de mon illustre maître en astronomie, le judicieux Delambre, et encore davantage le lumineux abrégé qu'il en a fait.

Dans le discours préliminaire qui va suivre, je me suis efforcé de bien caractériser, sous tous les aspects essentiels, l'extrême importance, soit mentale, soit même sociale, que présente désormais de plus en plus une sage vulgarisation du système des conceptions astronomiques. Ce besoin spontané des esprits modernes, hautement constaté, chez les diverses populations occidentales, par de nombreuses tentatives, est déjà senti depuis environ deux siècles. Il a jusqu'ici fait naître, à un siècle d'intervalle, deux ouvrages vraiment remarquables, les *Entretiens sur la pluralité des mondes* de Fontenelle, et l'*Exposition du système du monde* de Laplace. Quoique le premier ouvrage soit assurément trop peu scientifique, et

d'ailleurs gravement altéré par des hypothèses purement transitoires, il a, néanmoins, admirablement
rempli le but principal que l'auteur s'y proposait, et
qui devait alors consister bien plus à développer qu'à
satisfaire le goût naissant de tous les bons esprits
pour l'ensemble des saines spéculations célestes.
L'entière universalité de sa destination éminemment
philosophique s'y trouvait profondément caractérisée
par la forme même d'une charmante exposition,
directement adressée au sexe le plus étranger à toute
instruction spéciale. Ce petit écrit, qui n'est frivole
qu'en apparence, a produit sur la raison publique
une impression aussi durable qu'étendue, qui,
opposée à l'influence limitée et passagère de la sa-
vante et soigneuse composition de Laplace, est bien
propre à caractériser la haute supériorité didactique
du véritable esprit philosophique sur l'esprit scientifique proprement dit. Sans doute, le grand géomètre avait dignement senti le profond changement
qu'un siècle d'actifs progrès en tous genres venait
d'apporter, à cet égard, dans la disposition générale
des intelligences, qui exigeaient désormais, non plus
une simple stimulation initiale, mais surtout une
satisfaction directe et systématique du besoin déjà
senti d'une commune instruction positive, dont la
portée politique commençait même à se manifester
alors. Toutefois, ce grand but n'a pu être convenablement atteint par un ouvrage trop spécial, qui n'aboutit

souvent, comme l'a remarqué un autre éminent géomètre (Fourier, dans son éloge historique de Laplace),
qu'à traduire péniblement en langue vulgaire des formules analytiques, sans caractériser assez chaque
transformation essentielle des questions célestes en
recherches géométriques ou mécaniques. Une marche
peu philosophique, où ne domine aucun sentiment
profond de la vraie filiation nécessaire des diverses
conceptions et études astronomiques, réduit presque
toujours l'utilité douteuse d'un tel travail à constituer
finalement une sorte d'introduction générale à l'é-
tude spéciale de la vaste composition de l'auteur sur
la mécanique céleste, suivant la destination primitive que Laplace lui avait, en effet, donnée.

L'intention fondamentale qui doit aujourd'hui prévaloir dans une semblable élaboration didactique
consiste à concevoir l'universelle initiation systématique de la raison publique à la saine philosophie
astronomique, comme constituant un préambule indispensable, ou plutôt un premier degré normal, de
l'établissement prochain d'un nouveau système philosophique pleinement homogène, seul susceptible
désormais d'organiser des convictions durables et
unanimes. Sans doute, le public actuel ne peut et
ne doit s'intéresser sérieusement à de pareilles entreprises qu'en vertu de leur relation réelle à la grande
réorganisation dont il est si justement préoccupé.
Personne, j'ose le dire, ne sent plus profondément

que moi cette intime connexité, que l'ensemble des méditations de toute ma vie m'a rendue complète-ment familière. C'est maintenant aux bons esprits à juger si ce traité correspond suffisamment à l'émi-nente destination, à la fois mentale et sociale, que je m'y suis proposée.

TRAITÉ PHILOSOPHIQUE

D'ASTRONOMIE POPULAIRE.

DISCOURS PRÉLIMINAIRE,

SUR L'ESPRIT POSITIF.

Considérations fondamentales sur la nature et la destination du véritable esprit philosophique : appréciation sommaire de l'extrême importance sociale que présente aujourd'hui l'universelle propagation des principales études positives : application spéciale de ces principes à la science astronomique, d'après sa vraie position encyclopédique.

L'ensemble des connaissances astronomiques, trop isolément considéré jusqu'ici, ne doit plus constituer désormais que l'un des éléments indispensables d'un nouveau système indivisible de philosophie générale, graduellement préparé par le concours spontané de tous les grands travaux scientifiques propres aux trois derniers siècles, et finalement parvenu aujourd'hui à sa vraie maturité abstraite. En vertu de cette intime connexité, très-peu comprise encore, la nature et la destination de ce traité ne sauraient être suffisamment appréciées, si ce préambule nécessaire n'était pas surtout consacré à définir convenablement le véritable esprit fondamental de cette philosophie, dont l'installation universelle doit, au fond, devenir le but essentiel d'un tel enseignement. Comme elle se distingue principalement par une continuelle prépondérance, à la fois logique et scientifique, du point de vue historique ou social, je dois d'abord, pour la mieux caractériser, rappeler sommairement la

1

grande loi que j'ai établie, dans mon *Système de philosophie positive*, sur l'entière évolution intellectuelle de l'humanité, loi à laquelle d'ailleurs nos études astronomiques auront ensuite fréquemment recours.

Suivant cette doctrine fondamentale, toutes nos spéculations quelconques sont inévitablement assujetties, soit chez l'individu, soit chez l'espèce, à passer successivement par trois états théoriques différents, que les dénominations habituelles de théologique, métaphysique, et positif, pourront ici qualifier suffisamment, pour ceux, du moins, qui en auront bien compris le vrai sens général. Quoique d'abord indispensable, à tous égards, le premier état doit désormais être toujours conçu comme purement provisoire et préparatoire ; le second, qui n'en constitue réellement qu'une modification dissolvante, ne comporte jamais qu'une simple destination transitoire, afin de conduire graduellement au troisième ; c'est en celui-ci, seul pleinement normal, que consiste, en tous genres, le régime définitif de la raison humaine.

Dans leur premier essor, nécessairement théologique, toutes nos spéculations manifestent spontanément une prédilection caractéristique pour les questions les plus insolubles, sur les sujets les plus radicalement inaccessibles à toute investigation décisive. Par un contraste qui, de nos jours, doit d'abord paraître inexplicable, mais qui, au fond, est alors en pleine harmonie avec la vraie situation initiale de notre intelligence, en un temps où l'esprit humain est encore au-dessous des plus simples problèmes scientifiques, il recherche avidement, et d'une manière presque exclusive, l'origine de toutes choses, les causes essentielles, soit premières, soit finales, des divers phénomènes qui le frappent, et leur mode fondamental de production, en un mot les connaissances absolues. Ce besoin primitif se trouve naturellement satisfait, autant que l'exige une telle situation, et même, en effet, autant qu'il puisse jamais l'être, par notre tendance initiale à transporter partout le type humain, en assimilant tous les phénomènes quelconques à ceux que nous produisons nous-mêmes, et qui, à ce titre, commencent par nous sembler assez connus, d'après l'intuition immédiate qui les accompagne. Pour bien comprendre l'esprit, purement théologique, résulté du développement, de plus en plus systématique, de cet état primordial, il ne faut pas se borner à le considérer dans sa dernière phase, qui s'achève, sous nos yeux, chez les populations les plus avancées, mais qui n'est point, à beaucoup près, la plus caractéristique : il devient indispensable de jeter un coup d'œil vraiment philosophique sur l'ensemble de sa marche naturelle, afin d'apprécier son identité fondamentale sous les trois formes principales qui lui sont successivement propres.

La plus immédiate et la plus prononcée constitue le *fétichisme* proprement dit, consistant surtout à attribuer à tous les corps extérieurs une vie essentiellement analogue à la nôtre, mais presque toujours plus énergique, d'après leur action ordinairement plus puissante. L'adoration des astres caractérise le degré le plus élevé de cette première phase théologique, qui, au début, diffère à peine de l'état mental où s'arrêtent les animaux supérieurs. Quoique cette première forme de la philosophie théologique se retrouve avec évidence dans l'histoire intellectuelle de toutes nos sociétés, elle ne domine plus directement aujourd'hui que chez la moins nombreuse des trois grandes races qui composent notre espèce.

Sous sa seconde phase essentielle, constituant le vrai *polythéisme*, trop souvent confondu par les modernes avec l'état précédent, l'esprit théologique représente nettement la libre prépondérance spéculative de l'imagination, tandis que jusqu'alors l'instinct et le sentiment avaient surtout prévalu dans les théories humaines. La philosophie initiale y subit la plus profonde transformation que puisse comporter l'ensemble de sa destinée réelle, en ce que la vie y est enfin retirée aux objets matériels, pour être mystérieusement transportée à divers êtres fictifs, habituellement invisibles, dont l'active intervention continue devient désormais la source directe de tous les phénomènes extérieurs, et même ensuite des phénomènes humains. C'est pendant cette phase caractéristique, mal appréciée aujourd'hui, qu'il faut principalement étudier l'esprit théologique, qui s'y développe avec une plénitude et une homogénéité ultérieurement impossibles : ce temps est, à tous égards, celui de son plus grand ascendant, à la fois mental et social. La majorité de notre espèce n'est point encore sortie d'un tel état, qui persiste aujourd'hui chez la plus nombreuse des trois races humaines, outre l'élite de la race noire et la partie la moins avancée de la race blanche.

Dans la troisième phase théologique, le *monothéisme* proprement dit commence l'inévitable déclin de la philosophie initiale, qui, tout en conservant longtemps une grande influence sociale, toutefois plus apparente encore que réelle, subit dès lors un rapide décroissement intellectuel, par une suite spontanée de cette simplification caractéristique, où la raison vient restreindre de plus en plus la domination antérieure de l'imagination, en laissant graduellement développer le sentiment universel, jusqu'alors presque insignifiant, de l'assujettissement nécessaire de tous les phénomènes naturels à des lois invariables. Sous des formes très-diverses, et même radicalement inconciliables, cet extrême mode du régime préliminaire persiste encore, avec une énergie fort inégale, chez l'immense majorité de la race blanche ; mais, quoiqu'il soit ainsi d'une observation plus facile, ces mêmes préoccupations personnelles apportent aujourd'hui un trop fréquent obstacle à sa judicieuse appréciation, faute d'une comparaison assez rationnelle et assez impartiale avec les deux modes précédents.

Quelque imparfaite que doive maintenant sembler une telle manière de philosopher, il importe beaucoup de rattacher indissolublement l'état présent de l'esprit humain à l'ensemble de ses états antérieurs, en reconnaissant convenablement qu'elle dut être longtemps aussi indispensable qu'inévitable. En nous bornant ici à la simple appréciation intellectuelle, il serait d'abord superflu d'insister sur la tendance involontaire qui, même aujourd'hui, nous entraîne tous évidemment aux explications essentiellement théologiques, aussitôt que nous voulons pénétrer directement le mystère inaccessible du mode fondamental de production de phénomènes quelconques, et surtout envers ceux dont nous ignorons encore les lois réelles. Les plus éminents penseurs peuvent alors constater leur propre disposition naturelle au plus naïf fétichisme, quand cette ignorance se trouve momentanément combinée avec quelque passion prononcée. Si donc toutes les explications théologiques ont subi, chez les modernes occidentaux, une désuétude croissante et décisive, c'est uniquement parce que les mystérieuses recherches qu'elles avaient en vue ont été de plus en plus écartées comme radicalement inaccessibles à notre intelligence, qui s'est graduellement habituée à y substituer irrévocablement des études plus efficaces, et mieux en harmonie avec nos vrais besoins. Même en un temps où le véritable esprit philosophique avait déjà prévalu envers les plus simples phénomènes, et dans un sujet aussi facile que la théorie élémentaire du choc, le mémorable exemple de Mallebranche rappellera toujours la nécessité de recourir à l'intervention directe et permanente d'une action surnaturelle, toutes les fois qu'on tente de remonter à la cause première d'un événement quelconque. Or, d'une autre part, de telles tentatives, quelque puériles qu'elles semblent justement aujourd'hui, constituaient certainement le seul moyen primitif de déterminer l'essor continu des spéculations humaines, en dégageant spontanément notre intelligence du cercle profondément vicieux où elle est d'abord nécessairement enveloppée par l'opposition radicale de deux conditions également impérieuses. Car, si les modernes ont dû proclamer l'impossibilité de fonder aucune théorie solide, autrement que sur un suffisant concours d'observations convenables, il n'est pas moins incontestable que l'esprit humain ne pourrait jamais combiner, ni même recueillir, ces indispensables matériaux, sans être toujours dirigé par quelques vues spéculatives préalablement établies. Ainsi, ces conceptions primordiales ne pouvaient, évidemment, résulter que d'une philosophie dispensée, par sa nature, de toute longue préparation, et susceptible, en un mot, de surgir spontanément, sous la seule impulsion d'un instinct direct, quelque chimériques que dussent être d'ailleurs des spéculations aussi dépourvues de tout fondement réel. Tel est l'heureux privilége des principes théologiques, sans lesquels on doit assurer que notre intelligence ne pouvait jamais sortir de sa torpeur initiale, et qui seuls ont pu permettre, en dirigeant son activité spéculative, de préparer graduellement un meilleur régime logique. Cette aptitude fondamentale fut, au reste, puissamment secondée par la prédilection originaire de l'esprit humain pour les questions insolubles que poursuivait surtout cette philosophie primitive. Nous ne pouvions mesurer nos forces mentales, et, par suite, en circonscrire sagement la destination, qu'après les avoir suffisamment exercées. Or, cet indispensable exercice ne pouvait d'abord être déterminé, surtout dans les plus faibles facultés de notre nature, sans l'énergique stimulation inhérente à de telles études, où tant d'intelligences mal cultivées persistent encore à chercher la plus prompte et la plus complète solution des questions directement usuelles. Il a même longtemps fallu, afin de vaincre suffisamment notre inertie native, recourir aussi aux puissantes illusions que suscitait spontanément une telle philosophie sur le pouvoir presque indéfini de l'homme pour modifier à son gré un monde alors conçu comme essentiellement ordonné à son usage, et qu'aucune grande loi ne pouvait encore soustraire à l'arbitraire suprématie des influences surnaturelles. A peine y a-t-il trois siècles que, chez l'élite de l'humanité, les espérances astrologiques et alchimiques, dernier vestige scientifique de cet esprit primordial, ont réellement cessé de servir à l'accumulation journalière des observations correspondantes, comme Kepler et Berthollet l'ont respectivement indiqué.

Le concours décisif de ces divers motifs intellectuels serait, en outre, puissamment fortifié si la nature de ce Traité me permettait d'y signaler suffisamment l'influence irrésistible des hautes nécessités sociales, que j'ai convenablement appréciées dans l'ouvrage fondamental mentionné au début de ce discours. On peut d'abord pleinement démontrer ainsi, combien l'esprit théologique a dû être longtemps indispensable à la combinaison permanente des idées morales et politiques, encore plus spécialement qu'à celle de toutes les autres, soit en vertu de leur complication supérieure, soit parce que les phénomènes correspondants, primitivement trop peu prononcés, ne pouvaient acquérir un développement caractéristique que d'après un essor très-prolongé de la civilisation humaine. C'est une étrange inconséquence, à peine excusable par la tendance aveuglément critique de notre temps, que de reconnaître, pour les anciens, l'impossibilité de philosopher sur les plus simples sujets autrement que suivant le mode théologique, et de méconnaître néanmoins, surtout chez les polythéistes, l'insurmontable nécessité d'un régime analogue envers les spéculations sociales. Mais il faut sentir, en outre, quoique je ne puisse l'établir ici, que cette philosophie initiale n'a pas été moins indispensable à l'essor préliminaire de notre sociabilité qu'à celui de notre intelligence, soit pour constituer primitivement quelques doctrines communes, sans lesquelles le lien social n'aurait pu acquérir ni étendue ni consistance, soit en suscitant spontanément la seule autorité spirituelle qui pût alors surgir.

Quelque sommaires que dussent être ici ces explications générales sur la nature provisoire et la destination préparatoire de la seule philosophie qui convint réellement à l'enfance de l'humanité, elles font aisément sentir que ce régime initial diffère trop profondément, à tous égards, de celui que nous allons voir correspondre à la virilité mentale, pour que le passage graduel de l'un à l'autre pût originairement s'opérer, soit dans l'individu, soit dans l'espèce, sans l'assistance croissante d'une sorte de philosophie intermédiaire, essentiellement bornée à cet office transitoire. Telle est la participation spéciale de l'esprit métaphysique proprement dit à l'évolution fondamentale de notre intelligence, qui, antipathique à tout changement brusque, peut ainsi s'élever presque insensiblement de l'état purement théologique à l'état franchement positif, quoique cette situation équivoque se rapproche, au fond, bien davantage du premier que du dernier. Les spéculations dominantes y ont conservé le même caractère essentiel de tendance habituelle aux connaissances absolues : seulement la solution y a subi une transformation notable, propre à mieux faciliter l'essor des conceptions positives. Comme la théologie, en effet, la métaphysique tente surtout d'expliquer la nature intime des êtres, l'origine et la destination de toutes choses, le mode essentiel de production de tous les phénomènes : mais au lieu d'y employer les agents surnaturels proprement dits, elle les remplace de plus en plus par ces *entités* ou abstractions personnifiées, dont l'usage, vraiment caractéristique, a souvent permis de la désigner sous le nom d'*ontologie*. Il n'est que trop facile aujourd'hui d'observer aisément une telle manière de philosopher, qui, encore prépondérante envers les phénomènes les plus compliqués, offre journellement, même dans les théories les plus simples et les moins arriérées, tant de traces appréciables de sa longue domination (1). L'efficacité historique de ces entités résulte directement de leur caractère équivoque : car, en chacun de ces êtres métaphysiques, inhérent au corps correspondant sans se confondre avec lui, l'esprit peut, à volonté, selon qu'il est plus près de l'état théologique ou de l'état positif, voir ou une véritable émanation de la puissance surnaturelle, ou une simple dénomination abstraite du phénomène considéré. Ce n'est plus alors la pure imagination qui domine, et ce n'est pas encore la véritable observation : mais le raisonnement y acquiert beaucoup d'extension, et se prépare confusément à l'exercice vraiment scientifique. On doit, d'ailleurs, remarquer que sa part spéculative s'y trouve d'abord très-exagérée, par suite de cette tendance opiniâtre à argumenter au lieu d'observer, qui, en tous genres, caractérise habituellement l'esprit métaphysique, même chez ses plus éminents organes. Un ordre de conceptions aussi flexible, qui ne comporte aucunement la consistance si longtemps propre au système théologique, doit d'ailleurs parvenir, bien plus rapidement, à l'unité correspondante, par la subordination graduelle des di-

---

(1) Presque toutes les explications habituelles relatives aux phénomènes sociaux, la plupart de celles qui concernent l'homme intellectuel et moral, une grande partie de nos théories physiologiques ou médicales, et même aussi plusieurs théories chimiques, etc., rappellent encore directement l'étrange manière de philosopher si plaisamment caractérisée par Molière, sans aucune grave exagération, à l'occasion, par exemple, de la *vertu dormitive* de l'opium, conformément à l'ébranlement décisif que Descartes venait de faire subir à tout le régime des entités.

verses entités particulières à une seule entité générale, la *nature*, destinée à déterminer le faible équivalent métaphysique de la vague liaison universelle résultée du monothéisme.

Pour mieux comprendre, surtout de nos jours, l'efficacité historique d'un tel appareil philosophique, il importe de reconnaître que, par sa nature, il n'est spontanément susceptible que d'une simple activité critique ou dissolvante, même mentale, et à plus forte raison sociale, sans pouvoir jamais rien organiser qui lui soit propre. Radicalement inconséquent, cet esprit équivoque conserve tous les principes fondamentaux du système théologique, mais en leur ôtant de plus en plus cette vigueur et cette fixité indispensables à leur autorité effective; et c'est dans une semblable altération que consiste, en effet, à tous égards, sa principale utilité passagère, quand le régime antique, longtemps progressif pour l'ensemble de l'évolution humaine, se trouve inévitablement parvenu à ce degré de prolongation abusive où il tend à perpétuer indéfiniment l'état d'enfance qu'il avait d'abord si heureusement dirigé. La métaphysique n'est donc réellement, au fond, qu'une sorte de théologie graduellement énervée par des simplifications dissolvantes, qui lui ôtent spontanément le pouvoir direct d'empêcher l'essor spécial des conceptions positives, tout en lui conservant néanmoins l'aptitude provisoire à entretenir un certain exercice indispensable de l'esprit de généralisation, jusqu'à ce qu'il puisse enfin recevoir une meilleure alimentation. D'après son caractère contradictoire, le régime métaphysique ou ontologique est toujours placé dans cette inévitable alternative de tendre à une vaine restauration de l'état théologique pour satisfaire aux conditions d'ordre, ou de pousser à une situation purement négative afin d'échapper à l'empire oppressif de la théologie. Cette oscillation nécessaire, qui maintenant ne s'observe plus qu'envers les plus difficiles théories, a pareillement existé jadis

à l'égard même des plus simples, tant qu'a duré leur âge métaphysique, en vertu de l'impuissance organique toujours
propre à une telle manière de philosopher. Si la raison publique
ne l'avait dès longtemps écartée pour certaines notions fondamentales, on ne doit pas craindre d'assurer que les doutes in-
sensés qu'elle suscita, il y a vingt siècles, sur l'existence des
corps extérieurs subsisteraient encore essentiellement, car elle
ne les a certainement jamais dissipés par aucune argumentation
décisive. On peut donc finalement envisager l'état métaphysique
comme une sorte de maladie chronique naturellement inhérente
à notre évolution mentale, individuelle ou collective, entre
l'enfance et la virilité.

Les spéculations historiques ne remontant presque jamais,
chez les modernes, au delà des temps polythéiques, l'esprit
métaphysique doit y sembler à peu près aussi ancien que l'esprit
théologique lui-même, puisqu'il a nécessairement présidé,
quoique d'une manière implicite, à la transformation primitive
du fétichisme en polythéisme, afin de suppléer déjà à l'activité
purement surnaturelle qui, ainsi directement retirée à chaque
corps particulier, y devait spontanément laisser quelque entité
correspondante. Toutefois, comme cette première révolution
théologique n'a pu alors donner lieu à aucune vraie discussion, l'intervention continue de l'esprit ontologique n'a commencé à devenir pleinement caractéristique que dans la révolution suivante, pour la réduction du polythéisme en
monothéisme, dont il a dû être l'organe naturel. Son influence
croissante devait d'abord paraître organique, tant qu'il restait
subordonné à l'impulsion théologique : mais sa nature essentiellement dissolvante a dû ensuite se manifester de plus en
plus, quand il a tenté graduellement de pousser la simplification de la théologie au delà même du monothéisme vulgaire,
qui constituait, de toute nécessité, l'extrême phase vraiment

possible de la philosophie initiale. C'est ainsi que, pendant les cinq derniers siècles, l'esprit métaphysique a secondé négativement l'essor fondamental de notre civilisation moderne, en décomposant peu à peu le système théologique, devenu finalement rétrograde, depuis que l'efficacité sociale du régime monothéique se trouvait essentiellement épuisée, à la fin du moyen âge. Malheureusement, après avoir accompli, en chaque genre, cet office indispensable mais passager, l'action trop prolongée des conceptions ontologiques a dû toujours tendre à empêcher aussi toute autre organisation réelle du système spéculatif ; en sorte que le plus dangereux obstacle à l'installation finale d'une vraie philosophie résulte, en effet, aujourd'hui de ce même esprit qui souvent s'attribue encore le privilége presque exclusif des méditations philosophiques.

Cette longue succession de préambules nécessaires conduit enfin notre intelligence, graduellement émancipée, à son état définitif de positivité rationnelle, qui doit ici être caractérisé d'une manière plus spéciale que les deux états préliminaires. De tels exercices préparatoires ayant spontanément constaté l'inanité radicale des explications vagues et arbitraires propres à la philosophie initiale, soit théologique, soit métaphysique, l'esprit humain renonce désormais aux recherches absolues qui ne convenaient qu'à son enfance, et circonscrit ses efforts dans le domaine, dès lors rapidement progressif, de la véritable observation, seule base possible des connaissances vraiment accessibles, sagement adaptées à nos besoins réels. La logique spéculative avait jusqu'alors consisté à raisonner, d'une manière plus ou moins subtile, d'après des principes confus, qui, ne comportant aucune preuve suffisante, suscitaient toujours des débats sans issue. Elle reconnaît désormais, comme règle fondamentale, que toute proposition qui n'est pas strictement réductible à la simple énonciation d'un fait, ou particulier ou général, ne peut nous offrir aucun sens réel et intelligible. Les principes qu'elle emploie ne sont plus eux-mêmes que de véritables faits, seulement plus généraux et plus abstraits que ceux dont ils doivent former le lien. Quel que soit d'ailleurs le mode, rationnel ou expérimental, de procéder à leur découverte, c'est toujours de leur conformité, directe ou indirecte, avec les phénomènes observés que résulte exclusivement leur efficacité scientifique. La pure imagination perd alors irrévocablement son antique suprématie mentale, et se subordonne nécessairement à l'observation, de manière à constituer un état logique pleinement normal, sans cesser néanmoins d'exercer, dans les spéculations positives, un office aussi capital qu'inépuisable, pour créer ou perfectionner les moyens de liaison, soit définitive, soit provisoire. En un mot, la révolution fondamentale qui caractérise la virilité de notre intelligence consiste essentiellement à substituer partout, à l'inaccessible détermination des *causes* proprement dites, la simple recherche des *lois*, c'est-à-dire, des relations constantes qui existent entre les phénomènes observés. Qu'il s'agisse des moindres ou des plus sublimes effets, de choc et de pesanteur comme de pensée et de moralité, nous n'y pouvons vraiment connaître que les diverses liaisons mutuelles propres à leur accomplissement, sans jamais pénétrer le mystère de leur production.

Non-seulement nos recherches positives doivent essentiellement se réduire, en tous genres, à l'appréciation systématique de ce qui est, en renonçant à en découvrir la première origine et la destination finale ; mais il importe, en outre, de sentir que cette étude des phénomènes, au lieu de pouvoir devenir aucunement absolue, doit toujours rester relative à notre organisation et à notre situation. En reconnaissant, sous ce double aspect, l'imperfection nécessaire de nos divers moyens spéculatifs, on voit que, loin de pouvoir étudier complétement aucune existence effective, nous ne saurions garantir nullement la possibilité de constater ainsi, même très-superficiellement, toutes les existences réelles, dont la majeure partie peut-être doit nous échapper totalement. Si la perte d'un sens important suffit pour nous cacher radicalement un ordre entier de phénomènes naturels, il y a tout lieu de penser, réciproquement, que l'acquisition d'un sens nouveau nous dévoilerait une classe de faits dont nous n'avons maintenant aucune idée, à moins de croire que la diversité des sens, si différente entre les principaux types d'animalité, se trouve poussée, dans notre organisme, au plus haut degré que puisse exiger l'exploration totale du monde extérieur, supposition évidemment gratuite, et presque ridicule. Aucune science ne peut mieux manifester que l'astronomie cette nature nécessairement relative de toutes nos connaissances réelles, puisque, l'investigation des phénomènes ne pouvant s'y opérer que par un seul sens, il est très-facile d'y apprécier les conséquences spéculatives de sa suppression ou de sa simple altération. Il ne saurait exister aucune astronomie chez une espèce aveugle, quelque intelligente qu'on la supposât, ni envers des astres obscurs, qui sont peut-être les plus nombreux, ni même si seulement l'atmosphère à travers laquelle nous observons les corps célestes restait toujours et partout nébuleuse. Tout le cours de ce Traité nous offrira de fréquentes occasions d'apprécier spontanément, de la manière la moins équivoque, cette intime dépendance où l'ensemble de nos conditions propres, tant intérieures qu'extérieures, retient inévitablement chacune de nos études positives.

Pour caractériser suffisamment cette nature nécessairement relative de toutes nos connaissances réelles, il importe de sentir, en outre, du point de vue le plus philosophique, que, si nos conceptions quelconques doivent être considérées elles-mêmes comme autant de phénomènes humains, de tels phénomènes ne sont pas simplement individuels, mais aussi et surtout sociaux, puisqu'ils résultent, en effet, d'une évolution collective et continue, dont tous les éléments et toutes les phases sont essentiellement connexes. Si donc, sous le premier aspect, on reconnaît que nos spéculations doivent toujours dépendre des diverses conditions essentielles de notre existence individuelle, il faut également admettre, sous le second, qu'elles ne sont pas moins subordonnées à l'ensemble de la progression sociale, de manière à ne pouvoir jamais comporter cette fixité absolue que les métaphysiciens ont supposée. Or, la loi générale du mouvement fondamental de l'humanité consiste, à cet égard, en ce que nos théories tendent de plus en plus à représenter exactement les sujets extérieurs de nos constantes investigations, sans que néanmoins la vraie constitution de chacun d'eux puisse, en aucun cas, être pleinement appréciée, la perfection scientifique devant se borner à approcher de cette limite idéale autant que l'exigent nos divers besoins réels. Ce second genre de dépendance, propre aux spéculations positives, se manifeste aussi clairement que le premier dans le cours entier des études astronomiques, en considérant, par exemple, la suite des notions de plus en plus satisfaisantes, obtenues depuis l'origine de la géométrie céleste, sur la figure de la terre, sur la forme des orbites planétaires, etc. Ainsi, quoique d'une part, les doctrines scientifiques soient nécessairement d'une nature assez mobile pour devoir écarter toute prétention à l'absolu, leurs variations graduelles ne présentent, d'une autre part, aucun caractère arbitraire qui puisse motiver un scepticisme encore plus dangereux ; chaque changement successif conserve d'ailleurs spontanément aux théories correspondantes, une aptitude indéfinie à représenter les phénomènes qui leur ont servi de base, du moins tant qu'on n'y doit pas dépasser le degré primitif de précision effective.

Depuis que la subordination constante de l'imagination à l'observation a été unanimement reconnue comme la première condition fondamentale de toute saine spéculation scientifique, une vicieuse interprétation a souvent conduit à abuser beaucoup de ce grand principe logique, pour faire dégénérer la science réelle en une sorte de stérile accumulation de faits incohérents, qui ne pourrait offrir d'autre mérite essentiel que celui de l'exactitude partielle. Il importe donc de bien sentir que le véritable esprit positif n'est pas moins éloigné, au fond, de l'empirisme que du mysticisme ; c'est entre ces deux aberrations, également funestes, qu'il doit toujours cheminer : le besoin d'une telle réserve continue, aussi difficile qu'importante, suffirait d'ailleurs pour vérifier, conformément à nos explications initiales, combien la vraie positivité doit être mûrement préparée, de manière à ne pouvoir nullement convenir à l'état naissant de l'humanité. C'est dans les lois des phénomènes que consiste réellement la science, à laquelle les faits proprement dits, quelque exacts et nombreux qu'ils puissent être, ne fournissent jamais que d'indispensables matériaux. Or, en considérant la destination constante de ces lois, on peut dire, sans aucune exagération, que la véritable science, bien loin d'être formée de simples observations, tend toujours à dispenser, autant que possible, de l'exploration directe, en y substituant cette prévision rationnelle, qui constitue, à tous égards, le principal caractère de l'esprit positif, comme l'ensemble des études astronomiques nous le fera clairement sentir. Une telle prévision, suite nécessaire des relations constantes découvertes entre les phénomènes, ne permettra jamais de confondre la *science* réelle avec cette vaine *érudition* qui accumule machinalement des faits sans aspirer à les déduire les uns des autres. Ce grand attribut de toutes nos saines spéculations n'importe pas moins à leur utilité effective qu'à leur propre dignité; car, l'exploration directe des phénomènes accomplis ne pourrait suffire à nous permettre d'en modifier l'accomplissement, si elle ne nous conduisait pas à le prévoir convenablement. Ainsi, le véritable esprit positif consiste surtout à voir pour prévoir, à étudier ce qui est afin d'en conclure ce qui sera, d'après le dogme général de l'invariabilité des lois naturelles (1).

Ce principe fondamental de toute la philosophie positive, sans être encore, à beaucoup près, suffisamment étendu à l'ensemble des phénomènes, commence heureusement, depuis trois siècles, à devenir tellement familier, que, par suite des habitudes absolues antérieurement enracinées, on a presque toujours méconnu jusqu'ici sa véritable source, en s'efforçant, d'après une vaine et confuse argumentation métaphysique, de représenter comme une sorte de notion innée, ou du moins primitive, ce qui n'a pu certainement résulter que d'une lente induction graduelle, à la fois collective et individuelle. Non-seulement aucun motif rationnel, indépendant de toute exploration extérieure, ne nous indique d'abord l'invariabilité des relations physiques ; mais il est incontestable, au contraire, que l'esprit humain éprouve, pendant sa longue enfance, un très-vif penchant à la méconnaitre, là même où une observation impartiale la lui manifesterait déjà, s'il n'était pas alors entraîné par sa tendance nécessaire à rapporter tous les événe-

---

(1) Sur cette appréciation générale de l'esprit et de la marche propre à la méthode positive, on peut étudier, avec beaucoup de fruit, le précieux ouvrage intitulé : *A system of logic, ratiocinative and inductive,* récemment publié à Londres (chez John Parker, West Strand, 1843), par mon éminent ami, M. John Mill, ainsi pleinement associé désormais à la fondation directe de la nouvelle philosophie. Les sept derniers chapitres du tome premier contiennent une admirable exposition dogmatique, aussi profonde que lumineuse, de la logique inductive, qui ne pourra jamais, j'ose l'assurer, être mieux conçue ni mieux caractérisée en restant au point de vue où l'auteur s'est placé.

ments quelconques, et surtout les plus importants, à des volontés arbitraires. Dans chaque ordre de phénomènes, il en existe, sans doute, quelques-uns assez simples et assez familiers pour que leur observation spontanée ait toujours suggéré le sentiment confus et incohérent d'une certaine régularité secondaire ; en sorte que le point de vue purement théologique n'a jamais pu être rigoureusement universel. Mais cette conviction partielle et précaire se borne longtemps aux phénomènes les moins nombreux et les plus subalternes, qu'elle ne peut même nullement préserver alors des fréquentes perturbations attribuées à l'intervention prépondérante des agents surnaturels. Le principe de l'invariabilité des lois naturelles ne commence réellement à acquérir quelque consistance philosophique que lorsque les premiers travaux vraiment scientifiques ont pu en manifester l'exactitude essentielle envers un ordre entier de grands phénomènes ; ce qui ne pouvait suffisamment résulter que de la fondation de l'astronomie mathématique, pendant les derniers siècles du polythéisme. D'après cette introduction systématique, ce dogme fondamental a tendu, sans doute, à s'étendre, par analogie, à des phénomènes plus compliqués, avant même que leurs lois propres pussent être aucunement connues. Mais, outre sa stérilité effective, cette vague anticipation logique avait alors trop peu d'énergie pour résister convenablement à l'active suprématie mentale que conservaient encore les illusions théologico-métaphysiques. Une première ébauche spéciale de l'établissement des lois naturelles envers chaque ordre principal de phénomènes a été ensuite indispensable pour procurer à une telle notion cette force inébranlable qu'elle commence à présenter dans les sciences les plus avancées. Cette conviction ne saurait même devenir assez ferme, tant qu'une semblable élaboration n'a pas été vraiment étendue à toutes les spéculations fondamentales, l'incertitude laissée par les plus compliquées devant alors affecter plus ou moins chacune des autres. On ne peut méconnaître cette ténébreuse réaction, même aujourd'hui , où , par suite de l'ignorance encore habituelle envers les lois sociologiques , le principe de l'invariabilité des relations physiques reste quelquefois sujet à de graves altérations, jusque dans les études purement mathématiques , où nous voyons, par exemple, préconiser journellement un prétendu calcul des chances, qui suppose implicitement l'absence de toute loi réelle à l'égard de certains événements, surtout quand l'homme y intervient. Mais lorsque cette universelle extension est enfin suffisamment ébauchée, condition maintenant remplie chez les esprits les plus avancés , ce grand principe philosophique acquiert aussitôt une plénitude décisive , quoique les lois effectives de la plupart des cas particuliers doivent rester longtemps ignorées ; parce qu'une irrésistible analogie applique alors d'avance à tous les phénomènes de chaque ordre ce qui n'a été constaté que pour quelques-uns d'entr'eux , pourvu qu'ils aient une importance convenable.

Après avoir considéré l'esprit positif relativement aux objets extérieurs de nos spéculations, il faut achever de le caractériser en appréciant aussi sa destination intérieure, pour la satisfaction continue de nos propres besoins, soit qu'ils concernent la vie contemplative, ou la vie active.

Quoique les nécessités purement mentales soient, sans doute, les moins énergiques de toutes celles inhérentes à notre nature, leur existence directe et permanente est néanmoins incontestable chez toutes intelligences : elles y constituent la première stimulation indispensable à nos divers efforts philosophiques, trop souvent attribués surtout aux impulsions pratiques, qui les développent beaucoup, il est vrai, mais ne pourraient les faire naître. Ces exigences intellectuelles, relatives, comme

toutes les autres, à l'exercice régulier des fonctions correspondantes, réclament toujours une heureuse combinaison de stabilité et d'activité, d'où résultent les besoins simultanés d'ordre
et de progrès, ou de liaison et d'extension. Pendant la longue
enfance de l'humanité, les conceptions théologico-métaphysiques pouvaient seules, suivant nos explications antérieures,
satisfaire provisoirement à cette double condition fondamentale,
quoique d'une manière extrêmement imparfaite. Mais quand
la raison humaine est enfin assez mûrie pour renoncer franchement aux recherches inaccessibles et circonscrire sagement son activité dans le domaine vraiment appréciable à nos
facultés, la philosophie positive lui procure certainement une
satisfaction beaucoup plus complète, à tous égards, aussi bien
que plus réelle, de ces deux besoins élémentaires. Telle est,
évidemment, en effet, sous ce nouvel aspect, la destination
directe des lois qu'elle découvre sur les divers phénomènes, et
de la prévision rationnelle qui en est inséparable. Envers chaque
ordre d'événements, ces lois doivent, à cet égard, être distinguées en deux sortes, selon qu'elle lient par similitude ceux qui
coexistent, ou par filiation ceux qui se succèdent. Cette indispensable distinction correspond essentiellement, pour le monde
extérieur, à celle qu'il nous offre toujours spontanément entre
les deux états co-relatifs d'existence et de mouvement ; d'où
résulte, dans toute science réelle, une différence fondamentale
entre l'appréciation *statique* et l'appréciation *dynamique* d'un
sujet quelconque. Les deux genres de relations contribuent
également à expliquer les phénomènes, et conduisent pareillement à les prévoir, quoique les lois d'harmonie semblent d'a-
bord destinées surtout à l'explication et les lois de succession à
la prévision. Soit qu'il s'agisse, en effet, d'expliquer ou de
prévoir, tout se réduit toujours à lier : toute liaison réelle,
d'ailleurs statique ou dynamique, découverte entre deux phé-

nomènes quelconques, permet à la fois de les expliquer et de les prévoir l'un d'après l'autre; car la prévision scientifique convient évidemment au présent, et même au passé, aussi bien qu'à l'avenir, consistant sans cesse à connaître un fait indépendamment de son exploration directe, en vertu de ses relations avec d'autres déjà donnés. Ainsi, par exemple, l'assimilation démontrée entre la gravitation céleste et la pesanteur terrestre, a conduit, d'après les variations prononcées de la première, à prévoir les faibles variations de la seconde, que l'observation immédiate ne pouvait suffisamment dévoiler, quoiqu'elle les ait ensuite confirmées; de même, en sens inverse, la correspondance, anciennement observée, entre la période élémentaire des marées et le·jour lunaire s'est trouvée expliquée aussitôt qu'on a reconnu l'élévation des eaux en chaque point comme résultant du passage de la lune au méridien local. Tous nos vrais besoins logiques convergent donc essentiellement vers cette commune destination : consolider, autant que possible, par nos spéculations systématiques, l'unité spontanée de notre entendement, en constituant la continuité et l'homogénéité de nos diverses conceptions, de manière à satisfaire également aux exigences simultanées de l'ordre et du progrès, en nous faisant retrouver la constance au milieu de la variété. Or, il est évident que, sous cet aspect fondamental, la philosophie positive comporte nécessairement, chez les esprits bien préparés, une aptitude très-supérieure à celle qu'a pu jamais offrir la philosophie théologico-métaphysique. En considérant même celle-ci aux temps de son plus grand ascendant, à la fois mental et social, c'est-à-dire, à l'état polythéique, l'unité intellectuelle s'y trouvait certainement constituée d'une manière beaucoup moins complète et moins stable que ne le permettra prochainement l'universelle prépondérance de l'esprit positif, quand il sera enfin étendu habituellement aux plus éminentes spéculations. Alors , en effet , régnera partout , sous divers modes, et à différents degrés, cette admirable constitution logique, dont les plus simples études peuvent seules nous donner aujourd'hui une juste idée , où la liaison et l'extension, chacune pleinement garantie, se trouvent , en outre , spontanément solidaires. Ce grand résultat philosophique n'exige d'ailleurs d'autre condition nécessaire que l'obligation permanente de restreindre toutes nos spéculations aux recherches vraiment accessibles, en considérant ces relations réelles , soit de similitude, soit de succession, comme ne pouvant elles-mêmes constituer pour nous que de simples faits généraux , qu'il faut toujours tendre à réduire au moindre nombre possible , sans que le mystère de leur production puisse jamais être aucunement pénétré, conformément au caractère fondamental de l'esprit positif. Mais si cette constance effective des liaisons naturelles nous est seule vraiment appréciable, elle seule aussi suffit pleinement à nos véritables besoins, soit de contemplation, soit de direction.

Il importe néanmoins de reconnaître, en principe, que , sous le régime positif, l'harmonie de nos conceptions se trouve nécessairement limitée, à un certain degré, par l'obligation fondamentale de leur réalité, c'est-à-dire, d'une suffisante conformité à des types indépendants de nous. Dans son aveugle instinct de liaison, notre intelligence aspire presque à pouvoir toujours lier entre eux deux phénomènes quelconques, simultanés ou successifs ; mais l'étude du monde extérieur démontre, au contraire, que beaucoup de ces rapprochements seraient purement chimériques, et qu'une foule d'événements s'accomplissent continuellement sans aucune vraie dépendance mutuelle ; en sorte que ce penchant indispensable a autant besoin qu'aucun autre d'être réglé d'après une saine appréciation générale. Longtemps habitué à une sorte d'unité de doc-

trine, quelque vague et illusoire qu'elle dût être, sous l'empire
des fiction théologiques et des entités métaphysiques, l'esprit
humain, en passant à l'état positif, a d'abord tenté de réduire
tous les divers ordres de phénomènes à une seule loi commune.
Mais tous les essais accomplis pendant les deux derniers siècles pour obtenir une explication universelle de la nature n'ont
abouti qu'à discréditer radicalement une telle entreprise, désormais abandonnée aux intelligences mal cultivées. Une judicieuse exploration du monde extérieur l'a représenté comme
étant beaucoup moins lié que ne le suppose ou ne le désire notre
entendement, que sa propre faiblesse dispose davantage à multiplier des relations favorables à sa marche, et surtout à son
repos. Non-seulement les six catégories fondamentales que
nous distinguerons ci-dessous entre les phénomènes naturels,
ne sauraient certainement être toutes ramenées à une seule loi
universelle; mais il y a tout lieu d'assurer maintenant que l'u-
nité d'explication, encore poursuivie par tant d'esprits sérieux
envers chacune d'elles prise à part, nous est finalement interdite, même dans ce domaine beaucoup plus restreint. L'astronomie a fait naître, sous ce rapport, des espérances trop empiriques, qui ne sauraient se réaliser jamais pour les phénomènes
plus compliqués, pas seulement quant à la physique proprement dite, dont les cinq branches principales resteront toujours
distinctes entre elles, malgré leurs incontestables relations. On
est souvent disposé à s'exagérer beaucoup les inconvénients
logiques d'une telle dispersion nécessaire, parce qu'on apprécie mal les avantages réels que présente la transformation des
inductions en déductions. Néanmoins, il faut franchement reconnaître cette impossibilité directe de tout ramener à une
seule loi positive comme une grave imperfection, suite inévitable de la condition humaine, qui nous force d'appliquer une
très-faible intelligence à un univers très-compliqué.

Mais, cette incontestable nécessité, qu'il importe de reconnaître, afin d'éviter toute vaine déperdition de forces mentales,
n'empêche nullement la science réelle de comporter, sous un autre aspect, une suffisante unité philosophique, équivalente à celles
que constituèrent passagèrement la théologie ou la métaphysique,
et d'ailleurs très-supérieure, aussi bien en stabilité qu'en plénitude. Pour en sentir la possibilité et en apprécier la nature, il faut
d'abord recourir à la lumineuse distinction générale ébauchée par
Kant entre les deux points de vue *objectif* et *subjectif*, propres à une
étude quelconque. Considérée sous le premier aspect, c'est-à-dire
quant à la destination extérieure de nos théories, comme exacte
représentation du monde réel, notre science n'est certainement
pas susceptible d'une pleine systématisation, par suite d'une
inévitable diversité entre les phénomènes fondamentaux. En ce
sens, nous ne devons chercher d'autre unité que celle de la
méthode positive envisagée dans son ensemble, sans prétendre
à une véritable unité scientifique, en aspirant seulement à l'homogénéité et à la convergence des différentes doctrines. Il en
est tout autrement sous l'autre aspect, c'est-à-dire, quant à la
source intérieure des théories humaines, envisagées comme
des résultats naturels de notre évolution mentale, à la fois individuelle et collective, destinés à la satisfaction normale de
nos propres besoins quelconques. Ainsi rapportées, non à l'univers, mais à l'homme, ou plutôt à l'humanité, nos connaissances réelles tendent, au contraire, avec une évidente spontanéité, vers une entière systématisation, aussi bien scientifique
que logique. On ne doit plus alors concevoir, au fond, qu'une
seule science, la science humaine, ou plus exactement sociale,
dont notre existence constitue à la fois le principe et le but,
et dans laquelle vient naturellement se fondre l'étude rationnelle du monde extérieur, au double titre d'élément nécessaire
et de préambule fondamental, également indispensable quant

à la méthode et quant à la doctrine, comme je l'expliquerai ci-
dessous. C'est uniquement ainsi que nos connaissances positives
peuvent former un véritable système, de manière à offrir un
caractère pleinement satisfaisant. L'astronomie elle-même,
quoique objectivement plus parfaite que les autres branches de
la philosophie naturelle, à raison de sa simplicité supérieure,
n'est vraiment telle que sous cet aspect humain : car, l'ensemble de ce traité fera nettement sentir qu'elle devrait, au
contraire, être jugée très-imparfaite si on la rapportait à l'univers et non à l'homme; puisque toutes nos études réelles y
sont nécessairement bornées à notre monde, qui pourtant ne
constitue qu'un minime élément de l'univers, dont l'exploration nous est essentiellement interdite. Telle est donc la disposition générale qui doit finalement prévaloir dans la philosophie
vraiment positive, non-seulement quant aux théories directement relatives à l'homme et à la société, mais aussi envers
celles qui concernent les plus simples phénomènes, les plus
éloignés, en apparence, de cette commune appréciation : concevoir toutes nos spéculations comme des produits de notre intelligence, destinés à satisfaire nos divers besoins essentiels,
en ne s'écartant jamais de l'homme qu'afin d'y mieux revenir,
après avoir étudié les autres phénomènes en tant qu'indispensables à connaître, soit pour développer nos forces, soit pour
apprécier notre nature et notre condition. On peut dès lors
apercevoir comment la notion prépondérante de l'Humanité
doit nécessairement constituer, dans l'état positif, une pleine
systématisation mentale, au moins équivalente à celle qu'avait
finalement comportée l'âge théologique d'après la grande conception de Dieu, si faiblement remplacée ensuite, à cet égard,
pendant la transition métaphysique, par la vague pensée de
la Nature.

Après avoir ainsi caractérisé l'aptitude spontanée de l'esprit positif à constituer l'unité finale de notre entendement, il devient aisé de compléter cette explication fondamentale en l'étendant de l'individu à l'espèce. Cette indispensable extension était jusqu'ici essentiellement impossible aux philosophes modernes, qui, n'ayant pu suffisamment sortir eux-mêmes de l'état métaphysique, ne se sont jamais installés au point de vue social, seul susceptible néanmoins d'une pleine réalité, soit scientifique, soit logique, puisque l'homme ne se développe point isolément, mais collectivement. En écartant, comme radicalement stérile, ou plutôt profondément nuisible, cette vicieuse abstraction de nos psychologues ou idéologues, la tendance systématique que nous venons d'apprécier dans l'esprit positif acquiert enfin toute son importance, parce qu'elle indique en lui le vrai fondement philosophique de la sociabilité humaine, en tant du moins que celle-ci dépend de l'intelligence, dont l'influence capitale, quoique nullement exclusive, ne saurait y être contestée. C'est, en effet, le même problème humain, à divers degrés de difficulté, que de constituer l'unité logique de chaque entendement isolé ou d'établir une convergence durable entre des entendements distincts, dont le nombre ne saurait essentiellement influer que sur la rapidité de l'opération. Aussi, en tout temps, celui qui a pu devenir suffisamment conséquent a-t-il acquis, par cela même, la faculté de rallier graduellement les autres, d'après la similitude fondamentale de notre espèce. La philosophie théologique n'a été, pendant l'enfance de l'humanité, la seule propre à systématiser la société que comme étant alors la source exclusive d'une certaine harmonie mentale. Si donc le privilége de la cohérence logique a désormais irrévocablement passé à l'esprit positif, ce qui ne peut guère être sérieusement contesté, il faut dès lors reconnaître aussi en lui l'unique principe effectif de cette grande communion intellectuelle qui devient la base nécessaire de toute véritable association humaine, quand elle est convenablement liée aux deux autres conditions fondamentales , une suffisante conformité de sentiments , et une certaine convergence d'intérêts. La déplorable situation philosophique de l'élite de l'humanité suffirait aujourd'hui pour dispenser, à cet égard, de toute discussion , puisqu'on n'y observe plus de vraie communauté d'opinions que sur les sujets déjà ramenés à des théories positives, et qui , malheureusement , ne sont pas , à beaucoup près , les plus importants. Une appréciation directe et spéciale , qui serait ici déplacée, fait d'ailleurs sentir aisément que la philosophie positive peut seule réaliser graduellement ce noble projet d'association universelle que le catholicisme avait , au moyen âge, prématurément ébauché, mais qui était, au fond, nécessairement incompatible , comme l'expérience l'a pleinement constaté, avec la nature théologique de sa philosophie , laquelle instituait une trop faible cohérence logique pour comporter une telle efficacité sociale.

L'aptitude fondamentale de l'esprit positif étant assez caractérisée désormais par rapport à la vie spéculative, il ne nous reste plus qu'à l'apprécier aussi envers la vie active, qui, sans pouvoir montrer en lui aucune propriété vraiment nouvelle, manifeste, d'une manière beaucoup plus complète et surtout plus décisive, l'ensemble des attributs que nous lui avons reconnus. Quoique les conceptions théologiques aient été, même sous cet aspect, longtemps nécessaires afin d'éveiller et de soutenir l'ardeur de l'homme par l'espoir indirect d'une sorte d'empire illimité, c'est pourtant à cet égard que l'esprit humain a dû témoigner d'abord sa prédilection finale pour les connaissances réelles. C'est surtout, en effet, comme base rationnelle de l'action de l'humanité sur le monde extérieur que l'étude positive de la nature commence aujourd'hui à être universellement goûtée. Rien n'est plus sage , au fond , que ce jugement

vulgaire et spontané ; car, une telle destination , lorsqu'elle est
convenablement appréciée, rappelle nécessairement, par le
plus heureux résumé, tous les grands caractères du véritable
esprit philosophique, aussi bien quant à la rationalité que
quant à la positivité. L'ordre naturel résulté, en chaque cas
pratique, de l'ensemble des lois des phénomènes correspondants,
doit évidemment nous être d'abord bien connu pour que nous
puissions ou le modifier à notre avantage, ou du moins y adapter notre conduite, si toute intervention humaine y est impossible, comme envers les événements célestes. Une telle application est surtout propre à rendre familièrement appréciable cette
prévision rationnelle que nous avons vue constituer, à tous
égards, le principal caractère de la vraie science ; car, la pure
érudition, où les connaissances, réelles mais incohérentes,
consistent en faits et non en lois, ne pourrait, évidemment,
suffire à diriger notre activité : il serait superflu d'insister ici
sur une explication aussi peu contestable. Il est vrai que l'exorbitante prépondérance maintenant accordée aux intérêts matériels a trop souvent conduit à comprendre cette liaison nécessaire de façon à compromettre gravement l'avenir scientifique,
en tendant à restreindre les spéculations positives aux seules
recherches d'une utilité immédiate. Mais cette aveugle disposition ne résulte que d'une manière fausse et étroite de concevoir
la grande relation de la science à l'art, faute d'avoir assez profondément apprécié l'une et l'autre. L'étude de l'astronomie est
la plus propre de toutes à rectifier une telle tendance, soit
parce que sa simplicité supérieure permet d'en mieux saisir
l'ensemble, soit en vertu de la spontanéité plus intime des
applications correspondantes, qui, depuis vingt siècles, s'y
trouvent évidemment liées aux plus sublimes spéculations,
comme ce traité le fera nettement sentir. Mais il importe surtout
de bien reconnaître, à cet égard, que la relation fondamentale

entre la science et l'art n'a pu jusqu'ici être convenablement
conçue, même chez les meilleurs esprits, par une suite nécessaire de l'insuffisante extension de la philosophie naturelle,
restée encore étrangère aux recherches les plus importantes et
les plus difficiles, celles qui concernent directement la société
humaine. En effet, la conception rationnelle de l'action de
l'homme sur la nature est ainsi demeurée essentiellement
bornée au monde inorganique, d'où résulterait une trop imparfaite excitation scientifique. Quand cette immense lacune aura
été suffisamment comblée, comme elle commence à l'être aujourd'hui, on pourra sentir l'importance fondamentale de cette
grande destination pratique pour stimuler habituellement, et
souvent même pour mieux diriger, les plus éminentes spéculations, sous la seule condition normale d'une constante positivité.
Car, l'art ne sera plus alors uniquement géométrique, mécanique ou chimique, etc., mais aussi et surtout politique et
moral, la principale action exercée par l'humanité devant, à
tous égards, consister dans l'amélioration continue de sa propre
nature, individuelle ou collective, entre les limites qu'indique,
de même qu'en tout autre cas, l'ensemble des lois réelles.
Lorsque cette solidarité spontanée de la science avec l'art aura
pu ainsi être convenablement organisée, on ne peut douter que,
bien loin de tendre aucunement à restreindre les saines spéculations philosophiques, elle leur assignerait, au contraire, un
office final trop supérieur à leur portée effective, si d'avance
on n'avait reconnu, en principe général, l'impossibilité de
jamais rendre l'art purement rationnel, c'est-à-dire d'élever
nos prévisions théoriques au véritable niveau de nos besoins
pratiques. Dans les arts même les plus simples et les plus
parfaits, un développement direct et spontané reste constamment indispensable, sans que les indications scientifiques
puissent, en aucun cas, y suppléer complétement. Quelque

satisfaisantes, par exemple, que soient devenues nos prévisions, astronomiques, leur précision est encore, et sera probablement. toujours, inférieure à nos justes exigences pratiques, comme j'aurai souvent lieu de l'indiquer.

Cette tendance spontanée à constituer directement une entière harmonie entre la vie spéculative et la vie active, doit être finalement regardée comme le plus heureux privilége de l'esprit positif, dont aucune autre propriété ne peut aussi bien manifester le vrai caractère et faciliter l'ascendant réel. Notre ardeur spéculative se trouve ainsi entretenue, et même dirigée, par une puissante stimulation continue, sans laquelle l'inertie naturelle de notre intelligence la disposerait souvent à satisfaire ses faibles besoins théoriques par des explications faciles, mais insuffisantes, tandis que la pensée de l'action finale rappelle toujours la condition d'une précision convenable. En même temps, cette grande destination pratique complète et circonscrit, en chaque cas, la prescription fondamentale relative à la découverte des lois naturelles, en tendant à déterminer, d'après les exigences de l'application, le degré de précision et d'étendue de notre prévoyance rationnelle, dont la juste mesure ne pourrait, en général, être autrement fixée. Si, d'une part, la perfection scientifique ne saurait dépasser une telle limite, au-dessous de laquelle, au contraire, elle se trouvera réellement toujours, elle ne pourrait, d'une autre part, la franchir sans tomber aussitôt dans une appréciation trop minutieuse, non moins chimérique que stérile, et qui même compromettrait finalement tous les fondements de la véritable science, puisque nos lois ne peuvent jamais représenter les phénomènes qu'avec une certaine approximation, au delà de laquelle il serait aussi dangereux qu'inutile de pousser nos recherches. Quand cette relation fondamentale de la science à l'art sera convenablement systématisée, elle tendra quelquefois, sans doute, à discréditer des tentatives théoriques dont la stérilité radicale serait incontestable : mais, loin d'offrir aucun inconvénient réel, cette inévitable disposition deviendra dès lors très-favorable à nos vrais intérêts spéculatifs, en prévenant cette vaine déperdition de nos faibles forces mentales qui résulte trop souvent aujourd'hui d'une aveugle spécialisation. Dans l'évolution préliminaire de l'esprit positif, il a dû s'attacher partout anx questions quelconques qui lui devenaient accessibles, sans trop s'enquérir de leur importance finale, dérivée de leur relation propre à un ensemble qui ne pouvait d'abord être aperçu. Mais cet instinct provisoire, faute duquel la science eût souvent manqué alors d'une convenable alimentation, doit finir par se subordonner habituellement à une juste appréciation systématique, aussitôt que la pleine maturité de l'état positif aura suffisamment permis de saisir toujours les vrais rapports essentiels de chaque partie avec le tout, de manière à offrir constamment une large destination aux plus éminentes recherches, en évitant néanmoins toute spéculation puérile.

Au sujet de cette intime harmonie entre la science et l'art, il importe enfin de remarquer spécialement l'heureuse tendance qui en résulte pour développer et consolider l'ascendant social de la saine philosophie, par une suite spontanée de la prépondérance croissante qu'obtient évidemment la vie industrielle dans notre civilisation moderne. La philosophie théologique ne pouvait réellement convenir qu'à ces temps nécessaires de sociabilité préliminaire, où l'activité humaine doit être essentiellement militaire, afin de préparer graduellement une association normale et complète, qui était d'abord impossible, suivant la théorie historique que j'ai établie ailleurs. Le polythéisme s'adaptait surtout au système de conquête de l'antiquité, et le monothéisme à l'organisation défensive du moyen âge. En faisant de plus en plus prévaloir la vie industrielle, la

sociabilité moderne doit donc puissamment seconder la grande
révolution mentale qui aujourd'hui élève définitivement notre
intelligence du régime théologique au régime positif. Non-seulement cette active tendance journalière à l'amélioration pratique de la condition humaine est nécessairement peu compatible
avec les préoccupations religieuses, toujours relatives, surtout
sous le monothéisme, à une tout autre destination. Mais, en outre,
une telle activité est de nature à susciter, finalement une opposition
universelle, aussi radicale que spontanée, à toute philosophie
théologique. D'une part, en effet, la vie industrielle est, au fond,
directement contraire à tout optimisme providentiel, puisqu'elle
suppose nécessairement que l'ordre naturel est assez imparfait
pour exiger sans cesse l'intervention humaine, tandis que la théologie n'admet logiquement d'autre moyen de le modifier que de
solliciter un appui surnaturel. En second lieu, cette opposition,
inhérente à l'ensemble de nos conceptions industrielles, se reproduit continuellement, sous des formes très-variées, dans
l'accomplissement spécial de nos opérations, où nous devons
envisager le monde extérieur, non comme dirigé par des volontés quelconques, mais comme soumis à des lois, susceptibles
de nous permettre une suffisante prévoyance, sans laquelle
notre activité pratique ne comporterait aucune base rationnelle.
Ainsi, la même co-relation fondamentale qui rend la vie industrielle si favorable à l'ascendant philosophique de l'esprit positif, lui imprime, sous un autre aspect, une tendance anti-
théologique, plus ou moins prononcée, mais tôt ou tard
inévitable, quels qu'aient pu être les efforts continus de la
sagesse sacerdotale pour contenir ou tempérer le caractère
anti-industriel de la philosophie initiale, avec laquelle la vie
guerrière était seule suffisamment conciliable. Telle est l'intime
solidarité qui fait involontairement participer depuis longtemps
tous les esprits modernes, même les plus grossiers et les plus

rebelles, au remplacement graduel de l'antique philosophie théologique par une philosophie pleinement positive, seule susceptible désormais d'un véritable ascendant social.

Nous sommes ainsi conduits à compléter enfin l'appréciation directe du véritable esprit philosophique par une dernière explication qui, quoique étant surtout négative, devient réellement indispensable aujourd'hui pour achever de caractériser suffisamment la nature et les conditions de la grande rénovation mentale maintenant nécessaire à l'élite de l'humanité, en manifestant directement l'incompatibilité finale des conceptions positives avec toutes les opinions théologiques quelconques, aussi bien monothéiques que polythéiques ou fétichiques. Les diverses considérations indiquées dans ce discours ont déjà démontré implicitement l'impossibilité d'aucune conciliation durable entre les deux philosophies, soit quant à la méthode, ou à la doctrine; en sorte que toute incertitude à ce sujet peut être ici facilement dissipée. Sans doute, la science et la théologie ne sont pas d'abord en opposition ouverte, puisqu'elles ne se proposent point les mêmes questions; c'est ce qui a longtemps permis, l'essor partiel de l'esprit positif malgré l'ascendant général de l'esprit théologique, et même, à beaucoup d'égards, sous sa tutelle préalable. Mais quand la positivité rationnelle, bornée d'abord à d'humbles recherches mathématiques, que la théologie avait dédaigné d'atteindre spécialement, a commencé à s'étendre à l'étude directe de la nature, surtout par les théories astronomiques, la collision est devenue inévitable, quoique latente, en vertu du contraste fondamental, à la fois scientifique et logique, dès lors progressivement développé entre les deux ordres d'idées. Les motifs logiques d'après lesquels la science s'interdit radicalement les mystérieux problèmes dont la théologie s'occupe essentiellement, sont eux-mêmes de nature à discréditer tôt ou tard, chez tous les bons esprits, des spéculations qu'on n'écarte que comme étant, de toute nécessité, inaccessibles à la raison humaine. En outre, la sage réserve avec laquelle l'esprit positif procède graduellement envers des sujets très-faciles doit faire indirectement apprécier la folle témérité de l'esprit théologique à l'égard des plus difficiles questions. Toutefois, c'est surtout par les doctrines que l'incompatibilité des deux philosophies doit éclater chez la plupart des intelligences, trop peu touchées d'ordinaire des simples dissidences de méthode, quoique celles-ci soient au fond les plus graves, comme étant la source nécessaire de toutes les autres. Or, sous ce nouvel aspect, on ne peut méconnaître l'opposition radicale des deux ordres de conceptions, où les mêmes phénomènes sont tantôt attribués à des volontés directrices, et tantôt ramenés à des lois invariables. La mobilité irrégulière, naturellement inhérente à toute idée de volonté, ne peut aucunement s'accorder avec la constance des relations réelles. Aussi, à mesure que les lois physiques ont été connues, l'empire des volontés surnaturelles s'est trouvé de plus en plus restreint, étant toujours consacré surtout aux phénomènes dont les lois restaient ignorées. Une telle incompatibilité devient directement évidente quand on oppose la prévision rationnelle, qui constitue le principal caractère de la véritable science, à la divination par révélation spéciale, que la théologie doit représenter comme offrant le seul moyen légitime de connaître l'avenir. Il est vrai que l'esprit positif, parvenu à son entière maturité, tend aussi à subordonner la volonté elle-même à de véritables lois, dont l'existence est, en effet, tacitement supposée par la raison vulgaire, puisque les efforts pratiques pour modifier et prévoir les volontés humaines ne sauraient avoir sans cela aucun fondement raisonnable. Mais une telle notion ne conduit nullement à concilier les deux modes opposés suivant lesquels la science et la théologie conçoivent nécessairement la direction effective des divers phénomènes. Car, une semblable prévision et la conduite qui en résulte exigent évidemment une profonde connaissance réelle de l'être au sein duquel les volontés se produisent. Or, ce fondement préalable ne saurait provenir que d'un être au moins égal, jugeant ainsi par similitude ; on ne peut le concevoir de la part d'un inférieur, et la contradiction augmente avec l'inégalité de nature. Aussi la théologie a-t-elle toujours repoussé la prétention de pénétrer aucunement les desseins providentiels, de même qu'il serait absurde de supposer aux derniers animaux la faculté de prévoir les volontés de l'homme ou des autres animaux supérieurs. C'est néanmoins à cette folle hypothèse qu'on se trouverait nécessairement conduit pour concilier finalement l'esprit théologique avec l'esprit positif.

Historiquement considérée, leur opposition radicale, applicable à toutes les phases essentielles de la philosophie initiale, est généralement admise depuis longtemps envers celles que les populations les plus avancées ont complétement franchies. Il est même certain que, à leur égard ; on exagère beaucoup une telle incompatibilité, par suite de ce dédain absolu qu'inspirent aveuglément nos habitudes monothéiques pour les deux états antérieurs du régime théologique. La saine philosophie, toujours obligée d'apprécier le mode nécessaire suivant lequel chacune des grandes phases successives de l'humanité a effectivement concouru à notre évolution fondamentale, rectifiera soigneusement ces injustes préjugés, qui empêchent toute véritable théorie historique. Mais, quoique le polythéisme, et même le fétichisme, aient d'abord secondé réellement l'essor spontané de l'esprit d'observation, on doit pourtant reconnaître qu'ils ne pouvaient être vraiment compatibles avec le sentiment graduel de l'invariabilité des relations physiques, aussitôt qu'il a pu acquérir une certaine consistance systématique. Aussi doit-on concevoir cette inévitable opposition comme la principale source secrète des diverses transformations qui ont successivement décomposé la philosophie théologique en la réduisant de plus en plus. C'est ici le lieu de compléter, à ce sujet, l'indispensable explication indiquée au début de ce discours, où cette dissolution graduelle a été spécialement attribuée à l'esprit métaphysique proprement dit, qui, au fond, n'en pouvait être que le simple organe, et jamais le véritable agent. Il faut, en effet, remarquer que l'esprit positif, par suite du défaut de généralité qui devait caractériser sa lente évolution partielle, ne pouvait convenablement formuler ses propres tendances philosophiques, à peine devenues directement sensibles pendant nos derniers siècles. De là résultait la nécessité spéciale de l'intervention métaphysique, qui pouvait seule systématiser convenablement l'opposition spontanée de la science naissante à l'antique théologie. Mais, quoiqu'un tel office ait dû faire exagérer beaucoup l'importance effective de cet esprit transitoire, il est cependant facile de reconnaître que le progrès naturel des connaissances réelles donnait seul une sérieuse consistance à sa bruyante activité. Ce progrès continu, qui même avait d'abord déterminé, au fond, la transformation du fétichisme en polythéisme, a surtout constitué ensuite la source essentielle de la réduction du polythéisme au monothéisme. La collision ayant dû s'opérer principalement par les théories astronomiques, ce traité me fournira l'occasion naturelle de caractériser le degré précis de leur développement auquel il faut attribuer, en réalité, l'irrévocable décadence mentale du régime polythéique, que nous reconnaîtrons alors logiquement incompatible avec la fondation décisive de l'astronomie mathématique par l'école de Thalès.

L'étude rationnelle d'une telle opposition démontre clairement qu'elle ne pouvait se borner à la théologie ancienne, et qu'elle a dû s'étendre ensuite au monothéisme lui-même, quoique son énergie dût décroître avec sa nécessité, à mesure que l'esprit théologique continuait à déchoir par suite du même progrès spontané. Sans doute, cette extrême phase de la philosophie initiale était beaucoup moins contraire que les précédentes à l'essor des connaissances réelles, qui n'y rencontraient plus, à chaque pas, la dangereuse concurrence d'une explication surnaturelle spécialement formulée. Aussi est-ce surtout sous ce régime monothéique qu'a dû s'accomplir l'évolution préliminaire de l'esprit positif. Mais l'incompatibilité, pour être moins explicite et plus tardive, n'en restait pas moins finalement inévitable, même avant le temps où la nouvelle philosophie serait devenue assez générale pour prendre un caractère vraiment organique, en remplaçant irrévocablement la théologie dans son office social aussi bien que dans sa destination mentale. Comme le conflit a dû encore s'opérer surtout par l'astronomie, je démontrerai ici avec précision quelle évolution plus avancée a étendu nécessairement jusqu'au plus simple monothéisme son opposition radicale, auparavant bornée au polythéisme proprement dit : on reconnaîtra alors que cette inévitable influence résulte de la découverte du double mouvement de la terre, bientôt suivie de la fondation de la mécanique céleste. Dans l'état présent de la raison humaine, on peut assurer que le régime monothéique, longtemps favorable à l'essor primitif des connaissances réelles, entrave profondément la marche systématique qu'elles doivent prendre désormais, en empêchant le sentiment fondamental de l'invariabilité des lois physiques d'acquérir enfin son indispensable plénitude philosophique. Car, la pensée continue d'une subite perturbation arbitraire dans l'économie naturelle doit toujours rester inséparable, au moins virtuellement, de toute théologie quelconque, même réduite autant que possible. Sans un tel obstacle, en effet, qui ne peut cesser que par l'entière désuétude de l'esprit théologique, le spectacle journalier de l'ordre réel aurait déjà déterminé une adhésion universelle au principe fondamental de la philosophie positive.

Plusieurs siècles avant que l'essor scientifique permît d'apprécier directement cette opposition radicale, la transition métaphysique avait tenté, sous sa secrète impulsion, de restreindre, au sein même du monothéisme, l'ascendant de la théologie, en faisant abstraitement prévaloir, dans la dernière période du moyen âge, la célèbre doctrine scolastique qui assujettit l'action effective du moteur suprême à des lois invariables, qu'il aurait primitivement établies en s'interdisant de jamais les changer. Mais cette sorte de transaction spontanée entre le principe théologique et le principe positif ne comportait, évidemment, qu'une existence passagère, propre à faciliter davantage le déclin continu de l'un et le triomphe graduel de l'autre. Son empire était même essentiellement borné aux esprits cultivés ; car, tant que la foi subsista réellement, l'instinct populaire dut toujours repousser avec énergie une conception qui, au fond, tendait à annuler le pouvoir providentiel, en le condamnant à une sublime inertie, qui laissait toute l'activité habituelle à la grande entité métaphysique, la Nature étant ainsi régulièrement associée au gouvernement universel, à titre de ministre obligé et responsable, auquel devaient s'adresser désormais la plupart des plaintes et des vœux. On voit que, sous tous les aspects essentiels, cette conception ressemble beaucoup à celle que la situation moderne a fait de plus en plus prévaloir au sujet de la royauté constitutionnelle ; et cette analogie n'est nullement fortuite, puisque le type théologique a fourni, en effet, la base rationnelle du type politique. Cette doctrine contradictoire, qui ruine l'efficacité sociale du principe théologique, sans consacrer l'ascendant fondamental du principe positif, ne saurait correspondre à aucun état vraiment normal et

durable : elle constitue seulement le plus puissant des moyens
de transition propres au dernier office nécessaire de l'esprit
métaphysique.

Enfin, l'incompatibilité nécessaire de la science avec la théologie a dû se manifester aussi sous une autre forme générale,
spécialement adaptée à l'état monothéique, en faisant de plus
en plus ressortir l'imperfection radicale de l'ordre réel, ainsi
opposée à l'inévitable optimisme providentiel. Cet optimisme a
dû, sans doute, rester longtemps conciliable avec l'essor spontané des connaissances positives, parce qu'une première analyse de la nature devait alors inspirer partout une naïve admiration pour le mode d'accomplissement des principaux
phénomènes qui constituent l'ordre effectif. Mais cette disposition initiale tend ensuite à disparaître, non moins nécessairement, à mesure que l'esprit positif, prenant un caractère de
plus en plus systématique, substitue peu à peu, au dogme des
causes finales, le principe des conditions d'existence, qui en
offre, à un plus haut degré, toutes les propriétés logiques,
sans présenter aucun de ses graves dangers scientifiques. On
cesse alors de s'étonner que la constitution des êtres naturels se
trouve, en chaque cas, disposée de manière à permettre l'accomplissement de leurs phénomènes effectifs. En étudiant avec
soin cette inévitable harmonie, dans l'unique dessein de la mieux
connaître, on finit ensuite par remarquer les profondes imperfections que présente, à tous égards, l'ordre réel, presque
toujours inférieur en sagesse à l'économie artificielle qu'établit
notre faible intervention humaine dans son domaine borné.
Comme ces vices naturels doivent être d'autant plus grands
qu'il s'agit de phénomènes plus compliqués, les indications irrécusables que nous offrira, sous cet aspect, l'ensemble de
l'astronomie, suffiront ici pour faire pressentir combien une pareille appréciation doit s'étendre, avec une nouvelle énergie

philosophique, à toutes les autres parties essentielles de la science réelle. Mais il importe surtout de comprendre, en général, au sujet d'une telle critique, qu'elle n'a pas seulement une destination passagère, à titre de moyen anti-théologique. Elle se lie, d'une manière plus intime et plus durable, à l'esprit fondamental de la philosophie positive, dans la relation générale entre la spéculation et l'action. Si, d'une part, notre active intervention permanente repose, avant tout, sur l'exacte connaissance de l'économie naturelle, dont notre économie artificielle ne doit constituer, à tous égards, que l'amélioration progressive, il n'est pas moins certain, d'une autre part, que nous supposons ainsi l'imperfection nécessaire de cet ordre spontané, dont la modification graduelle constitue le but journalier de tous nos efforts, individuels ou collectifs. Abstraction faite de toute critique passagère, la juste appréciation des divers inconvénients propres à la constitution effective du monde réel doit donc être conçue désormais comme inhérente à l'ensemble de la philosophie positive, même envers les cas inaccessibles à nos faibles moyens de perfectionnement, afin de mieux connaître, soit notre condition fondamentale, soit la destination essentielle de notre activité continue.

Le concours spontané des diverses considérations générales indiquées dans ce discours, suffit maintenant pour caractériser ici, sous tous les aspects principaux, le véritable esprit philosophique, qui, après une lente évolution préliminaire, atteint aujourd'hui son état systématique. Vu l'évidente obligation où nous sommes placés désormais de le qualifier habituellement par une courte dénomination spéciale, j'ai dû préférer celle à laquelle cette universelle préparation a procuré de plus en plus, pendant les trois derniers siècles, la précieuse propriété de résumer le mieux possible l'ensemble de ses attributs fondamentaux. Comme tous les termes vulgaires ainsi élevés graduellement à la dignité philosophique, le mot *positif* offre, dans nos langues occidentales, plusieurs acceptions distinctes, même en écartant le sens grossier qui d'abord s'y attache chez les esprits mal cultivés. Mais il importe de noter ici que toutes ces diverses significations conviennent également à la nouvelle philosophie générale, dont elles indiquent alternativement différentes propriétés caractéristiques : ainsi, cette apparente ambiguïté n'offrira désormais aucun inconvénient réel. Il y faudra voir, au contraire, l'un des principaux exemples de cette admirable condensation de formules qui, chez les populations avancées, réunit, sous une seule expression usuelle, plusieurs attributs distincts, quand la raison publique est parvenue à reconnaître leur liaison permanente.

Considéré d'abord dans son acception la plus ancienne et la plus commune, le mot *positif* désigne le réel, par opposition au chimérique : sous ce rapport, il convient pleinement au nouvel esprit philosophique, ainsi caractérisé d'après sa constante consécration aux recherches vraiment accessibles à notre intelligence, à l'exclusion permanente des impénétrables mystères dont s'occupait surtout son enfance. En un second sens, très-voisin du précédent, mais pourtant distinct, ce terme fondamental indique le contraste de l'utile à l'oiseux : alors il rappelle, en philosophie, la destination nécessaire de toutes nos saines spéculations pour l'amélioration continue de notre vraie condition, individuelle et collective, au lieu de la vaine satisfaction d'une stérile curiosité. Suivant une troisième signification usuelle, cette heureuse expression est fréquemment employée à qualifier l'opposition entre la certitude et l'indécision : elle indique ainsi l'aptitude caractéristique d'une telle philosophie à constituer spontanément l'harmonie logique dans l'individu et la communion spirituelle dans l'espèce entière, au lieu de ces doutes indéfinis et de ces débats interminables que devait suciter l'antique régime mental. Une quatrième acception ordinaire, trop souvent confondue avec la précédente, consiste à opposer le précis au vague : ce sens rappelle la tendance constante du véritable esprit philosophique à obtenir partout le degré de précision compatible avec la nature des phénomènes et conforme à l'exigence de nos vrais besoins ; tandis que l'ancienne manière de philosopher conduisait nécessairement à des opinions vagues, ne comportant une indispensable discipline que d'après une compression permanente, appuyée sur une autorité surnaturelle.

Il faut enfin remarquer spécialement une cinquième application, moins usitée que les autres, quoique d'ailleurs pareillement universelle, quand on emploie le mot *positif* comme le contraire de *négatif*. Sous cet aspect, il indique l'une des plus éminentes propriétés de la vraie philosophie moderne, en la montrant destinée surtout, par sa nature, non à détruire, mais à organiser. Les quatre caractères généraux que nous venons de rappeler la distinguent à la fois de tous les modes possibles, soit théologiques, soit métaphysiques, propres à la philosophie initiale. Cette dernière signification, en indiquant d'ailleurs une tendance continue du nouvel esprit philosophique, offre aujourd'hui une importance spéciale pour caractériser directement l'une de ses principales différences, non plus avec l'esprit théologique, qui fut longtemps organique, mais avec l'esprit métaphysique proprement dit, qui n'a jamais pu être que critique. Quelle qu'ait été, en effet, l'action dissolvante de la science réelle, cette influence fut toujours en elle purement indirecte et secondaire : son défaut même de systématisation empêchait jusqu'ici qu'il en pût être autrement ; et le grand office organique qui lui est maintenant échu s'opposerait désormais à une telle attribution accessoire, qu'il tend d'ailleurs à rendre superflue. La saine philosophie écarte radicalement, il est vrai, toutes les questions nécessairement insolubles : mais, en motivant leur rejet, elle évite de rien nier à leur égard, ce qui serait contradictoire à cette désuétude systématique, par laquelle seule doivent s'éteindre toutes les opinions vraiment indiscutables. Plus impartiale et plus tolérante envers chacune d'elles, vu sa commune indifférence, que ne peuvent l'être leurs partisans opposés, elle s'attache à apprécier historiquement leur influence respective, les conditions de leur durée et les motifs de leur décadence, sans prononcer jamais aucune négation absolue, même quand il s'agit des doctrines les plus antipathiques à l'état présent de la raison humaine chez les populations d'élite. C'est ainsi qu'elle rend une scrupuleuse justice, non-seulement aux divers systèmes de monothéisme autres que celui qui expire aujourd'hui parmi nous, mais aussi aux croyances polythéiques, ou même fétichiques, en les rapportant toujours aux phases correspondantes de l'évolution fondamentale. Sous l'aspect dogmatique, elle professe d'ailleurs que les conceptions quelconques de notre imagination, quand leur nature les rend nécessairement inaccessibles à toute observation, ne sont pas plus susceptibles dès lors de négation que d'affirmation vraiment décisives. Personne, sans doute, n'a jamais démontré logiquement la non-existence d'Apollon, de Minerve, etc., ni celle des fées orientales ou des diverses créations poétiques ; ce qui n'a nullement empêché l'esprit humain d'abandonner irrévocablement les dogmes antiques, quand ils ont enfin cessé de convenir à l'ensemble de sa situation.

Le seul caractère essentiel du nouvel esprit philosophique qui ne soit pas encore indiqué directement par le mot *positif*, consiste dans sa tendance nécessaire à substituer partout le relatif à l'absolu. Mais ce grand attribut, à la fois scientifique et logique, est tellement inhérent à la nature fondamentale des connaissances réelles, que sa considération générale ne tardera pas à se lier intimement aux divers aspects que cette formule combine déjà, quand le moderne régime intellectuel, jusqu'ici partiel et empirique, passera communément à l'état systématique. La cinquième acception que nous venons d'apprécier est surtout propre à déterminer cette dernière condensation du nouveau langage philosophique, dès lors pleinement constitué, d'après l'évidente affinité des deux propriétés. On conçoit, en effet, que la nature absolue des anciennes doctrines, soit théologiques, soit métaphysiques, déterminait nécessairement chacune d'elles à devenir négative envers toutes les autres, sous peine de dégénérer elle-même en un absurde éclectisme. C'est, au contraire, en vertu de son génie relatif que la nouvelle philosophie peut toujours apprécier la valeur propre des théories qui lui sont le plus opposées, sans toutefois aboutir jamais à aucune vaine concession, susceptible d'altérer la netteté de ses vues ou la fermeté de ses décisions. Il y a donc vraiment lieu de présumer, d'après l'ensemble d'une telle appréciation spéciale, que la formule employée ici pour qualifier habituellement cette philosophie définitive rappellera désormais, à tous les bons esprits, l'entière combinaison effective de ses diverses propriétés caractéristiques.

Quand on recherche l'origine fondamentale d'une telle manière de philosopher, on ne tarde pas à reconnaître que sa spontanéité élémentaire coïncide réellement avec les premiers exercices pratiques de la raison humaine : car, l'ensemble des explications indiquées dans ce Discours démontre clairement que tous ses attributs principaux sont, au fond, les mêmes que ceux du bon sens universel. Malgré l'ascendant mental de la plus grossière théologie, la conduite journalière de la vie active a toujours dû susciter, envers chaque ordre de phénomènes, une certaine ébauche des lois naturelles et des prévisions correspondantes, dans quelques cas particuliers, qui seulement semblaient alors secondaires ou exceptionnels : or, tels sont, en effet, les germes nécessaires de la positivité, qui devait longtemps rester empirique avant de pouvoir devenir rationnelle. Il importe beaucoup de sentir que, sous tous les aspects essentiels, le véritable esprit philosophique consiste surtout dans l'extension systématique du simple bon sens à toutes les spéculations vraiment accessibles. Leur domaine est radicalement identique, puisque les plus grandes questions de la saine philosophie se rapportent partout aux phénomènes les plus vulgaires, envers lesquels les cas artificiels ne constituent qu'une préparation plus ou moins indispensable. Ce sont, de part et d'autre, le même point de départ expérimental, le même but de lier et de prévoir, la même préoccupation continue de la réalité, la même intention finale d'utilité. Toute leur différence essentielle consiste dans la généralité systématique de l'un, tenant à son abstraction nécessaire, opposée à l'incohérente spécialité de l'autre, toujours occupé du concret.

Envisagée sous l'aspect dogmatique, cette connexité fondamentale représente la science proprement dite comme un simple prolongement méthodique de la sagesse universelle. Aussi, bien loin de jamais remettre en question ce que celle-ci a vraiment décidé, les saines spéculations philosophiques doivent toujours emprunter à la raison commune leurs notions initiales, pour leur faire acquérir, par une élaboration systématique, un degré de généralité et de consistance qu'elles ne pouvaient obtenir spontanément. Pendant tout le cours d'une telle élaboration, le contrôle permanent de cette vulgaire sagesse conserve d'ailleurs une haute importance, afin de prévenir, autant que possible, les diverses aberrations, par négligence ou par illusion, que suscite souvent l'état continu d'abstraction indispensable à l'activité philosophique. Malgré leur affinité nécessaire, le bon sens proprement dit doit surtout rester préoccupé de réalité et d'utilité, tandis que l'esprit spécialement philosophique tend à apprécier davantage la généralité et la liaison ; en sorte que leur double réaction journalière devient également favorable à chacun d'eux, en consolidant chez lui les qualités fondamentales qui s'y altéreraient naturellement. Une telle relation indique aussitôt combien sont nécessairement creuses et stériles les recherches spéculatives dirigées, en un sujet quelconque, vers les premiers principes, qui, devant toujours émaner de la sagesse vulgaire, n'appartiennent jamais au vrai domaine de la science, dont ils constituent, au contraire, les fondements spontanés et dès lors indiscutables ; ce qui élague radicalement une foule de controverses, oiseuses ou dangereuses, que nous a laissées l'ancien régime mental. On peut également sentir ainsi la profonde inanité finale de toutes les études préalables relatives à la logique abstraite, où il s'agit d'apprécier la vraie méthode philosophique, isolément d'aucune application à un ordre quelconque de phénomènes. En effet, les seuls principes vraiment généraux que l'on puisse établir à cet égard se réduisent nécessairement, comme il est aisé de le vérifier sur les plus célèbres de ces aphorismes, à quelques maximes incontestables mais évidentes, empruntées à la raison commune, et qui n'ajoutent vraiment rien d'essentiel aux indications résultées, chez tous les bons esprits, d'un simple exercice spontané. Quant à la manière d'adapter ces règles universelles aux divers ordres de nos spéculations positives, ce qui constituerait la vraie difficulté et l'utilité réelle de tels préceptes logiques, elle ne saurait comporter de véritable appréciation que d'après une analyse spéciale des études correspondantes, conformément à la nature propre des phénomènes considérés. La saine philosophie ne sépare donc jamais la logique d'avec la science ; la méthode et la doctrine ne pouvant, en chaque cas, être bien jugées que d'après leurs vraies relations mutuelles : il n'est pas plus possible, au fond, de donner à la logique qu'à la science un caractère universel par des conceptions purement abstraites, indépendantes de tous phénomènes déterminés; les tentatives de ce genre indiquent encore la secrète influence de l'esprit absolu inhérent au régime théologico-métaphysique.

Considérée maintenant sous l'aspect historique, cette intime solidarité naturelle entre le génie propre de la vraie philosophie et le simple bon sens universel montre l'origine spontanée de l'esprit positif, partout résulté, en effet, d'une réaction spéciale de la raison pratique sur la raison théorique, dont le caractère initial a toujours été ainsi modifié de plus en plus. Mais cette transformation graduelle ne pouvait s'opérer à la fois, ni surtout avec une égale vitesse, sur les diverses classes de spéculations abstraites, toutes primitivement théologiques, comme nous l'avons reconnu. Cette constante impulsion concrète n'y pouvait faire pénétrer l'esprit positif que suivant un ordre déterminé, conforme à la complication croissante des phénomènes, et qui sera directement expliqué ci-dessous. La positivité abstraite, nécessairement née dans les plus simples études mathématiques, et propagée ensuite par voie d'affinité spontanée ou d'imitation instinctive, ne pouvait donc offrir d'abord qu'un caractère spécial et même, à beaucoup d'égards, empirique, qui devait longtemps dissimuler, à la plupart de ses promoteurs, soit son incompatibilité inévitable avec la philosophie initiale, soit surtout sa tendance radicale à fonder un nouveau régime logique. Ses progrès continus, sous l'impulsion croissante de la raison vulgaire, ne pouvaient alors déterminer directement que le triomphe préalable de l'esprit métaphysique, destiné, par sa généralité spontanée, à lui servir d'organe philosophique, pendant les siècles écoulés entre la préparation mentale du monothéisme et sa pleine installation sociale, après laquelle le régime ontologique, ayant obtenu tout l'ascendant que comportait sa nature, est bientôt devenu oppressif pour l'essor scientifique, qu'il avait jusque-là secondé. Aussi l'esprit positif n'a-t-il pu manifester suffisamment sa propre tendance philosophique que quand il s'est trouvé enfin conduit, par cette oppression, à lutter spécialement contre l'esprit métaphysique, avec lequel il avait dû longtemps sembler confondu. C'est pourquoi la première fondation systématique de la philosophie positive ne saurait remonter au delà de la mémorable crise où l'ensemble du régime ontologique a commencé à succomber, dans tout l'occident européen, sous le concours spontané de deux admirables impulsions mentales, l'une, scientifique, émanée de Kepler et Galilée, l'autre, philosophique, due à Bacon et Descartes. L'imparfaite unité métaphysique constituée à la fin du moyen âge, a été dès lors irrévocablement dissoute, comme l'ontologie grecque avait déjà détruit à jamais la grande unité théologique, correspondante au polythéisme. Depuis cette crise vraiment décisive, l'esprit positif, grandissant davantage en deux siècles qu'il n'avait pu le faire pendant toute sa longue carrière antérieure, n'a plus laissé possible d'autre unité mentale que celle qui résulterait de son propre ascendant universel, chaque nouveau domaine successivement acquis par lui ne pouvant plus jamais retourner à la théologie ni à la métaphysique, en vertu de la consécration définitive que ces acquisitions croissantes trouvaient de plus en plus dans la raison vulgaire. C'est seulement par une telle systématisation que la sagesse théorique rendra véritablement à la sagesse pratique un digne équivalent, en généralité et en consistance, de l'office fondamental qu'elle en a reçu, en réalité et en efficacité, pendant sa lente initiation graduelle : car, les notions positives obtenues dans les deux derniers siècles sont, à vrai dire, bien plus précieuses comme matériaux ultérieurs

d'une nouvelle philosophie générale que par leur valeur directe
et spéciale, la plupart d'entre elles n'ayant pu encore acquérir
leur caractère définitif, ni scientifique, ni même logique.

L'ensemble de notre évolution mentale, et surtout le grand
mouvement accompli, en Europe occidentale, depuis Descartes
et Bacon, ne laissent donc désormais d'autre issue possible que
de constituer enfin, après tant de préambules nécessaires, l'état
vraiment normal de la raison humaine, en procurant à l'esprit
positif la plénitude et la rationalité qui lui manquent encore,
de manière à établir, entre le génie philosophique et le bon
sens universel, une harmonie qui jusqu'ici n'avait jamais pu
exister suffisamment. Or, en étudiant ces deux conditions simultanées, de complément et de systématisation, que doit aujourd'hui remplir la science réelle pour s'élever à la dignité
d'une vraie philosophie, on ne tarde pas à reconnaître qu'elles
coïncident finalement. D'une part, en effet, la grande crise initiale de la positivité moderne n'a essentiellement laissé en
dehors du mouvement scientifique proprement dit que les théories morales et sociales, dès lors restées dans un irrationnel
isolement, sous la stérile domination de l'esprit théologico-
métaphysique : c'est donc à les amener aussi à l'état positif que
devait surtout consister, de nos jours, la dernière épreuve du
véritable esprit philosophique, dont l'extension successive à
tous les autres phénomènes fondamentaux se trouvait déjà
assez ébauchée. Mais, d'une autre part, cette dernière expansion de la philosophie naturelle tendait spontanément à la systématiser aussitôt, en constituant l'unique point de vue, soit
scientifique, soit logique, qui puisse dominer l'ensemble de nos
spéculations réelles, toujours nécessairement réductibles à
l'aspect humain, c'est-à-dire social, seul susceptible d'une
active universalité. Tel est le double but philosophique de l'élaboration fondamentale, à la fois spéciale et générale, que j'ai

osé entreprendre dans le grand ouvrage indiqué au début de ce discours : les plus éminents penseurs contemporains la jugent ainsi assez accomplie pour avoir déjà posé les véritables bases directes de l'entière rénovation mentale projetée par Bacon et Descartes, mais dont l'exécution décisive était réservée à notre siècle.

Pour que cette systématisation finale des conceptions humaines soit aujourd'hui assez caractérisée, il ne suffit pas d'apprécier, comme nous venons de le faire, sa destination théorique ; il faut aussi considérer ici, d'une manière distincte quoique sommaire, son aptitude nécessaire à constituer la seule issue intellectuelle que puisse réellement comporter l'immense crise sociale développée, depuis un demi-siècle, dans l'ensemble de l'occident européen, et surtout en France.

Tandis que s'y accomplissait graduellement, pendant les cinq derniers siècles, l'irrévocable dissolution de la philosophie théologique, le système politique dont elle formait la base mentale subissait de plus en plus une décomposition non moins radicale, pareillement présidée par l'esprit métaphysique. Ce double mouvement négatif avait pour organes essentiels et solidaires, d'une part, les universités, d'abord émanées mais bientôt rivales de la puissance sacerdotale, d'une autre part, les diverses corporations de légistes, graduellement hostiles aux pouvoirs féodaux : seulement, à mesure que l'action critique se disséminait, ses agents, sans changer de nature, devenaient plus nombreux et plus subalternes ; en sorte que, au dix-huitième siècle, la principale activité révolutionnaire dut passer, dans l'ordre philosophique, des docteurs proprement dits aux simples littérateurs, et ensuite, dans l'ordre politique, des juges aux avocats. La grande crise finale a nécessairement commencé quand cette commune décadence, d'abord spontanée, puis systématique, à laquelle, d'ailleurs, toutes les classes

quelconques de la société moderne avaient diversement concouru, est enfin parvenue au point de rendre universellement
irrécusable l'impossibilité de conserver le régime ancien et le
besoin croissant d'un ordre nouveau. Dès son origine, cette
crise a toujours tendu à transformer en un vaste mouvement
organique le mouvement critique des cinq siècles antérieurs,
en se présentant comme destinée surtout à opérer directement
la régénération sociale, dont tous les préambules négatifs se
trouvaient alors suffisamment accomplis. Mais cette transformation décisive, quoique de plus en plus urgente, a dû rester
jusqu'ici essentiellement impossible, faute d'une philosophie
vraiment propre à lui fournir une base intellectuelle indispensable. Au temps même où le suffisant accomplissement de la
décomposition préalable exigeait la désuétude des doctrines
purement négatives qui l'avaient dirigée, une fatale illusion,
alors inévitable, conduisit, au contraire, à accorder spontanément à l'esprit métaphysique, seul actif pendant ce long
préambule, la présidence générale du mouvement de réorganisation. Quand une expérience pleinement décisive eut à jamais
constaté, aux yeux de tous, l'entière impuissance organique
d'une telle philosophie, l'absence de toute autre théorie ne permit pas de satisfaire d'abord aux besoins d'ordre, qui déjà pré-
valaient, autrement que par une sorte de restauration passagère
de ce même système, mental et social, dont l'irréparable décadence avait donné lieu à la crise. Enfin, le développement de
cette réaction rétrograde dut ensuite déterminer une mémorable manifestation, que nos lacunes philosophiques rendaient
aussi indispensable qu'inévitable, afin de démontrer irrévocablement que le progrès constitue, tout autant que l'ordre,
l'une des deux conditions fondamentales de la civilisation moderne.

Le concours naturel de ces deux épreuves irrécusables, dont

le renouvellement est maintenant devenu aussi impossible qu'inutile, nous a conduits aujourd'hui à cette étrange situation où rien de vraiment grand ne peut être entrepris, ni pour l'ordre, ni pour le progrès, faute d'une philosophie réellement adaptée à l'ensemble de nos besoins. Tout sérieux effort de réorganisation s'arrête bientôt devant les craintes de rétrogradation qu'il doit naturellement inspirer, en un temps où les idées d'ordre émanent encore essentiellement du type ancien, devenu justement antipathique aux populations actuelles : de même, les tentatives d'accélération directe de la progression politique ne tardent pas à être radicalement entravées par les inquiétudes très-légitimes qu'elles doivent susciter sur l'imminence de l'anarchie, tant que les idées de progrès restent surtout négatives. Comme avant la crise, la lutte apparente demeure donc engagée entre l'esprit théologique, reconnu incompatible avec le progrès, qu'il a été conduit à nier dogmatiquement, et l'esprit métaphysique, qui, après avoir abouti, en philosophie, au doute universel, n'a pu tendre, en politique, qu'à constituer le désordre, ou un état équivalent de non-gouvernement. Mais, d'après le sentiment unanime de leur commune insuffisance, ni l'un ni l'autre ne peut plus inspirer désormais, chez les gouvernants ou chez les gouvernés, de profondes convictions actives. Leur antagonisme continue pourtant à les alimenter mutuellement, sans qu'aucun d'eux puisse davantage comporter une véritable désuétude qu'un triomphe décisif ; parce que notre situation intellectuelle les rend encore indispensables pour représenter, d'une manière quelconque, les conditions simultanées, d'une part de l'ordre, d'une autre part du progrès, jusqu'à ce qu'une même philosophie puisse y satisfaire également, de manière à rendre enfin pareillement inutiles l'école rétrograde et l'école négative, dont chacune est surtout destinée aujourd'hui à empêcher l'entière prépondérance de l'autre. Néanmoins, les inquiétudes opposées, relatives à ces deux dominations contraires, devront naturellement persister à la fois, tant que durera cet interrègne mental, par une suite inévitable de cette irrationnelle scission entre les deux faces inséparables du grand problème social. En effet, chacune des deux écoles, en vertu de son exclusive préoccupation, n'est plus même capable désormais de contenir suffisamment les aberrations inverses de son antagoniste. Malgré sa tendance anti-anarchique, l'école théologique s'est montrée, de nos jours, radicalement impuissante à empêcher l'essor des opinions subversives, qui, après s'être développées surtout pendant sa principale restauration, sont souvent propagées par elle, pour de frivoles calculs dynastiques. Semblablement, quel que soit l'instinct anti-rétrograde de l'école métaphysique, elle n'a plus aujourd'hui toute la force logique qu'exigerait son simple office révolutionnaire, parce que son inconséquence caractéristique l'oblige à admettre les principes essentiels de ce même système dont elle attaque sans cesse les vraies conditions d'existence.

Cette déplorable oscillation entre deux philosophies opposées, devenues également vaines, et ne pouvant s'éteindre qu'à la fois, devait susciter le développement d'une sorte d'école intermédiaire, essentiellement stationnaire, destinée surtout à rappeler directement l'ensemble de la question sociale, en proclamant enfin comme pareillement nécessaires les deux conditions fondamentales qu'isolaient les deux opinions actives. Mais, faute d'une philosophie propre à réaliser cette grande combinaison de l'esprit d'ordre avec l'esprit de progrès, cette troisième impulsion reste logiquement encore plus impuissante que les deux autres, parce qu'elle systématise l'inconséquence, en consacrant simultanément les principes rétrogrades et les maximes négatives, afin de pouvoir les neutraliser mutuellement. Loin de tendre à terminer la crise, une telle disposition ne pourrait aboutir qu'à l'éterniser, en s'opposant directement à toute vraie prépondérance d'un système quelconque, si on ne la bornait pas à une simple destination passagère, pour satisfaire empiriquement aux plus graves exigences de notre situation révolutionnaire, jusqu'à l'avénement décisif des seules doctrines qui puissent désormais convenir à l'ensemble de nos besoins. Mais, ainsi conçu, cet expédient provisoire est aujourd'hui devenu aussi indispensable qu'inévitable. Son rapide ascendant pratique, implicitement reconnu par les deux partis actifs, constate de plus en plus, chez les populations actuelles, l'amortissement simultané des convictions et des passions antérieures, soit rétrogrades, soit critiques, graduellement remplacées par un sentiment universel, réel quoique confus, de la nécessité, et même de la possibilité, d'une conciliation permanente entre l'esprit de conservation et l'esprit d'amélioration, également propres à l'état normal de l'humanité. La tendance correspondante des hommes d'état à empêcher aujourd'hui, autant que possible, tout grand mouvement politique, se trouve d'ailleurs spontanément conforme aux exigences fondamentales d'une situation qui ne comportera réellement que des institutions provisoires, tant qu'une vraie philosophie générale n'aura pas suffisamment rallié les intelligences. A l'insu des pouvoirs actuels, cette résistance instinctive concourt à faciliter la véritable solution, en poussant à transformer une stérile agitation politique en une active progression philosophique, de manière à suivre enfin la marche prescrite par la nature propre de la réorganisation finale, qui doit d'abord s'opérer dans les idées, pour passer ensuite aux mœurs, et, en dernier lieu, aux institutions. Une telle transformation, qui déjà tend à prévaloir en France, devra naturellement se développer partout de plus en plus, vu la nécessité croissante où se trouvent maintenant

placés nos gouvernements occidentaux de maintenir à grands
frais l'ordre matériel au milieu du désordre intellectuel et
moral, nécessité qui doit peu à peu absorber essentiellement
leurs efforts journaliers., en les conduisant à renoncer implicitement à toute sérieuse présidence de la réorganisation spirituelle, ainsi livrée désormais à la libre activité des philosophes,
qui se montreraient dignes de la diriger. Cette disposition naturelle des pouvoirs actuels est en harmonie avec la tendance
spontanée des populations à une apparente indifférence politique, motivée sur l'impuissance radicale des diverses doctrines
en circulation, et qui doit toujours persister tant que les débats
politiques continueront, faute d'une impulsion convenable,
à dégénérer en de vaines luttes personnelles, de plus en plus
misérables. Telle est l'heureuse efficacité pratique que l'ensemble de notre situation révolutionnaire procure momentanément à une école essentiellement empirique, qui, sous l'aspect
théorique, ne peut jamais produire qu'un système radicalement
contradictoire, non moins absurde et non moins dangereux,
en politique, que l'est, en philosophie, l'éclectisme correspondant, inspiré aussi par une vaine intention de concilier, sans
principes propres, des opinions incompatibles.

D'après ce sentiment, de plus en plus développé, de l'égale
insuffisance sociale qu'offrent désormais l'esprit théologique et
l'esprit métaphysique, qui seuls jusqu'ici ont activement dis-
puté l'empire, la raison publique doit se trouver implicitement
disposée à accueillir aujourd'hui l'esprit positif comme l'unique
base possible d'une vraie résolution de la profonde anarchie
intellectuelle et morale qui caractérise surtout la grande crise
moderne. Restée encore étrangère à de telles questions, l'école
positive s'y est graduellement préparée en constituant, autant
que possible, pendant la lutte révolutionnaire des trois derniers siècles, le véritable état normal de toutes les classes plus

simples de nos spéculations réelles. Forte de tels antécédents, scientifiques et logiques, pure d'ailleurs des diverses aberrations contemporaines, elle se présente aujourd'hui comme venant enfin d'acquérir l'entière généralité philosophique qui lui manquait jusqu'ici; dès lors elle ose entreprendre, à son tour, la solution, encore intacte, du grand problème, en transportant convenablement aux études finales la même régénération qu'elle a successivement opérée déjà envers les différentes études préliminaires.

On ne peut d'abord méconnaître l'aptitude spontanée d'une telle philosophie à constituer directement la conciliation fondamentale, encore si vainement cherchée, entre les exigences simultanées de l'ordre et du progrès; puisqu'il lui suffit, à cet effet, d'étendre jusqu'aux phénomènes sociaux une tendance pleinement conforme à sa nature, et qu'elle a maintenant rendue très-familière dans tous les autres cas essentiels. En un sujet quelconque, l'esprit positif conduit toujours à établir une exacte harmonie élémentaire entre les idées d'existence et les idées de mouvement, d'où résulte plus spécialement, envers les corps vivants, la corrélation permanente des idées d'organisation aux idées de vie, et ensuite, par une dernière spécialisation propre à l'organisme social, la solidarité continue des idées d'ordre avec les idées de progrès. Pour la nouvelle philosophie, l'ordre constitue sans cesse la condition fondamentale du progrès; et, réciproquement, le progrès devient le but nécessaire de l'ordre: comme, dans la mécanique animale, l'équilibre et la progression sont mutuellement indispensables, à titre de fondement ou de destination.

Spécialement considéré ensuite quant à l'ordre, l'esprit positif lui présente aujourd'hui, dans son extension sociale, de puissantes garanties directes, non seulement scientifiques mais aussi logiques, qui pourront bientôt être jugées très-supérieures

aux vaines prétentions d'une théologie rétrograde, de plus en
plus dégénérée, depuis plusieurs siècles, en actif élément de
discordes, individuelles ou nationales; et désormais incapable
de contenir les divagations subversives de ses propres adeptes.
Attaquant le désordre actuel à sa véritable source, nécessairement mentale, il constitue, aussi profondément que possible,
l'harmonie logique, en régénérant d'abord les méthodes avant
les doctrines, par une triple conversion simultanée de la nature
des questions dominantes, de la manière de les traiter, et des
conditions préalables de leur élaboration. D'une part, en effet,
il démontre que les principales difficultés sociales ne sont pas
aujourd'hui essentiellement politiques, mais surtout morales,
en sorte que leur solution possible dépend réellement des opinions et des mœurs beaucoup plus que des institutions ; ce qui
tend à éteindre une activité perturbatrice, en transformant
l'agitation politique en mouvement philosophique. Sous le
second aspect, il envisage toujours l'état présent comme un
résultat nécessaire de l'ensemble de l'évolution antérieure, de
manière à faire constamment prévaloir l'appréciation rationnelle du passé pour l'examen actuel des affaires humaines; ce
qui écarte aussitôt les tendances purement critiques, incompatibles avec toute saine conception historique. Enfin, au lieu de
laisser la science sociale dans le vague et stérile isolement où
la placent encore la théologie et la métaphysique, il la coordonne
irrévocablement à toutes les autres sciences fondamentales, qui
constituent graduellement, envers cette étude finale, autant de
préambules indispensables, où notre intelligence acquiert à la
fois les habitudes et les notions sans lesquelles on ne peut utilement aborder les plus éminentes spéculations positives; ce qui
institue déjà une vraie discipline mentale, propre à améliorer
radicalement de telles discussions, dès lors rationnellement
interdites à une foule d'entendements mal organisés ou mal

préparés. Ces grandes garanties logiques sont d'ailleurs ensuite pleinement confirmées et développées par l'appréciation scientifique proprement dite, qui, envers les phénomènes sociaux ainsi que pour tous les autres, représente toujours notre ordre artificiel comme devant surtout consister en un simple prolongement judicieux, d'abord spontané, puis systématique, de l'ordre naturel résulté, en chaque cas, de l'ensemble des lois réelles, dont l'action effective est ordinairement modifiable, par notre sage intervention, entre des limites déterminées, d'autant plus écartées que les phénomènes sont plus élevés. Le sentiment élémentaire de l'ordre est, en un mot, naturellement inséparable de toutes les spéculations positives, constamment dirigées vers la découverte des moyens de liaison entre des observations dont la principale valeur résulte de leur systématisation.

Il en est de même, et encore plus évidemment, quant au progrès, qui, malgré de vaines prétentions ontologiques, trouve aujourd'hui, dans l'ensemble des études scientifiques, sa plus incontestable manifestation. D'après leur nature absolue, et par suite essentiellement immobile, la métaphysique et la théologie ne sauraient comporter, guère plus l'une que l'autre, un véritable progrès, c'est-à-dire une progression continue vers un but déterminé. Leurs transformations historiques consistent surtout, au contraire, en une désuétude croissante, soit mentale, soit sociale, sans que les questions agitées aient jamais pu faire aucun pas réel, à raison même de leur insolubilité radicale. Il est aisé de reconnaître que les discussions ontologiques des écoles grecques se sont essentiellement reproduites, sous d'autres formes, chez les scolastiques du moyen âge, et nous en retrouvons aujourd'hui l'équivalent parmi nos psychologues ou idéologues, aucune des doctrines controversées n'ayant pu, pendant ces vingt siècles de stériles débats, aboutir à des démonstrations décisives, pas seulement en ce qui concerne l'existence des corps extérieurs, encore aussi problématique pour les argumentateurs modernes que pour leurs plus antiques prédécesseurs. C'est évidemment là marche continue des connaissances positives qui a inspiré, il y a deux siècles, dans la célèbre formule philosophique de Pascal, la première notion rationnelle du progrès humain, nécessairement étrangère à toute l'ancienne philosophie. Étendue ensuite à l'évolution industrielle et même esthétique, mais restée trop confuse envers le mouvement social, elle tend aujourd'hui vaguement vers une systématisation décisive, qui ne peut émaner que de l'esprit positif, enfin convenablement généralisé. Dans ses spéculations journalières, il en reproduit spontanément l'actif sentiment élémentaire, en représentant toujours l'extension et le perfectionnement de nos connaissances réelles comme le but essentiel de nos divers efforts théoriques. Sous l'aspect le plus systématique, la nouvelle philosophie assigne directement, pour destination nécessaire, à toute notre existence, à la fois personnelle et sociale, l'amélioration continue, non-seulement de notre condition, mais aussi et surtout de notre nature, autant que le comporte, à tous égards, l'ensemble des lois réelles, extérieures ou intérieures. Érigeant ainsi la notion du progrès en dogme vraiment fondamental de la sagesse humaine, soit pratique, soit théorique, elle lui imprime le caractère le plus noble en même temps que le plus complet, en représentant toujours le second genre de perfectionnement comme supérieur au premier. D'une part, en effet, l'action de l'humanité sur le monde extérieur dépendant surtout des dispositions de l'agent, leur amélioration doit constituer notre principale ressource : d'une autre part, les phénomènes humains, individuels ou collectifs, étant, de tous, les plus modifiables, c'est envers eux que notre intervention rationnelle comporte naturellement la plus vaste efficacité. Le dogme du progrès ne peut donc devenir suffisamment philosophique que d'après une exacte appréciation générale de ce qui constitue surtout cette amélioration continue de notre propre nature, principal objet de la progression humaine. Or, à cet égard, l'ensemble de la philosophie positive démontre pleinement, comme on peut le voir dans l'ouvrage indiqué au début de ce Discours, que ce perfectionnement consiste essentiellement, soit pour l'individu, soit pour l'espèce, à faire de plus en plus prévaloir les éminents attributs qui distinguent le plus notre humanité de la simple animalité, c'est-à-dire, d'une part l'intelligence, d'une autre part la sociabilité, facultés naturellement solidaires, qui se servent mutuellement de moyen et de but. Quoique le cours spontané de l'évolution humaine, personnelle ou sociale, développe toujours leur commune influence, leur ascendant combiné ne saurait pourtant parvenir au point d'empêcher que notre principale activité ne dérive habituellement des penchants inférieurs, que notre constitution réelle rend nécessairement beaucoup plus énergiques. Ainsi, cette idéale prépondérance de notre humanité sur notre animalité remplit naturellement les conditions essentielles d'un vrai type philosophique, en caractérisant une limite déterminée, dont tous nos efforts doivent nous rapprocher constamment, sans pouvoir toutefois y atteindre jamais.

Cette double indication de l'aptitude fondamentale de l'esprit positif à systématiser spontanément les saines notions simultanées de l'ordre et du progrès suffit ici pour signaler sommairement la haute efficacité sociale propre à la nouvelle philosophie générale. Sa valeur, à cet égard, dépend surtout de sa pleine réalité scientifique, c'est-à-dire de l'exacte harmonie qu'elle établit toujours, autant que possible, entre les principes et les faits, aussi bien quant aux phénomènes sociaux qu'envers tous les autres. La réorganisation totale, qui peut

seule terminer la grande crise moderne, consiste, en effet,
sous l'aspect mental, qui doit d'abord prévaloir, à constituer
une théorie sociologique propre à expliquer convenablement
l'ensemble du passé humain : tel est le mode le plus rationnel
de poser la question essentielle, afin d'y mieux écarter toute
passion perturbatrice. Or, c'est ainsi que la supériorité nécessaire de l'école positive sur les diverses écoles actuelles peut
aussi être le plus nettement appréciée. Car, l'esprit théologique
et l'esprit métaphysique sont tous deux conduits, par leur nature absolue, à ne considérer que la portion du passé où chacun d'eux a surtout dominé : ce qui précède et ce qui suit ne
leur offre qu'une ténébreuse confusion et un désordre inexplicable, dont la liaison avec cette étroite partie du grand spectacle historique ne peut, à leurs yeux, résulter que d'une mi-
raculeuse intervention. Par exemple, le catholicisme a toujours montré, à l'égard du polythéisme antique, une tendance
aussi aveuglément critique que celle qu'il reproche justement
aujourd'hui, envers lui-même, à l'esprit révolutionnaire proprement dit. Une véritable explication de l'ensemble du passé,
conformément aux lois constantes de notre nature, individuelle
ou collective, est donc nécessairement impossible aux diverses
écoles absolues qui dominent encore ; aucune d'elles, en effet,
n'a suffisamment tenté de l'établir. L'esprit positif, en vertu de
sa nature éminemment relative, peut seul représenter convenablement toutes les grandes époques historiques comme autant
de phases déterminées d'une même évolution fondamentale, où
chacune résulte de la précédente et prépare la suivante selon
des lois invariables, qui fixent sa participation spéciale à la
commune progression, de manière à toujours permettre, sans
plus d'inconséquence que de partialité, de rendre une exacte
justice philosophique à toutes les coopérations quelconques.
Quoique cet incontestable privilége de la positivité rationnelle

doive d'abord sembler purement spéculatif, les vrais penseurs y reconnaîtront bientôt la première source nécessaire de l'actif ascendant social réservé finalement à la nouvelle philosophie. Car, on peut assurer aujourd'hui que la doctrine qui aura suffisamment expliqué l'ensemble du passé obtiendra inévitablement, par suite de cette seule épreuve, la présidence mentale de l'avenir.

Une telle indication des hautes propriétés sociales qui caractérisent l'esprit positif ne serait point encore assez décisive si on n'y ajoutait pas une sommaire appréciation de son aptitude spontanée à systématiser enfin la morale humaine, ce qui constituera toujours la principale application de toute vraie théorie de l'humanité.

Dans l'organisme polythéique de l'antiquité, la morale, radicalement subordonnée à la politique, ne pouvait jamais acquérir ni la dignité ni l'universalité convenables à sa nature. Son indépendance fondamentale et même son ascendant normal résultèrent enfin, autant qu'il était alors possible, du régime monothéique propre au moyen âge : cet immense service social, dû surtout au catholicisme, formera toujours son principal titre à l'éternelle reconnaissance du genre humain. C'est seulement depuis cette indispensable séparation, sanctionnée et complétée par la division nécessaire des deux puissances, que la morale humaine a pu réellement commencer à prendre un caractère systématique, en établissant, à l'abri des impulsions passagères, des règles vraiment générales pour l'ensemble de notre existence, personnelle, domestique et sociale. Mais les profondes imperfections de la philosophie monothéique qui présidait alors à cette grande opération ont dû en altérer beaucoup l'efficacité, et même en compromettre gravement la stabilité, en suscitant bientôt un fatal conflit entre l'essor intellectuel et le développement moral. Ainsi liée à une doctrine qui ne pouvait longtemps rester progressive, la morale devait ensuite se trouver de plus en plus affectée par le discrédit croissant qu'allait nécessairement subir une théologie qui, désormais rétrograde, deviendrait enfin radicalement antipathique à la raison moderne. Exposée dès lors à l'action dissolvante de la métaphysique, la morale théorique a reçu, en effet, pendant les cinq derniers siècles, dans chacune de ses trois parties essentielles, des atteintes graduellement dangereuses, que n'ont pu toujours assez réparer, pour la pratique, la rectitude et la moralité naturelles de l'homme, malgré l'heureux développement continu que devait alors leur procurer le cours spontané de notre civilisation. Si l'ascendant nécessaire de l'esprit positif ne venait enfin mettre un terme à ces anarchiques divagations, elles imprimeraient certainement une mortelle fluctuation à toutes les notions un peu délicates de la morale usuelle, non-seulement sociale, mais aussi domestique, et même personnelle, en ne laissant partout subsister que les règles relatives aux cas les plus grossiers, que l'appréciation vulgaire pourrait directement garantir.

En une telle situation, il doit sembler étrange que la seule philosophie qui puisse, en effet, consolider aujourd'hui la morale, se trouve, au contraire, taxée, à cet égard, d'incompétence radicale par les diverses écoles actuelles, depuis les vrais catholiques jusqu'aux simples déistes, qui, au milieu de leurs vains débats, s'accordent surtout à lui interdire essentiellemens l'accès de ces questions fondamentales, d'après cet unique motif que son génie trop partiel s'était borné jusqu'ici à des sujets plus simples. L'esprit métaphysique, qui a si souvent tendu à dissoudre activement la morale, et l'esprit théologique, qui, dès longtemps, a perdu la force de la préserver, persistent néanmoins à s'en faire une sorte d'apanage éternel et exclusif, sans que la raison publique ait encore convenablement jugé ces empiriques prétentions. On doit, il est vrai, reconnaître, en général, que l'introduction de toute règle morale a dû partout s'opérer d'abord sous les inspirations théologiques, alors profondément incorporées au système entier de nos idées, et aussi seules susceptibles de constituer des opinions suffisamment communes. Mais l'ensemble du passé démontre également que cette solidarité primitive a toujours décru comme l'ascendant même de la théologie ; les préceptes moraux, ainsi que tous les autres, ont été de plus en plus ramenés à une consécration purement rationnelle, à mesure que le vulgaire est devenu plus capable d'apprécier l'influence réelle de chaque conduite sur l'existence humaine, individuelle ou sociale. En séparant irrévocablement la morale de la politique, le catholicisme a dû beaucoup développer cette tendance continue ; puisque l'intervention surnaturelle s'est ainsi trouvée directement réduite à la formation des règles générales, dont l'application particulière était dès lors essentiellement confiée à la sagesse humaine. S'adressant à des populations plus avancées, il a livré à la raison publique une foule de prescriptions spéciales que les anciens sages avaient cru ne pouvoir jamais se passer des injonctions religieuses, comme le pensent encore les docteurs polythéistes de l'Inde, par exemple quant à la plupart des pratiques hygiéniques. Aussi peut-on remarquer, même plus de trois siècles après saint Paul, les sinistres prédictions de plusieurs philosophes ou magistrats païens, sur l'imminente immoralité qu'allait entraîner nécessairement la prochaine révolution théologique. Les déclamations actuelles des diverses écoles monothéiques n'empêcheront pas davantage l'esprit positif d'achever aujourd'hui, sous les conditions convenables, la conquête, pratique et théorique, du domaine moral, déjà spontanément livré de plus en plus à la raison humaine, dont il ne nous reste surtout qu'à systématiser enfin les inspirations particulières. L'humanité ne saurait, sans doute, demeurer indéfiniment condamnée à ne pouvoir fonder ses règles de conduite que sur des motifs chimériques, de manière à éterniser une désastreuse opposition, jusqu'ici passagère, entre les besoins intellectuels et les besoins moraux.

Bien loin que l'assistance théologique soit à jamais indispensable aux préceptes moraux, l'expérience démontre, au contraire, qu'elle leur est devenue, chez les modernes, de plus en plus nuisible, en les faisant inévitablement participer, par suite de cette funeste adhérence, à la décomposition croissante du régime monothéique, surtout pendant les trois derniers siècles. D'abord, cette fatale solidarité devait directement affaiblir, à mesure que la foi s'éteignait, la seule base sur laquelle se trouvaient ainsi reposer des règles qui, souvent exposées à de graves conflits avec des impulsions très-énergiques, ont besoin d'être soigneusement préservées de toute hésitation. L'antipathie croissante que l'esprit théologique inspirait justement à la raison moderne, a gravement affecté beaucoup d'importantes notions morales, non-seulement relatives aux plus grands rapports sociaux, mais concernant aussi la simple vie domestique, et même l'existence personnelle : une aveugle ardeur d'émancipation mentale n'a que trop entraîné d'ailleurs à ériger quelquefois le dédain passager de ces salutaires maximes en une sorte de folle protestation contre la philosophie rétrograde d'où elles semblaient exclusivement émaner. Jusque chez ceux qui conservaient la foi dogmatique, cette funeste influence se faisait indirectement sentir, parce que l'autorité sacerdotale, après avoir perdu son indépendance politique, voyait aussi décroître de plus en plus l'ascendant social indispensable à son efficacité morale. Outre cette impuissance croissante pour protéger les règles morales, l'esprit théologique leur a souvent nui aussi d'une manière active, par les divagations qu'il a suscitées, depuis

qu'il n'est plus suffisamment disciplinable, sous l'inévitable essor
du libre examen individuel. Ainsi exercé, il a réellement inspiré ou secondé beaucoup d'aberrations anti-sociales, que le
bon sens, livré à lui-même, eût spontanément évitées ou re-
jetées. Les utopies subversives que nous voyons s'accréditer
aujourd'hui, soit contre la propriété, soit même quant à la fa-
mille, etc., ne sont presque jamais émanées ni accueillies des intelligences pleinement émancipées, malgré leurs lacunes fondamentales, mais bien plutôt de celles qui poursuivent activement
une sorte de restauration théologique, fondée sur un vague et
stérile déisme ou sur un protestantisme équivalent. Enfin, cette
antique adhérence à la théologie est aussi devenue nécessairement funeste à la morale, sous un troisième aspect général, en
s'opposant à sa solide reconstruction sur des bases purement
humaines. Si cet obstacle ne consistait que dans les aveugles
déclamations trop souvent émanées des diverses écoles actuelles,
théologiques ou métaphysiques, contre le prétendu danger
d'une telle opération, les philosophes positifs pourraient se
borner à repousser d'odieuses insinuations par l'irrécusable
exemple de leur propre vie journalière, personnelle, domestique, et sociale. Mais cette opposition est, malheureusement,
beaucoup plus radicale; car, elle résulte de l'incompatibilité
nécessaire qui existe évidemment entre ces deux manières de
systématiser la morale. Les motifs théologiques devant naturellement offrir, aux yeux du croyant, une intensité très-supérieure à celle de tous les autres quelconques, ils ne sauraient
jamais devenir les simples auxiliaires des motifs purement humains : ils ne peuvent conserver aucune efficacité réelle aussitôt qu'ils ne dominent plus. Il n'existe donc aucune alternative
durable, entre fonder enfin la morale sur la connaissance positive de l'humanité, et la laisser reposer sur l'injonction surnaturelle : les convictions rationnelles ont pu seconder les

croyances théologiques, ou plutôt s'y substituer graduellement, à mesure que la foi s'est éteinte ; mais la combinaison inverse ne constitue certainement qu'une utopie contradictoire, où le principal serait subordonné à l'accessoire.

Une judicieuse exploration du véritable état de la société moderne représente donc comme de plus en plus démentie, par l'ensemble des faits journaliers, la prétendue impossibilité de se dispenser désormais de toute théologie pour consolider la morale ; puisque cette dangereuse liaison a dû devenir, depuis la fin du moyen âge, triplement funeste à la morale, soit en énervant ou discréditant ses bases intellectuelles, soit en y suscitant des perturbations directes, soit en y empêchant une meilleure systématisation. Si, malgré d'actifs principes de désordre, la moralité pratique s'est réellement améliorée, cet heureux résultat ne saurait être attribué à l'esprit théologique, alors dégénéré, au contraire, en un dangereux dissolvant : il est essentiellement dû à l'action croissante de l'esprit positif, déjà efficace sous sa forme spontanée, consistant dans le bon sens universel, dont les sages inspirations ont secondé l'impulsion naturelle de notre civilisation progressive pour combattre utilement les diverses aberrations, surtout celles qui émanaient des divagations religieuses. Lorsque, par exemple, la théologie protestante tendait à altérer gravement l'institution du mariage par la consécration formelle du divorce, la raison publique en neutralisait beaucoup les funestes effets, en imposant presque toujours le respect pratique des mœurs antérieures, seules conformes au vrai caractère de la sociabilité moderne. D'irrécusables expériences ont d'ailleurs prouvé, en même temps, sur une vaste échelle, au sein des masses populaires, que le prétendu privilége exclusif des croyances religieuses pour déterminer de grands sacrifices ou d'actifs dévouements pouvait également appartenir à des opinions directement opposées, et s'attachait, en général, à toute profonde conviction, quelle qu'en puisse être la nature. Ces nombreux adversaires du régime théologique qui, il y a un demi-siècle, garantirent, avec tant d'héroïsme, notre indépendance nationale contre la coalition rétrograde, ne montrèrent pas, sans doute, une moins pleine et moins constante abnégation que les bandes supersti- tieuses, qui, au sein de la France, secondèrent l'agression extérieure.

Pour achever d'apprécier les prétentions actuelles de la phi- losophie théologico-métaphysique à conserver la systématisa- tion exclusive de la morale usuelle, il suffit d'envisager direc- tement la doctrine dangereuse et contradictoire que l'inévitable progrès de l'émancipation mentale l'a bientôt forcée d'établir à ce sujet, en consacrant partout, sous des formes plus ou moins explicites, une sorte d'hypocrisie collective, analogue à celle qu'on suppose très-mal à propos avoir été habituelle chez les anciens, quoiqu'elle n'y ait jamais comporté qu'un succès pré- caire et passager. Ne pouvant empêcher le libre essor de la raison moderne chez les esprits cultivés, on s'est ainsi proposé d'obtenir d'eux, en vue de l'intérêt public, le respect apparent des antiques croyances, afin d'en maintenir, chez le vulgaire, l'autorité jugée indispensable. Cette transaction systématique n'est nullement particulière aux jésuites, quoiqu'elle constitue le fonds essentiel de leur tactique ; l'esprit protestant lui a aussi imprimé, à sa manière, une consécration encore plus intime, plus étendue, et surtout plus dogmatique : les métaphysiciens proprement dits l'adoptent tout autant que les théologiens eux- mêmes ; le plus grand d'entre eux, quoique sa haute moralité fût vraiment digne de son éminente intelligence, a été entraîné à la sanctionner essentiellement, en établissant, d'une part, que les opinions théologiques quelconques ne comportent au- cune véritable démonstration, et, d'une autre part, que la

nécessité sociale oblige à maintenir indéfiniment leur empire.
Malgré qu'une telle doctrine puisse devenir respectable chez
ceux qui n'y rattachent aucune ambition personnelle, elle n'en
tend pas moins à vicier toutes les sources de la moralité humaine, en la faisant nécessairement reposer sur un état continu de fausseté, et même de mépris, des supérieurs envers les
inférieurs. Tant que ceux qui devaient participer à cette dissi-
mulation systématique sont restés peu nombreux, la pratique
en a été possible, quoique fort précaire : mais elle est devenue
encore plus ridicule qu'odieuse, quand l'émancipation s'est assez
étendue pour que cette sorte de pieux complot dût embrasser,
comme il le faudrait aujourd'hui, la plupart des esprits actifs.
Enfin, même en supposant réalisée cette chimérique extension, ce prétendu système laisse subsister la difficulté tout
entière à l'égard des intelligences affranchies, dont la propre
moralité se trouve ainsi abandonnée à leur pure spontanéité,
déjà justement reconnue insuffisante chez la classe soumise.
S'il faut aussi admettre la nécessité d'une vraie systématisation
morale chez ces esprits émancipés, elle ne pourra dès lors
reposer que sur des bases positives, qui finalement seront ainsi
jugées indispensables. Quant à borner leur destination à la
classe éclairée, outre qu'une telle restriction ne saurait changer
la nature de cette grande construction philosophique, elle serait
évidemment illusoire en un temps où la culture mentale que
suppose ce facile affranchissement est déjà devenue très-com-
mune, ou plutôt presque universelle, du moins en France.
Ainsi, l'empirique expédient suggéré par le vain désir de maintenir, à tout prix, l'antique régime intellectuel, ne peut finalement aboutir qu'à laisser indéfiniment dépourvus de toute
doctrine morale la plupart des esprits actifs, comme on le voit
trop souvent aujourd'hui.

C'est donc surtout au nom de la morale qu'il faut désormais

travailler ardemment à constituer enfin l'ascendant universel de l'esprit positif, pour remplacer un système déchu qui, tantôt impuissant, tantôt perturbateur, exigerait de plus en plus la compression mentale en condition permanente de l'ordre moral. La nouvelle philosophie peut seule établir aujourd'hui, au sujet de nos divers devoirs, des convictions profondes et actives, vraiment susceptibles de soutenir avec énergie le choc des passions. D'après la théorie positive de l'humanité, d'irrécusables démonstrations, appuyées sur l'immense expérience que possède maintenant notre espèce, détermineront exactement l'influence réelle, directe ou indirecte, privée et publique, propre à chaque acte, à chaque habitude, et à chaque penchant ou sentiment ; d'où résulteront naturellement, comme autant d'inévitables corollaires, les règles de conduite, soit générales, soit spéciales, les plus conformes à l'ordre universel, et qui, par suite, devront se trouver ordinairement les plus favorables au bonheur individuel. Malgré l'extrême difficulté de ce grand sujet, j'ose assurer que, convenablement traité, il comporte des conclusions tout aussi certaines que celles de la géométrie elle-même. On ne peut, sans doute, espérer de jamais rendre suffisamment accessibles à toutes les intelligences ces preuves positives de plusieurs règles morales destinées pourtant à la vie commune : mais il en est déjà ainsi pour diverses prescriptions mathématiques, qui néanmoins sont appliquées sans hésitation dans les plus graves occasions, lorsque, par exemple, nos marins risquent journellement leur existence sur la foi de théories astronomiques qu'ils ne comprennent nullement ; pourquoi une égale confiance ne serait-elle pas accordée aussi à des notions encore plus importantes ? Il est d'ailleurs incontestable que l'efficacité normale d'un tel régime exige, en chaque cas, outre la puissante impulsion résultée naturellement des préjugés publics, l'intervention systématique, tantôt passive, tantôt active, d'une autorité spirituelle, destinée à rappeler avec énergie les maximes fondamentales et à en diriger sagement l'application, comme je l'ai spécialement expliqué dans l'ouvrage ci-dessus indiqué. En accomplissant ainsi le grand office social que le catholicisme n'exerce plus, ce nouveau pouvoir moral utilisera soigneusement l'heureuse aptitude de la philosophie correspondante à s'incorporer spontanément la sagesse réelle de tous les divers régimes antérieurs, suivant la tendance ordinaire de l'esprit positif envers un sujet quelconque. Quand l'astronomie moderne a irrévocablement écarté les principes astrologiques, elle n'en a pas moins précieusement conservé toutes les notions véritables obtenues sous leur domination : il en a été de même pour la chimie, relativement à l'alchimie.

Sans pouvoir entreprendre ici l'appréciation morale de la philosophie positive, il y faut pourtant signaler la tendance continue qui résulte directement de sa constitution propre, soit scientifique, soit logique, pour stimuler et consolider le sentiment du devoir en développant toujours l'esprit d'ensemble, qui s'y trouve naturellement lié. Ce nouveau régime mental dissipe spontanément la fatale opposition qui, depuis la fin du moyen âge, existe de plus en plus entre les besoins intellectuels et les besoins moraux. Désormais, au contraire, toutes les spéculations réelles, convenablement systématisées, concourront sans cesse à constituer, autant que possible, l'universelle prépondérance de la morale, puisque le point de vue social y deviendra nécessairement le lien scientifique et le régulateur logique de tous les autres aspects positifs. Il est impossible qu'une telle coordination, en développant familièrement les idées d'ordre et d'harmonie, toujours rattachées à l'humanité, ne tende point à moraliser profondément, non-seulement les esprits d'élite, mais aussi la masse des intelligences, qui toutes devront plus ou moins participer à cette grande initiation, d'après un système convenable d'éducation universelle.

Une appréciation plus intime et plus étendue, à la fois pratique et théorique, représente l'esprit positif comme étant, par sa nature, seul susceptible de développer directement le sentiment social, première base nécessaire de toute saine morale. L'antique régime mental ne pouvait le stimuler qu'à l'aide de pénibles artifices indirects, dont le succès réel devait être fort imparfait, vu la tendance essentiellement personnelle d'une telle philosophie, quand la sagesse sacerdotale n'en contenait pas l'influence spontanée. Cette nécessité est maintenant reconnue, du moins empiriquement, quant à l'esprit métaphysique proprement dit, qui n'a jamais pu aboutir, en morale, à aucune autre théorie effective que le désastreux système de l'égoïsme, si usité aujourd'hui, malgré beaucoup de déclamations contraires : même les sectes ontologiques qui ont sérieusement protesté contre une semblable aberration n'y ont finalement substitué que de vagues ou incohérentes notions, incapables d'efficacité pratique. Une tendance aussi déplorable, et néanmoins aussi constante, doit avoir de plus profondes racines qu'on ne le suppose communément. Elle résulte surtout, en effet, de la nature nécessairement personnelle d'une telle philosophie, qui, toujours bornée à la considération de l'individu, n'a jamais pu embrasser réellement l'étude de l'espèce, par une suite inévitable de son vain principe logique, essentiellement réduit à l'*intuition* proprement dite, qui ne comporte évidemment aucune application collective. Ses formules ordinaires ne font que traduire naïvement son esprit fondamental ; pour chacun de ses adeptes, la pensée dominante est constamment celle du *moi* : toutes les autres existences quelconques, même humaines, sont confusément enveloppées dans une seule conception négative, et leur vague ensemble constitue le *non-moi;* la notion du *nous* n'y saurait trouver aucune place directe et distincte. Mais, en examinant ce sujet encore plus profondément, il faut reconnaître que, à cet égard, comme sous tout autre aspect, la métaphysique dérive, aussi bien dogmatiquement qu'historiquement, de la théologie elle-même, dont elle ne pouvait jamais constituer qu'une modification dissolvante. En effet, ce caractère de personnalité constante appartient surtout, avec une énergie plus directe, à la pensée théologique, toujours préoccupée, chez chaque croyant, d'intérêts essentiellement individuels, dont l'immense prépondérance absorbe nécessairement toute autre considération, sans que le plus sublime dévouement puisse en inspirer l'abnégation véritable, justement regardée alors comme une dangereuse aberration. Seulement l'opposition fréquente de ces intérêts chimériques avec les intérêts réels a fourni à la sagesse sacerdotale un puissant moyen de discipline morale, qui a pu souvent commander, au profit de la société, d'admirables sacrifices, qui pourtant n'étaient tels qu'en apparence, et se réduisaient toujours à une prudente pondération d'intérêts. Les sentiments bienveillants et désintéressés, qui sont propres à la nature humaine, ont dû, sans doute, se manifester à travers un tel régime, et même, à certains égards, sous son impulsion indirecte : mais, quoique leur essor n'ait pu être ainsi comprimé, leur caractère en a dû recevoir une grave altération, qui probablement ne nous permet pas encore de connaître pleinement leur nature et leur intensité, faute d'un exercice propre et direct. Il y a tout lieu de présumer d'ailleurs que cette habitude continue de calculs personnels envers les plus chers intérêts du croyant a développé, chez l'homme, même à tout autre égard, par voie d'affinité graduelle, un excès de circonspection, de prévoyance, et finalement d'égoïsme, que son organisation fondamentale n'exigeait pas, et qui dès lors pourra diminuer un jour sous un meilleur régime moral. Quoi qu'il en soit de cette conjecture, il demeure incontestable que la pensée théologique est, de sa nature, essentiellement individuelle, et jamais directement collective. Aux yeux de la foi, surtout monothéique, la vie sociale n'existe pas, à défaut d'un but qui lui soit propre : la société humaine ne peut alors offrir immédiatement qu'une simple agglomération d'individus, dont la réunion est presque aussi fortuite que passagère, et qui, occupés chacun de son seul salut, ne conçoivent la participation à celui d'autrui que comme un puissant moyen de mieux mériter le leur, en obéissant aux prescriptions suprêmes qui en ont imposé l'obligation. Notre respectueuse admiration sera toujours bien due assurément à la prudence sacerdotale qui, sous l'heureuse impulsion d'un instinct public, a su retirer longtemps une haute utilité pratique d'une si imparfaite philosophie. Mais cette juste reconnaissance ne saurait aller jusqu'à prolonger artificiellement ce régime initial au delà de sa destination provisoire, quand l'âge est enfin venu d'une économie plus conforme à l'ensemble de notre nature, intellectuelle et affective.

L'esprit positif, au contraire, est directement social, autant que possible, et sans aucun effort, par suite même de sa réalité caractéristique. Pour lui, l'homme proprement dit n'existe pas, il ne peut exister que l'humanité, puisque tout notre développement est dû à la société, sous quelque rapport qu'on l'envisage. Si l'idée de *société* semble encore une abstraction de notre intelligence, c'est surtout en vertu de l'ancien régime philosophique : car, à vrai dire, c'est à l'idée d'*individu* qu'appartient un tel caractère, du moins chez notre espèce. L'ensemble de la nouvelle philosophie tendra toujours à faire ressortir, aussi bien dans la vie active que dans la vie spéculative, la liaison de chacun à tous, sous une foule d'aspects divers, de

manière à rendre involontairement familier le sentiment intime
de la solidarité sociale, convenablement étendue à tous les
temps et à tous les lieux. Non-seulement l'active recherche
du bien public sera sans cesse représentée comme le mode le
plus propre à assurer communément le bonheur privé : mais,
par une influence à la fois plus directe et plus pure, finalement plus efficace, le plus complet exercice possible des penchants généreux deviendra la principale source de la félicité
personnelle, quand même il ne devrait procurer exception-
nellement d'autre récompense qu'une inévitable satisfaction intérieure. Car, si, comme on n'en saurait douter, le bonheur
résulte surtout d'une sage activité, il doit donc dépendre principalement des instincts sympathiques, quoique notre organisation ne leur accorde pas ordinairement une énergie prépondérante ; puisque les sentiments bienveillants sont les seuls qui
puissent se développer librement dans l'état social, qui naturellement les stimule de plus en plus en leur ouvrant un champ
indéfini, tandis qu'il exige, de toute nécessité, une certaine
compression permanente des diverses impulsions personnelles,
dont l'essor spontané susciterait des conflits continus. Dans
cette vaste expansion sociale, chacun retrouvera la satisfaction
normale de cette tendance à s'éterniser, qui ne pouvait d'abord
être satisfaite qu'à l'aide d'illusions désormais incompatibles
avec notre évolution mentale. Ne pouvant plus se prolonger
que par l'espèce, l'individu sera ainsi entraîné à s'y incorporer
le plus complétement possible, en se liant profondément à
toute son existence collective, non-seulement actuelle, mais
aussi passée, et surtout future, de manière à obtenir toute l'intensité de vie que comporte, en chaque cas, l'ensemble des lois
réelles. Cette grande identification pourra devenir d'autant plus
intime et mieux sentie que la nouvelle philosophie assigne nécessairement aux deux sortes de vie une même destination

fondamentale et une même loi d'évolution , consistant toujours ,
soit pour l'individu , soit pour l'espèce , dans la progression
continue dont le but principal a été ci-dessus caractérisé, c'est-
à-dire la tendance à faire , de part et d'autre , prévaloir, autant
que possible , l'attribut humain, ou la combinaison de l'intelligence avec la sociabilité, sur l'animalité proprement dite.
Nos sentiments quelconques n'étant développables que par un
exercice direct et soutenu, d'autant plus indispensable qu'ils
sont d'abord moins énergiques, il serait ici superflu d'insister
davantage , auprès de quiconque possède , même empiriquement, une vraie connaissance de l'homme, pour démontrer la
supériorité nécessaire de l'esprit positif sur l'ancien esprit théologico-métaphysique , quant à l'essor propre et actif de l'instinct social. Cette prééminence est d'une nature tellement sensible que , sans doute , la raison publique la reconnaîtra suffisamment, longtemps avant que les institutions correspondantes
aient pu convenablement réaliser ses heureuses propriétés.

D'après l'ensemble des indications précédentes, la supériorité spontanée de la nouvelle philosophie sur chacune de celles
qui se disputent aujourd'hui l'empire se trouve maintenant
aussi caractérisée sous l'aspect social qu'elle l'était déjà du
point de vue mental, autant du moins que le comporte ce discours , et sauf le recours indispensable à l'ouvrage cité. En
achevant cette sommaire appréciation , il importe d'y remarquer l'heureuse corrélation qui s'établit naturellement entre un
tel esprit philosophique et les dispositions, sages mais empiriques, que l'expérience contemporaine fait désormais prévaloir de plus en plus, aussi bien chez les gouvernés que chez
les gouvernants. Substituant directement un immense mouvement mental à une stérile agitation politique , l'école positive explique et sanctionne, d'après un examen systématique ,
l'indifférence ou la répugnance que la raison publique et la

prudence des gouvernements s'accordent à manifester aujourd'hui pour toute sérieuse élaboration directe des institutions proprement dites, en un temps où il n'en peut exister d'efficaces qu'avec un caractère purement provisoire ou transitoire, faute d'aucune base rationnelle suffisante, tant que durera l'anarchie intellectuelle. Destinée à dissiper enfin ce désordre fondamental, par les seules voies qui puissent le surmonter, cette nouvelle école a besoin, avant tout, du maintien continu de l'ordre matériel, tant intérieur qu'extérieur, sans lequel aucune grave méditation sociale ne saurait être ni convenablement accueillie ni même suffisamment élaborée. Elle tend donc à justifier et à seconder la préoccupation très-légitime qu'inspire aujourd'hui partout le seul grand résultat politique qui soit immédiatement compatible avec la situation actuelle, laquelle d'ailleurs lui procure une valeur spéciale par les graves difficultés qu'elle lui suscite, en posant toujours le problème, insoluble à la longue, de maintenir un certain ordre politique au milieu d'un profond désordre moral. Outre ses travaux d'avenir, l'école positive s'associe immédiatement à cette importante opération par sa tendance directe à discréditer radicalement les diverses écoles actuelles, en remplissant déjà mieux que chacune d'elles les offices opposés qui leur restent encore, et qu'elle seule combine spontanément, de façon à se montrer aussitôt plus organique que l'école théologique et plus progressive que l'école métaphysique, sans pouvoir jamais comporter les dangers de rétrogradation ou d'anarchie qui leur sont respectivement propres. Depuis que les gouvernements ont essentiellement renoncé, quoique d'une manière implicite, à toute sérieuse restauration du passé, et les populations à tout grave bouleversement des institutions, la nouvelle philosophie n'a plus à demander, de part et d'autre, que les dispositions habituelles qu'on est au fond préparé partout à lui accorder (du moins en France, où doit surtout s'accomplir d'abord l'élaboration systématique), c'est-à-dire , liberté et attention. Sous ces conditions naturelles , l'école positive tend , d'un côté , à consolider · tous les pouvoirs actuels chez leurs possesseurs quelconques, et, de l'autre, à leur imposer des obligations morales de plus en plus conformes aux vrais besoins des peuples.

Ces dispositions incontestables semblent d'abord ne devoir aujourd'hui laisser à la nouvelle philosophie d'autres obstacles essentiels que ceux qui résulteront de l'incapacité ou de l'incurie de ses divers promoteurs. Mais une plus mûre appréciation montre, au contraire , qu'elle doit trouver d'énergiques résistances chez presque tous les esprits maintenant actifs, par suite même de la difficile rénovation qu'elle exigerait d'eux pour les associer directement à sa principale élaboration. Si cette inévitable opposition devait se borner aux esprits essentiellement théologiques ou métaphysiques, elle offrirait peu de gravité réelle , parce qu'il resterait un puissant appui chez ceux, dont · le nombre et l'influence croissent journellement , qui sont surtout livrés aux études positives. Mais, par une fatalité aisément explicable , c'est de ceux-là même que la nouvelle école doit peut-être attendre le moins d'assistance et le plus d'entraves : une philosophie directement émanée des sciences trouvera probablement ses plus dangereux ennemis chez ceux qui les cultivent aujourd'hui. La principale source de ce déplorable conflit consiste dans la spécialisation aveugle et dispersive qui caractérise profondément l'esprit scientifique actuel, d'après sa formation nécessairement partielle, suivant la complication croissante des phénomènes étudiés , comme je l'indiquerai expressément ci-dessous. Cette marche provisoire, qu'une dangereuse routine académique s'efforce aujourd'hui d'éterniser, surtout parmi les géomètres , développe la vraie positivité , chez chaque intelligence , seulement envers une faible portion du système mental, et laisse tout le reste sous un vague régime théologico-métaphysique, ou l'abandonne à un empirisme encore plus oppressif, en sorte que le véritable esprit positif, qui correspond à l'ensemble des divers travaux scientifiques, se trouve, au fond, ne pouvoir être pleinement compris par aucun de ceux qui l'ont ainsi naturellement préparé. De plus en plus livrés à cette inévitable tendance, les savants proprement dits sont ordinairement conduits, dans notre siècle, à une insurmontable aversion contre toute idée générale, et à l'entière impossibilité d'apprécier réellement aucune conception philosophique. On sentira mieux, au reste, la gravité d'une telle opposition en observant que, née des habitudes mentales, elle a dû s'étendre ensuite jusqu'aux divers intérêts correspondants, que notre régime scientifique rattache profondément, surtout en France, à cette désastreuse spécialité, comme je l'ai soigneusement démontré dans l'ouvrage cité. Ainsi, la nouvelle philosophie, qui exige directement l'esprit d'ensemble, et qui fait à jamais prévaloir, sur toutes les études aujourd'hui constituées, la science naissante du développement social, trouvera nécessairement une intime antipathie, à la fois active et passive, dans les préjugés et les passions de la seule classe qui pût directement lui offrir un point d'appui spéculatif, et chez laquelle elle ne doit longtemps espérer que des adhésions purement individuelles; plus rares là peut-être que partout ailleurs (1).

---

(1) Cette empirique prépondérance de l'esprit de détail chez la plupart des savants actuels, et leur aveugle antipathie envers toute généralisation quelconque, se trouvent beaucoup aggravées, surtout en France, par leur réunion habituelle en académies, où les divers préjugés analytiques se fortifient mutuellement, où d'ailleurs se développent des intérêts trop souvent abusifs, où enfin s'organise spontanément une sorte d'émeute permanente contre le régime synthétique qui doit désormais prévaloir. L'instinct de progrès qui caractérisait, il y a un demi-siècle, le génie révolutionnaire, avait confusément senti ces dangers

Pour surmonter convenablement ce concours spontané de résistances diverses que lui présente aujourd'hui la masse spéculative proprement dite, l'école positive ne saurait trouver d'autre ressource générale que d'organiser un appel direct et soutenu au bon sens universel, en s'efforçant désormais de propager systématiquement, dans la masse active, les principales études scientifiques propres à y constituer la base indispensable de sa grande élaboration philosophique. Ces études préliminaires, naturellement dominées jusqu'ici par cet esprit de spécialité empirique qui préside aux sciences correspondantes, sont toujours conçues et dirigées comme si chacune d'elles devait surtout préparer à une certaine profession exclusive ; ce qui interdit évidemment la possibilité, même chez ceux qui auraient le plus de loisir, d'en embrasser jamais plusieurs, ou du moins autant que l'exigerait la formation ultérieure de saines conceptions générales. Mais il n'en peut plus être ainsi quand une telle instruction est directement destinée à l'éducation universelle, qui en change nécessairement le caractère et la direction, malgré toute tendance contraire. Le public, en effet, qui ne veut devenir ni géomètre, ni astronome, ni chimiste, etc., éprouve continuellement le besoin simultané de toutes les sciences fondamentales, réduites chacune à ses notions essentielles : il lui faut, suivant l'expression très-remarquable de notre grand Molière, *des clartés de tout*. Cette simultanéité nécessaire

---

essentiels, de manière à déterminer la suppression directe de ces compagnies arriérées, qui, ne convenant qu'à l'élaboration préliminaire de l'esprit positif, devenaient de plus en plus hostiles à sa systématisation finale. Quoique cette audacieuse mesure, si mal jugée d'ordinaire, fût alors prématurée, parce que ces graves inconvénients ne pouvaient encore être assez reconnus, il reste néanmoins certain que ces corporations scientifiques avaient déjà accompli le principal office que comportait leur nature : depuis leur restauration, leur influence réelle a été, au fond, beaucoup plus nuisible qu'utile à la marche actuelle de la grande évolution mentale.

n'existe pas seulement pour lui quand il considère ces études dans leur destination abstraite et générale, comme seule base rationnelle de l'ensemble des conceptions humaines : il la retrouve encore, quoique moins directement, même envers les diverses applications concrètes, dont chacune, au fond, au lieu de se rapporter exclusivement à une certaine branche de la philosophie naturelle, dépend aussi plus ou moins de toutes les autres. Ainsi, l'universelle propagation des principales études positives n'est pas uniquement destinée aujourd'hui à satisfaire un besoin déjà très-prononcé chez le public, qui sent de plus en plus que les sciences ne sont pas exclusivement réservées pour les savants, mais qu'elles existent surtout pour lui-même. Par une heureuse réaction spontanée, une telle destination, quand elle sera convenablement développée, devra radicalement améliorer l'esprit scientifique actuel, en le dépouillant de sa spécialité aveugle et dispersive, de manière à lui faire acquérir peu à peu le vrai caractère philosophique, indispensable à sa principale mission. Cette voie est même la seule qui puisse, de nos jours, constituer graduellement, en dehors de la classe spéculative proprement dite, un vaste tribunal spontané, aussi impartial qu'irrécusable, formé de la masse des hommes sensés, devant lequel viendront s'éteindre irrévocablement beaucoup de fausses opinions scientifiques, que les vues propres à l'élaboration préliminaire des deux derniers siècles ont dû mêler profondément aux doctrines vraiment positives, qu'elles altéreront nécessairement tant que ces discussions ne seront pas enfin directement soumises au bon sens universel. En un temps où il ne faut attendre d'efficacité immédiate que de mesures toujours provisoires, bien adaptées à notre situation transitoire, l'organisation nécessaire d'un tel point d'appui général pour l'ensemble des travaux philosophiques devient, à mes yeux, le principal résultat social que

puisse maintenant produire l'entière vulgarisation des connaissances réelles : le public rendra ainsi à la nouvelle école un
plein équivalent des services que cette organisation lui procurera.

Ce grand résultat ne pourrait être suffisamment obtenu, si
cet enseignement continu restait destiné à une seule classe
quelconque, même très-étendue : on doit, sous peine d'avortement, y avoir toujours en vue l'entière universalité des intelligences. Dans l'état normal que ce mouvement doit préparer,
toutes, sans aucune exception, ni distinction, éprouveront
toujours le même besoin fondamental de cette philosophie première, résultée de l'ensemble des notions réelles, et qui doit
alors devenir la base systématique de la sagesse humaine, aussi
bien active que spéculative, de manière à remplir plus convenablement l'indispensable office social qui se rattachait jadis
à l'universelle instruction chrétienne. Il importe donc beaucoup que, dès son origine, la nouvelle école philosophique
développe, autant que possible, ce grand caractère élémentaire d'universalité sociale, qui, finalement relatif à
sa principale destination, constituera aujourd'hui sa plus
grande force contre les diverses résistances qu'elle doit rencontrer.

Afin de mieux marquer cette tendance nécessaire, une intime
conviction, d'abord instinctive, puis systématique, m'a déterminé, depuis longtemps, à représenter toujours l'enseignement
exposé dans ce traité comme s'adressant surtout à la classe la
plus nombreuse, que notre situation laisse dépourvue de toute
instruction régulière, par suite de la désuétude croissante de
l'instruction purement théologique, qui, provisoirement remplacée, pour les seuls lettrés, par une certaine instruction
métaphysique et littéraire, n'a pu recevoir, surtout en France,
aucun pareil équivalent pour la masse populaire. L'importance

et la nouveauté d'une telle disposition constante, mon vif désir qu'elle soit convenablement appréciée, et même, si j'ose le dire, imitée, m'obligent à indiquer ici les principaux motifs de ce contact spirituel que doit ainsi spécialement instituer aujourd'hui avec les prolétaires la nouvelle école philosophique, sans toutefois que son enseignement doive jamais exclure aucune classe quelconque. Quelques obstacles que le défaut de zèle ou d'élévation puisse réellement apporter de part et d'autre à un tel rapprochement, il est aisé de reconnaître, en général, que, de toutes les portions de la société actuelle, le peuple proprement dit doit être, au fond, la mieux disposée, par les tendances et les besoins qui résultent de sa situation caractéristique, à accueillir favorablement la nouvelle philosophie, qui finalement doit trouver là son principal appui, aussi bien mental que social.

Une première considération, qu'il importe d'approfondir, quoique sa nature soit surtout négative, résulte, à ce sujet, d'une judicieuse appréciation de ce qui, au premier aspect, pourrait sembler offrir une grave difficulté, c'est à-dire l'absence actuelle de toute culture spéculative. Sans doute, il est regrettable, par exemple, que cet enseignement populaire de la philosophie astronomique ne trouve pas encore, chez tous ceux auxquels il est surtout destiné, quelques études mathématiques préliminaires, qui le rendraient à la fois plus efficace et plus facile, et que je suis même forcé d'y supposer. Mais la même lacune se rencontrerait aussi chez la plupart des autres classes actuelles, en un temps où l'instruction positive reste bornée, en France, à certaines professions spéciales, qui se rattachent essentiellement à l'École Polytechnique ou aux écoles de médecine. Il n'y a donc rien là qui soit vraiment particulier à nos prolétaires. Quant à leur défaut habituel de cette sorte de culture régulière que reçoivent aujourd'hui les classes let-

trées, je ne crains pas de tomber dans une exagération philosophique en affirmant qu'il en résulte, pour les esprits populaires, un notable avantage, au lieu d'un inconvénient réel.
Sans revenir ici sur une critique malheureusement trop facile,
assez accomplie depuis longtemps, et que l'expérience journalière confirme de plus en plus aux yeux de la plupart des
hommes sensés, il serait difficile de concevoir maintenant une
préparation plus irrationnelle, et, au fond, plus dangereuse, à
la conduite ordinaire de la vie réelle, soit active, soit même
spéculative, que celle qui résulte de cette vaine instruction, d'a-
bord de mots, puis d'entités, où se perdent encore tant de précieuses années de notre jeunesse. A la majeure partie de ceux qui la
reçoivent, elle n'inspire guère désormais qu'un dégoût presque insurmontable de tout travail intellectuel pour le cours entier de leur carrière : mais ses dangers deviennent beaucoup
plus graves chez ceux qui s'y sont plus spécialement livrés.
L'inaptitude à la vie réelle, le dédain des professions vulgaires,
l'impuissance d'apprécier convenablement aucune conception
positive, et l'antipathie qui en résulte bientôt, les disposent
trop souvent aujourd'hui à seconder une stérile agitation métaphysique, que d'inquiètes prétentions personnelles, développées par cette désastreuse éducation, ne tardent pas à
rendre politiquement perturbatrice, sous l'influence directe
d'une vicieuse érudition historique, qui, en faisant prévaloir
une fausse notion du type social propre à l'antiquité, empêche
communément de comprendre la sociabilité moderne. En considérant que presque tous ceux qui, à divers égards, dirigent
maintenant les affaires humaines, y ont été ainsi préparés, on
ne saurait être surpris de la honteuse ignorance qu'ils manifestent trop souvent sur les moindres sujets, même matériels, ni
de leur fréquente disposition à négliger le fond pour la forme,
en plaçant au-dessus de tout l'art de bien dire, quelque contra-

dictoire ou pernicieuse qu'en devienne l'application, ni enfin de la tendance spéciale de nos classes lettrées à accueillir avidement toutes les aberrations qui surgissent journellement de notre anarchie mentale. Une telle appréciation dispose, au contraire, à s'étonner que ces divers désastres ne soient pas ordinairement plus étendus ; elle conduit à admirer profondément la rectitude et la sagesse naturelles de l'homme, qui, sous l'heureuse impulsion propre à l'ensemble de notre civilisation, contiennent spontanément, en grande partie, ces dangereuses conséquences d'un absurde système d'éducation générale. Ce système ayant été, depuis la fin du moyen âge, comme il l'est encore, le principal point d'appui social de l'esprit métaphysique, soit d'abord contre la théologie, soit ensuite aussi contre la science, on conçoit aisément que les classes qu'il n'a pu envelopper doivent se trouver, par cela même, beaucoup moins affectées de cette philosophie transitoire, et dès lors mieux disposées à l'état positif. Or, tel est l'important avantage que l'absence d'éducation scolastique procure aujourd'hui à nos prolétaires, et qui les rend, au fond, moins accessibles que la plupart des lettrés aux divers sophismes perturbateurs, conformément à l'expérience journalière, malgré une excitation continue, systématiquement dirigée vers les passions relatives à leur condition sociale. Ils durent être jadis profondément dominés par la théologie, surtout catholique ; mais, pendant leur émancipation mentale, la métaphysique n'a pu que glisser sur eux, faute d'y rencontrer la culture spéciale sur laquelle elle repose : seule, la philosophie positive pourra, de nouveau, les saisir radicalement. Les conditions préalables, tant recommandées par les premiers pères de cette philosophie finale, doivent là se trouver ainsi mieux remplies que partout ailleurs : si la célèbre *table rase* de Bacon et de Descartes était jamais pleinement réalisable, ce serait assurément chez les prolétaires actuels, qui, principalement en France, sont bien plus rapprochés qu'aucune classe quelconque du type idéal de cette disposition préparatoire à la positivité rationnelle.

En examinant, sous un aspect plus intime et plus durable, cette inclination naturelle des intelligences populaires vers la saine philosophie, on reconnaît aisément qu'elle doit toujours résulter de la solidarité fondamentale qui, d'après nos explications antérieures, rattache directement le véritable esprit philosophique au bon sens universel, sa première source nécessaire. Non-seulement, en effet, ce bon sens, si justement préconisé par Descartes et Bacon, doit aujourd'hui se trouver plus pur et plus énergique chez les classes inférieures, en vertu même de cet heureux défaut de culture scolastique qui les rend moins accessibles aux habitudes vagues ou sophistiques. A cette différence passagère, que dissipera graduellement une meilleure éducation des classes lettrées, il en faut joindre une autre, nécessairement permanente, relative à l'influence mentale des diverses fonctions sociales propres aux deux ordres d'intelligences, d'après le caractère respectif de leurs travaux habituels. Depuis que l'action réelle de l'humanité sur le monde extérieur a commencé, chez les modernes, à s'organiser spontanément, elle exige la combinaison continue de deux classes distinctes, très-inégales en nombre, mais également indispensables : d'une part, les entrepreneurs proprement dits, toujours peu nombreux, qui, possédant les divers matériaux convenables, y compris l'argent et le crédit, dirigent l'ensemble de chaque opération, en assumant dès lors la principale responsabilité des résultats quelconques ; d'une autre part, les opérateurs directs, vivant d'un salaire périodique et formant l'immense majorité des travailleurs, qui exécutent, dans une sorte d'intention abstraite, chacun des actes élémentaires, sans se préoccuper spécialement de leur concours final. Ces derniers sont seuls immédiatement aux prises avec la nature, tandis que les premiers ont surtout affaire à la société. Par une suite nécessaire de ces diversités fondamentales, l'efficacité spéculative que nous avons reconnue inhérente à la vie industrielle pour développer involontairement l'esprit positif doit ordinairement se faire mieux sentir chez les opérateurs que parmi les entrepreneurs; car; leurs travaux propres offrent un caractère plus simple, un but plus nettement déterminé, des résultats plus prochains, et des conditions plus impérieuses. L'école positive y devra donc trouver naturellement un accès plus facile pour son enseignement universel, et une plus vive sympathie pour sa rénovation philosophique, quand elle pourra convenablement pénétrer dans ce vaste milieu social. Elle y devra rencontrer, en même temps, des affinités morales non moins précieuses que ces harmonies mentales, d'après cette commune insouciance matérielle qui rapproche spontanément nos prolétaires de la véritable classe contemplative, du moins quand celle-ci aura pris enfin les mœurs correspondantes à sa destination sociale. Cette heureuse disposition, aussi favorable à l'ordre universel qu'à la vraie félicité personnelle, acquerra un jour beaucoup d'importance normale, d'après la systématisation des rapports généraux qui doivent exister entre ces deux éléments extrêmes de la société positive. Mais, dès ce moment, elle peut faciliter essentiellement leur union naissante, en suppléant au peu de loisir que les occupations journalières laissent à nos prolétaires pour leur instruction spéculative. Si, en quelques cas exceptionnels d'extrême surcharge, cet obstacle continu semble, en effet, devoir empêcher tout essor mental, il est ordinairement compensé par ce caractère de sage imprévoyance qui, dans chaque intermittence naturelle des travaux obligés, rend à l'esprit une pleine disponibilité. Le vrai loisir ne doit manquer habituellement que dans la classe qui s'en croit spécialement douée ; car, à raison même de sa fortune et de sa position, elle reste communément préoccupée d'actives inquiétudes, qui ne comportent presque jamais un véritable calme, intellectuel et moral. Cet état doit être facile, au contraire, soit aux penseurs, soit aux opérateurs, d'après leur commun affranchissement spontané des soucis relatifs à l'emploi des capitaux, et indépendamment de la régularité naturelle de leur vie journalière.

Quand ces différentes tendances, mentales et morales, auront convenablement agi, c'est donc parmi les prolétaires que devra le mieux se réaliser cette universelle propagation de l'instruction positive, condition indispensable à l'accomplissement graduel de la rénovation philosophique. C'est aussi chez eux que le caractère continu d'une telle étude pourra devenir le plus purement spéculatif, parce qu'elle s'y trouvera mieux exempte de ces vues intéressées qu'y apportent, plus ou moins directement, les classes supérieures, presque toujours préoccupées de calculs avides ou ambitieux. Après y avoir d'abord cherché le fondement universel de toute sagesse humaine, ils y viendront puiser ensuite, comme dans les beaux-arts, une douce diversion habituelle à l'ensemble de leurs peines journalières. Leur inévitable condition sociale devant leur rendre beaucoup plus précieuse une telle diversion, soit scientifique, soit esthétique, il serait étrange que les classes dirigeantes voulussent y voir, au contraire, un motif fondamental de les en tenir essentiellement privés, en refusant systématiquement la seule satisfaction qui puisse être indéfiniment partagée à ceux-là même qui doivent sagement renoncer aux jouissances les moins communicables. Pour justifier un tel refus, trop souvent dicté par l'égoïsme et l'irréflexion, on a quelquefois objecté, il est vrai, que cette vulgarisation spéculative tendrait à aggraver profondément le désordre actuel, en développant la funeste disposition, déjà trop prononcée, au déclassement universel. Mais cette crainte naturelle, unique objection sérieuse qui, à ce sujet, méritât une vraie discussion, résulte aujourd'hui, dans la plupart des cas de bonne foi, d'une irrationnelle confusion de l'instruction positive, à la fois esthétique et scientifique, avec l'instruction métaphysique et littéraire, seule maintenant organisée. Celle-ci, en effet, que nous avons déjà reconnue exercer une action sociale très-perturbatrice chez les classes lettrées, deviendrait beaucoup plus dangereuse si on l'étendait aux prolétaires, où elle développerait, outre le dégoût des occupations matérielles, d'exorbitantes ambitions. Mais, heureusement, ils sont, en général, encore moins disposés à la demander qu'on ne le serait à la leur accorder. Quant aux études positives, sagement conçues et convenablement dirigées, elles ne comportent nullement une telle influence : s'alliant et s'appliquant, par leur nature, à tous les travaux pratiques, elles tendent, au contraire, à en confirmer ou même inspirer le goût, soit en anoblissant leur caractère habituel, soit en adoucissant leurs pénibles conséquences ; conduisant d'ailleurs à une saine appréciation des diverses positions sociales et des nécessités correspondantes, elles disposent à sentir que le bonheur réel est compatible avec toutes les conditions quelconques, pourvu qu'elles soient honorablement remplies et raisonnablement acceptées. La philosophie générale qui en résulte représente l'homme, ou plutôt l'humanité, comme le premier des êtres connus, destiné, par l'ensemble des lois réelles, à toujours perfectionner autant que possible, et à tous égards, l'ordre naturel, à l'abri de toute inquiétude chimérique ; ce qui tend à relever profondément l'actif sentiment universel de la dignité humaine. En même temps, elle tempère spontanément l'orgueil trop exalté qu'il pourrait susciter, en montrant, sous tous les aspects, et avec une familière évidence, combien nous devons rester sans cesse au-dessous du but et du type ainsi caractérisés, soit dans la vie active, soit même dans la vie spéculative, où l'on sent, presque à chaque pas, que nos plus sublimes efforts ne peuvent jamais surmonter qu'une faible partie des difficultés fondamentales.

Malgré la haute importance des divers motifs précédents, des considérations encore plus puissantes détermineront surtout les intelligences populaires à seconder aujourd'hui l'action philosophique de l'école positive par leur ardeur continue pour l'universelle propagation des études réelles : elles se rapportent aux principaux besoins collectifs propres à la condition sociale des prolétaires. On peut les résumer en cet aperçu général ; il n'a pu exister jusqu'ici une politique spécialement populaire, et la nouvelle philosophie peut seule la constituer.

Depuis le commencement de la grande crise moderne, le peuple n'est encore intervenu que comme simple auxiliaire dans les principales luttes politiques, avec l'espoir, sans doute, d'y obtenir quelques améliorations de sa situation générale, mais non d'après des vues et pour un but qui lui fussent réellement propres. Tous les débats habituels sont restés essentiellement concentrés entre les diverses classes supérieures ou moyennes, parce qu'ils se rapportaient surtout à la possession du pouvoir. Or, le peuple ne pouvait longtemps s'intéresser directement à de tels conflits, puisque la nature de notre civilisation empêche évidemment les prolétaires d'espérer, et même de désirer, aucune importante participation à la puissance politique proprement dite. Aussi, après avoir essentiellement réalisé tous les résultats sociaux qu'ils pouvaient attendre de la substitution provisoire des métaphysiciens et des légistes à l'ancienne prépondérance politique des classes sacerdotales et féodales, deviennent-ils aujourd'hui de plus en plus indifférents à la stérile prolongation de ces luttes de plus en plus misérables, désormais réduites presque à de vaines rivalités personnelles. Quels

que soient les efforts journaliers de l'agitation métaphysique
pour les faire intervenir dans ces frivoles débats, par l'appât
de ce qu'on nomme les droits politiques, l'instinct populaire a
déjà compris, surtout en France, combien serait illusoire ou
puérile la possession d'un tel privilége, qui, même dans son
degré actuel de dissémination, n'inspire habituellement aucun
intérêt véritable à la plupart de ceux qui en jouissent exclusivement. Le peuple ne peut s'intéresser essentiellement qu'à l'usage
effectif du pouvoir, en quelques mains qu'il réside, et non à
sa conquête spéciale. Aussitôt que les questions politiques, ou
plutôt dès lors sociales, se rapporteront ordinairement à la manière dont le pouvoir doit être exercé pour mieux atteindre sa
destination générale, principalement relative, chez les modernes, à la masse prolétaire, on ne tardera pas à reconnaître
que le dédain actuel ne tient nullement à une dangereuse indifférence ; jusque-là, l'opinion populaire restera étrangère à
ces débats, qui, aux yeux des bons esprits, en augmentant
l'instabilité de tous les pouvoirs, tendent spécialement à retarder cette indispensable transformation. En un mot, le peuple
est naturellement disposé à désirer que la vaine et orageuse discussion des droits se trouve enfin remplacée par une féconde et
salutaire appréciation des divers devoirs essentiels, soit généraux, soit spéciaux. Tel est le principe spontané de l'intime
connexité qui, tôt ou tard sentie, ralliera nécessairement l'instinct populaire à l'action sociale de la philosophie positive ; car
cette grande transformation équivaut évidemment à celle, ci-
dessus motivée par les plus hautes considérations spéculatives,
du mouvement politique actuel en un simple mouvement philosophique, dont le premier et le principal résultat social consistera, en effet, à constituer solidement une active morale
universelle, prescrivant à chaque agent, individuel ou collec-
tif, les règles de conduite les plus conformes à l'harmonie fon-

damentale. Plus on méditera sur cette relation naturelle, mieux on reconnaîtra que cette mutation décisive, qui ne pouvait émaner que de l'esprit positif, ne peut aujourd'hui trouver un solide appui que chez le peuple proprement dit, seul disposé à la bien comprendre et à s'y intéresser profondément. Les préjugés et les passions propres aux classes supérieures ou moyennes, s'opposent conjointement à ce qu'elle y soit d'abord suffisamment sentie, parce qu'on y doit être ordinairement plus touché des avantages inhérents à la possession du pouvoir que des dangers résultés de son vicieux exercice. Si le peuple est maintenant et doit rester désormais indifférent à la possession directe du pouvoir politique, il ne peut jamais renoncer à son indispensable participation continue au pouvoir moral, qui, seul vraiment accessible à tous, sans aucun danger pour l'ordre universel, et, au contraire, à son grand avantage journalier, autorise chacun, au nom d'une commune doctrine fondamentale, à rappeler convenablement les plus hautes puissances à leurs divers devoirs essentiels. A la vérité, les préjugés inhérents à l'état transitoire ou révolutionnaire ont dû trouver aussi quelque accès parmi nos prolétaires; ils y entretiennent, en effet, de fâcheuses illusions sur la portée indéfinie des mesures politiques proprement dites; ils y empêchent d'apprécier combien la juste satisfaction des grands intérêts populaires dépend aujourd'hui davantage des opinions et des mœurs que des institutions elles-mêmes, dont la vraie régénération, actuellement impossible, exige, avant tout, une réorganisation spirituelle. Mais on peut assurer que l'école positive aura beaucoup plus de facilité à faire pénétrer ce salutaire enseignement chez les esprits populaires que partout ailleurs, soit parce que la métaphysique négative n'a pu s'y enraciner autant, soit surtout par l'impulsion constante des besoins sociaux inhérents à leur situation nécessaire. Ces besoins se rapportent essentiellement à deux conditions fondamentales, l'une spirituelle, l'autre temporelle, de nature profondément connexe : il s'agit, en effet, d'assurer convenablement à tous, d'abord l'éducation normale, ensuite le travail régulier ; tel est, au fond, le vrai programme social des prolétaires. Il ne peut plus exister de véritable popularité que pour la politique qui tendra nécessairement vers cette double destination. Or, tel est, évidemment, le caractère spontané de la doctrine sociale propre à la nouvelle école philosophique ; nos explications antérieures doivent ici dispenser, à cet égard, de tout autre éclaircissement, d'ailleurs réservé à l'ouvrage si souvent indiqué dans ce discours. Il importe seulement d'ajouter, à ce sujet, que la concentration nécessaire de nos pensées et de notre activité sur la vie réelle de l'humanité, en écartant toute vaine illusion, tendra spécialement à fortifier beaucoup l'adhésion morale et politique du peuple proprement dit à la vraie philosophie moderne. En effet, son judicieux instinct y sentira bientôt un puissant motif nouveau de diriger surtout la pratique sociale vers la sage amélioration continue de sa propre condition générale. Les chimériques espérances inhérentes à l'ancienne philosophie, ont trop souvent conduit, au contraire, à négliger avec dédain de tels progrès, ou à les écarter par une sorte d'ajournement continu, d'après la minime importance relative que devait naturellement leur laisser cette éternelle perspective, immense compensation spontanée de toutes les misères quelconques.

Cette sommaire appréciation suffit maintenant à signaler, sous les divers aspects essentiels, l'affinité nécessaire des classes inférieures pour la philosophie positive, qui, aussitôt que le contact aura pu pleinement s'établir, trouvera là son principal appui naturel, à la fois mental et social ; tandis que la philosophie théologique ne convient plus qu'aux classes supérieures, dont elle tend à éterniser la prépondérance politique, comme la philosophie métaphysique s'adresse surtout aux classes moyennes, dont elle seconde l'active ambition. Tout esprit méditatif doit ainsi comprendre enfin l'importance vraiment fondamentale que présente aujourd'hui une sage vulgarisation systématique des études positives, essentiellement destinée aux prolétaires, afin d'y préparer une saine doctrine sociale. Les divers observateurs qui peuvent s'affranchir, même momentanément, du tourbillon journalier, s'accordent maintenant à déplorer, et certes avec beaucoup de raison, l'anarchique influence qu'exercent, de nos jours, les sophistes et les rhéteurs. Mais ces justes plaintes resteront inévitablement vaines tant qu'on n'aura pas mieux senti la nécessité de sortir enfin d'une situation mentale, où l'éducation officielle ne peut aboutir, d'ordinaire, qu'à former des rhéteurs et des sophistes, qui tendent ensuite spontanément à propager le même esprit, par le triple enseignement émané des journaux, des romans, et des drames, parmi les classes inférieures, qu'aucune instruction régulière ne garantit de la contagion métaphysique, repoussée seulement par leur raison naturelle. Quoique l'on doive espérer, à ce titre, que les gouvernements actuels sentiront bientôt combien l'universelle propagation des connaissances réelles peut seconder de plus en plus leurs efforts continus pour le difficile maintien d'un ordre indispensable, il ne faut pas encore attendre d'eux, ni même en désirer, une coopération vraiment active à cette grande préparation rationnelle, qui doit longtemps résulter surtout d'un libre zèle privé, inspiré et soutenu par de véritables convictions philosophiques. L'imparfaite conservation d'une grossière harmonie politique, sans cesse compromise au milieu de notre désordre mental et moral, absorbe trop justement leur sollicitude journalière, et les tient même placés à un point de vue trop inférieur, pour qu'ils puissent dignement comprendre la nature et les conditions d'un tel travail,

dont il faut seulement leur demander d'entrevoir l'importance.
Si, par un zèle intempestif, ils tentaient aujourd'hui de le
diriger, ils ne pourraient aboutir qu'à l'altérer profondément,
de manière à compromettre beaucoup sa principale efficacité,
en ne le rattachant pas à une philosophie assez décisive, ce qui
le ferait bientôt dégénérer en une incohérente accumulation de
spécialités superficielles. Ainsi, l'école positive, résultée d'un
actif concours volontaire des esprits vraiment philosophiques,
n'aura longtemps à demander à nos gouvernements occidentaux, pour accomplir convenablement son grand office social,
qu'une pleine liberté d'exposition et de discussion, équivalente
à celle dont jouissent déjà l'école théologique et l'école métaphysique. L'une peut, chaque jour, dans ses mille tribunes
sacrées, préconiser, à son gré, l'excellence absolue de son
éternelle doctrine, et vouer tous ses adversaires quelconques à
une irrévocable damnation ; l'autre, dans les nombreuses chaires
que lui entretient la munificence nationale, peut journellement
développer, devant d'immenses auditoires, l'universelle efficacité
de ses conceptions ontologiques et la prééminence indéfinie de
ses études littéraires. Sans prétendre à de tels avantages, que le
temps doit seul procurer, l'école positive ne demande essentiellement aujourd'hui qu'un simple droit d'asile régulier dans les
localités municipales, pour y faire directement apprécier son
aptitude finale à la satisfaction simultanée de tous nos grands
besoins sociaux, en propageant avec sagesse la seule instruction
systématique qui puisse désormais préparer une véritable
réorganisation, d'abord mentale, puis morale, et enfin politique. Pourvu que ce libre accès lui reste toujours ouvert, le
zèle volontaire et gratuit de ses rares promoteurs, secondé par
le bon sens universel, et sous l'impulsion croissante de la
situation fondamentale, ne redoutera jamais de soutenir, même
dès ce moment, une active concurrence philosophique envers

les nombreux et puissants organes, même réunis, des deux
écoles anciennes. Or, il n'est plus à craindre que désormais les
hommes d'état s'écartent gravement, à cet égard, de l'impartiale
modération de plus en plus inhérente à leur propre indifférence spéculative : l'école positive a même lieu de compter,
sous ce rapport, sur la bienveillance habituelle des plus intel-
ligents d'entre eux, non seulement en France, mais aussi
dans tout notre Occident. Leur surveillance continue de ce
libre enseignement populaire se bornera bientôt à y prescrire
seulement la condition permanente d'une vraie positivité; en y
écartant, avec une inflexible sévérité, l'introduction, trop
imminente encore, des spéculations vagues ou sophistiques.
Mais, à ce sujet, les besoins essentiels de l'école positive concourent directement avec les devoirs naturels des gouvernements : car, si ceux-ci doivent repousser un tel abus en vertu
de sa tendance anarchique, celle-là, outre ce juste motif, le
juge pleinement contraire à la destination fondamentale d'un tel
enseignement, comme ranimant ce même esprit métaphysique
où elle voit aujourd'hui le principal obstacle à l'avénement
social de la nouvelle philosophie. Sous cet aspect, ainsi qu'à
tout autre titre, les philosophes positifs se sentiront toujours
presque aussi intéressés que les pouvoirs actuels au double
maintien continu de l'ordre intérieur et de la paix extérieure,
parce qu'ils y voient la condition la plus favorable à une vraie
rénovation mentale et morale : seulement, du point de vue qui
leur est propre, ils doivent apercevoir de plus loin ce qui
pourrait compromettre ou consolider ce grand résultat politique
de l'ensemble de notre situation transitoire.

Nous avons maintenant assez caractérisé, à tous égards,
l'importance capitale que présente aujourd'hui l'universelle
propagation des études positives, surtout parmi les prolétaires,
pour constituer désormais un indispensable point d'appui, à la

fois mental et social, à l'élaboration philosophique qui doit déterminer graduellement la réorganisation spirituelle des sociétés modernes. Mais une telle appréciation resterait encore incomplète, et même insuffisante, si la fin de ce discours n'était pas directement consacrée à établir l'ordre fondamental qui convient à cette série d'études, de manière à fixer la vraie position que doit occuper, dans leur ensemble, celle dont ce traité s'occupera ensuite exclusivement. Loin que cet arrangement didactique soit presque indifférent, comme notre vicieux régime scientifique le fait trop souvent supposer, on peut assurer, au contraire, que c'est de lui surtout que dépend la principale efficacité, intellectuelle ou sociale, de cette grande préparation. Il existe d'ailleurs une intime solidarité entre la conception encyclopédique d'où il résulte et la loi fondamentale d'évolution qui sert de base à la nouvelle philosophie générale.

Un tel ordre doit, par sa nature, remplir deux conditions essentielles, l'une dogmatique, l'autre historique, dont il faut d'abord reconnaître la convergence nécessaire : la première consiste à ranger les sciences suivant leur dépendance successive, en sorte que chacune repose sur la précédente et prépare la suivante ; la seconde prescrit de les disposer d'après la marche de leur formation effective, en passant toujours des plus anciennes aux plus récentes. Or, l'équivalence spontanée de ces deux voies encyclopédiques tient, en général, à l'identité fondamentale qui existe inévitablement entre l'évolution individuelle et l'évolution collective, lesquelles ayant une pareille origine, une semblable destination, et un même agent, doivent toujours offrir des phases correspondantes, sauf les seules diversités de durée, d'intensité, et de vitesse, inhérentes à l'inégalité des deux organismes. Ce concours nécessaire permet donc de concevoir ces deux modes comme deux aspects co-relatifs d'un unique principe encyclopédique, de manière à pouvoir habituellement employer celui qui, en chaque cas, manifestera le mieux les relations considérées, et avec la précieuse faculté de pouvoir constâmment vérifier par l'un ce qui sera résulté de l'autre.

La loi fondamentale de cet ordre commun, de dépendance dogmatique et de succession historique, a été complétement établie dans le grand ouvrage ci-dessus indiqué, et dont elle détermine le plan général. Elle consiste à classer les différentes sciences, d'après la nature des phénomènes étudiés, selon leur généralité et leur indépendance décroissantes ou leur complication croissante, d'où résultent des spéculations de moins en moins abstraites et de plus en plus difficiles, mais aussi de plus en plus éminentes et complètes, en vertu de leur relation plus intime à l'homme, ou plutôt à l'humanité, objet final de tout le système théorique. Ce classement tire sa principale valeur philosophique, soit scientifique, soit logique, de l'identité constante et nécessaire qui existe entre tous ces divers modes de comparaison spéculative des phénomènes naturels, et d'où résultent autant de théorèmes encyclopédiques, dont l'explication et l'usage appartiennent à l'ouvrage cité, qui, en outre, sous le rapport actif, y ajoute cette importante relation générale, que les phénomènes deviennent ainsi de plus en plus modifiables, de façon à offrir un domaine de plus en plus vaste à l'intervention humaine. Il suffit ici d'indiquer sommairement l'application de ce grand principe à la détermination rationnelle de la vraie hiérarchie des études fondamentales, directement conçues désormais comme les différents éléments essentiels d'une science unique, celle de l'humanité.

Cet objet final de toutes nos spéculations réelles exige, évidemment, par sa nature, à la fois scientifique et logique, un double préambule indispensable, relatif, d'une part, à l'homme proprement dit, d'une autre part, au monde extérieur. On ne

saurait, en effet, étudier rationnellement les phénomènes,
statiques ou dynamiques, de la sociabilité, si d'abord on ne
connaît suffisamment l'agent spécial qui les opère, et le milieu
général où ils s'accomplissent. De là résulte donc la division
nécessaire de la philosophie naturelle, destinée à préparer la
philosophie sociale, en deux grandes branches, l'une organique, l'autre inorganique. Quant à la disposition relative de
ces deux études également fondamentales, tous les motifs essentiels, soit scientifiques, soit logiques, concourent à prescrire, dans l'éducation individuelle et dans l'évolution collective, de commencer par la seconde, dont les phénomènes, plus
simples et plus indépendants, à raison de leur généralité supérieure, comportent seuls d'abord une appréciation vraiment
positive, tandis que leurs lois, directement relatives à l'existence universelle, exercent ensuite une influence nécessaire sur
l'existence spéciale des corps vivants. L'astronomie constitue
nécessairement, à tous égards, l'élément le plus décisif de cette
théorie préalable du monde extérieur, soit comme mieux susceptible d'une pleine positivité, soit en tant que caractérisant
le milieu général de tous nos phénomènes quelconques, et
manifestant, sans aucune autre complication, la simple existence mathématique, c'est-à-dire géométrique ou mécanique,
commune à tous les êtres réels. Mais, même quand on con-
dense le plus possible les vraies conceptions encyclopédiques,
on ne saurait réduire la philosophie inorganique à cet élément principal, parce qu'elle resterait alors complétement
isolée de la philosophie organique. Leur lien fondamental,
scientifique et logique, consiste surtout dans la branche la plus
complexe de la première, l'étude des phénomènes de composition et de décomposition, les plus éminents de ceux que comporte l'existence universelle, et les plus rapprochés du mode
vital proprement dit. C'est ainsi que la philosophie naturelle,

envisagée comme le préambule nécessaire de la philosophie sociale, se décomposant d'abord en deux études extrêmes et une étude intermédiaire, comprend successivement ces trois grandes sciences, l'astronomie, la chimie, et la biologie, dont la première touche immédiatement à l'origine spontanée du véritable esprit scientifique, et la dernière à sa destination essentielle. Leur essor initial respectif se rapporte, historiquement, à l'antiquité grecque, au moyen âge, et à l'époque moderne.

Une telle appréciation encyclopédique ne remplirait pas encore suffisamment les conditions indispensables de continuité et de spontanéité propres à un tel sujet : d'une part, elle laisse une lacune capitale entre l'astronomie et la chimie, dont la liaison ne saurait être directe ; d'une autre part ; elle n'indique pas assez la vraie source de ce système spéculatif, comme un simple prolongement abstrait de la raison commune, dont le point de départ scientifique ne pouvait être directement astronomique. Mais, pour compléter la formule fondamentale, il suffit, en premier lieu, d'y insérer, entre l'astronomie et la chimie, la physique proprement dite, qui n'a pris, en effet, une existence distincte que sous Galilée ; en second lieu, de placer, au début de ce vaste ensemble, la science mathématique, seul berceau nécessaire de la positivité rationnelle, aussi bien pour l'individu que pour l'espèce. Si, par une application plus spéciale de notre principe encyclopédique, on décompose, à son tour, cette science initiale dans ses trois grandes branches, le calcul, la géométrie, et la mécanique, on détermine enfin, avec la dernière précision philosophique, la véritable origine de tout le système scientifique, d'abord issu, en effet, des spéculations purement numériques, qui étant, de toutes, les plus générales, les plus simples, les plus abstraites, et les plus indépendantes, se confondent presque avec l'élan spontané de l'esprit positif chez les plus vulgaires intelligences, comme le confirme encore, sous nos yeux, l'observation journalière de l'essor individuel.

On parvient ainsi graduellement à découvrir l'invariable hiérarchie, à la fois historique et dogmatique, également scientifique et logique, des six sciences fondamentales, la mathématique, l'astronomie, la physique, la chimie, la biologie, et la sociologie, dont la première constitue nécessairement le point de départ exclusif et la dernière le seul but essentiel de toute la philosophie positive, envisagée désormais comme formant, par sa nature, un système vraiment indivisible, où toute décomposition est radicalement artificielle, sans être d'ailleurs nullement arbitraire, tout s'y rapportant finalement à l'humanité, unique conception pleinement universelle. L'ensemble de cette formule encyclopédique, exactement conforme aux vraies affinités des études correspondantes, et qui d'ailleurs comprend évidemment tous les éléments de nos spéculations réelles, permet enfin à chaque intelligence de renouveler à son gré l'histoire générale de l'esprit positif, en passant, d'une manière presque insensible, des moindres idées mathématiques aux plus hautes pensées sociales. Il est clair, en effet, que chacune des quatre sciences intermédiaires se confond, pour ainsi dire, avec la précédente quant à ses plus simples phénomènes, et avec la suivante quant aux plus éminents. Cette parfaite continuité spontanée deviendra surtout irrécusable à tous ceux qui reconnaîtront, dans l'ouvrage ci-dessus indiqué, que le même principe encyclopédique fournit aussi le classement rationnel des diverses parties constituantes de chaque étude fondamentale, en sorte que les degrés dogmatiques et les phases historiques peuvent se rapprocher autant que l'exige la précision des comparaisons ou la facilité des transitions.

Dans l'état présent des intelligences, l'application logique de cette grande formule est encore plus importante que son usage scientifique, la méthode étant, de nos jours, plus essentielle que la doctrine elle-même, et d'ailleurs seule immédiatement susceptible d'une pleine régénération. Sa principale utilité consiste donc aujourd'hui à déterminer rigoureusement la marche invariable de toute éducation vraiment positive, au milieu des préjugés irrationnels et des vicieuses habitudes propres à l'essor préliminaire du système scientifique, ainsi graduellement formé de théories partielles et incohérentes, dont les relations mutuelles devaient jusqu'ici rester inaperçues de leur fondateurs successifs. Toutes les classes actuelles de savants violent maintenant, avec une égale gravité, quoiqu'à divers titres, cette obligation fondamentale. En se bornant ici à indiquer les deux cas extrêmes, les géomètres, justement fiers d'être placés à la vraie source de la positivité rationnelle, s'obstinent aveuglément à retenir l'esprit humain dans ce degré purement initial du véritable essor spéculatif, sans jamais considérer son unique but nécessaire; au contraire, les biologistes, préconisant, à bon droit, la dignité supérieure de leur sujet, immédiatement voisin de cette grande destination, persistent à tenir leurs études dans un irrationnel isolement, en s'affranchissant arbitrairement de la difficile préparation qu'exige leur nature. Ces dispositions opposées, mais également empiriques, conduisent trop souvent aujourd'hui, chez les uns, à une vaine déperdition d'efforts intellectuels, désormais consumés, en majeure partie, en recherches de plus en plus puériles; chez les autres, à une instabilité continue des diverses notions essentielles, faute d'une marche vraiment positive. Sous ce dernier aspect surtout, on doit remarquer, en effet, que les études sociales ne sont pas maintenant les seules restées encore extérieures au système pleinement positif, sous la stérile domination de l'esprit théologico-métaphysique; au fond, les études biologiques

elles-mêmes, surtout dynamiques, quoiqu'elles soient acadé-
miquement constituées, n'ont pas non plus atteint jusqu'ici à
une vraie positivité, puisque aucune doctrine capitale n'y est
aujourd'hui suffisamment ébauchée, en sorte que le champ des
illusions et des jongleries y demeure encore presque indéfini.
Or, la déplorable prolongation d'une telle situation tient essentiellement, en l'un et l'autre cas, à l'insuffisant accomplissement
des grandes conditions logiques déterminées par notre loi encyclopédique : car, personne n'y conteste plus, depuis longtemps, la nécessité d'une marche positive; mais tous en mé-
connaissent la nature et les obligations, que peut seule caractériser la vraie hiérarchie scientifique. Qu'attendre, en effet,
soit envers les phénomènes sociaux, soit même envers l'étude,
plus simple, de la vie individuelle, d'une culture qui aborde
directement des spéculations aussi complexes, sans s'y être
dignement préparée par une saine appréciation des méthodes et
des doctrines relatives aux divers phénomènes moins compliqués et plus généraux, de manière à ne pouvoir suffisamment
connaître ni la logique inductive, principalement caractérisée,
à l'état rudimentaire, par la chimie, la physique, et d'abord
l'astronomie, ni même la pure logique déductive, ou l'art élémentaire du raisonnement décisif, que l'initiation mathématique peut seule développer convenablement?

Pour faciliter l'usage habituel de notre formule hiérarchique,
il convient beaucoup, quand on n'a pas besoin d'une grande
précision encyclopédique, d'y grouper les termes deux à deux,
de façon à la réduire à trois couples, l'un initial, mathéma-
tico-astronomique, l'autre final, biologico-sociologique, séparés et réunis par le couple intermédiaire, physico-chimique.
Cette heureuse condensation résulte d'une irrécusable appréciation, puisqu'il existe, en effet, une plus grande affinité naturelle, soit scientifique, soit logique, entre les deux éléments

de chaque couple qu'entre les couples consécutifs eux-mêmes ;
comme le confirme souvent la difficulté qu'on éprouve à séparer
nettement la mathématique de l'astronomie, et la physique-de
la chimie, par suite des habitudes vagues qui dominent encore
envers toutes les pensées d'ensemble ; la biologie et la sociolo-
gie.surtout continuent à se confondre presque, chez la plupart
des penseurs actuels. Sans aller jamais jusqu'à ces vicieuses
confusions, qui altéreraient radicalement les transitions encyclopédiques, il sera fréquemment utile de réduire ainsi la hiérarchie élémentaire des spéculations réelles à trois couples essentiels, dont chacun pourra d'ailleurs être brièvement désigné d'après son élément le plus spécial, qui est toujours
effectivement le plus-caractéristique, et le plus propre à définir les grandes phases de l'évolution positive, individuelle ou
collective.

Cette sommaire appréciation suffit ici pour indiquer la destination et signaler l'importance d'une telle loi encyclopédique,
où réside finalement l'une des deux idées mères dont l'intime
combinaison spontanée constitue nécessairement la base systématique de la nouvelle philosophie générale. La terminaison
de ce long discours, où le véritable esprit positif a été caractérisé sous tous les aspects essentiels, se rapproche ainsi de son
début, puisque cette théorie de classement doit être envisagée,
en dernier lieu, comme naturellement inséparable de la théorie d'évolution exposée d'abord ; en sorte que le discours actuel
forme lui-même un véritable ensemble, image.fidèle, quoique
très-contractée, d'un vaste système. Il est aisé de comprendre,
en effet, que la considération habituelle d'une telle hiérarchie
doit devenir indispensable, soit pour appliquer convenablement
notre loi initiale des trois états, soit pour dissiper suffisamment
les seules objections sérieuses qu'elle puisse comporter ; car,
la fréquente simultanéité historique des trois grandes phases

mentales envers des spéculations différentes constituerait, de toute autre manière, une inexplicable anomalie, que résout, au contraire, spontanément notre loi hiérarchique, aussi relative à la succession qu'à la dépendance des diverses études positives. On conçoit pareillement, en sens inverse, que là règle du classement suppose celle de l'évolution, puisque tous les motifs essentiels de l'ordre ainsi établi résultent, au fond, de l'inégale rapidité d'un tel développement chez les différentes sciences fondamentales.

La combinaison rationnelle de ces deux idées mères, en constituant l'unité nécessaire du système scientifique, dont toutes les parties concourent de plus en plus à une même fin, assure aussi, d'une autre part, la juste indépendance des divers éléments principaux, trop souvent altérée encore par de vicieux rapprochements. Dans son essor préliminaire, seul accompli jusqu'ici, l'esprit positif ayant dû ainsi s'étendre graduellement des études inférieures aux études supérieures, celles-ci ont été inévitablement exposées à l'oppressive invasion des premières, contre l'ascendant desquelles leur indispensable originalité ne trouvait d'abord de garantie que d'après une prolongation exagérée de la tutelle théologico-méthaphysique. Cette déplorable fluctuation, très-sensible encore envers la science des corps vivants, caractérise aujourd'hui ce que contiennent de réel, au fond, les longues controverses, d'ailleurs si vaines à tout autre égard, entre le matérialisme et le spiritualisme, représentant, d'une manière provisoire, sous des formes également vicieuses, les besoins, également graves, quoique malheureusement opposés jusqu'ici, de la réalité et de la dignité de nos spéculations quelconques. Parvenu désormais à sa maturité systématique, l'esprit positif dissipe à la fois ces deux ordres d'aberrations en terminant ces stériles conflits, par la satisfaction simultanée de ces deux conditions vicieusement contraires, comme l'indique aussitôt notre hiérarchie scientifique combinée avec notre loi d'évolution , puisque chaque science ne peut parvenir à une vraie positivité qu'autant que l'originalité de son caractère propre est pleinement consolidée.

Une application directe de cette théorie encyclopédique, à la fois scientifique et logique, nous conduit enfin à définir exactement la nature et la destination de l'enseignement spécial auquel ce traité est consacré. Il résulte, en effet, des explications précédentes, que la principale efficacité, d'abord mentale, puis sociale, que nous devons aujourd'hui chercher dans une sage propagation universelle des études positives dépend nécessairement d'une stricte observance didactique de la loi hiérarchique. Pour chaque rapide initiation individuelle, comme pour la lente initiation collective, il restera toujours indispensable que l'esprit positif, développant son régime à mesure qu'il agrandit son domaine, s'élève peu à peu de l'état mathématique initial à l'état sociologique final, en parcourant successivement les quatre degrés intermédiaires, astronomique, physique, chimique, et biologique. Aucune supériorité personnelle ne peut vraiment dispenser de cette gradation fondamentale, au sujet de laquelle on n'a que trop l'occasion de constater aujourd'hui, chez de hautes intelligences, une irréparable lacune, qui a quelquefois neutralisé d'éminents efforts philosophiques. Une telle marche doit donc devenir encore plus indispensable dans l'éducation universelle, où les spécialités ont peu d'importance, et dont la principale utilité, plus logique que scientifique, exige essentiellement une pleine rationnalité, surtout quand il s'agit de constituer enfin le vrai régime mental. Ainsi, cet enseignement populaire doit aujourd'hui se rapporter principalement au couple scientifique initial , jusqu'à ce qu'il se trouve convenablement vulgarisé. C'est là que tous doi-

vent d'abord puiser les vraies notions élémentaires de sa positivité générale, en acquérant les connaissances qui servent de
base à toutes les autres spéculations réelles. Quoique cette
stricte obligation conduise nécessairement à placer au début les
études purement mathématiques, il faut pourtant considérer
qu'il ne s'agit pas encore d'établir une systématisation directe et
complète de l'instruction populaire, mais seulement d'imprimer convenablement l'impulsion philosophique qui doit y conduire. Dès lors, on reconnaît aisément qu'un tel mouvement
doit surtout dépendre des études astronomiques, qui, par leur
nature, offrent nécessairement la pleine manifestation du véritable esprit mathématique, dont elles constituent, au fond, la
principale destination. Il y a d'autant moins d'inconvénients
actuels à caractériser ainsi le couple initial par la seule astronomie, que les connaissances mathématiques vraiment indispensables à sa judicieuse vulgarisation sont déjà assez répan-
dues ou assez faciles à acquérir pour qu'on puisse aujourd'hui
se borner à les supposer résultées d'une préparation spontanée.

Cette prépondérance nécessaire de la science astronomique
dans la première propagation systématique de l'initiation positive est pleinement conforme à l'influence historique d'une
telle étude, principal moteur jusqu'ici des grandes révolutions
intellectuelles. Le sentiment fondamental de l'invariabilité des
lois naturelles devait, en effet, se développer d'abord envers
les phénomènes les plus simples et les plus généraux, dont la
régularité et la grandeur supérieures nous manifestent le seul
ordre réel qui soit complétement indépendant de toute modification humaine. Avant même de comporter encore aucun caractère vraiment scientifique, cette classe de conceptions a surtout déterminé le passage décisif du fétichisme au polythéisme,
partout résulté du culte des astres. Sa première ébauche mathématique, dans les écoles de Thalès et de Pythagore, a constitué

ensuite la principale source mentale de la décadence du polythéisme et de l'ascendant du monothéisme. Enfin, l'essor systématique de la positivité moderne, tendant ouvertement à un
nouveau régime philosophique, est essentiellement résulté de
la grande rénovation astronomique commencée par Copernic,
Kepler, et Galilée. Il faut donc peu s'étonner que l'universelle
initiation positive, sur laquelle doit s'appuyer l'avénement direct de la philosophie définitive, se trouve aussi dépendre
d'abord d'une telle étude, d'après la conformité nécessaire de
l'éducation individuelle à l'évolution collective. C'est là, sans
doute, le dernier office fondamental qui doive lui être propre
dans le développement général de la raison humaine, qui, une
fois parvenue chez tous à une vraie positivité, devra marcher
ensuite sous une nouvelle impulsion philosophique, directement émanée de la science finale ; dès lors investie à jamais de
sa présidence normale. Telle est l'éminente utilité, non moins
sociale que mentale, qu'il s'agit ici de retirer enfin d'une judicieuse exposition populaire du système actuel des saines études
astronomiques.

PREMIÈRE PARTIE.

INTRODUCTION GÉNÉRALE.

CHAPITRE PREMIER.

Objet propre et domaine général des saines études astronomiques, d'après la distinction indispensable entre les astres intérieurs et les astres extérieurs. Appréciation fondamentale du spectacle journalier du ciel, en ce qu'il offre de commun à tous les temps, à tous les lieux, et envers tous les astres.

D'après les principes philosophiques établis dans le discours précédent, il devient aisé de caractériser exactement le véritable objet et le champ général de l'astronomie positive, en déterminant d'abord la vraie nature de ses recherches, et ensuite à quels corps elles conviennent réellement.

Les astres ne nous étant accessibles que par la vue, il est clair, sous le premier aspect, que leur existence doit nous être plus imparfaitement connue qu'aucune autre, ne pouvant ainsi comporter d'appréciation décisive qu'envers les phénomènes les plus simples et les plus généraux, seuls réductibles à une lointaine exploration visuelle. Cette inévitable restriction nous interdit donc, pour tous ces grands corps, non-seulement toute spéculation organique, mais aussi les plus éminentes spéculations inorganiques, relatives à leur nature chimique ou même physique. Nous n'y pouvons réellement apprécier que la pure existence mathématique, d'abord géométrique, puis mécanique; qu'il y faut concevoir, autant que possible, indépendamment de tout autre attribut plus spécial. Ainsi réduites aux questions d'étendue et de mouvement, les saines études astronomiques comportent dès lors, à raison même de cette extrême simplification, une perfection scientifique que ne sauraient admettre, à un tel degré, des recherches plus compliquées. Mais lorsque, faute d'une direction vraiment philosophique, l'astronomie tente de dépasser aucunement ces attributions naturelles, elle ne présente plus, au contraire, que des opinions vagues et presque arbitraires, inaccessibles à toute discussion décisive, même envers des phénomènes aussi simples et aussi universels que ceux de la chaleur, par exemple, qui doivent toujours rester inappréciables à des observations purement visuelles. Les calculs de Newton sur la température propre à la comète de 1680, lors de son passage au périhélie, ne sont excusables que d'après l'impossibilité où l'on était encore, à cette époque, de bien connaître la vraie nature des diverses recherches physiques. En les supposant exacts, ils auraient tout au plus indiqué, d'après la loi des distances, la température qu'offrirait notre terre en une pareille situation, et nullement celle de la comète, pour laquelle manquaient nécessairement les différentes données spécifiques indispensables à une telle détermination thermologique. Comme les conditions nécessaires de pareils problèmes sont devenues aujourd'hui suffisamment appréciables, on ne peut éviter ainsi de blâmer sévèrement le renouvellement trop commun de tentatives analogues, qui souvent conduisent à inscrire, dans les tableaux astronomiques, les nombres relatifs aux températures des diverses planètes en regard de ceux qui concernent leurs distances ou leurs dimensions. Une telle prétention à connaître ce qui nécessairement nous échappera toujours tend à discréditer radicalement l'ensemble des études astronomiques auprès de beaucoup d'hommes sensés, qui, sentant confusément cette impossibilité, l'étendent mal à propos aux recherches pleinement positives qu'on a ainsi confondues irrationnellement avec ces spéculations sans base. Mais, d'après le principe précédent, une sage appréciation philosophique devra faire également éviter, en chaque cas, cette frivole témérité et une aveugle circonspection qui, en sens inverse, ne serait pas moins vicieuse ; puisqu'il suffira d'examiner si la nature de la question proposée la rend finalement accessible, d'une manière plus ou moins indirecte, à de pures observations visuelles. C'est ainsi, par exemple, que nous verrons l'étude des atmosphères planétaires comporter, à un certain degré, une vraie positivité, en vertu des phénomènes appréciables relatifs à l'altération géométrique de la lumière quelconque qui traverse ces divers milieux.

Suivant cette destination nécessaire, l'astronomie positive se décompose naturellement en deux parties bien distinctes, l'une géométrique, l'autre mécanique, dont la seconde repose inévitablement sur la première, dans laquelle seule cette science a longtemps consisté. La géométrie céleste s'occupe aussi, il est vrai, des mouvements, qui constituent même son principal objet, comme directement relatifs aux prévisions qu'elle a toujours en vue ; mais ils n'y sont considérés que sous le simple aspect géométrique, quant aux circonstances effectives de leur propre accomplissement. Dans la mécanique céleste, au contraire, entièrement due aux modernes, ces mêmes mouvements deviennent le sujet continu d'une tout autre appréciation, relative à leur mécanisme élémentaire, c'est-à-dire à la décomposition finale de chacun d'eux en divers mouvements simples réductibles à une seule loi, qui dès lors domine l'ensemble des phénomènes astronomiques, en les liant d'ailleurs à nos principaux phénomènes terrestres. Comme cette analyse dynamique ne saurait comporter aucune exploration immédiate, elle ne peut résulter que d'une exacte appréciation des mouvements observés, d'après les règles mathématiques de la mécanique universelle; en sorte que la géométrie céleste peut seule fournir un fondement solide à cette mécanique céleste, qui, à son tour, perfectionne essentiellement l'astronomie proprement dite, soit quant à la liaison générale de ses diverses notions, soit aussi quant à la précision réelle de ses prévisións finales. Tel est donc l'ordre naturel des deux parties fondamentales de notre exposition systématique. Mais, avant d'y procéder directement, il est indispensable de consacrer d'abord cette partie préliminaire à une première ébauche scientifique du sujet, représentant la portion la plus essentielle de l'astronomie ancienne, indépendante de tout instrument précis, et servant à caractériser avec exactitude la vraie nature des problèmes célestes.

Après avoir ainsi déterminé le plan général de notre étude, il faut encore en circonscrire nettement le véritable champ, en définissant les corps qui en seront l'objet réel.

Bien loin que la saine astronomie concerne, comme on le croit d'ordinaire, tous les astres observables, il importe beaucoup de reconnaître qu'elle est, au contraire, nécessairement bornée à quelques-uns d'entre eux, l'immense multitude des autres n'y pouvant essentiellement figurer qu'à titre de moyens naturels d'observation. Il faut, à cet effet, déjà poser ici, en principe général, la distiction fondamentale des divers astres visibles en *intérieurs* et *extérieurs*, selon qu'ils appartiennent au même système solaire que notre propre planète, ou qu'ils sont placés en dehors de ce système. Cette indispensable distinction, souvent représentée par le contraste, désormais irrécusable, entre l'idée de *monde* proprement dit et l'idée indéfinie d'*univers*, domine nécessairement l'ensemble de la vraie philosophie astronomique, qui, sans elle, ne saurait aboutir qu'à des notions confuses et incertaines. Le cours entier de ce traité démontrera, de la manière la plus décisive, que nos saines connaissances astronomiques sont essentiellement bornées au *monde* dont nous

faisions partie, c'est-à-dire au groupe peu nombreux qui, conjointement avec notre terre, circule autour de notre soleil.
Envers ces astres seulement, nos théories, soit géométriques, soit
mécaniques, sont pleinement satisfaisantes, de manière à permettre des prévisions aussi précises que certaines. Quant à tous
les autres corps que nous pouvons apercevoir, nous ne possé-
dons avec sécurité que des notions purement négatives, en
vertu desquelles nous pouvons assurer qu'ils n'appartiennent
pas à ce système partiel, unique objet propre de l'astronomie
positive, et qu'ils n'influent aucunement sur ses phénomènes
intérieurs, seuls dignes de nous intéresser sérieusement, comme
plus ou moins liés aux vraies conditions d'existence de l'humanité. Cette double conviction suffit évidemment pour procurer
une pleine rationalité philosophique à cette restriction nécessaire de l'ensemble de nos études célestes, qui, entre de telles
limites, embrassent ainsi tout ce qui convient réellement à la
destination finale de nos saines spéculations quelconques, de
manière à maintenir toujours une exacte harmonie générale
entre nos moyens effectifs et nos besoins véritables. J'expliquerai soigneusement, à mesure qu'elles se présenteront, les principales preuves, aussi nombreuses qu'incontestables, de cet
isolement et de cette indépendance, qu'il fallait ici annoncer
déjà. Elles nous feront clairement sentir que, hors de notre
monde, il n'existe, en astronomie, qu'obscurité et confusion,
faute des moindres renseignements indispensables, même des
simples distances, que nous dérobe nécessairement leur propre
immensité par rapport à nos intervalles planétaires. La notion
vague et indéfinie de l'*univers* est si peu accessible à la saine
astronomie que nous devrons finalement exclure ce terme du
vrai langage scientifique, en tant que directement relatif à une
hypothèse inappréciable, la conception de tous les astres existants comme formant un système unique, au lieu d'un nombre,

peut-être fort grand, de systèmes partiels, indépendants les uns des autres.

C'est donc en vain que, depuis un demi-siècle, on s'est efforcé de distinguer deux astronomies, l'une *solaire*, l'autre *sidérale*. Aux yeux de ceux qui font consister la science en lois réelles et non en simples faits incohérents, la seconde n'existe certainement que de nom, et la première seule constitue une véritable astronomie. Or, je ne crains pas d'assurer qu'il en sera toujours essentiellement ainsi, et l'ensemble de ce Traité le rendra, j'espère, incontestable, quoique la prétendue astronomie sidérale n'y doive point, par ce motif même, être spécialement envisagée. Du point de vue philosophique, on n'y saurait voir que l'une des plus graves aberrations propres à l'abusive prolongation du régime empirique de spécialité exclusive sous lequel a dû s'accomplir, pendant les trois derniers siècles, l'essor préliminaire de l'esprit positif, mais qui devrait aujourd'hui faire place à une marche plus rationnelle, surtout envers d'aussi simples phénomènes, suivant les explications fondamentales du Discours précédent. Cette aveugle spécialisation, en empêchant les notions astronomiques de prendre un caractère vraiment philosophique, maintient involontairement, même chez les plus judicieux savants, l'empire indirect des habitudes absolues inhérentes à l'ancienne philosophie, et qu'aucun véritable principe ne vient ici contenir. Mais, en outre, la dispersion correspondante du travail scientifique concourt à aggraver beaucoup cette désastreuse tendance, en inspirant une irrationnelle activité à ceux qu'une éducation empirique n'a rendus aptes qu'à des recherches astronomiques, depuis que l'objet réel d'une telle élaboration n'exige plus que des soins secondaires. Les successeurs de Newton ayant, dans le siècle dernier, suffisamment constitué l'astronomie véritable, c'est-à-dire intérieure ou solaire, sa conservation et son application ne réclament essentiellement qu'une facile culture journalière, chez un très-petit nombre de collaborateurs spéciaux ; en sorte que la plupart des intelligences jusqu'alors vouées à cette occupation exclusive devraient désormais chercher une destination moins stérile. Au lieu de ce judicieux déplacement d'activité, en un temps où tant d'autres sujets offrent aux plus éminents esprits la plus noble alimentation, notre désastreux régime scientifique consacre à la seule astronomie une masse de forces spéculatives beaucoup plus grande même que n'en avait exigé, deux siècles auparavant, son évolution systématique. Dès lors, l'astronomie solaire ne pouvant plus leur offrir un champ suffisant, leur vaine agitation a dû chercher un emploi continu dans l'astronomie extérieure ou sidérale, quoique, à défaut d'une saine appréciation philosophique, l'inanité d'une telle destination puisse aujourd'hui devenir directement sensible par la lenteur même des progrès de cette prétendue science, où un demi-siècle de culture assidue n'a produit encore aucune conception qui lui appartienne véritablement ; tous les efforts n'y ayant abouti qu'à une empirique accumulation de faits incohérents, qui ne peuvent intéresser qu'une irrationnelle curiosité. Cet exemple décisif est assurément très-propre à bien caractériser les désastres généraux que doit désormais produire de plus en plus la vicieuse prolongation d'un régime empirique, qui ne fut longtemps excusable qu'en vertu de son inévitable nécessité, mais qui maintenant consume la majeure partie peut-être de nos forces théoriques en opérations radicalement inutiles, et souvent même directement nuisibles aux principaux besoins intellectuels de notre époque.

Après cette indication fondamentale de la nature et de l'objet des véritables études astronomiques, nous devons en commen-

cer directement la première ébauche systématique, en appréciant d'abord le spectacle journalier du ciel, en ce qu'il offre
de commun à tous les temps et à tous les lieux, sans avoir encore égard à la distinction précédente entre les deux sortes
d'astres, qui deviendra ensuite le sujet propre du second chapitre.

Si, pendant une belle nuit, on contemple, à l'œil nu, d'un
peu haut, l'ensemble du ciel, on y reconnaît bientôt un mouvement continu plus ou moins prononcé chez tous les corps qu'il
nous montre : c'est de ce phénomène fondamental qu'il s'agit
ici de bien saisir la loi générale. La plupart de ces astres semblent se lever vers l'orient, puis s'éloignent graduellement de
l'horizon jusqu'à une élévation propre à chacun d'eux, et enfin
y reviennent vers l'occident, pour cesser ensuite d'être visibles
durant un plus ou moins grand nombre d'heures, mais de manière à reproduire périodiquement le même spectacle après
chaque jour accompli. D'autres, néanmoins, très-nombreux
dans nos climats, restent toujours au-dessus de l'horizon, dont
chacun d'eux s'éloigne plus ou moins, pendant cette période,
entre deux limites déterminées. En un cas quelconque, les observations que viendrait interrompre le retour de la lumière
solaire peuvent être toujours poursuivies à l'aide des télescopes,
qui ont directement vérifié la pleine continuité de ce spectacle
invariable.

La confusion d'abord inhérente à l'infinie diversité de tous
ces mouvements simultanés, fait bientôt place, chez les esprits
philosophiques, à un rapprochement décisif, propre à suggérer
spontanément l'indication directe de la vraie loi géométrique
d'un tel phénomène fondamental. On remarque aisément, en
effet, au milieu de ces variations continuelles, la fixité générale des divers *aspects* ou dispositions mutuelles que peuvent
offrir les différents astres, groupés entre eux d'une manière

quelconque. Ceux, par exemple, qui avaient d'abord semblé disposés en ligne droite, ou en triangle équilatéral, ou en quarré, etc., présenteront toujours, malgré leurs mouvements respectifs, la même configuration, vue seulement en diverses situations. Si, pour mieux reconnaître une telle identité aux différentes époques de la nuit, on aide les souvenirs directs par des dessins aussi fidèles que possible, on sera encore plus frappé de cette remarquable permanence, d'après laquelle les tableaux dressés, il y a vingt siècles, pour caractériser plusieurs de ces aspects, servent encore à diriger nos observations journalières.

Cette constance des diverses configurations célestes doit bientôt conduire à concevoir le mouvement diurne du ciel comme si tous les corps qui y participent formaient un système solide, tournant tout d'une pièce, de l'est à l'ouest, autour d'un axe passant par l'œil du spectateur et convenablement incliné sur l'horizon du lieu. Afin de mieux constituer cette hypothèse fondamentale, il faut profiter de ce qu'elle renferme d'abord d'indéterminé pour la simplifier autant que possible, en remarquant que, puisqu'il s'agit ici de représenter seulement les vraies directions successives suivant lesquelles on aperçoit les astres considérés, sans avoir encore aucun égard à leurs distances effectives, on peut supposer une égale longueur, d'ailleurs arbitraire, à tous ces différents rayons visuels, de manière à attribuer à cet ensemble une figure sphérique, dont l'observateur serait le centre. Quelque inégalité réelle que la suite des études astronomiques puisse manifester entre ces diverses distances, la même notion élémentaire pourra continuer à reproduire une fidèle image de ce mouvement journalier, toujours envisagé quant aux seules directions, en remplaçant chaque astre par la trace de son rayon visuel sur cette sphère idéale. Tel est l'office nécessaire que conservera sans cesse la première grande conception scientifique que l'esprit humain ait dû former. Sans doute, nous n'y attachons plus le même sens que les anciens, qui y voyaient l'expression absolue de la réalité; mais, à titre d'artifice astronomique, elle comportera toujours la même efficacité habituelle. Elle représente évidemment les divers phénomènes généraux indiqués ci-dessus, soit envers les astres assez éloignés du pôle visible de cette sphère céleste pour que leur cercle journalier atteigne l'horizon, de manière à nous offrir un lever et un coucher, soit envers ceux qui, suffisamment rapprochés de ce pôle, et dès lors nommés *circompolaires*, décrivent un cercle entièrement situé au-dessus de l'horizon, de façon à pouvoir être constamment aperçus.

Mais, quelque plausible que doive aussitôt sembler cette première induction, elle ne saurait être érigée en une véritable loi naturelle que d'après une exploration susceptible d'une précision vraiment mathématique, que ne sauraient comporter les simples observations d'aspects, toujours nécessairement un peu vagues, et qui, par suite, ne peuvent constituer une démonstration pleinement décisive, quoiqu'elles aient d'abord suffi à suggérer une telle notion. Il faut, pour cela, faire deux séries d'observations préliminaires, les unes horizontales, relatives aux levers et aux couchers, les autres verticales, concernant le point culminant de la course journalière de chaque astre : leur combinaison permettra de compléter l'hypothèse fondamentale du mouvement sphérique, de manière à pouvoir enfin l'assujettir continuellement à une vérification décisive.

Supposons d'abord que l'œil du spectateur soit placé au centre d'un cercle horizontal, convenablement gradué (1), sur

---

(1) Nous adopterons exclusivement, dans tout ce traité, comme seule usuelle encore, l'ancienne division du cercle en 360 degrés°, dont chacun se subdivise, en 60 minutes', partagées chacune en 60 secondes" : il en sera de même pour la division du jour, d'ailleurs naturellement en harmonie avec celle du

la circonférence duquel on puisse marquer les directions CA, CB (*fig.* 1), suivant lesquelles un astre quelconque semble se lever ou se coucher. Envers tous les astres ainsi explorés, on reconnaîtra bientôt que les intervalles AA′, A′A″, A‴A⁗, etc., entre leurs divers points de lever, sont toujours parfaitement égaux aux intervalles correspondants BB′, B′B″, B‴B⁗, etc., entre leurs points de coucher. Cette remarquable égalité est surtout usitée sous une autre forme géométrique, consistant dans le parallélisme constant de toutes les cordes AB, A′B′, etc., qui joignent les levers aux couchers respectifs. Les deux diamètres rectangulaires NCS, ECO, dont l'un est perpendiculaire et l'autre parallèle à toutes ces cordes, déterminent deux directions principales, qu'il importe de se rendre expérimentalement familières, vu leur emploi continu dans la plupart des observations astronomiques : la première, connue sous le nom de *méridienne*, ci-dessous motivé, marque, sur l'horizon, en N et S, les deux points nord et sud; la seconde y précise les points est et ouest.

Cette première suite d'observations constitue évidemment, envers les positions correspondantes, une exacte vérification de notre hypothèse fondamentale sur le mouvement sphérique journalier, qui, faisant décrire à tous les astres des cercles parallèles, doit, en effet, établir le même parallélisme entre les intersections de leurs plans avec l'horizon commun. Mais, outre que ce mode ne saurait convenir aux astres circompolaires, il n'affecte nullement, même à l'égard des autres, les plus remarquables de leurs positions, c'est-à-dire celles de leur plus grande ascension sur l'horizon.

Envers ces points culminants, il est d'abord facile de recon-

---

cercle ; en sorte qu'une partie quelconque de l'un correspondra toujours exactement à quinze parties analogues de l'autre.

naître que, malgré leur inégale hauteur pour les différents astres, ils sont tous contenus dans un même plan vertical, passant par le diamètre NS, perpendiculaire aux cordes de lever et de coucher, et nommé *méridien*, d'après un motif ci-après désigné. On pourra donc marquer, en I', par exemple (fig. 2), les positions correspondantes sur un second cercle, égal et perpendiculaire au premier, auquel le rattachera leur diamètre commun NS, où resteront marquées les projections H des levers et des couchers. Un plan étant déterminé par trois points, on conçoit que la combinaison des deux observations horizontales propres à chaque astre avec cette unique observation verticale, suffira pour l'appréciation géométrique de l'incli naison H de son cercle journalier sur le plan de l'horizon : car, ayant mesuré l'angle ICH, à l'instant de la plus grande élévation, on pourra résoudre le triangle ICH, où l'on connaît déjà le côté uniforme CI, arbitrairement choisi, et le côté spécial CH, aisément déduit de la première exploration. C'est ainsi que notre hypothèse fondamentale recevra une nouvelle confirmation, en reconnaissant que tous les plans relatifs aux courses journalières des différents astres quelconques font exactement le même angle avec l'horizon, ce qui achève de démontrer leur parallélisme, puisque nous avons déjà reconnu celui de leurs traces horizontales. Un même diamètre oblique PCP' pourra donc être perpendiculaire à tous ces plans, et constituera l'axe idéal autour duquel doit s'accomplir le mouvement sphérique, qui par là se trouvera non-seulement vérifié, mais aussi mieux caractérisé, puisque la direction de cet axe, indispensable à connaître, était jusqu'ici restée indéterminée. On voit que cette ligne essentielle sera contenue dans le plan perpendiculaire aux cordes de lever et de coucher, et formera avec l'horizon un angle PCH complémentaire de la commune inclinaison H qui vient d'être appréciée.

Pour compléter cette seconde suite d'observations, il est nécessaire de les spécifier soigneusement envers les astres circompolaires, auxquels on ne peut appliquer la première exploration,
et dont l'examen servira d'ailleurs à mesurer, d'une manière à
la fois plus commode et plus exacte, cette hauteur fondamentale PN du *pôle* P sur l'horizon, principal élément commun
de toutes les observations célestes en chaque lieu quelconque.

A l'égard de tels astres, l'impossibilité d'observer les levers
et les couchers sera suffisamment compensée par leur double
passage caractéristique au méridien, d'après l'évidente indication de l'hypothèse générale sur le mouvement diurne. Chacun
d'eux, en effet, par cela seul qu'il reste constamment levé, offrira deux positions remarquables, l'une, comme en tout autre
cas, relative à sa plus grande élévation sur l'horizon, et l'autre
particulière au cas actuel, celle où il est le plus rapproché de
ce plan. Or, on observe d'abord que ces deux points extrêmes
sont toujours également contenus dans le même plan vertical
du méridien, ci-dessus résulté des cordes horizontales, et qui
maintenant sera plus aisément déterminé par cette nouvelle
combinaison. En second lieu, si l'on compare exactement leurs
diverses positions opposées L et M, L' et M', etc., pour les
différents astres circompolaires, on reconnaîtra que les intervalles LM des positions supérieures sont toujours parfaitement égaux aux intervalles correspondants L'M' des positions
inférieures. Cette relation est aussi propre à confirmer, envers
de tels corps, l'hypothèse du mouvement sphérique, que
l'était auparavant, pour les autres, celle des levers aux couchers. Mais, en outre, elle nous procure aussitôt le meilleur
mode de détermination de l'axe fondamental, puisque le
pôle P devient ainsi le commun milieu des deux positions
extrêmes L et M, ou L' et M', de l'un quelconque de ces astres.
Sa hauteur sur l'horizon est donc toujours égale à la demi-

somme entre la plus grande et la moindre hauteur de chaque
étoile circompolaire, sauf les modifications qui seront ultérieurement jugées indispensables pour donner à ce procédé général
toute la précision et surtout la sûreté possibles. C'est ainsi
qu'on a reconnu, par exemple, d'après une multitude d'observations, directes ou indirectes, que le pôle céleste est élevé, sur
l'horizon de Paris, de 48°50′14″, en opérant à l'Observatoire (1) :
mais, pour le degré de précision qu'exige ici notre première
ébauche systématique de l'astronomie élémentaire, il suffira de
regarder cet angle comme étant simplement de 49°.

En appréciant maintenant la valeur logique des deux suites
d'observations que nous venons d'indiquer, il est aisé de sentir
que leur concours, quoique tendant à confirmer notre hypothèse fondamentale, n'en peut constituer néanmoins une véritable démonstration, puisque cette double exploration se rapporte seulement aux positions extrêmes de chaque astre, soit
à l'horizon, soit au méridien, sans affecter aucunement les positions intermédiaires, dont la marche propre pourrait ainsi
s'écarter beaucoup de la loi du mouvement sphérique. Pour
que cette loi soit suffisamment établie, de manière à pouvoir
permettre des prévisions réelles, il est donc indispensable, en
considérant les notions précédentes comme simplement préliminaires, d'instituer un mode d'appréciation qui convienne
directement à un point quelconque de la course journalière.
Mais, à cette fin, il faut d'abord achever de constituer l'hypothèse proposée, en y ajoutant une condition essentielle, sur

----

(1) Afin de caractériser déjà l'extrême précision qu'ont acquise, depuis un
siècle environ, les principales mesures astronomiques, il suffira d'indiquer que,
si cette détermination était accomplie au sommet du Panthéon, quoique peu
éloigné de la plate-forme de l'Observatoire, le changement de cet angle deviendrait aujourd'hui très-sensible, puisqu'il augmenterait ainsi de 36 secondes.

laquelle nous avions pu jusqu'ici éviter de prononcer, et dont l'omission prolongée interdirait toute discussion décisive. Cette lacune devient sensible en considérant que, dans son état actuel, cette hypothèse ne nous conduit pas encore à prévoir quelle doit être, à chaque instant de la nuit, la vraie position sphérique de l'astre examiné, ce qui pourtant est le but nécessaire de la loi cherchée. Il faut compléter la conception de ce mouvement journalier, en définissant convenablement sa vitesse, qui reste encore indéterminée. La plus simple supposition à ce sujet consiste évidemment à la croire constante, en regardant tous les astres comme décrivant uniformément, dans leurs cercles respectifs, quinze degrés en chaque heure de temps, et dès lors aussi quinze minutes ou secondes angulaires en chaque minute ou seconde horaire. Cette hypothèse, si conforme aux inclinations naturelles de notre intelligence, est objectivement suggérée d'après l'entière égalité de durée que les observations précédentes auront spontanément manifestée entre les deux moitiés de la courbe visible d'un astre quelconque, depuis son lever jusqu'à son coucher, toujours également partagées, aussi bien en temps qu'en espace, par le plan du méridien, qui tire, en effet, de cette remarquable circonstance, sa dénomination caractéristique. Envers les astres circompolaires, une équivalente relation existera toujours quant aux deux moitiés, orientale et occidentale, des cercles correspondants. Ainsi conçu comme sphérique et uniforme, le mouvement journalier du ciel, de l'est à l'ouest, comporte maintenant une pleine appréciation mathématique, en conduisant à d'exactes prévisions, susceptibles d'une confrontation décisive avec l'ensemble des observations directement relatives à chaque position de l'astre en un temps donné.

Une telle comparaison, qui doit seule permettre un jugement définitif sur notre hypothèse fondamentale, peut être instituée, avec les moyens naturels d'exploration, selon trois modes distincts, d'une perfection fort inégale, quoique pareillement décisifs, et dont la succession nécessaire caractérise essentiellement les trois principales phases historiques de l'astronomie ancienne, qui d'abord dut y employer des machines, ensuite des figures, et enfin des calculs, selon que la géométrie abstraite était alors plus ou moins imparfaite.

Le premier mode, qu'on pourrait, historiquement, nommer théocratique, comme ayant toujours prévalu chez les antiques castes sacerdotales auxquelles nous devons, en tous genres, la première ébauche de nos spéculations réelles, consiste dans l'usage régulier d'un appareil sphérique, construit et disposé de manière à imiter le mouvement de la sphère céleste. Plus grossier et plus incommode qu'aucun autre, ce procédé a été nécessairement le premier, comme exigeant le moins de connaissances géométriques. Quelque imparfait qu'il soit, nous y recourons encore quelquefois, par l'emploi des globes, quand nos prévisions n'ont pas besoin d'être précises. Sur de telles sphères, une fois que leur axe aura été convenablement placé envers l'horizon du lieu, conformément aux déterminations précédentes, il sera facile de marquer la vraie représentation de chaque astre isolément considéré, en appréciant, à un instant quelconque, sa véritable direction, par la double mesure de sa distance angulaire à l'horizon et de l'écartement du plan vertical correspondant par rapport au méridien ; puisque la combinaison de ces deux coordonnées sphériques distinguera suffisamment le point proposé, pourvu qu'on n'y néglige pas, bien entendu, d'avoir égard au sens effectif de chacun de ces angles. En observant spécialement les passages à l'horizon ou au méridien, l'opération deviendra plus facile, à l'aide d'un seul angle. Quand un premier astre aura ainsi été convenablement placé, tous les autres pourront l'être, à leur tour, de la même manière, sous la seule condition de faire d'abord tourner le globe autour de son axe d'une quantité qui corresponde, suivant le taux précédent, à l'époque effective de chaque nouvelle exploration, afin que sa disposition artificielle continue à représenter chaque situation naturelle de la sphère céleste. L'appareil étant ainsi construit, d'après un suffisant ensemble d'observations, on l'adaptera aisément à la prévision habituelle de la hauteur d'un astre connu à une heure donnée, ou, en sens inverse, de l'heure à laquelle il atteindra une position donnée. Il suffira que cet instrument soit muni, outre le cercle horizontal, de deux cercles gradués, l'un mobile autour du diamètre vertical Z C Z' (*fig.* 2), l'autre fixé au pôle P, dans un plan tangent à la sphère. Celui-ci, justement qualifié d'*horaire*, servira à mesurer le mouvement du système d'après le temps écoulé ; l'autre, convenablement disposé, permettra de connaître, à tout moment, la distance d'un point quelconque à l'horizon. Si donc, d'après le jeu d'un tel appareil, l'un de ces deux nombres variables, angulaire et horaire, propres à chaque position successive d'un même astre, conserve, envers l'autre, une correspondance exactement confirmée par l'observation directe, la réalité de la loi fondamentale relative au mouvement sphérique et uniforme se trouvera désormais pleinement démontrée, comme l'indique, depuis trente siècles, une expérience continue, directe ou indirecte. L'instrument pourrait d'ailleurs se simplifier beaucoup si, au lieu de le destiner à de vraies prévisions habituelles, on voulait seulement l'employer à vérifier, une fois pour toutes, l'exactitude de cette loi envers un astre quelconque. Car, en réduisant l'appareil à son axe et à un cercle horaire perpendiculaire, on pourrait ainsi constater qu'un rayon dirigé, à un instant quelconque, vers le corps proposé, continue toujours à y aboutir aussi, lorsqu'on le fait tourner d'une quantité suffisante, sous une certaine inclinaison fixe, autour de cet axe immobile convenablemen disposé : tel est le principe essentiel de ce qu'on nomme la machine *parallactique*.

Quand le premier essor caractéristique de la géométrie abstraite, dans les écoles de Thalès et de Pythagore, eut permis enfin d'introduire un mode plus parfait et moins pénible, l'astronomie élémentaire, sans jamais renoncer entièrement à ces premiers appareils, y substitua de plus en plus de simples procédés graphiques, qui, à l'aide de constructions exécutables sur un seul plan, conduisaient mieux à des résultats équivalents. Cet emploi des figures proprement dites au lieu des machines constitua la principale source des prévisions astronomiques, non-seulement chez les Grecs, mais aussi pendant la majeure partie du moyen âge. Il est aisé, d'après nos explications antérieures, de concevoir l'esprit d'une telle méthode, par une combinaison convenable des figures 1 et 2. En cas de lever ou de coucher, l'observation du point A permettra, dans la première, de mesurer la ligne CH, propre à l'astre considéré, et qui, reportée sur la seconde, où l'axe PP' serait déjà bien placé, y déterminera le diamètre IDHF du cercle journalier correspondant. Ce cercle pouvant ainsi être tracé à part, les positions successives de l'astre y pourront être exactement représentées, conformément à l'uniformité du mouvement sphérique. Dès lors, en un instant quelconque, il sera facile d'assigner la projection verticale de l'astre sur le plan du méridien, et, par suite aussi, vu sa distance constante au centre C, sa projection horizontale, d'où une certaine combinaison graphique permettra de conclure aisément l'inclinaison de son rayon visuel sur l'horizon, suivant les règles élémentaires de la géométrie descriptive proprement dite, dont les premières notions étaient nécessairement familières aux astronómes grecs, quoiqu'ils n'eussent pu leur donner la forme systématique instituée très-récemment. L'inversion de cette opération conduira, réciproquement, à prévoir à quelle heure l'astre atteindra une hauteur donnée, d'après la partie correspondante de son cercle, en déterminant d'abord sa projection verticale le long de IF par sa distance linéaire à l'horizon, déduite de l'angle proposé. On pourra donc ainsi mieux vérifier notre loi fondamentale.

Enfin, quand le plus grand astronome de l'antiquité, Hipparque, le vrai fondateur systématique de l'astronomie mathématique, eut créé la trigonométrie proprement dite, surtout sphérique, cette appréciation élémentaire du mouvement diurne put commencer à s'opérer par le mode purement algébrique ou numérique, le plus satisfaisant de tous, soit pour la facilité, soit pour la précision, et qui, à partir des derniers siècles du moyen âge, a graduellement acquis, d'après une suffisante extension, une prépondérance depuis longtemps irrécusable. Aussi supérieur au mode graphique, que celui-ci l'est lui-même au mode mécanique, il consiste à résoudre convenablement le triangle sphérique POZ (*fig.* 2), formé, à chaque instant, par l'astre O, le pôle P, et le *zénith* Z, cette dernière dénomination arabe étant désormais consacrée à désigner habituellement le point du ciel situé sur la verticale de l'observateur. Dans ce triangle fondamental, les deux côtés fixes, PZ et PO, sont aisément appréciables ; le premier, commun à tous les astres observables en chaque lieu, est le complément de la hauteur, déjà connue, du pôle sur l'horizon correspondant, en sorte qu'il vaut, à Paris, 90 — 48° 50′ 14″, ou environ 41° ; le second, propre à chaque astre, en quelque lieu qu'on l'observe, résulte aussitôt de la comparaison du premier avec la hauteur de l'astre sur l'horizon à l'instant de son passage au méridien. Le troisième côté OZ varie continuellement par suite du mouvement diurne, ainsi que tous les angles. Parmi ceux-ci, l'un P, justement nommé *horaire*, parce qu'il croît proportionnellement au temps écoulé, est aussitôt connu pour une heure donnée, d'après l'uniformité de ce mouvement. Dès lors, l'appréciation habituelle de notre loi fondamentale consiste surtout à examiner si ses variations effectives correspondent exactement, suivant les règles trigonométriques, à celles du côté opposé, toujours complémentaire de la hauteur de l'astre sur l'horizon, soit qu'on prévoie l'heure correspondante à une hauteur connue, ou réciproquement. Comme ces prévisions élémentaires sont, dans les deux sens, et presque également, d'un usage continu, on peut dire que la loi du mouvement diurne se trouve ainsi soumise involontairement à une sorte d'épreuve permanente, quoique, depuis un grand nombre de siècles, aucun astronome n'ait pu en douter réellement. Tous les phénomènes élémentaires que présente le spectacle journalier du ciel se trouvent ainsi numériquement condensés dans une seule formule trigonométrique, d'où on peut exactement déduire toutes leurs circonstances de temps et de lieu, d'après certaines données essentielles, dont l'une, fondamentale pour chaque observatoire, se réduit à la hauteur correspondante du pôle sur l'horizon, tandis que deux autres, constantes pour chaque astre considéré, indiquent sa distance au pôle et l'heure de son passage au méridien. Si l'on y veut, en particulier, calculer l'instant précis du lever ou du coucher, il suffit d'y supposer la distance OZ de l'astre au zénith égale à 90°, et la formule, qui devient alors très-simple, détermine l'angle horaire correspondant, d'où résulte aussitôt, suivant le taux ordinaire, le temps écoulé entre les passages successifs de l'astre à l'horizon et au méridien.

Tels sont les trois modes équivalents, mécanique, graphique, et numérique, d'après lesquels on a depuis longtemps reconnu la loi journalière du mouvement uniforme de la sphère céleste, première base élémentaire de toutes les notions astronomiques. Envers la multitude des astres que nous aperce-

vos , les divers éléments spécifiques qui s'y rapportent, l'heure
ou le lieu de son passage au méridien ou à l'horizon, sont
strictement invariables, sauf les variations périodiques, propres aux astres intérieurs, sujet essentiel de la saine astronomie, et dont l'étude va être ébauchée dans le chapitre suivant.
Pour mieux dissiper ou prévenir toute obscurité au sujet de
cette régularité fondamentale, il convient d'expliquer ici une
anomalie apparente, relative au changement continu que semble éprouver, de jour en jour, non la position, mais l'époque,
de chaque phénomène partiel ; par exemple, du lever ou du
coucher. Quoique toute étoile se lève, en tout temps, au même
point de l'horizon, ce phénomène paraît arriver chaque jour
quatre minutes environ plus tôt que la veille, en sorte que, au
bout d'un mois, cette avance graduelle devient de deux heures,
et que, dans le cours entier de l'année, l'instant du lever coïncide successivement avec toutes les heures de nos horloges. Mais
cette diversité, spécialement appréciée au chapitre suivant, ne
constitue qu'une apparente irrégularité, simplement relative à
notre manière de compter le temps, d'après le mouvement du
soleil. On le reconnaît aisément en remarquant que cette accélération journalière est exactement la même pour toutes les
étoiles, et on la fait entièrement disparaître en employant, au
lieu des horloges solaires propres à la pratique universelle, les
horloges sidérales, plus convenables à l'exploration astronomique. En réglant ainsi le temps sur une étoile quelconque,
comme désormais nous le supposerons toujours, l'heure du
passage de chaque astre extérieur, soit à l'horizon, soit au méridien, etc., devient aussi invariable, en chaque lieu, que le
point correspondant.

Ce préambule fondamental de l'astronomie mathématique
constitue historiquement la première grande notion de philosophie naturelle que l'esprit humain ait pu obtenir. Nos plus

hautés connaissances actuelles se trouvent ainsi intimement
liées aux plus antiques spéculations réelles, puisque ce théorème primitif n'a pu recevoir, de l'ensemble des découvertes
modernes, aucune modification essentielle, même quand la doctrine du double mouvement de la terre est venue démontrer
que cette rotation journalière de la sphère céleste ne constitue,
au fond, qu'une simple apparence due à la rotation diurne de
notre globe en sens contraire, comme nous l'établirons plus
tard. Dans ce premier pas spéculatif, les caractères essentiels,
soit scientifiques, soit logiques, que le Discours précédent
nous a montrés propres à l'esprit positif, étaient déjà profondément marqués. Sous l'aspect scientifique, il en résulte évidemment le premier sentiment philosophique de l'invariabilité
des lois naturelles, qui n'a jamais pu se manifester d'une manière plus pure et plus décisive que par la parfaite régularité
de cet admirable spectacle, toujours identique à nos yeux et à
celui de nos plus antiques prédécesseurs. La notion élémentaire
de l'ordre réel ne pourrait, en aucun autre cas, être plus nette
ni plus imposante que dans la contemplation journalière du
seul grand mouvement qui. soit véritablement uniforme, et
d'où résulte pour nous le vrai type pratique de l'uniformité.
Notre principale inclination mentale, consistant à retrouver,
autant que possible, la constance sous la variété, n'a jamais
pu recevoir une satisfaction à la fois plus complète et plus facile, que le premier essor de l'esprit géométrique a suffi pour
consolider. Sous l'aspect logique, la marche fondamentale de la
méthode positive y devient déjà nettement appréciable. On voit
ainsi comment une circonstance caractéristique heureusement
saisie, la permanence des aspects observés, a suffi pour suggérer une induction décisive sur la loi du phénomène, et comment
cette supposition, une fois pleinement constituée, est
devenue susceptible d'un contrôle irrévocable, en conduisant

à des prévisions déterminées, exactement comparables aux observations. Il importe de remarquer, à cet égard, le premier exercice capital du droit légitime, ou plutôt du devoir continu, résulté de la nature relative de nos connaissances réelles, de former toujours l'hypothèse la plus simple compatible avec l'ensemble des observations accomplies. Quoique, le plus souvent, cette première supposition ne se trouve pas, comme ici, la plus vraie, elle n'en reste pas moins la plus propre constamment à diriger nos recherches, pourvu que notre intelligence ne s'obstine pas à la prolonger au delà de sa correspondance effective avec le progrès de l'exploration directe : le cours des études astronomiques nous en fournira spontanément de nombreux exemples. Enfin, il convient aussi de noter, à ce sujet, la nécessité de donner à ces hypothèses indispensables le genre et le degré de précision que comportent les phénomènes correspondants ; puisque, sans cette condition, elles ne sauraient devenir suffisamment vérifiables, ainsi que l'était notre supposition du mouvement sphérique avant de l'avoir complétée par l'uniformité. L'oubli de cette dernière prescription logique empêcherait évidemment nos spéculations réelles d'aboutir à la certitude et à la sécurité mentales, qui constituent, à proprement parler, leur but nécessaire.

CHAPITRE II.

Première ébauche de l'étude des modifications périodiques que présente le spectacle journalier du ciel, en un lieu quelconque, envers tout astre intérieur et surtout quant au soleil : appréciation générale de son mouvement annuel, d'où théorie élémentaire des saisons.

Si le ciel ne nous offrait pas d'autres phénomènes que l'invariable reproduction du mouvement journalier qui vient d'être apprécié, la science astronomique comporterait une extrême facilité, puisque toutes les prévisions essentielles se rapporteraient alors au simple problème trigonométrique ci-dessus caractérisé. Mais ce spectacle fondamental ne constitue pas directement le sujet propre de la véritable astronomie, qui consiste, au contraire, dans l'étude des variations régulières qu'il présente envers certains astres. Quoique tous participent, sans doute, à ce mouvement sphérique et uniforme, ceux à l'égard desquels ses divers éléments mathématiques, tels que le lieu ou l'instant du passage à l'horizon ou au méridien, ne subissent jamais aucune modification considérable, sont, par cela même, étrangers aux vraies théories astronomiques, où ils ne figurent essentiellement qu'à titre de moyens d'observation, servant à traduire spontanément la rotation inverse de notre planète, et fournissant des termes fixes à nos comparaisons géométriques, ainsi que nous l'expliquerons bientôt. Ces modifications périodiques du commun phénomène diurne, toutes relatives à des mouvements propres, constituent, en effet, le principal caractère d'après lequel on distingue le petit nombre des astres que nous avons qualifiés d'*intérieurs*, c'est-à-dire le soleil, les planètes, les satellites et les comètes, d'avec l'innombrable multitude des étoiles proprement dites, ou astres *extérieurs* à notre monde, et dès lors étrangers aux saines études célestes, comme on le reconnaîtra de plus en plus. Bien que l'habitude d'explorer le ciel procure souvent la faculté d'établir cette distinction fondamentale d'après une simple inspection directe, suivant certains caractères d'aspect ou de situation, cependant de tels indices sont loin de suffire toujours, et il n'existe pas, à cet égard, d'autre symptôme irrécusable et général que l'existence ou l'absence de ces variations graduelles du mouvement universel. La découverte d'une planète ne consiste pas constamment à apercevoir un nouvel astre intérieur qui avait échappé, par un motif quelconque, aux investigations antérieures ; mais quelquefois elle résulte seulement d'une suite d'observations qui ont fait reconnaître comme intérieur, d'après ces modifications décisives, un astre auparavant jugé extérieur, faute d'une exploration assez prolongée. Si le premier cas a été, par exemple, celui des quatre petites planètes situées entre Mars et Jupiter, l'autre s'était auparavant présenté pour Uranus, longtemps confondu avec les étoiles.

Nous ne pouvons donc pas regarder le véritable objet de la science astronomique comme suffisamment défini par l'appréciation fondamentale du chapitre précédent. Pour que le problème céleste soit convenablement posé dans cette introduction générale, il devient maintenant indispensable d'ébaucher ici l'étude mathématique de ces mouvements propres, dont la coexistence avec le mouvement commun du ciel caractérise seule la vraie nature du domaine effectif de l'astronomie positive. Il suffira d'y considérer spécialement un seul de ces astres intérieurs, en nous bornant à indiquer, en général, envers tous les autres, des conclusions analogues, qui seront ensuite exactement formulées, et que nous n'avons encore aucun besoin de spécifier. On conçoit que cet unique exemple doit ici se rapporter au principal de ces corps, dont il importe déjà de concevoir familièrement, par une première approximation, le mouvement propre, soit en vertu de ses nombreuses applications immédiates, soit en tant que traduisant la circulation annuelle de notre planète. Reprenons donc, à l'égard du soleil en particulier, les deux ordres d'observations, horizontales et verticales, expliquées au chapitre précédent, afin d'apprécier soigneusement la loi générale de leurs variations périodiques.

En commençant cette exploration spéciale le jour même de l'équinoxe de printemps, vers le 21 mars, on voit alors le soleil se lever exactement au point est de l'horizon, et se coucher au point ouest, en E et O (*fig.* 1). Mais, de jour en jour, ce lever et ce coucher s'opèrent en des points de plus en plus rapprochés du nord, jusqu'au 21 juin environ, où le soleil se lève, par exemple, en A et se couche en B. Après cette époque, les passages de l'astre à l'horizon rétrogradent journellement, vers l'état primitif, pendant un second trimestre, à l'expiration duquel, le 21 septembre, jour de l'équinoxe d'automne, le soleil se lève encore en E et se couche en O, comme au début. Durant le trimestre suivant, l'astre traverse l'horizon dans sa moitié méridionale, de plus en plus près du point sud, dont il s'approche enfin, le 21 décembre, en A''' et B''', autant qu'il l'avait fait du point nord six mois auparavant. Les levers et les couchers rétrogradent ensuite, en sens contraire, vers notre état initial, pendant un dernier trimestre, après lequel toutes les variations horizontales sont réellement accomplies, puisqu'elles ne font plus essentiellement que se reproduire périodiquement, suivant la marche précédente. La durée de cette période constitue l'année proprement dite, comme le temps écoulé entre deux levers consécutifs constitue le jour. Nous supposons ici égales entre elles les quatre portions dans lesquelles l'année se trouve ainsi décomposée par l'écartement graduel, tantôt septentrional, tantôt méridional, d'abord croissant, puis décroissant, des levers et couchers rapportés aux points est et ouest de l'horizon. Nous connaîtrons plus tard les inégalités peu prononcées, mais appréciables, qu'elles offrent réellement. Quant à l'étendue totale de cet écartement, EA ou EA''', elle varie, d'un lieu à un autre, dans le même sens que la hauteur du pôle, et il importe peu de la connaître ; elle est, à Paris, d'environ 37° ; en sorte que les directions suivant lesquelles le soleil se lève y changent, de juin à décembre, de $\frac{5}{9}$ d'angle droit. La marche graduelle de ces déplacements journaliers n'est d'ailleurs nullement uniforme. Une observation judicieuse, quoique grossière, manifestera aisément un contraste prononcé entre leur rapidité au temps des équinoxes et leur lenteur aux deux époques opposées, ainsi justement qualifiées de *solstices*, pour rappeler l'espèce d'immobilité du phénomène au moment où il va changer de sens, suivant le caractère mathématique de toutes les variations graduelles, à l'instant de leur maximum ou minimum.

Cette première suite d'observations démontre clairement que l'astre proposé, en participant au mouvement journalier de toute la sphère céleste, offre spécialement un mouvement annuel, suivant un circuit oblique, qui lui fait décrire chaque jour un cercle différent. En construisant déjà, sur ce mouvement propre, l'hypothèse la plus simple, compatible avec l'ensemble de nos documents, nous le supposerons d'abord circulaire et uniforme, autour de l'observateur. Sans rien prononcer encore sur la grandeur de ce cercle spécial, communément nommé *écliptique*, nous pourrons, puisqu'il ne s'agit ici que de représenter les directions et non les distances, le remplacer par le grand cercle concentrique suivant lequel son plan couperait la sphère idéale qui nous sert à concevoir le mouvement universel. Quant à sa situation envers l'*équateur*, ou le grand cercle perpendiculaire à l'axe de la rotation journalière, elle pourrait se déduire, sans doute, des observations précédentes ; mais elle résultera mieux de celles que nous devons maintenant accomplir dans le méridien.

Au début de notre exploration horizontale, quand le soleil se lève en E et se couche en O (*fig.* 1), si l'on observe sa plus grande élévation sur l'horizon, on reconnaît qu'il traverse le plan du méridien précisément en E (*fig.* 2), en sorte que le parallèle qu'il décrit ce jour-là coïncide exactement avec l'équateur. Ce cercle étant toujours coupé par l'horizon en deux parties égales, quelle que soit la hauteur du pôle, il s'ensuit que la présence de l'astre sur l'horizon et son absence, constamment représentées par les parties supérieure et inférieure du diamètre méridien de son parallèle diurne, sont alors de même durée, pour un observateur quelconque ; d'où résulte le nom d'*équinoxe* attribué à ce jour remarquable. Pendant tout le trimestre suivant, tandis que le lever du soleil s'opère de plus en plus près du nord, sa hauteur méridienne augmente continuellement, jusqu'au moment du solstice, le 21 juin, où le soleil décrit le parallèle D K, le plus rapproché du zénith Z, au sud duquel il reste d'ailleurs toujours placé dans nos climats européens. Durant le second trimestre, le soleil revient vers l'équateur, qu'il décrit de nouveau le 21 septembre, de manière à produire l'équinoxe d'automne ; il passe ensuite dans l'hémisphère austral, en s'écartant de plus en plus de l'équateur, jusqu'à ce qu'il en soit, le 21 décembre, aussi éloigné, en sens inverse, qu'il l'était lors du solstice opposé, de façon à décrire le parallèle diurne D' K', égal et contraire à D K. Enfin, le dernier trimestre ramène graduellement le soleil vers l'équateur, qu'il atteint, comme au début, après une année révolue, pour reproduire continuellement, suivant la même période, une suite essentiellement identique de variations méridiennes.

Ce second cours d'observations confirme évidemment les indications générales du premier sur le mouvement annuel du soleil dans un cercle oblique à l'équateur. Mais, en outre, il est très-propre à mieux constituer notre hypothèse, en nous offrant la véritable mesure de cette obliquité. En effet, cette donnée fondamentale de l'astronomie solaire résulte directement ici d'une exacte comparaison entre la moindre et la plus grande hauteur méridienne du soleil, S K' et S D, pendant le cours de l'année, puisque leur demi-différence déterminera le maximum d'écartement E D ou E K' du soleil envers l'équateur, nécessairement égal, en tous lieux, à l'angle de l'écliptique avec l'équateur, ainsi fixé, d'une manière presque invariable, à 23° 27′ 35″, ou environ 23° ½. Cette importante détermination, sans laquelle notre hypothèse ne saurait comporter aucune vérification précise, constitue peut-être la première découverte astronomique dont l'époque et l'inventeur nous soient suffisamment connus. Vaguement entrevue par Thalès, elle ne fut accomplie que par Eudoxe, de Cnide, contemporain d'Aristote.

En appréciant, de la même manière qu'au chapitre précédent, la puissance logique propre au concours de ces deux classes d'observations, il est clair que leur ensemble reste pareillement insuffisant pour établir une vraie démonstration de la loi proposée, qui n'est ainsi exactement vérifiable encore qu'envers les quatre positions principales du passage variable du soleil, à l'horizon ou au méridien, pendant le cours de l'année, sans rien prononcer d'assez formel sur les diverses positions intermédiaires. Mais, pour soumettre notre hypothèse à une confrontation décisive avec l'exploration directe, à l'égard d'une époque quelconque, il faut d'abord achever de la constituer, en y dissipant l'incertitude qu'elle nous laisse jusqu'ici, même après la détermination capitale du degré d'obliquité, soit quant aux intersections de l'écliptique avec l'équateur, soit sur le sens effectif du mouvement annuel. Sous le premier aspect, ce complément indispensable est facile à établir par l'observation des couchers ou levers *héliaques*, si usités dans l'enfance de l'astronomie, et qui maintenant n'ont plus conservé d'autre office essentiel : en vertu de son mouvement propre, le soleil se lève ou se couche chaque jour auprès d'une étoile différente ; or, il suffit de remarquer celle qui correspond à l'un ou à l'autre équinoxe, et l'on connaît aussitôt la position céleste des points, dits équinoxiaux, où l'écliptique coupe

l'équateur, de manière à pouvoir d'ailleurs contrôler mutuellement ces deux déterminations, qui doivent aboutir à deux
points diamétralement opposés. Quant au sens du mouvement
propre, on décidera s'il s'accomplit, comme le mouvement
commun, de l'est à l'ouest, ou réciproquement, d'après une
autre comparaison de ce genre, entre les levers consécutifs
d'une même étoile et ceux du soleil. Après avoir remarqué,
en un jour quelconque, quelle étoile se lève ou se couche avec
le soleil, il suffira d'examiner le lendemain, ou quelques jours
après, lorsque cette simultanéité cessera, lequel des deux astres
précède l'autre, et le sens du mouvement annuel sera conforme
ou contraire à celui du mouvement diurne selon que cette an-
tériorité caractéristique appartiendra au soleil ou à l'étoile. Or,
un phénomène remarquable, déjà considéré incidemment au
chapitre précédent, dissipe aussitôt toute incertitude à cet
égard, en montrant que le lever de toutes les étoiles avance
chaque jour de quatre minutes environ sur nos horloges solaires. Il est donc certain que le mouvement propre s'accomplit
en sens contraire du mouvement commun, c'est-à-dire de
l'occident vers l'orient. Cette différence, à peu près constante,
de quatre minutes suffirait même pour déterminer approxima-
tivement, si elle n'était déjà connue d'ailleurs, la période du
mouvement solaire, en mesurant, suivant le taux ordinaire,
le chemin spécial que parcourt le soleil parallèlement à l'équateur, surtout à l'époque des solstices, où sa route est parallèle
à ce plan. Au reste, l'observation directe des passages successifs du soleil, soit à l'horizon, soit plutôt au méridien, aura
préalablement déterminé, avec plus de facilité et de sûreté,
cette donnée indispensable, qui, dans notre supposition d'uniformité, indique aussitôt la vitesse effective du mouvement
propre, dès lors estimée, sur l'écliptique, à environ un degré
par jour, puisque le nombre de jours dont se compose l'année

se trouve peu différer du nombre de degrés relatif à la division usuelle du cercle (1).

Notre nouvelle hypothèse ayant acquis, par ces divers compléments, son vrai caractère scientifique, la marche expliquée, dans le chapitre précédent, au sujet du mouvement diurne, permettra de prononcer aussi sur la réalité de cette loi du mouvement annuel, qui maintenant comporte, pour une époque quelconque, d'exactes prévisions, susceptibles d'une confrontation décisive avec l'exploration journalière. Car, en partant, par exemple, de la position équinoxiale du 21 mars, le nombre de jours écoulés indiquera directement la position correspondante du soleil sur l'écliptique, d'où l'on pourra déduire sa distance angulaire ou sphérique à l'équateur ou au pôle, de façon à connaître le parallèle qu'il doit alors décrire, et dès lors à prévoir toutes les circonstances journalières qui s'y rapportent, quant au temps ou au lieu de son passage à l'horizon, au méridien, ou ailleurs, suivant les règles fondamentales déjà établies envers le mouvement diurne d'un astre arbitraire. Il n'y a donc ici d'opération vraiment nouvelle que cette prévision continue de la distance variable du soleil à l'équateur pour chaque jour donné. Or, une telle déduction pourra s'accomplir suivant l'un quelconque des trois modes équivalents, de plus en plus parfaits, mécanique, graphique, et numérique, qui ont été appliqués, dans le chapitre précédent, à l'appréciation ma-

---

(1) Ce rapprochement n'a rien de fortuit, si, comme tout porte à le croire, le nombre astronomique a historiquement servi de type essentiel au nombre géométrique. Une telle origine est d'autant plus vraisemblable que la durée de l'année a dû être déterminée, par les premières castes sacerdotales, d'après la simple observation des levers ou couchers héliaques, avant que la numération et l'écriture fussent assez perfectionnées pour faire distinctement apprécier la vraie différence de ces deux nombres, entre lesquels on a vraisemblablement supposé d'abord une parfaite égalité, d'où résulte sans doute l'ancienne année égyptienne de 360 jours, tardivement complétée par les 5 jours épagomènes.

thématique du mouvement diurne. Pour le premier, il suffira, évidemment, après avoir marqué sur le globe le cercle de l'écliptique, suivant les données ci-dessus obtenues, d'amener au méridien le point de ce cercle qui représente, à raison d'un degré journalier, la position convenable du soleil, dont la distance correspondante à l'équateur deviendra ainsi directement mesurable. Quant au mode graphique, on pourra d'abord supposer que le diamètre DCD' (*fig.* 2) représente la projection de l'écliptique sur le plan du méridien, quoique cela ne convienne qu'à certaines longitudes géographiques : dès lors, une projection facile DT, faite séparément sur le cercle de l'écliptique, déterminera, d'après le nombre de jours écoulé depuis l'un ou l'autre solstice, le parallèle VV' qui convient au jour proposé, et la distance cherchée VE. Enfin, dans le mode numérique ou trigonométrique, cette distance résultera d'un triangle sphérique rectangle, où elle sera opposée à un angle égal à l'obliquité de l'écliptique, et dont l'hypothénuse mesurera le chemin effectif du soleil depuis l'équinoxe précédent.

C'est ainsi qu'on a pu constater, en tout temps, la réalité fondamentale de l'hypothèse relative au mouvement circulaire et uniforme qu'accomplit annuellement le soleil. Mais cette confirmation diffère beaucoup de celle expliquée au chapitre précédent, en ce qu'elle concerne seulement une approximation initiale, que nous aurons besoin ensuite de remplacer par une loi plus exacte et plus compliquée, quand il y faudra puiser des prévisions plus lointaines et plus précises ; tandis que l'hypothèse fondamentale sur le mouvement diurne a toujours conservé la même exactitude avec la même simplicité, depuis la première origine de la science astronomique, malgré l'immense perfectionnement de l'exploration. Néanmoins, en reproduisant un nouvel exemple caractéristique de la marche logique déjà appréciée envers l'autre cas, l'opération actuelle n'en devient que plus propre à mieux manifester l'obligation générale de commencer toujours nos recherches spéculatives par l'hypothèse la plus simple que puisse comporter l'ensemble des documents obtenus, même lorsqu'elle devra ultérieurement subir des changements considérables, dont la considération anticipée serait aussi vicieuse qu'inutile. Sans une telle sagesse continue, pleinement justifiée par la nature relative de toutes nos théories réelles, le progrès des études positives serait radicalement entravé, en compliquant outre mesure la comparaison graduelle des prévisions aux observations. C'est pourquoi, bien que nous soyons loin d'attacher à la circularité et à l'uniformité des mouvements célestes les attributs absolus qu'y admettaient les anciens, l'astronomie moderne a soigneusement conservé cette antique supposition, dont la valeur scientifique restera toujours aussi incontestable que son aptitude logique, mais seulement à titre de première approximation, correspondante à un certain degré d'extension et de précision dans notre prévoyance rationnelle, en harmonie avec certaines applications usuelles.

La marche générale que nous venons de suivre pour le soleil conviendrait pareillement à tout autre astre intérieur, envers lequel on obtiendrait ainsi des conclusions analogues, qu'il serait maintenant superflu de spécifier ici. Tous ces corps seront dès lors reconnus animés, outre le commun mouvement journalier, de divers mouvements propres, à peu près circulaires et uniformes, toujours accomplis en sens contraire du premier, selon des cercles concentriques, que l'on pourra constamment remplacer, tant qu'il ne faudra spéculer que sur les directions et non sur les distances, par les grands cercles que leurs plans détermineraient dans la sphère idéale qui représente déjà le spectacle fondamental du ciel. Mais les positions et les inclinaisons de ces divers cercles différeront d'ailleurs beaucoup les

unes des autres; et les temps périodiques correspondants encore davantage, depuis la période d'environ un mois relative
à la lune jusqu'à l'intervalle quasi-séculaire qui convient à
Uranus ou aux comètes les plus lointaines. Tous ces éléments
spécifiques seront, dans la suite, soigneusement mentionnés,
quand nous étudierons la principale approximation de chaque
mouvement. Il suffit ici de concevoir, en général, comment
l'ensemble d'une telle élaboration peut déjà nous conduire à atteindre, avec un certain degré de précision, suffisant aux premiers besoins pratiques, le but essentiel de toutes les théories
astronomiques, la prévision exacte de l'état du ciel à une époque donnée. Toutes les études ultérieures ne pourront que
rendre à la fois plus lointaine et plus précise cette prévoyance
rationnelle, déjà constituée par ces recherches fondamentales,
principal résultat scientifique de la grande école d'Alexandrie.

Cette première approximation du mouvement solaire trouve
déjà une heureuse application, en nous fournissant directement une base pleinement suffisante pour la théorie astronomique des saisons, sur laquelle repose nécessairement l'ensemble de leur théorie physique. En écartant d'abord toute
circonstance de température, afin de mieux caractériser les
simples différences géométriques, il est clair que la distinction
des quatre saisons de l'année résulte aussitôt de notre précédente analyse de la route périodique du soleil, suivant qu'il
reste d'un côté ou de l'autre de l'équateur, et selon qu'il s'en
approche ou s'en éloigne. Un observateur qui se trouverait
garanti de toute impression thermométrique, et dont l'exploration serait bornée aux passages successifs du soleil, soit à
l'horizon, soit au méridien, pourrait néanmoins déterminer
ainsi, avec une pleine certitude, la saison correspondante à
chaque observation. Pour un jour donné, il lui suffirait d'examiner si ces passages ont lieu vers le nord ou vers le sud, ce

qui déciderait d'abord si la saison est boréale ou australe. Afin de prononcer ensuite entre les deux saisons de chaque espèce, il faudrait comparer les passages successifs qui correspondent à deux jours voisins : la saison s'étendrait d'un équinoxe à un solstice ou réciproquement, selon que le nouveau passage s'opérerait plus loin ou plus près de l'équateur. Cette distinction fondamentale se manifeste surtout par son influence invariable sur les durées comparatives du jour et de la nuit. Tant que le soleil reste dans l'hémisphère boréal, ces deux durées qui, lors de l'équinoxe étaient égales entre elles, présentent, à l'avantage du jour, une différence, d'abord croissante, puis décroissante, toujours exactement appréciable en chaque lieu, et dont le maximum, correspondant au solstice d'été, est, à Paris, d'environ huit heures, puisque le soleil s'y lève alors vers quatre heures du matin et s'y couche vers huit du soir. Quand l'astre change d'hémisphère, il survient nécessairement, en sens contraire, des inégalités exactement équivalentes. Ainsi, la simple observation de la durée effective du jour proprement dit, distingue suffisamment les quatre saisons ; dont chacune est d'abord boréale ou australe, selon que la présence du soleil sur notre horizon y dure plus ou moins que son absence, et ensuite va du solstice à l'équinoxe, ou en sens inverse, suivant que la durée successive du jour diminue ou augmente. Du reste, afin de mieux se familiariser avec la marche générale de ces variations périodiques, il convient de noter que, d'après notre mode de compter les heures à partir du passage du soleil au méridien, supérieur ou inférieur, l'heure de son lever et celle de son coucher, ajoutées ensemble, forment toujours douze heures, et que la même relation existe entre les heures de lever propres à deux positions opposées également distantes de l'équateur ; en sorte que, par exemple, la durée du plus long jour est partout égale à celle de la plus longue nuit. Toutefois, la différence

variable du temps vrai au temps moyen altère un peu ces liaisons usuelles, suivant une loi qui sera ultérieurement expliquée. Nous reconnaîtrons, alors, qu'il existe aussi quelque
différence appréciable entre la durée des saisons boréales et
celle des saisons australes, que notre première approximation
de la théorie solaire représente comme exactement égales.

Telles sont les notions élémentaires qui servent de base à
toute l'étude rationnelle des saisons, qui même n'est jusqu'ici
vraiment satisfaisante qu'envers cet antique fondement astronomique, vu l'extrême imperfection que doivent offrir encore,
en vertu de leur complication supérieure, les diverses spéculations concrètes relatives à l'histoire naturelle proprement dite,
la science réelle n'ayant pu d'abord se développer suffisamment
qu'à l'égard des spéculations abstraites, seules assez simples
pour être immédiatement accessibles. Mais cette appréciation
fondamentale permet déjà d'expliquer, en général, ce qu'il y
a de plus constant dans les caractères thermologiques des diverses saisons, en indiquant le sens nécessaire des principales
variations régulières de la chaleur solaire en un lieu quelconque. En effet, la température est naturellement liée à ces
changements périodiques de la durée du jour qui caractérise
les différentes saisons, et cette liaison s'opère par deux modes
très-distincts qu'il importe de ne pas confondre, quoique, dans
nos climats européens, ils soient toujours réunis. D'une part,
la chaleur solaire doit se faire d'autant plus sentir, en chaque
lieu, que l'astre y demeure plus longtemps visible; d'une autre
part, elle doit y devenir plus efficace à mesure qu'il y parvient
à une plus grande hauteur méridienne. Sans que ces deux influences soient réellement calculables, elles expliquent suffisamment les différences principales que présente habituellement
la marche générale des températures dans les diverses saisons.
Quoique les circonstances locales ou temporaires puissent sou-

vent troubler beaucoup une telle tendance astronomique, sa permanence nécessaire doit pourtant la faire finalement prévaloir partout, comme toutes les forces continues, quand on considère, sous un aspect général, un certain ensemble d'années.

Au sujet de cette importante explication, il convient de prévenir spécialement une méprise fort naturelle, souvent commise par ceux qui commencent à apprendre que la terre ne reste pas, pendant toute l'année, suivant notre hypothèse actuelle, à la même distance du soleil. On doit alors être disposé à fonder, sur cette inégale proximité, la diversité thermométrique des saisons. Il importe donc de remarquer ici qu'une telle influence est, au contraire, pour l'hémisphère boréal de la terre, directement opposée à cet effet général ; puisque la terre se trouve le plus près du soleil aux environs de notre solstice d'hiver, et le plus loin vers celui d'été, comme nous le reconnaîtrons plus tard. La marche effective de nos saisons s'opère donc malgré ce changement de distance, et non d'après lui ; ce qui tient seulement à sa faible intensité, le minimum n'étant que de $\frac{1}{30}$ inférieur au maximum ; en sorte qu'une telle tendance doit se trouver surmontée par celle qui résulte des inégalités ci-dessus appréciées. Si, au contraire, ce nouvel ordre de variations était plus prononcé, il pourrait, à son tour, devenir prépondérant ; c'est ce qui a lieu, sans doute, chez les comètes, dont les distances au soleil varient tellement que la marche de leurs températures en doit principalement dépendre, même abstraction faite des altérations physiques et chimiques, quelle qu'y puisse être, en chaque point de leur surface, l'inégale durée de la présence du soleil ou son inégale hauteur méridienne sur l'horizon correspondant. En revenant à la terre, on peut attribuer, en partie, à cette influence astronomique, quoique peu prononcée, la notable supériorité que présente, quant aux températures, l'ensemble de l'hémisphère que nous habitons, quand on le compare, aux mêmes latitudes, à l'hémisphère austral. Car, les saisons étant inverses entre les deux hémisphères, comme nous le reconnaîtrons au chapitre suivant, cette inégalité de distance au soleil qui, pour nous, tend à diminuer la différence fondamentale des saisons, doit tendre, au contraire, à l'augmenter, de l'autre côté de l'équateur. Une autre influence astronomique concourt aussi au même résultat nécessaire : c'est l'excès d'environ deux semaines que nous constaterons plus tard dans la durée des saisons boréales opposée à celle des saisons australes ; ce qui prolonge, à notre profit, l'époque où la température est plus élevée, et produit l'effet inverse dans l'autre hémisphère. Mais, quelle que doive être l'influence combinée de ces deux tendances célestes, leur faible intensité ne permet guère de leur attribuer la principale part de ce résultat remarquable, qui semble surtout dû aux diversités purement terrestres que présentent les deux hémisphères, et principalement, sans doute, à la disproportion très-inégale entre leurs surfaces liquide et solide.

Pour mieux comprendre cette théorie élémentaire des saisons, il importe de sentir qu'elle résulte entièrement de l'inclinaison effective de l'écliptique sur l'équateur, puisque toutes les différences astronomiques ci-dessus appréciées, quant à la durée du jour ou à la hauteur méridienne du soleil, disparaîtraient nécessairement si le mouvement annuel s'opérait parallèlement au mouvement diurne, de façon à ce que, l'astre décrivant toujours l'équateur, l'équinoxe deviendrait dès lors perpétuel. Sans aller jusqu'à cette extrême supposition, on conçoit qu'un changement notable dans cet angle fondamental devrait augmenter ou diminuer la diversité effective de nos saisons. Nous reconnaîtrons ultérieurement que ces variations idéales se trouvent essentiellement réalisées entre les différentes planètes, envers lesquelles l'obliquité correspondante est tan-

tôt supérieure et tantôt inférieure à ce qui a lieu ici. Ainsi,
tout en se résignant à un ordre qu'elle ne peut modifier, l'humanité ne saurait d'ailleurs lui reconnaître finalement la perfection absolue qu'exigeait naturellement l'optimisme théologique ; puisque de meilleures dispositions peuvent être aisément
imaginées, et se trouvent même établies ailleurs. Vainement
l'ancienne philosophie tenterait-elle d'éluder cette évidente difficulté, en alléguant la prétendue solidarité de notre véritable
obliquité de l'écliptique avec l'économie générale de notre système solaire. Une saine appréciation directe, spécialement confirmée par la mécanique céleste, démontre clairement qu'un
tel élément constitue, envers chaque planète, une donnée essentiellement indépendante de toutes les autres, et, à plus
forte raison, de la disposition effective du reste de notre monde.
Si l'action dynamique développée par notre industrie collective
pouvait jamais devenir assez puissante pour nous permettre
d'altérer sensiblement la direction de notre axe de rotation, ce
qui sera toujours très-au-dessus de nos forces quelconques,
l'amélioration que nous pourrions ainsi produire dans notre
condition astronomique, en rapprochant notablement l'écliptique de l'équateur, pourrait certainement être accomplie de
manière à ne déterminer d'ailleurs aucune dangereuse perturbation, en y apportant, d'après l'ensemble des lois réelles, la
même prudence systématique que dans tout autre judicieux
exercice de l'activité humaine. L'impossibilité de réaliser un
tel triomphe matériel ne doit donc pas nous faire méconnaître
l'évidente imperfection de l'ordre effectif. Aussi la seule explication spéciale que l'esprit théologique ait tentée à cet égard
consiste-t-elle à y voir une sorte de punition infligée à notre
espèce en vertu de sa chute originelle. Une admirable conception poétique du grand Milton nous représente, en effet, aussitôt après le fatal péché, un ange directement envoyé pour

pencher vers l'écliptique l'axe terrestre, qui auparavant lui était perpendiculaire. On ne saurait mieux avouer l'irrécusable imperfection de l'économie réelle.

CHAPITRE III.

Après avoir suffisamment caractérisé, pour un lieu quelconque, le spectacle fondamental du ciel, d'abord quant à sa fixité générale, ensuite dans ses variations spéciales, nous devons compléter cette indispensable introduction, destinée à poser convenablement l'ensemble du problème astronomique, en appréciant maintenant les changements plus ou moins prononcés que présente ce grand phénomène aux divers observateurs qui le contemplent à la fois des différents points de la surface terrestre. Ce nouvel ordre de modifications offre deux cas très-distincts, selon que le spectateur se déplace en latitude ou en longitude ; le premier sera seul l'objet de ce chapitre, et l'autre appartiendra au chapitre suivant.

Supposons donc que l'observateur, sans changer de méridien, se transporte successivement, selon la direction déjà déterminée, en des lieux de plus en plus septentrionaux, et cherchons la loi géométrique des changements que lui offrira l'aspect du ciel. Ils doivent d'abord sembler très-considérables et même peu réguliers, puisque certains astres disparaîtront vers le sud, tandis que d'autres, au nord, deviendront circompolaires ; les levers et les couchers primitivement explorés ne s'opérant plus aux mêmes heures ni aux mêmes points , les mêmes astres passeront au méridien au même instant, mais à des hauteurs plus grandes ou moindres qu'auparavant, suivant qu'ils étaient d'abord au nord ou au sud du zénith. Néanmoins, au milieu de ces variations, en apparence irrégulières, il deviendra bientôt facile de saisir une loi constante, d'après la permanence de toutes les configurations sidérales, ou, plus généralement, des diverses distances angulaires entre les étoiles. La marche fondamentale du mouvement diurne étant déjà reconnue partout identique, on sentira ainsi que la rotation uniforme de la sphère céleste s'accomplit seulement autour d'un axe diversement incliné sur l'horizon local. Tous les changements observés se trouveront donc exactement représentés par une simple augmentation de la hauteur du pôle, qui, par exemple, croîtra d'un degré environ en passant de Paris à Amiens, puis d'un nouveau degré en allant d'Amiens à Dunkerque, etc. Ce redressement graduel de l'axe du ciel à mesure qu'on avance vers le nord explique aussitôt les diversités ci-dessus indiquées dans le spectacle journalier ; tandis que certains parallèles méridionaux disparaîtront entièrement sous l'horizon, d'autres septentrionaux s'en dégageront totalement. En marchant, au contraire, vers le sud, le pôle se rapprochera de l'horizon, et dès lors on devra, de ce côté, appercevoir quelques astres auparavant invisibles, pendant que, à l'opposé, plusieurs étoiles d'abord circompolaires deviendront sujettes à se lever et se coucher. Ainsi, la même théorie mathématique du mouvement diurne restera partout applicable, sous l'un quelconque des trois modes généraux, mécanique, graphique et numérique, que nous y avons distingués, en y changeant seulement la donnée fondamentale relative à la distance du pôle à l'horizon ou au zénith. Il convient, du reste, pour simplifier la conception de ces différences, de s'y borner d'abord à la considération des astres extérieurs, afin de ne pas compliquer aussitôt ces variations locales avec les variations temporaires qui caractérisent les autres astres.

L'exacte analyse de ces modifications conservera toujours une importance vraiment fondamentale, comme constituant, dans l'ensemble de la philosophie naturelle, le seul moyen décisif de mettre en évidence la vraie figure générale de notre planète. Par cela même que nous habitons la terre, l'inspection directe ne peut nullement nous en manifester la véritable forme, d'après l'irrécusable impossibilité de nous éloigner assez de sa surface pour en apercevoir à la fois une portion considérable. Quelle que soit cette figure effective, notre vue doit toujours nous la représenter plane, puisque la courbure d'une surface quelconque n'est jamais appréciable sur une petite étendue, où elle se confond nécessairement avec la partie correspondante du plan tangent, c'est-à-dire de l'horizon. Tandis donc que la figure des autres planètes peut nous être connue par simple inspection, en vertu même de notre éloignement spontané, celle de notre terre ne peut se découvrir que d'après une combinaison rationnelle des divers documents partiels. Il faut, pour cela, comparer exactement les différentes situations du plan tangent aux intervalles des lieux correspondants, ce qui exige l'intervention de signaux fixes, susceptibles d'être aperçus à la fois de toutes les parties de la surface. Or, les astres constituent évidemment les seuls termes de comparaison propres à remplir cette indispensable condition, quand la loi de leur mouvement journalier a pu permettre de marquer sur le ciel un point vraiment immobile, d'ailleurs réel ou idéal. Bien que le pôle céleste ne soit pas directement visible, puisque l'étoile qualifiée de *polaire*, comme en étant la plus voisine, en est pourtant distante d'environ $1° \frac{1}{2}$, nous y pouvons viser exactement, par les moyens déjà expliqués au chapitre premier, d'après la théorie fondamentale de la rotation diurne. Dès lors, les hauteurs simultanées que nous venons de reconnaître en ce point fixe sur les divers horizons démontrent clairement que tous ces plans tangents ne sont pas situés dans le prolongement les uns des autres, d'où résulte donc l'irrécusable courbure de la terre, sans laquelle tous ces changements seraient mathématiquement impossibles. Ainsi avertie, notre intelligence obéissant encore, de la manière la plus légitime, à sa tendance naturelle vers les plus simples hypothèses compatibles avec l'ensemble des renseignements obtenus, suppose aussitôt à cette surface une figure parfaitement sphérique, de toutes la plus facile à concevoir après le plan. L'extrême simplicité d'une telle forme a dû la rendre aisément vérifiable, quand le premier essor de la géométrie abstraite a permis de prévoir ainsi la loi précise suivant laquelle doit y varier la hauteur du pôle d'un lieu à un autre. Sur cette petite sphère réelle, les diverses coupes déjà considérées envers la grande sphère idéale qui représente le ciel marquent, autour du centre commun, des traces correspondantes, de même nature géométrique, et ordinairement qualifiées des mêmes noms. Cela posé, la tangente au cercle et le plan tangent à la sphère étant toujours perpendiculaires aux rayons respectifs, la hauteur du pôle en chaque lieu, c'est-à-dire l'inclinaison de l'horizon sur la parallèle à l'axe unique des deux sphères, équivaut géométriquement à l'angle de son rayon terrestre avec le plan de l'équateur, ou, en d'autres termes, à sa *latitude* géographique. Or, si nos méridiens sont vraiment circulaires, cet angle doit varier proportionnellement au chemin parcouru sur leur circonférence. Tout se réduit donc à constater cette proportionnalité effective entre les variations successives de la hauteur du pôle céleste et les longueurs correspondantes des intervalles terrestres. Si, le long d'un méridien quelconque, un égal déplacement du spectateur détermine toujours, quelle que soit la latitude, une égale élévation ou dépression du pôle, ou, en d'autres termes, si nos degrés géographiques ont par tout la même longueur, la sphéricité de notre planète se trouvera mathématiquement démontrée. C'est sur quoi l'ensemble des observations n'a jamais pu laisser aucun doute, quand on se borne à la première approximation que nous établissons ici, et qui d'ailleurs suffit, à ce sujet, même aujourd'hui, dans la plupart des applications usuelles. Lorsque nous passerons ensuite à une hypothèse plus exacte et plus compliquée, ce sera encore d'après une appréciation plus précise de cette même relation nécessaire entre le chemin parcouru et le déplacement apparent du pôle.

Tel est le mode fondamental suivant lequel l'école de Thalès a découvert, depuis vingt-quatre siècles, la sphéricité approximative de la terre. Quand cette notion est devenue assez familière, on en a trouvé la confirmation habituelle dans divers phénomèmes vulgaires, d'ailleurs trop peu prononcés pour en manifester d'abord la réalité. C'est ainsi, par exemple, que le soleil ; ou tout autre astre, se lève un peu plus tôt et se couche un peu plus tard au sommet d'une haute tour, et à plus forte raison, d'une montagne qu'à son pied. De même, le navigateur qui s'approche graduellement d'une côte y aperçoit d'abord les points culminants de tout objet considérable, et ne voit ensuite que successivement les autres points de chaque verticale, dans l'ordre inverse de leur distance à l'horizon. Un pareil effet a lieu envers le vaisseau, chez le spectateur immobile. Il est clair que ces diverses conséquences journalières de la courbure de la terre seraient nécessairement incompatibles avec une figure plane. Mais de telles comparaisons, même en leur procurant une précision numérique, portent sur de trop petits effets pour jamais pouvoir constater, d'une manière vraiment décisive, la sphéricité de la terre, qui ne peut devenir suffisamment

appréciable que d'après les changements prononcés qu'éprouve
le plan tangent à de grands intervalles, que les signaux célestes
peuvent seuls permettre d'employer. Il existe aussi, à la vérité, d'autres moyens astronomiques de confirmer cette décision, en observant des phénomènes propres à manifester indirectement la vraie figure de notre globe. Telle est, entre
autres, la forme de l'ombre que projette sa surface éclairée par
le soleil, et qui nous devient quelquefois sensible dans les
éclipses de lune. Néanmoins, quelle que soit la valeur logique
de cette remarquable vérification, elle ne saurait, par sa nature, comporter une précision suffisante, ni surtout qui fût aucunement comparable à celle que procure le mode fondamental
ci-dessus expliqué. D'ailleurs cette considération est évidemment trop détournée pour avoir pu inspirer une telle notion,
dont elle suppose, au contraire, l'habitude préalable. C'est
pourquoi, en voyant Aristote insister sur une preuve semblable, nous devons seulement en conclure que cette connaissance
était alors devenue déjà très-familière aux esprits avancés,
comme le confirment beaucoup d'autres témoignages historiques.

Envisagée sous un nouvel aspect, cette notion fondamentale
nous dévoile un théorème important de philosophie naturelle,
en déterminant la loi élémentaire suivant laquelle varie la direction de la pesanteur dans l'ensemble de la surface terrestre.
Si nous pouvions voir distinctement tomber à la fois deux corps
suffisamment distants, la convergence des verticales pourrait
devenir immédiatement appréciable; mais cette condition est
impossible à remplir, même en y employant les aérostats, qui
nous élèveraient tout au plus à une hauteur d'où les verticales
extrêmes ne formeraient qu'un angle de cinq ou six degrés,
confusément entrevu d'aussi loin. Aussi notre penchant initial
à l'absolu a-t-il longtemps paru dûment autorisé à regarder la

direction de la pesanteur comme invariable malgré le déplacement du spectateur, puisque l'exploration immédiate était trop
bornée pour en devoir manifester le changement réel. L'inclinaison mutuelle des verticales n'a pu devenir sensible et appréciable que dans les observations astronomiques, en mesurant
la distance angulaire des étoiles placées aux zéniths respectifs
des deux lieux comparés. Tant qu'on ne change pas de méridien, cette mesure peut s'accomplir, d'une manière à la fois plus
commode et plus sûre, en estimant les changements qu'éprouve
la distance du zénith au pôle, toujours complémentaire de la
hauteur du pôle sur l'horizon. Les variations observées dans
celle-ci en prouvent donc d'égales et contraires, assujetties à la
même loi, pour la direction de la pesanteur, en confirmant
d'ailleurs, par un immense prolongement des verticales, l'exacte
perpendicularité, déjà immédiatement résultée de l'expérience
universelle, entre la droite suivant laquelle tombent les corps
en chaque lieu et la surface correspondante des eaux tranquilles
ou de la mer calme. C'est ainsi que la sphéricité approximative
de la terre a démontré la convergence, pareillement approchée,
de toutes les verticales vers son centre. Quand nous parvien-
drons ensuite à des notions plus précises et moins simples sur
la figure de notre planète, la même relation élémentaire introduira aussitôt un égal perfectionnement et une complication
équivalente dans la loi générale qui concerne la direction de la
pesanteur, et qui, par sa nature, ne constitue réellement qu'une
autre manière d'envisager le même sujet. Si la terre s'écarte
assez peu de cette forme initiale pour que les applications
usuelles n'aient presque jamais besoin d'y avoir égard, il sera
pareillement permis de considérer presque toujours cette direction comme confondue partout avec le prolongement de
chaque rayon terrestre. On conçoit d'ailleurs que cette connexité
nécessaire entre deux grandes notions physiques a dû histori-

quement retarder leur élaboration respective, ainsi obligée à une simultanéité qui devait longtemps entraver beaucoup les spéculations correspondantes, quoique une intime familiarité ne nous permette guère de nous faire maintenant une juste idée des embarras qui en ont dû résulter, jusque chez les meilleurs esprits, si souvent rebelles, dans l'antiquité et même au moyen âge, à l'ensemble des démonstrations établies sur ce double sujet par l'école d'Alexandrie. Comme ce cas présente certainement l'un des premiers exemples essentiels de la tendance caractéristique de l'esprit positif à toujours transformer en relatives des conceptions d'abord absolues, on y doit mieux sentir la difficulté qu'éprouve alors notre intelligence à voir, en toute droite imaginée au hasard, la direction effective de la pesanteur pour un certain lieu terrestre, sans qu'une telle variation laisse pourtant rien d'arbitraire envers une loi aussi usuelle.

Si maintenant on spécifie, à l'égard des astres intérieurs, les variations locales dont nous venons d'établir la règle générale, elles s'y combinent avec les mouvements propres, de manière à produire des phénomènes remarquables, qu'il importe d'apprécier ici, mais en nous bornant encore au soleil, ce qui constituera la théorie astronomique des climats.

Notre explication fondamentale de la marche annuelle du soleil se rapporte tacitement à un lieu situé, comme le sont la plupart des pays civilisés, dans la zone tempérée. En partant de ce type familier, examinons maintenant les modifications que présente ce mouvement périodique quand on l'observe de tout autre point de la terre. Il faut, pour plus de netteté, considérer d'abord les deux cas extrêmes, entre lesquels nous placerons ensuite les divers intermédiaires. De ces deux termes opposés, relatifs, l'un à l'équateur terrestre, l'autre aux pôles, le premier offrant le spectacle le moins différent de celui qui nous est habituel, c'est par lui qu'il convient de commencer cette appréciation.

Reprenons donc sommairement l'explication élémentaire du chapitre précédent, mais en supposant que le pôle céleste soit placé à l'horizon, comme le voient les peuples équatoriaux. Alors l'équateur céleste, et tous les parallèles diurnes, deviennent verticaux, en sorte que la course journalière d'un astre quelconque se trouve toujours également répartie entre le dessus et le dessous de l'horizon. Quant au soleil en particulier, cette modification remarquable rend aussitôt perpétuelle cette parfaite égalité de la durée du jour à celle de la nuit qui, dans nos climats, distingue les deux jours équinoxiaux. Comme l'équateur passe alors au zénith, les deux parallèles extrêmes, ou *tropiques*, DK et D'K' (*fig.* 3), décrits par le soleil aux deux époques solsticiales, deviennent équidistants de ce point, l'un au nord, l'autre au sud. Là donc le soleil, qui, chez nous, reste toujours au sud du zénith, le laisse, au contraire, six mois de chaque côté, et y passe précisément aux instants où il en est ici moyennement éloigné, c'est à dire, aux deux équinoxes. Cette diversité caractéristique se manifeste vulgairement par une inversion correspondante dans la direction des ombres horizontales, qui, à midi, sont, en Europe, toujours tournées vers le nord, tandis que, à l'équateur, elles ne se dirigent ainsi que pendant le sémestre boréal, et se tournent au sud durant le sémestre austral. On conçoit aisément que, dans ces pays, la différence des saisons doit être beaucoup moins prononcée qu'ici, puisque, de ses deux sources essentielles, l'une, l'inégale durée du jour, y disparaît entièrement, tandis que l'autre, l'inégale obliquité des rayons solaires, s'y trouve diminuée de moitié, la distance méridienne du soleil au zénith n'y pouvant jamais varier, en l'un ou l'autre sens, que de $23° \frac{1}{2}$, au lieu de 47°. Aussi les habitants n'y distinguent-ils, le plus souvent, que deux époques essentielles, l'une de pluie, l'autre de sécheresse.

Passons maintenant à l'extrémité opposée, en supposant que l'axe du ciel devienne vertical (*fig.* 4), comme on doit le voir au pôle terrestre. L'équateur coïncidant alors avec l'horizon, et tous les parallèles diurnes se trouvant ainsi horizontaux, une étoile quelconque restera toujours visible ou ne le sera jamais, selon sa position céleste, boréale ou australe. Par conséquent, la présence du soleil se prolongera pendant tout le sémestre boréal, où il tournera horizontalement autour du spectateur, qui ne distinguera les divers jours astronomiques que d'après le retour de l'astre dans un même vertical ou méridien. Son absence réelle y durera pareillement six mois, quoiqu'il n'en faille pas conclure que l'obscurité y doive persister aussi long-temps, soit en vertu des réfractions, soit surtout à raison des crépuscules, qui y établissent alors une compensation notable, bien que très-imparfaite, de cette privation directe de la lumière solaire, comme nous le reconnaîtrons plus tard. Ainsi, la diversité entre les saisons boréales et les saisons australes se trouve là aussi prononcée que possible, puisqu'elle y coïncide nécessairement avec le contraste du jour à la nuit.

Cette suffisante appréciation des deux situations extrêmes nous permet aisément d'analyser, sous le même aspect, tous les cas moyens. En excluant les distinctions superflues, nous pouvons ainsi reconnaître la décomposition naturelle de chaque hémisphère terrestre en deux parties principales, dont chacune offre un caractère astronomique analogue à celui de l'équateur ou du pôle, et une région intermédiaire, où aucun de ces attributs n'existe jamais, la marche des saisons y restant toujours plus ou moins conforme au type normal du chapitre précédent. On conçoit, en effet, que les symptômes d'après lesquels nous venons de distinguer le climat équatorial et le climat polaire

persisteront encore, à un certain degré, tant que le pôle céleste ne s'éloignera du terme correspondant que d'une quantité
inférieure à l'obliquité de l'écliptique. A moins de 23° ½ de
l'équateur terrestre, le soleil continuera à passer au zénith
deux fois l'année, de manière à renverser la direction des
ombres méridiennes; seulement ce ne sera plus lors des équinoxes, mais à une époque de plus en plus voisine du solstice
correspondant à mesure qu'on s'approchera de cette limite, où
ce phénomène caractéristique n'aura plus lieu qu'à l'instant de
ce solstice. De même, à pareille distance du pôle, le soleil demeurera visible ou invisible pendant plus d'un jour, et l'intensité de ce symptôme décisif décroîtra graduellement, jusqu'à la
limite de 23° ½, où, le jour du solstice, le soleil viendra tou-
cher l'horizon au méridien, pour se relever ou se recoucher
aussitôt. Les deux cercles, perpendiculaires à l'axe céleste ou
terrestre, qui passent à 23° ½, l'un de l'équateur, l'autre du
pôle, déterminent donc, sur notre hémisphère, deux zones
extrêmes, l'une équatoriale ou torride, l'autre polaire ou glaciale, entre lesquelles se trouve la zone tempérée que nous
habitons. Il ne peut rester maintenant aucune grave incertitude sur les vrais caractères astronomiques propres à ces climats principaux, dont l'ancienne subdivision doit être désormais écartée comme essentiellement superflue.

Quoique l'exposition précédente se rapporte explicitement à
notre hémisphère boréal, il est aisé de la compléter, en l'étendant aussi à l'autre hémisphère terrestre, d'après une appréciation directe de la seule différence fondamentale que l'astronomie doive établir entre eux, et qui résulte du simple
renversement de l'axe du ciel, dont le pôle jusqu'alors visible
P (*fig.* 2) passe sous l'horizon, tandis que le pôle opposé P',
auparavant invisible, vient au-dessus, quand l'observateur
change d'hémisphère. Comme le soleil ne peut se trouver le plus

près de l'un d'eux sans être alors le plus loin de l'autre, cette inversion nécessaire détermine donc, entre les deux hémisphères terrestres, l'opposition naturelle des saisons simultanées. L'équateur céleste étant l'unique cercle diurne également distant des deux pôles, les deux jours équinoxiaux doivent être vraiment les seuls où les principaux phénomènes astronomiques offrent aux deux classes d'observateurs une suffisante conformité, du moins en y écartant le sens respectif de la transition des saisons. Commune limite de ces deux hémisphères, notre région équatoriale participe à la fois de leurs caractères opposés, de manière à établir spontanément, d'après l'ensemble des explications précédentes, un passage graduel de l'un à l'autre.

Si, conformément à cette appréciation, on confond en une seule les deux zones équatoriales contiguës, la surface totale de la terre se trouvera partagée, vu l'obliquité de la route annuelle du soleil, en cinq zones naturelles, deux polaires, une équatoriale, et deux moyennes, toutes déterminées par les cercles menés, à 23° $\frac{1}{2}$ du pôle ou de l'équateur, perpendiculairement à l'axe céleste ou terrestre. En faisant partout consister la principale diversité astronomique des saisons dans l'inégale durée des jours et des nuits, on peut d'abord remarquer que tous les pays offrent nécessairement, pendant l'ensemble de l'année, un nombre total d'heures de jour équivalent à sa moitié et une pareille somme d'heures de nuit. Ainsi, la différence élémentaire des climats n'affecte finalement que la répartition de ces sommes invariables entre tous les temps de l'année : c'est en ce seul sens que les divers lieux terrestres présentent une grave inégalité, depuis la parfaite uniformité qui caractérise la région équatoriale, jusqu'au contraste radical propre à la situation polaire, où toutes les nuits se succèdent comme tous les jours.

Il n'est pas inutile d'appliquer les règles géométriques à la comparaison approximative des aires de ces trois sortes de portions de notre globe. On trouve alors que les deux zones tempérées forment ensemble la moitié environ de la surface totale, dont les $\frac{2}{5}$ sont occupés par la double zone torride, en sorte que la réunion des zones polaires n'en constitue guère que le dixième.

C'est ainsi que l'obliquité de l'écliptique exerce nécessairement, sous un second aspect élémentaire, une influence fondamentale sur les conditions d'existence des corps vivants, et, par suite, de notre espèce elle-même, malgré sa nature plus modifiable et sa réaction plus puissante. En rendant les deux zones polaires essentiellement impropres à la vie, cette loi physique a dû beaucoup affecter la distribution géographique des êtres organisés, soit animaux, soit surtout végétaux. Quoique la double zone équatoriale doive être ainsi la plus favorable au développement matériel de la plupart de ces organisations, il est néanmoins facile de sentir que, dans chaque hémisphère, la zone tempérée doit convenir encore mieux à l'essor continu de notre activité et même de notre intelligence collective. Ainsi, cette condition astronomique méritera une sérieuse considération quand on traitera rationnellement la question de sociologie concrète, aujourd'hui trop prématurée, relative au développement plus avancé de la civilisation européenne, due d'ailleurs à la plus élevée des races humaines. Quoiqu'une irrationnelle anticipation ait souvent conduit, dans un sujet aussi difficile, à de graves aberrations sur l'influence sociale des climats, il n'est pas douteux que, renfermée entre ces limites générales, cette inévitable nécessité ne doive scientifiquement figurer parmi les éléments essentiels des saines spéculations systématiques relatives, soit à l'ensemble de l'humanité, soit à ses principales portions.

Une telle condition de notre existence se trouvant dominée par l'obliquité effective de l'écliptique, les réflexions philosophiques propres à la fin du chapitre précédent comporteraient ici une application analogue pour faire nettement sentir que le régime astronomique actuel est loin de constituer, à notre égard, l'économie la plus favorable. Envers les climats, encore plus que quant aux saisons, aucun bon esprit ne peut contester aujourd'hui que, si les efforts matériels de l'humanité combinée pouvaient jamais nous permettre de redresser l'axe de rotation de notre globe sur le plan de son orbite, comme nous le reconnaîtrons, par exemple, à l'égard de Jupiter, les dispositions existantes seraient réellement beaucoup améliorées, pourvu que ce perfectionnement fût d'ailleurs opéré avec toute la sagesse convenable, puisque la terre finirait ainsi par devenir mieux habitable. Tout en reconnaissant que notre action, toujours plus bornée que notre conception, ne saurait accomplir une telle opération mécanique, il importe que notre judicieuse résignation à des inconvénients que nous ne pouvons éviter ne dégénère point, dans l'un ou l'autre cas, en une admiration stupide des plus évidentes imperfections.

CHAPITRE IV.

Nouvelles variations du spectacle journalier du ciel, selon les diverses longitudes, d'où résulte la position rationnelle du problème général des longitudes, d'abord purement géographiques, et surtout ensuite nautiques.

Sommaire indication de la manière dont l'ensemble des phénomènes astronomiques étudiés jusque-là peut être naturellement résumé d'après les observations gnomoniques, d'où suit le principe mathématique de la théorie des cadrans.

Pour compléter notre appréciation préliminaire du spectacle fondamental du ciel, il ne nous reste plus qu'à caractériser les nouvelles variations générales qu'il présente quand on change de méridien géographique , en supposant d'ailleurs que ce déplacement soit parallèle à l'équateur, afin de ne pas mêler ces dernières modifications avec celles que nous venons d'étudier.

Les changements qu'offrent alors les phénomènes célestes sont d'une telle nature que la simple observation directe en eût difficilement suggéré la notion , si la théorie ne l'eût déjà indiquée spontanément, d'après les connaissances acquises sur la sphéricité de la terre. Car, en tous les lieux dont la latitude est la même, l'aspect journalier du ciel est nécessairement identique : les mêmes astres quelconques y passent , soit à l'horizon, soit au méridien , à la même distance des points fixes correspondants, et y demeurent visibles ou invisibles pendant le même temps ; en sorte que le soleil , ou tout autre astre intérieur, y décrit, un même jour, le même parallèle. En quoi donc peuvent consister les différences astronomiques propres aux divers méridiens terrestres? Il suffit de concevoir la terre comme une sphère concentrique à celle qui nous représente le ciel , pour prévoir aussitôt que ces modifications doivent uniquement concerner la diversité des heures locales qui correspondent respectivement aux mêmes directions relatives des astres envers l'horizon et le méridien de chaque lieu. Quand on parcourt un parallèle terrestre , chacun de ces plans se déplace d'une quantité angulaire égale au nombre de degrés de l'arc décrit ; en sorte qu'un même astre quelconque se trouve , au même instant, à diverses distances des horizons ou des méridiens propres à ces différentes stations. Ainsi, quoique tous les observateurs respectifs doivent voir, dans l'ensemble de chaque journée, un même astre offrir une course exactement identique, cependant ils ne peuvent y reconnaître , au même moment, la même situation relative, vu la diversité des termes de comparaison. S'ils pouvaient se communiquer aussitôt leurs

impressions simultanées, les uns annonceraient que l'astre se
lève, tandis que d'autres indiqueraient qu'ils le voient passer
au méridien, ou même se coucher, ou le proclameraient alors
invisible, selon que leur propre situation se trouverait plus
ou moins occidentale. Pour faciliter la conception de cette diversité nécessaire, il suffirait de supposer au spectateur un déplacement angulaire aussi rapide que celui de la rotation
diurne ; dès lors, en partant, par exemple, au moment où le
soleil passerait à son méridien, il l'y retrouverait toujours, s'il
se dirigeait vers l'ouest, avec une telle vitesse, parallèlement à
l'équateur. Au reste, cette fiction, qui surpasse immensément,
dans nos climats, la plus grande accélération que l'industrie
humaine puisse jamais imprimer à notre locomotion artificielle,
deviendrait, au contraire, aisément réalisable en des lieux
suffisamment rapprochés des pôles. Car les degrés de longitude,
qui, à l'équateur, ont une longueur d'à peu près onze myriamètres, diminuent ensuite, à mesure qu'on s'en éloigne, proportionnellement au cosinus de la latitude ; en sorte que cette
vitesse idéale, équivalente à quinze de ces degrés parcourus en
une heure, ne serait plus, à Pétersbourg, par exemple, que
d'environ quatre-vingts myriamètres à l'heure, et pourrait devenir inférieure à celle de nos locomotives ordinaires en s'é-
levant davantage, sans aller pourtant jusqu'au pôle, où tous
les méridiens se confondraient.

Afin de constater directement la réalité de ces différences,
indiquées si évidemment par la théorie, il ne reste donc plus
qu'à instituer la confrontation décisive des diverses impressions
astronomiques qu'éprouvent à la fois les divers habitants d'un
même parallèle. Or, l'impossibilité manifeste d'une suffisante
communication immédiate, même télégraphique, ne laisse, à
cet égard, d'autre ressource générale que la comparaison des
heures simultanées, toujours comptées partout à partir du pas-

sage d'un astre quelconque, ordinairement le soleil, soit à l'horizon, soit, le plus souvent, au méridien, du lieu. Quand le soleil traverse, par exemple, le méridien de Paris, il a déjà dépassé de plus de cinq degrés celui de Strasbourg, et il doit encore parcourir sept degrés environ pour atteindre celui de Brest. Ainsi, d'après le taux constant de quinze degrés de rotation diurne pendant une heure, ou de quatre minutes horaires par degré angulaire, les horloges de Paris doivent retarder de plus de vingt minutes sur celles de Strasbourg, et avancer d'environ vingt-huit minutes sur celles de Brest. Si donc une télégraphie assez rapide permettait aux Parisiens, en négligeant ou défalquant le temps de la transmission des avis, de demander l'heure à la fois aux habitants de Strasbourg et de Brest, la diversité astronomique des différents méridiens se trouverait aussitôt constatée. Or, les signaux célestes, à raison même de leur immense éloignement, qui les rend à la fois visibles de deux lieux terrestres très-écartés, nous offrent spontanément un moyen continu de compenser, à cet égard, l'imperfection nécessaire de nos communications télégraphiques; qui, quelque améliorées qu'on les supposât, laisseraient toujours, sur une telle comparaison, une forte proportion d'incertitude. Il suffit, en effet, de confronter les diverses heures locales où les observateurs placés sous les différents méridiens contemplent un même phénomène céleste, d'ailleurs quelconque, pourvu que sa durée puisse être regardée comme instantanée, par exemple, le milieu d'une éclipse solaire ou lunaire, etc. C'est ainsi que d'innombrables comparaisons ont constaté directement ces différences nécessaires, que la connaissance de la figure de la terre avait fait prévoir mathématiquement dans l'école d'Alexandrie. Les voyages autour du monde en ont souvent procuré, chez les modernes, la confirmation familière par le retard ou l'avance d'un jour entier que trouvent les marins en revenant au port du départ, après avoir accompli, vers l'ouest ou vers l'est, une circumnavigation entière. Mais, au sujet d'une telle vérification, comme envers celle que les mêmes expéditions ont procurée à la théorie de la courbure sphérique de la terre, il convient de remarquer qu'un pareil procédé n'aurait pu suggérer nullement les notions correspondantes, dont il supposait, au contraire, une longue habitude préalable, puisque l'homme n'a pu concevoir l'audacieux projet de faire le tour de sa planète que d'après une intime conviction habituelle de sa sphéricité réelle, sans laquelle cette pensée eût évidemment mérité l'accusation d'extravagance dont furent injustement flétris ses premiers auteurs. Sous l'un et l'autre aspect, les phénomènes célestes pouvaient seuls inspirer et établir ces importantes conceptions terrestres.

L'ensemble des variations locales que présente le spectacle journalier du ciel par suite d'un déplacement quelconque, soit perpendiculaire à l'équateur, soit parallèle, conservera toujours une importance vraiment fondamentale comme constituant, en sens inverse, des caractères astronomiques propres à déterminer, le mieux possible, les positions respectives des divers points de la surface terrestre. C'est donc ici le lieu d'expliquer la nature et les conditions de cette principale destination pratique des études célestes, qui nous offre l'exemple le plus décisif des hautes relations générales entre la science et l'art, déjà organisées, il y a vingt siècles, dans ce cas capital, par le principal fondateur de l'astronomie mathématique, quoique la suffisante réalisation n'en soit devenue possible que depuis environ deux siècles. Quand les premiers travaux de l'école d'Alexandrie eurent suffisamment établi la doctrine relative à ces deux sortes de variations célestes, le grand Hipparque en déduisit le principe fondamental d'une exacte comparaison géométrique des positions terrestres, d'après la com-

binaison caractéristique de la latitude et de la longitude propres
à chaque point. Il s'agit maintenant de concevoir comment
cette double détermination, première base rationnelle des progrès de la géographie et de la navigation, se trouve nécessairement rattachée, par cette conception initiale, à l'ensemble
des études astronomiques.

En ce qui concerne la latitude, c'est-à-dire, la plus courte
distance sphérique d'un lieu donné à l'équateur terrestre, ou
l'inclinaison du rayon correspondant sur le plan de cet équateur, le chapitre précédent nous a déjà fourni l'occasion d'expliquer comment la distance angulaire du pôle céleste à l'horizon local en constitue naturellement l'exacte mesure, d'après
l'évidente égalité de deux angles dont les côtés sont respectivement perpendiculaires. Ainsi, tous les phénomènes astronomiques propres à déterminer partout la hauteur du pôle, entre
autres le double passage au méridien de toute étoile circumpo-
laire, conduisent aisément à la connaissance des latitudes, sans
jamais pouvoir offrir d'autres difficultés élémentaires que celles
relatives au perfectionnement des divers moyens d'observation
précise. La simple ébauche de l'astronomie mathématique que
nous achevons d'établir dans cette introduction contient déjà,
à ce sujet, toutes les théories vraiment indispensables. Mais il
n'en est plus ainsi pour les longitudes, dont nous allons voir
la détermination exiger souvent le plus difficile perfectionnement des études célestes.

Leur exacte appréciation doit résulter, en général, de la comparaison des diverses heures locales qui correspondent, sous
les différents méridiens terrestres, à l'observation d'un même
phénomène instantané, conformément aux explications précédentes. Ces différences horaires sont tellement liées aux inclinaisons mutuelles des méridiens respectifs, suivant le taux ordinaire du mouvement diurne, quinze minutes ou secondes de

degré par minute ou seconde de temps, que les longitudes se trouvent fréquemment exprimées en temps plutôt qu'en angles. Quoique des signaux artificiels aient pu être quelquefois employés à mesurer cette diversité entre deux lieux très-rapprochés, on conçoit aisément que les événements célestes sont seuls susceptibles d'être aperçus à la fois de stations fort écartées, et constituent par conséquent, d'ordinaire, l'unique base régulière d'une telle comparaison. Depuis Hipparque, la détermination des longitudes résulte, en effet, surtout de la confrontation des heures propres à une même observation astronomique sous les différents méridiens terrestres.

Avant de passer outre, il convient de s'arrêter un moment sur la vicieuse divergence qui s'est établie, depuis deux ou trois siècles, au sujet de l'estimation usuelle de ces coordonnées géographiques. Envers les latitudes, il n'y a jamais eu de dissentiment, parce que l'équateur y constituait naturellement un terme commun de comparaison, indépendant de toute convention tacite, et à l'égard duquel aucun peuple ne pouvait raisonnablement réclamer contre le privilége spontané des habitants de la ligne équatoriale. Mais, pour les longitudes, nulle pareille condition extérieure ne tendait à contenir les divagations nationales, qui ont, en effet, introduit graduellement, à cet égard, une puérile diversité, depuis que ces vaines inspirations dispersives ne sont plus suffisamment contenues par une autorité uniforme. Les anciens avaient placé leur premier méridien à l'île de Fer, en choisissant cette extrémité occidentale du groupe des Canaries, comme le point le plus éloigné qui fût alors connu vers l'ouest. Quoique la découverte de l'Amérique ait dû faire cesser un tel titre de préférence, il n'en résultait pourtant aucun motif réel de changer, à cet égard, un usage sagement maintenu pendant tout le moyen âge, et dont la seule existence effective constituait, au fond, la principale valeur.

On ne peut attribuer la fâcheuse dispersion qui s'est introduite ensuite à ce sujet qu'à l'inévitable déchéance. du pouvoir central 'qui, sous le régime monothéique, régularisait les divers rapports européens. Entraînée par un vain esprit de nationalité exclusive, chacune de nos populations occidentales a puérilement choisi son principal observatoire pour l'unique origine de toutes les longitudes, de manière à embarrasser souvent les calculs géographiques, en les surchargeant de distinctions superflues, dont l'oubli passager peut quelquefois introduire une grave confusion. Une nouvelle centralisation philosophique des conceptions européennes, finira, sans doute, par rétablir spontanément, à ce titre secondaire, comme à tant d'autres plus importants, toute l'uniformité désirable.

Notre précédente appréciation du problème général des longitudes ne suffit pas encore pour caractériser ses difficultés essentielles, de manière à mettre en évidence sa relation nécessaire avec l'ensemble des plus hautes spéculations astronomiques. En posant le principe fondamental d'une telle détermination, nous ne devions pas, en effet, nous enquérir d'abord du mode quelconque suivant lequel serait constatée la diversité horaire relative à l'événement céleste considéré. Mais, en examinant maintenant ce nouvel aspect de la question, nous sommes conduits à y distinguer deux sortes de cas, où la principale difficulté change nécessairement de nature, selon qu'il s'agit des simples longitudes géographiques, destinées à caractériser finalement la position de certains lieux fixés de la surface terrestre, ou des longitudes nautiques, d'où il faut immédiatement conclure la direction propre à conduire du point exploré à un autre déjà connu.

Dans le premier cas, la comparaison n'étant pas urgente, et la localité proposée pouvant être retrouvée, il suffit que la confrontation des heures résulte de deux observations directes, simultanément accomplies de part et d'autre. Tout l'inconvénient qui résultera de cette manière de procéder se réduira au retard ainsi apporté à la détermination des longitudes, pour laquelle il faudra nécessairement attendre la communication mutuelle des résultats obtenus. Or, cet inévitable délai est évidemment sans danger quand il ne s'agit que d'un travail purement géographique. Il en est tout autrement dans le cas nautique.

Alors, en effet, la détermination des longitudes n'a d'efficacité essentielle qu'autant qu'elle peut s'accomplir immédiatement, étant surtout destinée à diriger la route actuelle du vaisseau, de manière à lui faire éviter un écueil déjà signalé, ou à le conduire vers un lieu donné. Si la comparaison horaire, résultant encore d'observations directes, ne pouvait s'établir que lors du retour du navigateur à l'observatoire respectif, elle ne pourrait servir qu'aux navigations ultérieures, en fixant la vraie position du point correspondant de la surface liquide, en cas qu'il offrît réellement un intérêt quelconque, au lieu d'être, en lui-même, sans importance propre, comme il arrive le plus souvent. On sent ainsi que le marin, tandis qu'il observe, à bord, l'heure locale d'un certain événement céleste, a besoin de connaître aussitôt quelle heure comptent alors les observateurs de Paris, ou de Greenwich, etc. Cette indispensable information subite ne peut donc résulter d'une tardive confrontation entre les explorations respectives, mais seulement d'une comparaison directe de cette observation nautique avec une véritable prévision de l'autre élément du rapport. Les tables astronomiques, qui indiquent d'avance l'heure précise où chaque événement céleste sera vu au principal observatoire, peuvent seules tenir lieu, pour le navigateur, d'une impossible télégraphie qui lui apprendrait instantanément quelle heure on compte au méridien de Paris, de Greenwich, etc., quand lui-même compte, au loin, une heure déterminée, dont la confrontation immédiate avec la première indiquera aussitôt la longitude cherchée, à laquelle il doit adapter sa marche actuelle. Ainsi ; l'observation, qui suffisait au cas géographique; doit être, dans le cas nautique, remplacée par une prévision théorique, dont l'anticipation nécessaire se règle naturellement sur le temps ordinaire pendant lequel le navigateur peut se trouver privé de toute communication directe avec les explorateurs sédentaires. Une prévoyance de trois ans est aujourd'hui jugée habituellement convenable ; en sorte que les besoins pratiques exigent que les théories astronomiques soient assez perfectionnées pour prédire, au moins trois ans à l'avance, l'arrivée précise, en chaque lieu défini, des principaux événements célestes. C'est ainsi que le problème des longitudes, qui, sur terre, se rattache seulement à la première ébauche de l'astronomié mathématique, exige, sur mer, son plus haut perfectionnement spéculatif. Quand le moment sera venu d'apprécier spécialement cette grande relation, dont nous ne faisons ici que poser le principe fondamental, nous reconnaîtrons que l'état actuel de la géométrie céleste, assistée même de toutes les éminentes ressources de la mécanique céleste, bien loin de permettre, à cet égard, plus de précision que n'en exige l'usage nautique, reste, au contraire, encore sensiblement au-dessous, dans beaucoup de cas, de la perfection raisonnablement désirable.

Pour mieux sentir toute la portée naturelle de cette relation fondamentale, il faut remarquer, en outre, qu'une telle destination pratique exige l'extension habituelle de cette prévision théorique à tous les astres observables. Le principe des longitudes avait d'abord été conçu d'une manière trop restreinte, parce qu'on y bornait les phénomènes célestes susceptibles de servir de signaux comparatifs à des événements exceptionnels, et essentiellement aux éclipses de soleil ou de lune, dont la ra-

reté, surtout en un lieu particulier, devait souvent empêcher
l'usage nautique. Cette notion s'est ensuite agrandie successivement, de façon à comprendre beaucoup d'autres cas astronomiques, comme les éclipses des satellites de Jupiter, les occul-
tations de certaines étoiles par la lune, etc. Enfin, depuis
environ un siècle, ce principe a acquis toute son extension rationnelle, en harmonie spontanée avec l'ensemble des exigences pratiques : car, il n'y a pas maintenant de position quelconque de tout astre intérieur qui, sans offrir d'ailleurs rien de
remarquable, ne soit susceptible d'être employée aux calculs de
longitude, sous la double condition d'être convenablement définie et suffisamment prévue. Une telle généralité théorique est
réellement indispensable au navigateur, afin qu'il soit, autant
que possible, assuré de pouvoir, en tout temps et en tout lieu,
déterminer exactement sa situation, pour peu qu'une partie
du ciel soit alors explorable avec le degré nécessaire de continuité. Même ainsi étendue, l'opération ne suffit pas toujours
aux besoins nautiques : si la prévision se bornait à certains
astres, occupant certaines régions du ciel, et visibles seulement
sur certains horizons, on conçoit donc qu'elle devrait souvent
manquer à sa destination pratique. Au reste, quand nous aurons acquis, à ce sujet, toutes les notions convenables, nous
déterminerons les phénomènes célestes les plus propres à procurer, sous ce rapport, l'exactitude justement requise.

Cette indication fondamentale du principal office pratique de
l'ensemble des théories célestes complète suffisamment notre
ébauche préliminaire de l'astronomie mathématique, représentant la substance essentielle du système de connaissances astronomiques constitué dans l'école d'Alexandrie. On reconnaît
ainsi comment, dès sa fondation initiale par le grand Hipparque,
cette science avait déjà organisé, d'après l'étude des diverses
variations locales propres à l'aspect journalier du ciel, sa re-

lation générale avec l'art correspondant, de manière à imprimer d'avance une irrécusable consécration pratique aux plus sublimes spéculations que ce sujet pourrait jamais comporter, quoique sa plus précieuse efficacité n'ait dû devenir suffisamment réalisable qu'après beaucoup de siècles d'une culture purement contemplative. Il n'existe jusqu'ici, dans toute la philosophie naturelle , aucun autre exemple aussi propre à donner une idée à la fois noble et juste de l'intime solidarité qui rattache nécessairement, en général, les diverses questions usuelles aux plus éminentes recherches théoriques, sous la seule condition, envers celles-ci, d'une constante positivité.

L'ensemble des variations nécessaires , en latitude et en longitude, que nous a offert l'aspect journalier du ciel, a dû exercer, sur le développement fondamental de la raison humaine, une haute influence philosophique , que chacun peut ici apprécier aisément, en rendant finalement relatives des notions familières que l'esprit humain avait longtemps jugées absolues. Je l'ai spécialement remarqué, au chapitre précédent, envers la loi générale de la direction de la pesanteur, et en faisant sentir, à ce sujet, comment, dès ce premier résultat systématique de la science réelle, on avait pu apercevoir sa tendance spontanée à écarter l'absolu sans jamais conduire à l'arbitraire. Mais ce double caractère a dû recevoir une manifestation encore plus décisive d'après une suffisante vulgarisation des changements simultanés que présente le spectacle habituel du ciel aux divers habitants de la terre. Envisagés dans leur ensemble, ils conduisent à reconnaître que tous les phénomènes successivement résultés, en chaque lieu, du cours annuel du soleil, se font à la fois sentir, à chaque instant quelconque, sur les différents points du globe. Ces caractères , soit astronomiques, soit thermologiques, qui nous semblent constituer entre les saisons une diversité si absolue, ce contraste du jour à la nuit, qui doit le paraître encore davantage, ne sont finalement que des différences relatives à la situation géographique de l'observateur, auquel il suffirait de se déplacer avec toute la rapidité convenable pour retrouver toujours la saison, la température, et même l'heure, qu'il jugerait préférables. Toutes ces notions élémentaires rendues désormais relatives, sans devenir nullement arbitraires, tel est l'éminent service philosophique (trop peu apprécié jusqu'ici, faute d'une vraie philosophie de l'histoire) dont la raison humaine est redevable au premier essor de l'astronomie mathématique, complété et consolidé par la grande école alexandrine. Son influence nécessaire sur le début décisif de notre émancipation mentale deviendra incontestable pour tous ceux qui y reconnaîtront le principal mobile intellectuel, réel quoique latent, de l'irrévocable décadence du polythéisme, comme je l'ai annoncé dans le discours préliminaire. Il est clair, en effet, qu'une grande partie de la doctrine polythéique supposait inévitablement absolus; conformément à l'instinct initial, les phénomènes que cette appréciation astronomique représentait enfin comme toujours relatifs; en sorte que ce premier pas capital de la science réelle la rendait directement incompatible avec la théologie antique. Que pouvaient devenir les dieux spéciaux du jour et de la nuit, quand ces deux phénomènes opposés étaient finalement attribués à la fois, en un instant quelconque, aux divers méridiens terrestres? Un pareil conflit mental n'était pas moins inévitable au sujet des saisons. On conçoit ainsi aisément, soit l'antipathie radicale, souvent active, que cet essor initial de l'esprit positif inspira presque toujours au sacerdoce polythéique, soit la secrète prédilection de la plupart des philosophes anciens pour le monothéisme, qui, concentrant spontanément toutes les explications théologiques, devait rester plus longtemps compatible avec la marche de la science naissante.

Avant de procéder directement à l'appréciation définitive des
théories célestes, nous devons terminer cette ébauche préliminaire de l'astronomie mathématique en indiquant sommairement la manière de résumer utilement les principaux phénomènes que nous y avons considérés par l'introduction spontanée
d'un ordre spécial d'observations, relatif à la direction et à la
longueur des ombres. Quoique naturellement borné au soleil
et à la lune, ce mode d'exploration astronomique a exercé trop
d'influence sur le développement historique de la science, soit
dans l'antiquité, soit surtout au moyen âge, pour qu'il ne convienne pas d'en caractériser distinctement l'esprit fondamental.
Irrévocablement tombé en désuétude depuis environ deux siècles, par suite d'une meilleure institution des moyens généraux
d'observation précise, comme l'expliqueront les chapitres suivants, il conservera néanmoins toujours, outre l'office didactique que nous lui assignons ici, une certaine utilité scientifique,
pour servir de préambule ou d'auxiliaire à divers procédés essentiels.

D'après la loi naturelle, spontanément connue de tout temps,
sur la propagation ordinaire de la lumière en ligne droite, les
spéculations mathématiques relatives aux ombres ont dû se développer graduellement à mesure que l'essor de la géométrie
abstraite a permis de les aborder. C'est surtout en astronomie
que ce développement a dû acquérir une haute importance,
soit comme y constituant un mode d'exploration longtemps précieux, soit parce qu'il s'y rapportait essentiellement au cas le
plus simple de tous, celui de l'ombre portée sur un plan par
un point ou une droite. Toutefois, ces phénomènes y sont nécessairement restreints aux seuls astres qui émettent une lumière assez vive pour que sa privation devienne appréciable,
c'est-à-dire au soleil et à la lune. Mais, en ces deux cas célestes,
qui sont naturellement les plus importants de tous, le mode

gnomonique est très-propre à résumer nettement les principales notions astronomiques, et à y perfectionner la plupart des mesures essentielles, soit angulaires, soit horaires. Il suffira ici de caractériser cette double aptitude envers le soleil, en considérant successivement les deux positions les plus usuelles du style, d'abord vertical, ensuite parallèle à l'axe céleste, l'une relative surtout aux déterminations angulaires, l'autre aux observations horaires.

L'ombre projetée par un style vertical sur un plan horizontal est continuellement dirigée suivant l'intersection de ce plan avec celui qui, contenant toujours le style, passe, à chaque instant, au soleil : sa longueur, constamment comptée du pied du style, se termine successivement au point variable où le rayon solaire mené du sommet rencontre le plan horizontal. Observée sous ce double aspect, une telle ombre détermine donc la position correspondante du soleil, en indiquant d'abord le plan vertical dans lequel il se trouve, et ensuite sa distance angulaire au zénith, d'autant plus grande que l'ombre est plus longue ; celle-ci mesure, envers cet angle, ce qu'on appelle, en trigonométrie, sa *tangente*, dont l'exploration gnomonique a suggéré, en effet, l'idée générale aux géomètres de la fin du moyen âge, qui nommèrent longtemps cette ligne trigonométrique l'*ombre* de l'angle considéré. Par leur variation simultanée, ces deux éléments gnomoniques deviennent ainsi très-propres à traduire nettement le cours journalier de l'astre, et les modifications périodiques qu'il éprouve. Considérons, dans nos climats, leur marche générale pendant une journée entière, que nous supposerons d'abord coïncider avec le solstice d'été, afin que la présence du soleil s'y prolonge davantage.

A cette époque, le soleil, à Paris, se levant presqu'au nord-est, l'ombre du style Cc (*fig.* 5) se dirigera alors vers le sud-ouest : sa longueur sera d'ailleurs indéfinie à l'instant même

du lever. Tandis que le soleil s'élèvera, l'ombre se rapprochera
de la direction méridienne cN, et décroîtra simultanément en
cI, cF, etc. Quand l'astre passera au méridien, l'ombre cM
sera exactement dirigée suivant la méridienne, et deviendra
aussi courte que possible. Dans la seconde partie de la journée,
l'ombre se dirigera de plus en plus vers l'est en augmentant
toujours de longueur, suivant cF', cI', etc.; les phénomènes
primitifs se reproduiront en sens inverse, jusqu'au coucher,
où l'ombre cS' redeviendra indéfinie vers le sud-est. Ces deux
époques se correspondront de telle manière que les ombres relatives à des heures également éloignées de midi seront égales
et symétriques.

Une pareille relation constante fournit un moyen commode
de déterminer, en chaque lieu, la direction de la méridienne,
soit comme étant celle de l'ombre la plus courte, soit surtout
comme la commune bissectrice de tous les angles formés par les
ombres opposées de même longueur quelconque. En employant
ce dernier moyen, quelques observations exactes dans les deux
moitiés de la journée fourniront, à cet égard, des vérifications
décisives, tandis que le premier mode laisserait trop d'incertitude, vu les faibles variations du phénomène, en l'un ou l'autre
sens, aux approches du minimum. Ainsi, en traçant, autour
du pied du style, plusieurs cercles concentriques, afin de marquer soigneusement, sur chacun d'eux, les deux points opposés
où l'ombre viendra s'y terminer le matin et le soir, le diamètre
commun qui passera aux milieux de tous les arcs interceptés
indiquera la vraie direction de la méridienne; c'est ainsi qu'on
la trace encore habituellement sur le sol de nos observatoires.
Comme le principe géométrique de cette construction est un peu
altéré par le mouvement propre du soleil, qui, dans le cours
d'une même journée, doit un peu troubler la régularité fondamentale de la rotation diurne, il convient de préférer, à ce

sujet, l'époque du solstice d'été, où la direction du mouvement annuel est parallèle à l'équateur ; les autres sources d'erreur ont alors aussi moins d'influence, soit d'après la durée plus prolongée de la présence du soleil, soit en vertu de l'élévation plus grande qu'il atteint.

Pour mieux caractériser cette marche journalière de la longueur et de la direction des ombres considérées, il convient de réunir leurs extrémités par une courbe indéfinie, toujours symétrique autour de la méridienne. Comme l'ensemble des rayons solaires passant au sommet C du style forme évidemment un cône circulaire droit, dont l'axe coïncide avec celui de la rotation diurne, et dont le parallèle correspondant forme la base, il est clair que cette courbe, résultée de l'intersection de la nappe opposée de ce cône par notre plan horizontal, appartient à cette célèbre classe de figures curvilignes que les géomètres ont nommées *sections coniques*. Une telle origine fournit aussitôt la meilleure notion géométrique de ces courbes remarquables, qui comportent, en général, trois formes distinctes, suivant la situation du plan coupant envers le cône. Dans le cas actuel, où ce plan rencontre toujours les deux nappes du cône, la section est constamment une *hyperbole*, dont la moitié septentrionale convient seule au phénomène. Mais les deux autres formes devant acquérir ultérieurement une haute importance astronomique, le lecteur doit, à cette occasion, s'efforcer déjà de se les rendre familières : la première, l'*ellipse*, fermée et continue, symétrique en deux sens, correspond au cas où le plan sécant ne coupe que l'une des nappes du cône ; la seconde, la *parabole*, continue aussi, mais limitée d'un côté et illimitée de l'autre, d'ailleurs symétrique en un seul sens, résulte d'une situation exactement moyenne entre celles qui fournissent respectivement des ellipses et des hyperboles, quand le plan coupant est parallèle à une génératrice du cône. Au reste, les figures elliptiques et paraboliques vont aussi recevoir spontanément ci-dessous une certaine destination gnomonique.

En rendant plus sensible l'ensemble de la marche fondamentale des ombres solaires, l'introduction de ces courbes facilitera maintenant notre double appréciation de ses variations nécessaires, d'abord suivant les saisons, et ensuite selon les climats, de manière à résumer nettement les notions établies dans les deux chapitres précédents.

Sous le premier aspect, il est clair que, en partant, comme nous l'avons supposé, du solstice d'été, notre hyperbole gnomonique, alors concave vers le pied du style, dont son sommet M est plus rapproché que jamais, se trouve d'ailleurs aussi rétrécie que possible. A mesure qu'on s'éloigne de cette époque, chacune des ombres extrêmes, cS, cS', s'écarte moins du prolongement de l'autre, et l'hyperbole journalière s'élargit, tandis que son sommet se déplace dans le sens MN. Le jour de l'équinoxe est ainsi caractérisé d'une manière très-remarquable, en ce que, le soleil décrivant alors l'équateur, notre cône solaire devient un plan, et la courbe des ombres une ligne droite EO, perpendiculaire à la méridienne, dont la détermination antérieure peut ici recevoir une nouvelle confirmation. Pendant la saison suivante, le cône, jusque-là boréal, est désormais austral, et l'hyperbole gnomonique tourne sa convexité vers le pied c du style, en se rétrécissant de jour en jour, à mesure que son sommet s'éloigne toujours au nord. Enfin, lors du solstice d'hiver, les ombres extrêmes, cS'', cS''' sont exactement inverses de celles qui convenaient à notre époque initiale, et la courbe correspondante, dont le sommet M' est le plus loin possible de c, coïncide avec la seconde moitié, d'abord inutile, de notre hyperbole primitive. Le second semestre de l'année ne peut évidemment déterminer, à cet égard, que la reproduction, en sens inverse, des phénomènes déjà observés; en sorte que la même figure gnomonique convient également aux deux jours opposés où le soleil décrit le même parallèle.

L'analyse fondamentale de ces variations périodiques rend maintenant très-facile celle des variations locales qui nous restent à apprécier sommairement, puisque les différences relatives aux climats ne peuvent constituer, à ce sujet, qu'une simple modification des caractères propres aux saisons. Des deux situations extrêmes, le cas équatorial est celui qui, sous cet aspect, comme à tout autre égard, diffère le moins de la marche ci-dessus décrite pour nos régions tempérées : seulement, la courbe des ombres, toujours hyperbolique, est alors aussi ouverte que possible, parce que son plan se trouve parallèle à l'axe, devenu horizontal, du cône solaire ; son centre coïncide sans cesse avec le pied du style, au sud et au nord duquel se placent les demi-hyperboles opposées qui conviennent aux trimestres inverses ; aux équinoxes, l'ombre méridienne s'annule rigoureusement. En passant aux pôles, les changements gnomoniques deviennent, au contraire, très-prononcés. L'axe du cône solaire se trouvant alors vertical, la courbe des ombres journalières est toujours un cercle, ayant pour centre constant le pied du style, et dont le rayon croît du solstice à l'équinoxe : mais la continuité de la présence du soleil y doit rendre difficiles à distinguer les cercles qui correspondent à deux jours consécutifs. Dans toute l'étendue de chaque zone glaciale, les phénomènes gnomoniques continuent à suivre une marche profondément différente de celle qui nous est familière. Aux époques où le soleil ne s'y couche pas, la courbe des ombres devient une ellipse, plus ou moins allongée, en raison de l'éloignement du pôle et du solstice, puisque l'horizon ne rencontre plus qu'une seule nappe du cône solaire. En tout autre temps, la figure y reste hyperbolique, comme dans nos climats : mais, entre les deux états, elle devient une parabole, le jour que le soleil atteint l'horizon à minuit; ce qui, sur le cercle polaire, a lieu lors du solstice seulement.

Ces observations d'ombres conserveront donc toujours un véritable intérêt, au moins didactique, comme offrant spontanément, à tous égards, une manifestation, aussi simple que caractéristique, des diverses notions principales relatives à l'astronomie préliminaire. Si maintenant on apprécie leur office, longtemps précieux, à titre de mode naturel d'exploration précise, il est d'abord facile de comprendre leur aptitude directe à procurer d'importantes déterminations angulaires. Nous avons, en effet, déjà remarqué que la mesure exacte de la longueur des ombres, fait aussitôt connaître, en tout temps, la distance du soleil au zénith. Dès lors, en la combinant avec l'heure correspondante, on pourra toujours, dans le triangle sphérique fondamental ZOP (*fig.* 2), déduire, de la hauteur du pôle sur l'horizon local, la distance journalière du soleil à l'équateur, pour dresser les tables solaires propres à un lieu donné ; réciproquement, si cette dernière distance est déjà connue, on en pourra conclure la latitude du lieu. Cette double déduction mathématique se réduit à une simple addition ou soustraction, quand on y emploie spécialement l'ombre méridienne, dont les variations dans le cours de l'année ont longtemps fourni le meilleur moyen de vérifier et de perfectionner la théorie du soleil. En comparant surtout les deux ombres de cette espèce qui conviennent, en un lieu quelconque, même inconnu, aux deux solstices, on peut déterminer à la fois l'obliquité de l'écliptique et la distance correspondante du pôle au zénith, en prenant la demi-différence et la demi-somme des deux hauteurs méridiennes ainsi obtenues.

Il ne nous reste donc plus qu'à caractériser aussi les ressources spontanées que fournissent les phénomènes gnomoniques pour les observations horaires. Les ombres doivent alors être

surtout considérées quant à leur direction, plutôt que quant à
leur longueur. Toutefois, si au lieu d'un cadran ou gnomon
proprement dit, habituellement destiné à la désignation immédiate des heures, on devait seulement calculer, en un
jour et en un lieu donnés, l'heure correspondante à l'ombre
observée, ce qui devient quelquefois nécessaire, on y pourrait
également employer la longueur des ombres ci-dessus considérées : car, la distance du soleil au zénith étant ainsi mesurée,
on connaîtrait alors les trois côtés du triangle sphérique fondamental; d'où on pourrait conclure l'angle horaire, suivant l'un
quelconque des trois modes mathématiques équivalents, mécanique, graphique, et numérique, expliqués au chapitre premier. Mais, quelle que soit, en certains cas, l'utilité réelle de
ce procédé indirect, il ne saurait, évidemment, dispenser d'un
instrument direct, propre à indiquer aussitôt, sans aucun calcul, chaque heure successive. Pour que les observations gnomoniques deviennent propres à un tel office, il faut nécessairement changer le mode suivant lequel nous les avons instituées
jusqu'ici, afin que la direction de l'ombre relative à une même
heure y demeure invariable pendant toute l'année. Car, cette
indispensable condition n'est spontanément remplie ci-dessus
que pour l'ombre de midi, qui, malgré sa longueur variable,
reste toujours dirigée suivant la méridienne : envers toute
autre heure, il est clair que l'ombre horizontale résultée de
notre style vertical change nécessairement de direction pendant
les différentes saisons. Il n'existe pas d'autre moyen de constituer une telle permanence que d'incliner, en chaque lieu, le
style, de manière à le faire coïncider avec l'axe de la rotation
diurne. Dès lors, en effet, ce style devenant toujours l'axe de
notre cône solaire journalier, le plan qui détermine l'ombre à
chaque instant ne fera jamais que tourner uniformément autour de lui, de manière à reprendre constamment la même

direction aux mêmes heures, quoique l'angle du cône change
journellement. Si, pour considérer d'abord le cas le plus facile,
nous supposons encore que l'ombre se projette sur un plan
perpendiculaire au style, la courbe des ombres journalières
deviendra un cercle, autour du pied du style, son rayon variant
seul d'un jour à l'autre ; sa division en parties égales indiquera
aussitôt la direction constante de l'ombre relative à chaque
heure donnée. Tel est le principe mathématique de la théorie
des cadrans, immédiatement applicable au plus simple de tous,
le gnomon dit équatorial, parce que l'ombre y est reçue sur un
plan parallèle à l'équateur. Ce premier instrument n'offre
d'autre grave inconvénient pratique que la nécessité d'y employer alternativement les deux faces du cadran pendant les
deux semestres de l'année, suivant que la saison est boréale ou
australe. Mais, quand même on ne voudrait point s'en servir,
son introduction initiale n'en fournirait pas moins le meilleur
mode graphique pour construire tout autre cadran, horizontal,
ou vertical, etc. Car, chacune des directions qui s'y trouvent
marquées caractérisant le plan d'ombre correspondant, toujours mené par le style, il suffit de déterminer l'intersection de
ce plan avec celui que l'on propose de graduer, et il en résulte
aussi la situation de l'ombre cherchée. Une telle transition
géométrique ne peut susciter que des difficultés d'exécution,
qu'il serait superflu de considérer ici.

Tels sont, en aperçu, les divers moyens principaux d'observation exacte, soit angulaire, soit horaire, que fournissent
spontanément à l'astronomie les plus simples phénomènes gnomoniques, et qui ont conservé, jusqu'aux temps modernes,
envers les deux astres correspondants, une importance vraiment fondamentale, malgré les inconvénients évidemment propres à leur usage. Mais, en terminant cette indication caractéristique, il faut signaler les imperfections nécessaires qui ont

déterminé les astronomes des trois derniers siècles à y renoncer
de plus en plus, à mesure qu'une meilleure exploration est devenue possible, en sorte que désormais ces procédés sont irrévocablement condamnés à une désuétude presque totale, sauf
quelques documents fixes qu'on en retirera toujours, suivant
nos explications antérieures. Ce changement d'habitudes ne
résulte pas seulement de la généralité et de la commodité supérieure des nouveaux instruments, angulaires ou horaires :
il tient aussi et surtout au besoin croissant d'une précision que
les moyens gnomoniques ne pouvaient comporter. Pour en
sentir le principal motif, il faut remarquer que toutes nos explications ont supposé ci-dessus que la lumière émanait toujours
d'un simple point mathématique; ce qui, suffisant au genre
d'exactitude qu'exigeait d'abord l'astronomie, soit dans l'antiquité, soit même au moyen âge, ne saurait finalement convenir
à l'exploration moderne. Le soleil et la lune ayant un diamètre
apparent d'environ un demi-degré, il en résulte une incertitude notable pour la direction, et surtout la longueur, des ombres successives, dont chacune ne peut dès lors être jamais
terminée nettement. Entre la partie de la droite où le style
intercepte toute la lumière de l'astre, et celle où il le laisse totalement visible, s'étend, sous le nom très-expressif de *pénombre*,
une portion plus ou moins considérable, mais jamais pleinement négligeable aujourd'hui, qui est éclairée par une partie
croissante du disque. On ne peut donc plus assigner assez exactement la longueur effective de l'ombre, ni même, par sa suite,
sa direction, un pareil effet devant aussi se produire latérale-
ment. Quoique l'on ait diminué cette double incertitude en terminant, au contraire, l'ombre par un petit contour éclairé,
résulté d'une ouverture circulaire pratiquée dans une plaque
placée au sommet du style, cet expédient ne fournit pas encore
la précision justement désirée des astronomes modernes, à moins

de recourir à de très-grands gnomons, d'une construction difficile et d'un usage incommode, comme celui, par exemple, que
Dominique-Cassini employa, à Bologne, pour sa théorie du
soleil, et qui constitua historiquement le dernier office important qu'on ait retiré d'un tel mode d'exploration.

SECONDE PARTIE.

MOYENS GÉNÉRAUX D'OBSERVATION PRÉCISE.

Quoique la première partie de ce traité ait assez ébauché l'astronomie mathématique pour y bien caractériser l'ensemble du sujet d'après les notions élémentaires qui lui sont propres, nous ne pouvons encore procéder directement à l'exposition systématique des connaissances, à la fois plus complètes et plus exactes, qui constituent la science actuelle. Il faut auparavant, accomplir un autre préambule indispensable, relatif à l'appréciation fondamentale des moyens généraux d'observation précise supérieurs aux grossiers procédés spontanés qui nous ont suffi jusqu'ici. Cette précision est, d'une part, tellement nécessaire à l'astronomie moderne, et, d'une autre part, tellement au-dessus de ce qui semble d'abord possible, que nos explications ultérieures ne sauraient être pleinement satisfaisantes si nous y admettions la mesure habituelle des secondes angulaires et horaires sans avoir préalablement caractérisé les principales bases d'une exactitude aussi merveilleuse. Telle est la destination propre de cette seconde partie préliminaire.

L'extrême précision apportée, depuis environ un siècle, dans l'ensemble des observations astronomiques exige, en général, le concours continu de deux ordres de perfectionnements très-différents qu'il importe de bien distinguer, sans jamais perdre de vue leur intime solidarité : les uns se rapportent aux moyens matériels d'exploration directe, soit horaire, soit angu-

laire ; les autres concernent certaines corrections préalables
que la théorie doit faire subir aux indications immédiates des
meilleurs instruments, afin que leur exactitude ne reste pas
illusoire, en laissant subsister des erreurs comparables à celles
que leur construction est destinée à éviter. Nous devons ici
caractériser successivement ces deux sortes de moyens, en
faisant graduellement ressortir leur co-relation nécessaire,
qui constitue la principale source des difficultés propres à un
tel progrès, et qui peut seule expliquer la grande infériorité
des anciens sous ce rapport.

CHAPITRE PREMIER.

Appréciation générale des principaux perfectionnements introduits, par les modernes, dans l'ensemble des instruments astronomiques, soit horaires, soit
angulaires.

Les procédés gnomoniques, dont la prépondérance habituelle
se rapporte surtout à la fin du moyen âge, peuvent être envisagés, dans leur ensemble, comme ayant constitué une sorte
de transition spontanée entre les grossières déterminations de
l'astronomie ancienne et les mesures précises de l'astronomie
moderne. Directement résulté de phénomènes très-familiers, ce
mode d'exploration a naturellement procuré, envers certaines
recherches célestes, beaucoup plus d'exactitude que n'en purent
longtemps comporter la plupart des autres. Or, ce contraste
continu a toujours dû faire de plus en plus sentir le besoin, et
même la possibilité, d'obtenir partout une précision d'abord impossible, en instituant artificiellement des moyens d'observation
qui pussent convenir à tous les cas. Il s'agit ici de caractériser
sommairement les principales bases d'après lesquelles on a gra-

duellement réalisé, en temps opportun, cet indispensable perfectionnement matériel de l'exploration astronomique, à mesure
que le progrès scientifique a permis de prendre en considération
les corrections théoriques qui seront appréciées dans les deux
chapitres suivants.

Toutes les observations exactes se rapportant, en astronomie, ou à la mesure du temps, qu'à celle des angles, nos
explications générales doivent être successivement relatives à
ces deux destinations.

Sous le premier aspect, il faut d'abord envisager le phénomène fondamental de la rotation diurne de la sphère céleste ou
terrestre comme constituant spontanément une sorte de chro-
nomètre universel, le plus parfait de tous, et même le seul
pleinement régulier, d'après la rigoureuse uniformité d'un tel
mouvement, où, depuis vingt siècles, aucune variation quelconque n'est devenue appréciable. Mais cette propriété caractéristique, que nul autre cas effectif ne nous offre pareillement,
ne destine pourtant cette grande horloge naturelle qu'à servir
surtout de régulateur indispensable, à nos divers instruments
artificiels, sans qu'elle y puisse habituellement suppléer. Car,
cette manière de mesurer le temps d'après les positions successives d'un astre quelconque, intérieur ou plutôt extérieur,
exigerait, à chaque instant, un long et pénible calcul trigonométrique, pour déduire, suivant nos explications initiales,
l'angle horaire qui correspond à la distance zénithale observée.
Quand même des tables locales exactement dressées d'avance
dissiperaient finalement la plupart des embarras et des lenteurs
d'une telle déduction mathématique, la mesure effective de
l'angle, dont rien ne pourrait dispenser, ne permettrait pas à
ce mode une continuité non moins nécessaire à sa précision qu'à
son efficacité. On conçoit, en outre, qu'un tel procédé chronométrique offrirait, par sa nature, le grave inconvénient de

subordonner l'exactitude de l'appréciation horaire à celle des déterminations angulaires, ce qui doit être, autant que possible, soigneusement évité. Ainsi, même dans les cas les plus favorables, ce mode naturel ne saurait convenir aux usages habituels, et ne dispense nullement d'une certaine exploration artificielle. Sa destination réelle n'en demeurera pas moins toujours fondamentale, soit à titre de type nécessaire, soit comme seul applicable à diverses situations spéciales, et surtout en mer. Malgré son incontestable utilité, nous devons maintenant apprécier comment l'esprit humain a pu enfin trouver, parmi les mouvements réels, le principe d'une chronométrie artificielle, plus étendue et plus exacte que celle résultée des cadrans.

Il semble d'abord que tous les phénomènes quelconques peuvent nous fournir une certaine mesure du temps écoulé, d'après la durée nécessaire de leur accomplissement graduel, toujours réductible à l'appréciation de quelque espace, même finalement linéaire. Tous les divers ordres d'événements nous procurent pareillement, en effet, la sensation plus ou moins vague du temps; mais tous n'en comportent pas également, à beaucoup près, la mesure précise. En descendant sous ce rapport notre échelle encyclopédique des phénomènes élémentaires, suivant leur complication décroissante, il est clair, en premier lieu, que les phénomènes sociaux sont d'une nature trop peu régulière pour qu'on puisse jamais déduire, même des plus simples d'entre eux, aucune appréciation mathématique du temps employé à leur production. Seulement, quand de tels actes ont été habituellement ramenés, d'après d'autres types, à une certaine régularité horaire, ils peuvent fournir souvent les indices familiers des heures correspondantes, surtout chez les populations où la vraie chronométrie artificielle n'est pas encore assez usitée. Les phénomènes biologiques proprement dits, relatifs à la vie individuelle, se trouvent déjà, vu leur moindre complication, moins impropres à de pareilles mesures, que nous retirons quelquefois, en effet, par une première approximation, et à défaut de meilleurs moyens, de l'accomplissement de nos plus simples mouvements vitaux, comme lorsque la durée d'un événement rapide s'estime par le nombre correspondant de nos pulsations artérielles, de nos inspirations pulmonaires, de nos pas réguliers, etc. Néanmoins, la marche de ces phénomènes est évidemment trop irrégulière pour qu'on y doive chercher aucun vrai principe chronométrique. Il en est encore ainsi des phénomènes chimiques, quoique leur nature plus simple leur ait longtemps permis, à cet égard, une certaine efficacité habituelle, surtout en mesurant le temps d'après la combustion d'une quantité donnée de substance homogène, liquide ou solide. L'histoire anglaise a conservé l'intéressant souvenir de ces trois torches de même longueur dont se servait, il y a moins de dix siècles, le grand roi Alfred, pour partager sa journée en trois portions d'égale durée, en un temps et dans un lieu où les cadrans ne pouvaient suffire à cet office. Malgré l'incontestable utilité pratique que peuvent encore conserver quelquefois de tels expédients, on n'y saurait habituellement chercher aucune exacte mesure du temps, vu les variations prononcées et irrégulières qu'éprouve certainement la vitessse de la combustion aux diverses époques de son accomplissement, et surtout quand on compare les deux phases extrêmes.

D'après cette sommaire appréciation successive, et puisque, d'une autre part, nous avons déjà reconnu la nécessité d'écarter aussi les phénomènes astronomiques, quoique les plus réguliers de tous, en les réservant seulement à servir de types indispensables, il ne reste évidemment, parmi les divers ordres d'événements élémentaires, que les actes physiques proprement dits, qui puissent réellement fournir un véritable principe

chronométrique. C'est en eux seuls qu'on a toujours cherché,
en effet, la base d'une exacte mesure du temps, aussitôt que
le besoin d'une institution artificielle a été suffisamment senti.
Il est même évident que la source n'en a jamais été empruntée
qu'aux plus simples de ces phénomènes; c'est-à-dire à ceux de
la pesanteur, exclusivement susceptibles d'offrir toute la régularité indispensable à cette destination. Mais en appréciant,
sous un pareil aspect, les divers mouvements résultés de cette
grande force naturelle, il y faut surtout distinguer deux cas
généraux, très-inégalement convenables, selon qu'il s'agit de
fluides ou de solides. L'écoulement des liquides a fourni historiquement, le premier principe d'une chronométrie artificielle,
d'après l'invention, dans l'école d'Alexandrie, des clepsydres
proprement dites, où la quantité d'eau sortie d'un long vase
par un orifice percé au fond mesurait le temps correspondant.
Tous les artifices mécaniques imaginés, à cet égard, chez les
anciens, n'ont eu d'autre objet essentiel que d'instituer, d'une
manière plus ou moins heureuse, une indication spontanée du
mouvement accompli, qui pût dispenser de la présence continue de l'esclave d'abord chargé d'une telle information. Mais
la judicieuse exploration de ces phénomènes a finalement conduit à y reconnaître une irrégularité trop intime et trop inévitable pour comporter une véritable destination chronométrique,
surtout quand on n'y maintient pas avec soin la condition,
très-négligée des anciens, d'un écoulement à niveau constant,
première base de l'uniformité de la force motrice. Ainsi, en
parcourant, dans son ensemble, l'immense hiérarchie des phénomènes élémentaires, on doit conclure que la chronométrie
artificielle dépend essentiellement des mouvements produits
par la pesanteur chez les corps solides, seuls actes assez simples pour comporter effectivement toute l'uniformité convenable. C'est, sans doute, d'après l'instinct confus mais réel,

d'une telle appréciation comparative, qu'on a imaginé enfin,
au moyen âge, de substituer les horloges à poids aux anciennes
clepsydres. Tel est le principe mécanique qui, conjointement
avec celui du ressort, destiné surtout aux appareils mobiles,
servira toujours de base à notre chronométrie artificielle, qui
probablement ne trouvera jamais de moteur plus simple et plus
régulier.

Ayant ainsi déterminé la nature des seuls phénomènes qui
puissent nous procurer une exacte mesure du temps, il faut
encore, pour que l'ensemble de la question chronométrique se
trouve convenablement posé, choisir, parmi eux, ceux qui
peuvent remplir suffisamment les conditions fondamentales.
En effet, le mouvement naturel des corps pesants est loin d'offrir l'uniformité nécessaire. Même en tombant d'une hauteur
médiocre, fût-ce seulement de dix mètres, un poids accélère
graduellement sa vitesse, d'une manière directement appréciable par un observateur attentif. Une exploration vulgaire,
décisive quoique indirecte, ne doit d'ailleurs laisser, à cet égard,
aucun doute, quand on considère l'accroissement manifeste
qu'éprouve ainsi la force d'impulsion du corps, et qui ne peut
certainement tenir qu'à la plus grande rapidité résultée d'une
plus grande chute. Néanmoins, cette accélération, qui avait
déjà fixé l'attention des anciens, comme le témoignent les efforts
d'Aristote, n'a été convenablement étudiée que dans les temps
modernes, faute des principes mathématiques indispensables.
Sa loi élémentaire, principale découverte du grand Galilée,
consiste en ce que, abstraction faite de la résistance du milieu,
les espaces parcourus pendant les diverses secondes successives
de la chute d'un corps quelconque, croissent comme la suite des
nombres impairs 1, 3, 5, 7, etc. Le premier terme de cette progression, c'est-à-dire la hauteur correspondante à la première
seconde, est, à Paris, d'environ cinq mètres, à moins d'un demi-

centimètre près. Cette loi, rationnellement déduite de la supposition d'une intensité constante dans l'action continue de la pesanteur, équivaut à représenter la vitesse acquise comme proportionnelle au temps écoulé, et l'espace total comme proportionnel au carré du temps. L'exploration directe a suffisamment confirmé, sous ce double aspect, sa réalité fondamentale, soit en observant le phénomène dans son état naturel, malgré les obstacles inhérents à sa rapidité effective, soit surtout en ralentissant le mouvement sans en changer la marche, ou à l'aide du plan incliné de Galilée, ou d'après le contre-poids introduit ensuite.

Cette grande loi physique tend à mieux caractériser la vraie difficulté élémentaire de notre recherche en montrant que la pesanteur elle-même ne saurait être immédiatement employée comme force chronométrique, vu le défaut nécessaire d'uniformité des mouvements qu'elle produit le plus souvent. On conçoit que l'emploi d'un contre-poids propre à diminuer la vitesse ne saurait altérer ce caractère fondamental, puisqu'il se borne à diminuer à volonté le premier terme de la progression précédente, mais sans pouvoir aucunement changer la relation des autres envers lui. Une exacte chronométrie artificielle semblait donc devenir finalement impossible, puisque le seul mouvement d'où pût en surgir le principe paraissait ainsi se refuser aux conditions indispensables. L'unique issue que comportât une telle difficulté est résultée d'une heureuse inspiration de Galilée envers d'autres phénomènes dynamiques résultés de la pesanteur, quand son action, au lieu de s'exercer librement, éprouve une résistance continue qui oblige le corps à demeurer toujours sur une certaine courbe. En observant le mouvement des lampes suspendues, par de longues chaînes, à une voûte d'église, il reconnut que, quoique le vent les écartât inégalement de la verticale, elles mettaient néanmoins le même

temps à y revenir. Il est aisé de sentir, en général, que, si un
corps tombe, dans un plan vertical, suivant une courbe con-
vexe vers le sol, sa vitesse effective, toujours proportionnelle
à la pesanteur décomposée selon la tangente, diminuera à mesure qu'il s'approchera du point le plus bas, où sa direction
deviendrait horizontale; ce qui tend à compenser l'accélération naturellement résultée de la chute croissante, de manière
à permettre que cette position extrême puisse être atteinte en
un même temps, de quelque hauteur que le poids soit parti.
Galilée ayant cru d'abord que cette exacte compensation devait
avoir lieu pour les oscillations circulaires, le problème chronométrique semblait essentiellement résolu, d'après ce principe
définitif du pendule. Mais un examen plus attentif du sujet fit
bientôt reconnaître que le cercle ne pouvait offrir un tel isochronisme complet, en sorte que ce premier aperçu ne put
alors que poser la question, en faisant sentir qu'il devait certainement exister un mode d'oscillation curviligne propre à remplir cette condition, sauf à découvrir la figure convenable,
dont la recherche était encore prématurée.

Quand les progrès combinés de la Géométrie et de la Mécanique eurent enfin permis d'aborder cette importante question,
le grand géomètre Huyghens, principal successeur de Galilée,
reconnut que cette propriété appartenait à la *cycloïde*, courbe
récemment introduite dans la science, d'après le double mouvement d'un cercle invariable roulant sans glisser sur une
droite fixe, comme nous le montre journellement la ligne décrite par un point de la circonférence d'une roue de voiture.
Pour obliger le poids à osciller ainsi, il découvrit qu'il suffisait de le placer à l'extrémité d'un fil flexible et inextensible,
qui, fixé, d'autre part, au point de suspension de l'appareil, et
d'abord enroulé suivant une certaine courbe déterminée, décrirait, en se développant, la cycloïde proposée. Mais l'usage

de tels pendules le fit bientôt renoncer à ce mode d'oscillation, seul susceptible d'un rigoureux isochronisme, vu les altérations inévitables qui devaient effectivement troubler cette régularité abstraite, soit par la difficulté de concilier l'inextensibilité du fil avec sa flexibilité, soit par les dérangements nécessaires que les dilatations thermométriques ou le poids même de l'instrument devaient apporter dans sa figure initiale. Les conditions pratiques ayant fait sentir que le cercle constitue essentiellement la seule courbe assez simple pour qu'on puisse la faire exactement décrire à un mobile réel, il fallut donc en revenir finalement aux oscillations circulaires, d'abord proposées par Galilée, en concluant toutefois, de l'ensemble du travail précédent, ce précieux amendement, devenu la base ultérieure des spéculations chronométriques : l'isochronisme, qui n'y est jamais qu'approché, s'y trouve suffisamment réalisé tant que le pendule s'écarte très-peu de la verticale, au lieu de convenir, comme l'avait cru Galilée, à un écartement quelconque. Sous cette condition fondamentale, Huyghens reconnut que la durée des oscillations est alors la même que si le mouvement s'exécutait sur la cycloïde correspondante. Cette durée, dont il convient de signaler là principale loi, est proportionnelle à la racine carrée de la longueur du pendule : en sorte que, chaque oscillation durant une seconde quand cette longueur est, à très-peu près, d'un mètre, elle exige deux secondes pour quatre mètres, trois pour neuf mètres, etc.

Afin de compléter cette sommaire indication de l'ensemble des difficultés mathématiques inhérentes à une question aussi facile en apparence, il faut encore mentionner un dernier problème essentiel, relatif au passage du cas élémentaire d'un simple point, seul envisagé ci-dessus, au cas final d'un pendule offrant une masse appréciable comparativement aux dimensions de l'appareil. La cohérence des diverses parties de ce

corps devant alors altérer, soit par accélération ou par ralen-
tissement, le mouvement propre que prendrait chacune d'elles
d'après sa distance à l'axe de suspension, si elle tournait isolément, il fallait déterminer le point spécial, nommé ensuite
centre d'oscillation, qui oscille comme s'il était seul, et dont
la position définit la longueur précise du pendule proposé, la
vitesse oscillatoire devant ainsi se régler sur la loi précédemment énoncée. En instituant, à cette occasion, cette grande
théorie de mécanique générale, Huyghens utilisa finalement
l'ensemble du travail relatif au cas, d'abord presque entièrement abstrait, du pendule simple, en permettant d'y ramener
toujours, selon des règles exactes, le mouvement de tout pendule composé.

Telle est, en aperçu, la solidarité fondamentale qui a nécessairement rattaché, aux plus hautes spéculations mathématiques, la recherche pratique d'une mesure précise du temps
par les oscillations d'un pendule. L'esprit et la destination,
principalement philosophiques, qui distinguent ce traité, d'a-
près les explications du discours préliminaire, m'ont déterminé
à saisir cette occasion naturelle de caractériser, suivant une
appréciation spéciale, l'intime relation positive de l'abstrait au
concret, que manifesteraient pareillement beaucoup d'autres
questions d'art, si on y devait prétendre à une semblable précision finale. En revenant à notre sujet actuel, nous avons ainsi
posé suffisamment le vrai principe d'une exacte chronométrie
artificielle, indispensable à l'exploration astronomique. Il ne
resterait plus, à cet égard, que des notions secondaires, inutiles
à mentionner ici, quant aux conditions pratiques de sa réalisation habituelle, surtout en ce qui concerne les moyens d'assurer l'invariabilité de la longueur du pendule au milieu des
changements de température, d'après l'ingénieuse compensation
qu'on parvient à instituer entre les variations contraires ré-

sultées des dilatations opposées des deux substances dont sa tige
est formée. Rarement, à la vérité, le pendule proprement dit
se trouve-t-il directement appliqué à la mesure du temps, sauf
en quelques cas spéciaux, et pour de courtes durées, où l'on
se borne à compter les oscillations d'un appareil donné. Mais,
quoiqu'on emploie presque toujours, comme moteur chronométrique, l'action d'un poids ou d'un ressort, le principe du
pendule n'en est pas moins usité constamment à titre de régulateur indispensable. Quand l'horloge astronomique a été ainsi
constituée, il est aisé de concevoir comment on subordonne sa
marche à celle de la sphère céleste. On pourrait appliquer à
cette confrontation une comparaison quelconque entre l'heure
indiquée par l'appareil et celle que la trigonométrie permet de
déduire des observations astronomiques, suivant la loi de la
rotation diurne. Mais, pour rendre ce contrôle plus facile et
même plus précis, en y écartant toute erreur de mesure ou de
calcul, il suffira d'examiner si l'horloge indique exactement
vingt-quatre heures entre deux retours consécutifs d'une même
étoile à une même position arbitraire, pourvu qu'on ait garanti,
autant que possible, l'invariabilité de cette direction, selon des
précautions qui exigent des édifices spécialement préservés des
diverses sources d'ébranlements. Il faudra donc augmenter ou
diminuer la longueur du pendule régulateur jusqu'à ce que
cette exacte correspondance se trouve réalisée, en recourant,
de temps à autre, à une semblable confrontation, pour constater ou rétablir la régularité de l'appareil chronométrique.

Après avoir assez caractérisé les principales bases du perfectionnement de l'exploration astronomique en ce qui concerne
les observations horaires, il nous reste à indiquer une appréciation équivalente envers les mesures angulaires. Cette seconde
question n'est pas de nature à se rattacher, comme la précédente,
à de hautes spéculations scientifiques, parce qu'elle n'exige

point la théorie mathématique d'un nouvel ordre de mouvements. Mais, quoiqu'elle soit purement technique, il n'est pas
moins indispensable d'y apprécier, plus sommairement, les
divers moyens essentiels dont la combinaison permet de surmonter, à un si haut degré, la difficulté correspondante, consistant surtout à bien diviser un cercle en un très-grand
nombre de parties égales.

Pour mieux caractériser le principal embarras qu'offre la
mesure des angles avec le degré de précision habituellement
obtenu de nos jours, c'est-à-dire en ne laissant qu'une incertitude de moins d'une seconde, il faut d'abord reconnaître l'impossibilité directe de graduer ainsi les instruments employés. La circonférence étant composée de 1296000 secondes, il faudrait, en
effet, un cercle d'environ quarante mètres de diamètre, afin d'y
pouvoir distinctement marquer de telles divisions, en n'accordant à chacune d'elles qu'un dixième de millimètre. Or, outre
les obstacles évidents que présenteraient la construction, le placement, et la manœuvre d'un pareil instrument, il faut reconnai-
tre que son énormité même détruirait essentiellement l'exactitude
qu'on y chercherait, vu les altérations inévitables que les diverses influences physiques y apporteraient graduellement, non-
seulement par les variations de température, mais aussi par
son propre poids. L'expérience a depuis longtemps fait renoncer à des appareils trop volumineux, quoique très-au-dessous
de ces dimensions, que les astronomes arabes avaient, au moyen
âge, quelquefois employés. A la vérité, en se réduisant à l'u-
sage d'un demi-cercle, ou même d'un quart de cercle, qui peut
strictement suffire, moyennant certaines précautions, d'ailleurs
souvent gênantes, on peut introduire un rayon plus considérable ; mais la grandeur de l'instrument restera toujours fort inférieure à celle qu'exigerait sa division directe en secondes. Il est
reconnu maintenant que ces appareils angulaires ne doivent pas

avoir plus de deux ou trois mètres de diamètre; en sorte qu'on n'y pourrait guère marquer très-distinctement que les minutes, qui y occuperaient au plus un tiers de millimètre. Les lunettes beaucoup plus longues qu'on voit quelquefois dans les observatoires actuels, n'y sont jamais employées à mesurer des angles, mais seulement à rendre plus puissante l'exploration visuelle. D'après ces notions incontestables, il s'agit donc d'apprécier ici comment on a pu parvenir à estimer les secondes avec des cercles sur lesquels on ne peut les indiquer directement, et qui ne sont même divisés le plus souvent qu'en sixièmes de degré. Trois moyens généraux ont successivement concouru à réaliser enfin une telle amélioration, aussi difficile qu'importante.

Le premier consiste dans l'application des lunettes aux instruments angulaires, pour y remplacer le diamètre mobile servant à viser suivant chaque direction. Après l'invention des télescopes, on s'est borné à les employer pendant un demi-siècle à distinguer au ciel de nouveaux objets. Quand cette première curiosité, d'abord un peu puérile, fut enfin satisfaite, l'astronome français Auzout imagina, vers le milieu de l'avant-dernier siècle, de procurer à cette vision artificielle sa principale utilité scientifique, en l'appliquant au perfectionnement habituel de la mesure des angles; c'est surtout ainsi qu'elle a exercé une influence capitale sur le progrès des études célestes. En effet, les divers moyens usités jusqu'alors pour définir la direction suivant laquelle on visait, laissaient nécessairement, à cet égard, une grave incertitude, qui s'opposait radicalement à la précision des observations angulaires. Chez les anciens, le diamètre mobile était, à cette fin, muni aux deux bouts d'*alidades*, ou petits cylindres très-minces, dans l'alignement desquels il fallait viser, mais avec une erreur toujours notable, proportionnelle au rapport de leur grosseur à leur intervalle. Au moyen âge, on y avait heureusement substitué des *pinnules,*

ou fentes étroites, à travers lesquelles se faisait l'observation,
dès lors, moins incertaine, puisque le vide pouvait avoir une
moindre largeur que le plein. Mais l'emploi des lunettes a dû
procurer naturellement une précision bien supérieure, parce
que la vision n'y est distincte que suivant leur axe optique, en
sorte que chaque direction s'est trouvée ainsi caractérisée désormais avec une rigueur presque mathématique. Afin de mieux
remplir cette condition fondamentale, on a bientôt introduit l'u-
sage de ce qu'on nomme un *réticule*, petit appareil plus ou
ou moins compliqué, placé au foyer commun des deux verres,
l'un objectif, l'autre oculaire, dont la lunette astronomique est
surtout composée. Dans sa construction la plus simple, il est formé de deux fils très-minces, posés selon deux diamètres rectangulaires, dont le croisement indique le vrai point de mire principal : on observe alors l'astre à l'instant de son passage devant
le fil vertical. Quand on veut apprécier encore plus exactement
cette direction, ou suppléer à son observation directe, on ajoute
à l'appareil un ou deux autres couples de fils, placés parallèlement au premier, et symétriquement disposés autour de lui :
en répétant l'exploration envers chacun d'eux, on perfectionne
ou l'on remplace celle qui se rapporte au fil central. Enfin,
parmi les divers moyens qui ont ultérieurement augmenté cette
aptitude des lunettes à mieux caractériser les directions visuelles, il faut surtout signaler l'invention, vers le milieu du dernier siècle, des lentilles achromatiques, par l'opticien anglais
Dollond, qui a ainsi rendu beaucoup plus nette, et dès lors plus
précise, la vision artificielle.

A cette première condition générale de l'exactitude des mesures angulaires, il faut maintenant en joindre une seconde, non
moins indispensable, directement relative au perfectionnement
des graduations circulaires. Elle consiste en un procédé fort ingénieux pour subdiviser une ligne quelconque en parties plus

petites que les moindres qu'on y puisse distinctement tracer. La première idée en remonte réellement jusqu'au grand astronome danois, Tycho-Brahé, qui, vers la fin du seizième siècle, s'occupa si heureusement de procurer, à l'ensemble des observations célestes, une précision auparavant inconnue. Mais on a depuis oublié naturellement les transversales qu'il avait imaginées, en ne conservant que la disposition très-préférable qui a retenu le nom usuel de son inventeur spécial, l'observateur français Vernier. Cette construction a pour principe la comparaison entre les divisions respectives d'une même longueur en deux nombres consécutifs de parties égales. Qu'une portion de ligne droite ou circulaire, distinctement divisée, par exemple, en dix portions, le soit aussi en neuf, il est clair que celles-ci excéderont les autres de $\frac{1}{90}$, $\frac{2}{90}$, etc. de l'unité commune, dont on pourra ainsi apprécier indirectement des fractions trop petites pour être immédiatement mesurables. Ce perfectionnement n'est limité, en réalité, que par la difficulté de bien saisir la correspondance des deux sortes de divisions, dont l'une, quant à la mesure des angles, se rapporte à la principale graduation du cercle fixé, tandis que l'autre concerne la portion accessoire, ou vernier proprement dit, mobile avec la lunette suivant laquelle on vise. Si les deux nombres consécutifs devenaient trop grands, on conçoit, en effet, qu'il ne serait plus possible d'apprécier exactement avec quel indice du vernier coïncide chaque partie du limbe, vu la trop faible inégalité de leurs éléments respectifs.

Quelque notable accroissement de précision qu'un tel mode ait dû procurer aux mesures angulaires, on n'y pourrait cependant obtenir ainsi la détermination habituelle des secondes, sans l'intervention continue d'un troisième principe général de perfectionnement, relatif à la répétition des angles. Comme l'erreur de tout instrument semblable reste naturellement indépendante de la grandeur de chaque angle considéré, on conçoit qu'elle se trouvera, par exemple, diminuée de moitié, si l'on estime un angle exactement double de celui qu'on cherche, pourvu que cette multiplication ne dépende point de la justesse de l'appareil, afin de ne pas devenir illusoire. On pourra donc, sous cette condition fondamentale, atténuer presque à volonté l'incertitude des mesures angulaires, d'après une suffisante répétition. Telle est l'heureuse idée mère d'une dernière source essentielle d'améliorations à cet égard, d'abord imaginée, vers le milieu du XVIII° siècle, par Mayer, mais dont la réalisation astronomique a été ensuite due surtout à Borda. Dans les observations terrestres, où l'on vise à des objets fixes, l'exacte répétition d'un angle est facile à instituer, en le déplaçant, sans qu'il puisse varier, de manière à faire coïncider l'un des côtés avec la direction primitive de l'autre. Mais cette condition semble d'abord impossible à remplir envers les corps célestes, qui sont continuellement mobiles. Néanmoins, on parvient à y appliquer aussi le même principe, primitivement destiné aux seuls instruments géodésiques, en y réduisant toutes les observations essentielles à celle de la distance de l'astre au zénith, lors de son passage au méridien, transformation que la théorie de la rotation diurne permet presque toujours. Cela posé, comme cette distance, alors parvenue à son minimum, demeure à peu près invariable pendant un temps notable, on pourra, malgré le mouvement continu de l'astre, lui supposer, sous cet aspect, une sorte d'immobilité, qui procurera à un explorateur exercé la faculté de répéter un certain nombre de fois l'angle cherché.

L'ensemble des diverses indications propres à ce chapitre n'a d'autre destination essentielle que de caractériser suffisamment les difficultés naturelles et les moyens généraux qui se rapportent au perfectionnement réalisé, depuis près d'un siècle, dans les principales observations astronomiques, aussi bien angulaires qu'horaires, où l'incertitude, en l'un et l'autre cas, est désormais réduite habituellement aux secondes. Il serait d'ailleurs superflu de nous arrêter à la description spéciale d'aucun instrument déterminé, et rien ne saurait, à cet égard, dispenser d'une certaine inspection directe, soit passive, soit surtout active, plus claire, en un pareil sujet, que toute explication formulée. Toutefois, il convient de considérer, en particulier, l'institution d'un seul appareil de précision, le plus précieux de ceux qu'exige l'exploration astronomique, la lunette méridienne, imaginée, au commencement du siècle dernier, par l'astronome danois Roëmer, longtemps établi en France.

Cet instrument, aussi simple qu'ingénieux, est destiné à déterminer, avec une précision autrement impossible, le véritable instant du passage d'un astre au méridien, abstraction faite de sa distance simultanée au zénith. Quand il s'agit de celle-ci, il n'est pas indispensable que le plan de l'appareil coïncide très-exactement avec celui du méridien, puisqu'elle change fort peu, suivant une remarque précédente, jusqu'à ce que l'astre s'écarte sensiblement de cette situation. Mais, au contraire, quant à l'instant précis du passage, il pourrait y rester une notable incertitude si on substituait au méridien l'un quelconque des deux verticaux extrêmes envers lesquels la hauteur est demeurée presque identique. C'est pourquoi, afin de mieux caractériser ce plan principal, Roëmer imagina de le réduire à une simple construction géométrique, en y dispensant de toute exécution matérielle; en sorte qu'il dût être seulement tracé, dans l'espace, par l'axe optique de la lunette. A cette fin, il faut d'abord garantir l'exacte perpendicularité de cet axe à l'axe de suspension autour duquel doit tourner l'instrument, d'où résultera la certitude mathématique que la surface ainsi décrite est vraiment plane. On y parvient en visant alternativement à un même point fixe, d'ailleurs quelconque, suivant deux positions inverses de la lunette : car, si ce renversement la laisse toujours

dirigée vers cette mire immobile, l'égale inclinaison des deux
parties de son axe optique sur l'axe de rotation se trouve pleinement constatée. La nature plane de ce lieu géométrique étant
ainsi assurée, il devient aisé de reconnaître ensuite si ce plan
est vraiment vertical, puisqu'il suffit d'examiner, par les procédés ordinaires, si son axe de rotation se trouve bien horizontal. Il ne reste donc plus qu'à déterminer, sous un troisième
aspect, la disposition de l'appareil, en constatant que ce plan
vertical coïncide réellement avec celui du méridien. C'est sur
quoi l'exploration astronomique ne peut guère laisser aucune
grave incertitude, en contrôlant les indications d'un tel instrument par celles d'une horloge déjà bien réglée. En effet, il suffira d'observer ainsi les deux passages consécutifs d'une même
étoile circompolaire ; car, si la lunette est convenablement placée, leurs intervalles devront être exactement de douze heures
chacun, tandis qu'ils seront nécessairement, l'un supérieur,
l'autre inférieur, à ce nombre, pour peu que l'appareil s'écarte
de la vraie situation méridienne : le sens effectif de cette inégalité indiquera d'ailleurs si la déviation existe vers l'est ou
vers l'ouest, de manière à pouvoir graduellement établir la disposition convenable.

Après avoir suffisamment indiqué les principales notions relatives au double perfectionnement matériel, angulaire et horaire, de l'exploration astronomique, il nous reste à caractériser, dans les deux chapitres suivants, les deux corrections
rationnelles que doivent subir, en général, les observations
ainsi opérées, avant de pouvoir servir à aucune exacte détermination céleste, où subsisteraient nécessairement, sans ces
indispensables rectifications, des erreurs égales ou supérieures
à celles qu'on s'est proposé d'éviter par l'emploi, dès lors essentiellement illusoire, de ces instruments de précision.

CHAPITRE II.

Théorie générale des réfractions astronomiques, suivie d'une sommaire appréciation des deux autres influences fondamentales qu'exerce l'atmosphère terrestre
sur la lumière des astres, soit par réflexion, d'où doctrine des crépuscules, soit
aussi par absorption.

Parmi les principales sources d'erreur propres aux observations astronomiques, la première dont il y faille tenir compte
résulte des inégales déviations que la lumière des astres éprouve
inévitablement en traversant toute l'étendue de l'atmosphère
terrestre avant de nous parvenir. Entièrement inappréciable
chez les anciens, vu l'imperfection nécessaire de leurs instruments, elle a été rationnellement soupçonnée au moyen âge,
d'après l'ébauche des notions physiques correspondantes; mais
c'est seulement depuis Tycho-Brahé que les astronomes y ont
réellement égard.

La plus simple manifestation de sa nécessité résulte d'une
exacte application du procédé expliqué, au premier chapitre
de ce traité (page 122), pour la détermination de la hauteur du
pôle sur chaque horizon, comme égale à la demi-somme entre
les deux hauteurs méridiennes d'une même étoile circompolaire, d'ailleurs quelconque. Suivant cette règle fondamentale,
une telle moyenne devrait toujours conserver une valeur pleinement identique, à quelque astre qu'elle se rapportât; c'est
ce que confirme l'observation directe, quand on n'y apporte
pas plus de précision que ne pouvaient le faire les anciens. Mais,
en opérant avec les instruments modernes, on apercevra, au
contraire, entre ces divers cas, des différences incontestables,
surtout si l'on compare, dans nos climats, deux étoiles très-
inégalement distantes du pôle, et dont l'une passe au méridien

d'abord près du zénith, ensuite presqu'à l'horizon, tandis que la hauteur de l'autre varierait très-peu. En partant de celle-ci, les déterminations indiquées par les autres placeront le pôle d'autant plus haut qu'elles proviendront d'un astre plus éloigné de lui. Ces différences qui pourront dépasser un quart de degré seront donc très-appréciables aux instruments modernes, quoiqu'elles dussent échapper aux anciens. Il est d'abord facile d'y reconnaître une suite nécessaire des déviations que doit subir la lumière des astres en traversant l'atmosphère terrestre.

A cet effet, il suffit de remarquer que, d'après la loi élémentaire de la *réfraction*, cette déviation s'opère toujours dans un plan perpendiculaire à la surface de séparation des deux milieux ; que le rayon réfracté ne coïncide rigoureusement avec le prolongement du rayon incident qu'autant que celui-ci est exactement perpendiculaire à cette surface ; et que, pour toute autre direction, le premier se rapproche d'autant plus de la normale à la même surface que le second s'en écarte davantage : quand les deux milieux sont séparés par une surface courbe, il faut la remplacer, en chacun de ses points, par le plan tangent correspondant, selon la règle géométrique ordinaire ; en sorte qu'il en résulte une nouvelle source d'inégalité entre les réfractions respectives, à raison de l'inégale inclinaison des divers éléments, même envers des rayons parallèles. Cela posé, si l'on envisage notre atmosphère comme terminée par une surface sphérique concentrique à celle de la terre, on conçoit d'abord que c'est seulement au zénith que tout astre sera vu, à travers ce milieu, dans la vraie direction où il se trouve : en tout autre cas, la déviation atmosphérique éprouvée par sa lumière, sans jamais altérer le plan vertical qui le contient, le fera toujours paraître plus rapproché du zénith ; et cette élévation augmentera à mesure qu'il descendra vers l'horizon, où l'altération, parvenue à son maximum, serait d'environ 34 minutes, suivant les mesures ci-après indiquées. En appréciant l'influence générale d'une telle perturbation sur la détermination habituelle de la hauteur du pôle d'après les deux situations méridiennes d'une même étoile circompolaire, on voit aussitôt que le pôle doit ainsi sembler d'autant plus élevé qu'on aura observé un astre plus éloigné de lui, et qui dès lors, à son passage supérieur, parviendra plus près du zénith, tandis que, à son passage inférieur, il s'approchera davantage de l'horizon, surtout dans les climats où, comme à Paris, le pôle est presqu'équidistant de ces deux termes extrêmes : car, la réfraction devenant alors presque nulle pour le premier passage, et au contraire très-grande pour le second, la vraie hauteur du pôle devra se trouver, d'après la moyenne finale, augmentée de la demi-différence des deux réfractions correspondantes; en sorte que, à notre latitude, l'altération pourra s'étendre jusqu'à 17 minutes environ. Le développement continu d'une telle comparaison, avec toutes les variétés qu'y comporte la diversité des lieux; a depuis longtemps dissipé toute incertitude sur la réalité d'une semblable explication, où l'on doit voir la plus décisive manifestation de l'influence astronomique des réfractions atmosphériques.

Pour simplifier la mesure de cette indispensable correction, on réduit d'abord la difficulté essentielle à la détermination la plus immédiate, relative à la distance au zénith, qui, selon l'indication précédente, doit ainsi se trouver la plus directement altérée. A la vérité, tous les autres éléments astronomiques de chaque position, soit angulaires, soit même horaires, doivent aussi être consécutivement affectés par la réfraction, sauf les seuls *azimuths*, qui, caractérisant le plan vertical correspondant, d'après son inclinaison sur le méridien, restent alors inaltérables. On conçoit, en effet, que la réfraction, par cela même qu'elle rapproche l'astre du zénith, change nécessairement sa distance au pôle ou à l'équateur, ainsi que l'angle horaire qui s'y rapporte, etc., conformément aux liaisons constantes de ces données géométriques, toutes relatives à un même triangle fondamental. Ç'est ainsi, par exemple, que la réfraction accélère un peu les levers des astres et retarde leurs couchers, en nous les montrant à l'horizon quand ils sont à 34 minutes au-dessous : cette influence, bornée à un demi-quart d'heure au plus dans nos climats, augmente d'ailleurs avec la latitude, et peut s'élever à plus de trente heures dans les régions polaires. On peut même assurer que la figure des astres dont le disque est considérable doit se trouver, par une autre suite indirecte de l'altération fondamentale, assez modifiée pour qu'une exacte exploration doive y avoir égard, surtout quand l'observation a lieu près de l'horizon : car, la réfraction y variant très-rapidement avec la hauteur, l'extrémité supérieure du diamètre vertical du soleil est ainsi élevée, à l'instant du lever ou du coucher, d'environ cinq minutes de moins que son extrémité inférieure, ce qui doit alors raccourcir d'autant un tel diamètre, tandis que les deux bouts du diamètre horizontal, quoique également haussés par la réfraction, se rapprochent un peu à raison de la convergence de leurs verticaux vers le zénith. Mais, quelque variées que puissent être ces réactions géométriques de l'altération verticale primordiale, la détermination de celle-ci offre seule aux astronomes une difficulté essentielle, qui, une fois surmontée, leur permet aisément d'apprécier, avec une pareille précision, toutes les autres influences habituelles d'une telle perturbation générale, en se bornant à modifier convenablement la distance au zénith dans les diverses formules trigonométriques où elle se lie, suivant des lois invariables, à tous les autres éléments astronomiques. C'est pourquoi les tables de réfraction proprement dites, dont la construction constitue le but définitif de cette théorie, se bornent ordinairement à indiquer, pour chaque distance au zénith ou à l'horizon, l'exacte diminution ou augmentation que la réfraction y apporte, et d'où résulte facilement toute autre correction quelconque.

Quand la loi mathématique du phénomène physique élémentaire (1) fut enfin découverte, presque à la fois, par Descartes et par Suellius, elle suggéra bientôt l'espoir de soumettre à une vraie théorie ces importantes déterminations, dont la profonde difficulté rationnelle ne pouvait d'abord être convenablement sentie. C'est ainsi que Dominique Cassini tenta, en effet, de construire à priori la première table usuelle des réfractions astronomiques, en supposant à la sphère gazeuse qui enveloppe la terre une homogénéité propre à dissiper spontanément les principaux embarras d'un tel problème, dès lors réduit à une facile appréciation géométrique de l'unique réfraction que devrait, en ce cas, subir la lumière à son entrée dans notre atmosphère. Il en résultait une formule renfermant deux éléments constants, l'un relatif à l'action réfringente de l'atmosphère, l'autre à sa hauteur, que deux observations spéciales pouvaient facilement fournir. Une hypothèse aussi éloignée de la réalité conduisit alors à des évaluations qui néanmoins ne s'en écartaient pas autant qu'on doit le présumer aujourd'hui, grâce à une sorte de compensation spontanée entre les erreurs opposées que dut commettre Cassini envers ces deux nombres fondamentaux, en réduisant l'atmosphère à une hauteur moitié moindre

---

(1) Cette loi ne consiste pas en ce que les angles formés par le rayon incident et le rayon réfracté avec la perpendiculaire à la surface de séparation sont constamment proportionnels, comme l'avait supposé Tycho-Brahé ; la proportionnalité n'existe réellement qu'entre ce que les géomètres nomment les *sinus* de ces deux angles, c'est-à-dire entre les distances à cette normale des extrémités de deux longueurs prises arbitrairement sur les deux rayons à partir de la surface.

que celle des plus hautes montagnes terrestres, tandis que, d'un autre côté, il exagérait beaucoup sa puissance réfractive en lui attribuant partout la même densité. Mais, malgré cette imparfaite neutralisation, une telle tentative ne pouvait certainement passer que pour une grossière ébauche de cette théorie mathématique, où les principales difficultés du sujet n'étaient pas même indiquées. En appréciant l'ensemble de la question, il est aisé de concevoir l'inefficacité astronomique de tous les autres efforts des géomètres envers ce problème physique.

La seule notion d'atmosphère repousse directement l'égalité de densité que Cassini avait supposée entre toutes les couches sphériques de cette masse gazeuse, dont l'élasticité caractéristique doit faire acquérir à chacune d'elles une densité proportionnelle à la pression qu'elle supporte, suivant la loi fondamentale déjà établie par d'illustres contemporains de ce célèbre astronome. Or, les milieux de même nature devenant toujours plus réfringents à mesure qu'ils deviennent plus denses, on conçoit que la lumière des astres n'éprouve point, en traversant notre atmosphère, une réfraction unique, mais une suite continue de réfractions constamment croissantes avec la densité des couches correspondantes; en sorte que sa route, au lieu d'être simplement rectiligne, doit se courber vers la terre suivant une concavité de plus en plus prononcée. La déviation totale que nous observons résulte de l'inclinaison de la dernière tangente à cette courbe sur la première, et ne pourrait, par conséquent, être rationnellement prévue, que d'après une exacte connaissance de la figure de la trajectoire, ce qui exigerait évidemment une notion préalable de la vraie loi relative à la variation de la densité dans les diverses couches atmosphériques. Une telle recherche mathématique deviendrait, sans doute, aisément abordable si l'on pouvait se borner à y considérer la distribution statique naturellement résultée du simple antagonisme entre l'élasticité et la pesanteur pour une atmosphère immobile Mais cette idéale simplification du problème correspond à une hypothèse tellement éloignée de la réalité, qu'elle ne saurait devenir la base d'aucune vraie théorie des réfractions astronomiques. Son principal défaut consiste en ce qu'on y néglige totalement l'influence fondamentale de la température, qui altère nécessairement, à un haut degré, cette loi spontanée des densités; car, la température de notre atmosphère diminuant très-rapidement à mesure qu'on s'y éloigne de la terre, et l'air, comme tous les autres gaz, se dilatant beaucoup par la chaleur, puisque son volume augmente des $\frac{3}{8}$ en passant de la glace fondante à l'eau bouillante, il est clair que cette tendance croissante à la condensation à mesure que les couches sont plus élevées, sans être assez énergique pour empêcher le décroissement continu de leur densité naturelle, doit en changer notablement la loi effective. L'établissement d'une vraie théorie mathématique des réfractions astronomiques exigerait donc inévitablement une exacte connaissance préalable de la loi des températures atmosphériques, qui est jusqu'ici essentiellement ignorée, et qui ne sera probablement jamais assez bien connue pour fournir une base solide à une telle recherche. Si l'on considère d'ailleurs que ces variations simultanées de température et de densité ne doivent pas exister seulement dans le sens vertical, mais aussi horizontalement, et que, en outre, l'agitation nécessaire qui tend à mêler sans cesse les diverses couches de l'atmosphère doit apporter une nouvelle altération à la marche statique des densités, on concevra aisément l'extrême complication propre au véritable ensemble d'un tel problème, et l'obstacle essentiellement insurmontable qu'il doit toujours opposer à de saines spéculations mathématiques. Quand même tous les éléments importants de la question pourraient être un jour convenablement élaborés, ce qu'il n'est guère permis d'espérer, les simples difficultés logiques inhérentes à leur combinaison rationnelle suffiraient seules, probablement, pour empêcher finalement la réalisation décisive d'un semblable projet scientifique, comme le montre en tant d'autres cas moins complexes, l'impuissance nécessaire de nos procédés analytiques. Toute vraie théorie mathématique des réfractions astronomiques doit donc être enfin jugée essentiellement impossible, et les diverses tentatives des géomètres à ce sujet ne constituent désormais, aux yeux des bons esprits, que de purs jeux algébriques, qui déjà même n'offrent plus aucune haute valeur logique. Les astronomes ont renoncé à les employer, si ce n'est sous un aspect très-subalterne, pour combler provisoirement les lacunes nécessaires de leurs tables usuelles, où cet office secondaire peut d'ailleurs être rempli presqu'indifféremment par beaucoup d'hypothèses très-différentes, qui s'accordent suffisamment dans de petits intervalles. Ces vains exercices mathématiques présentent donc un nouvel exemple des graves abus scientifiques trop souvent inhérents à notre spécialisation dispersive et irrationnelle, jusqu'à ce qu'une sage discipline philosophique ait pu organiser enfin le vrai régime spéculatif propre à l'ensemble de nos études positives, de manière à prévenir ou à contenir toute vicieuse déperdition de forces.

Après avoir ainsi écarté toute construction théorique de la table des réfractions, il faut apprécier comment les astronomes ont pu la former en suivant la marche, judicieusement expérimentale, que suggère naturellement l'analyse fondamentale d'un tel phénomène général, de manière à déterminer avec sécurité, entre certaines limites, la réfraction effective qui correspond à chaque distance au zénith ou à l'horizon. Il suffit, pour cela, de remarquer que, quelle que puisse être la vraie loi inconnue de ces déviations, elles sont certainement nulles

au zénith , et insensibles dans son voisinage. Dès lors , l'observation d'un astre dont la hauteur méridienne soit très-considérable , permettant de connaître , à l'abri des réfractions , sa
propre direction céleste , et par suite de prévoir la véritable
distance où il doit se trouver du zénith , suivant la théorie élémentaire du mouvement diurne , un certain nombre d'heures
après son passage au méridien , l'exacte confrontation de cette
position calculée à la position directement observée avec précision doit déterminer , à cette hauteur , l'effet total de la
réfraction , pourvu qu'aucune autre influence générale ne
puisse concourir à cette diversité caractéristique. Or cette indispensable condition exige seulement que la comparaison
s'accomplisse envers un astre *extérieur*, afin d'éviter le mélange
de la réfraction avec la parallaxe , considérée au chapitre
suivant , que présenterait nécessairement tout astre *intérieur*,
tandis que cette seconde influence est entièrement négligeable
pour toute étoile proprement dite , comme nous le reconnaîtrons bientôt. La table pouvant être suffisamment dressée
d'après un seul astre bien choisi, ainsi exploré successivement
depuis le zénith jusqu'à l'horizon, on conçoit quels nombreux
moyens de vérification comporte un tel procédé à l'égard d'un
effet commun à tous les astres , et qui, à chaque hauteur donnée , doit offrir chez tous un résultat identique. On peut d'ailleurs assujettir utilement à un nouveau contrôle l'ensemble de
cette élaboration , en la reproduisant en divers lieux ou à différentes époques. C'est surtout ainsi que, depuis près d'un siècle,
les astronomes ont définitivement construit leurs tables usuelles
de réfraction, dont le degré de précision est irrécusablement
apprécié , comme en tout autre cas , par la concordance plus
ou moins complète des nombreux moyens de détermination. A
la simple inspection de ces résultats, on voit que l'accroissement
continuel de la déviation , à mesure qu'on s'éloigne du zénith ,

n'est nullement proportionnel à la distance : la réfraction,
d'abord insensible, croît très-lentement dans la première moitié
du quart de cercle, de manière à n'être que d'une seule minute
à 45° ; ce qui excuse Tycho-Brahé de l'avoir jugée rigoureusement nulle jusqu'à cette hauteur, en un temps où les astronomes pouvaient à peine répondre des minutes angulaires :
de 45° à 90°, la déviation croît, au contraire, bien plus rapidement que la distance au zénith, surtout à l'approche de
l'horizon ; n'étant guère que de $5'\frac{1}{4}$ à 10° de hauteur, elle
devient presque double à une hauteur moitié moindre, et,
après avoir très-promptement augmenté dans les deux ou trois
derniers degrés, elle s'élève enfin à 34′ environ à l'horizon
même.

D'après la nature du mode précédent, la précision de ses résultats dépend d'abord évidemment de l'exactitude plus ou
moins grande des instruments d'observation qu'on y emploie.
Mais, à cette première limitation nécessaire de la perfection effective de nos tables de réfraction, s'associe nécessairement un
autre obstacle fondamental, sur lequel nous ne pouvons exercer
aucune influence, parce qu'il est inhérent au phénomène lui-
même ; il résulte de l'inévitable inconstance des réfractions,
surtout aux approches de l'horizon. Nous ne saurions apprécier
ainsi les déviations effectives qu'en ce qu'elles offrent de constant pour chaque hauteur : car, la véritable loi mathématique
du phénomène normal nous étant inconnue, à plus forte raison
devrons-nous toujours ignorer la règle de ses variations. Or,
d'un autre côté, il est impossible qu'un tel effet ne soit assujetti
à certains changements, périodiques ou irréguliers, d'après l'i-
négale intensité que doivent offrir les diverses influences déterminantes, même sans changer de lieu, ne fût-ce, par exemple,
que suivant les modifications continuelles de la température atmosphérique. A la vérité, les astronomes sont accoutumés

aujourd'hui à prendre, jusqu'à un certain point, ces inévitables changements en considération empirique, selon les lois connues de la dilatation ou de la condensation de l'air par suite des diversités de température et de pression. Le nombre fondamental qui, dans la table de réfraction, convient à chaque distance zénithale, est adapté à un degré convenu du thermomètre et du baromètre : une indication additionnelle montre ensuite de combien il faut le modifier pour chaque variation de ces instruments ; on y pourrait aussi joindre l'appréciation hygrométrique, quand les changements que l'inégale humidité de l'air doit apporter dans sa densité et sa réfraction auront été mieux explorés. Mais la soigneuse combinaison de ces divers amendements ne saurait jamais procurer à nos tables toute la fixité désirable ; puisque, suivant la judicieuse remarque de Delambre, nous ne pouvons ainsi apprécier que l'influence réfractive des accidents thermométriques, barométriques, etc., survenus à la couche atmosphérique où l'observateur se trouve placé, sans être aucunement informés des changements analogues qu'ont pu et dû subir toutes les couches précédentes, et qui, par la nature du phénomène, n'ont pas moins concouru à la variation totale. C'est ainsi qu'on conçoit, en général, les différences de plusieurs minutes que cet illustre astronome a quelquefois observées, à peu d'intervalle, dans un même lieu, aux environs de l'horizon, après avoir cependant tenu compte, selon la règle ordinaire, des indications appréciables du thermomètre et du baromètre. Toutefois, pour ne point exagérer le degré d'incertitude que de telles considérations tendent à représenter comme naturellement inhérent à nos tables de réfraction, il faut ajouter que ces inappréciables variations semblent restreintes surtout au voisinage de l'horizon, où les influences perturbatrices doivent être, en effet, plus intenses : à 10° ou 12° d'élévation, elles deviennent presqu'insensibles. C'est ainsi que les astronomes croient justement pouvoir aujourd'hui estimer les réfractions à une seconde près, tant que la distance au zénith n'excède pas 75° ou même 80°. La conclusion pratique de l'ensemble des réflexions précédentes consiste donc dans cet important précepte astronomique de s'abstenir, autant que possible, d'observer près de l'horizon pour toute détermination précise, en y suppléant par une exploration équivalente opérée à une plus grande hauteur. Or une telle transformation, souvent incompatible avec la nature des opérations géodésiques, doit, au contraire, rester presque toujours possible pour les recherches astronomiques, en changeant, suivant les lois élémentaires du mouvement diurne, l'heure, et tout au plus le lieu, de l'observation proposée.

Nous avons ainsi caractérisé suffisamment l'influence optique de l'atmosphère terrestre, en ce qu'elle offre de vraiment fondamental dans la constitution de la science astronomique. Mais, outre cette action réfringente, il convient ici de signaler, plus sommairement, les deux autres actions générales qu'exerce nécessairement notre atmosphère sur la lumière des astres, d'abord par réflexion, ensuite par absorption.

Sous le premier aspect, Euler a justement remarqué la participation capitale des diverses réflexions atmosphériques au mode normal d'illumination de la surface terrestre : car, à défaut d'une telle influence, le soleil ne nous éclairerait que dans la seule direction où il se trouve, en nous faisant apercevoir, en tout autre sens, les divers astres que la haute prépondérance de sa lumière, même très-réfléchie, nous cache habituellement ; tandis que la dispersion effective que cette lumière éprouve en tous sens par d'innombrables réflexions sur les diverses portions de l'atmosphère dissémine heureusement cette précieuse clarté, en laissant pourtant prévaloir toujours la direction immédiate. Mais, après cette indication fondamentale, la science

doit surtout apprécier l'illumination que nous obtenons ainsi,
pendant un temps plus ou moins considérable, quand le soleil
est placé, le soir ou le matin, au-dessous de l'horizon, sans en
être toutefois trop éloigné ; de là résultent les phénomènes journaliers du crépuscule ou de l'aurore, dont la vraie théorie générale est facile à établir, en considérant que, le soleil se cou-
chant plus tard et se levant plus tôt pour un lieu plus élevé
au-dessus de l'horizon, les couches supérieures de l'atmosphère
doivent en être plus longtemps éclairées, de manière à pouvoir
illuminer, par une ou plusieurs réflexions, les couches inférieures, quand celles-ci sont privées de toute lumière directe.
La durée du crépuscule propre à chaque jour de l'année et à
chaque latitude terrestre deviendrait exactement calculable de
la même manière que l'instant du lever ou coucher correspondant, si l'on connaissait une seule donnée fondamentale, désignée
depuis les anciens, sous le nom d'*abaissement crépusculaire*,
c'est-à-dire la distance angulaire du soleil à l'horizon quand le
crépuscule cesse ou l'aurore commence : car, il suffirait alors
de substituer, dans la formule trigonométrique des levers ou
couchers, à une distance zénithale de 90°, celle qui conviendrait
à cette position ; l'angle horaire ainsi calculé déterminerait aisément, par comparaison au premier, la durée cherchée, suivant le taux ordinaire du mouvement diurne. Mais cet indispensable document, communément estimé à 18°, ne saurait comporter, par sa nature, une détermination suffisamment précise,
et les diverses évaluations acceptables présentent, en plus et en
moins, des différences de 2° ou même 3°, comparativement à
cette valeur moyenne. Le procédé naturel d'exploration doit
surtout consister à considérer d'abord la question en sens inverse, puisqu'une seule appréciation effective de la durée actuelle du crépuscule, pour un jour et un lieu donnés, permet
évidemment de mesurer cette constante fondamentale, seule

inconnue que renferme alors la formule. Il serait donc facile
d'y parvenir si l'on avait d'abord convenablement défini en quoi
consiste cette cessation du crépuscule, dont on n'a jamais posé
que des définitions purement *subjectives*, dès lors vaguement
variables, tandis qu'une définition *objective* comporterait seule
une précision vraiment scientifique, comme envers les levers
ou couchers. A proprement parler, il ne peut exister, à aucune
heure de la nuit, une absence totale de lumière plus ou moins
réfléchie dans l'ensemble de la portion d'atmosphère correspondante à chaque horizon; en sorte que, l'obscurité ne pouvant
être que relative au degré normal de notre sensibilité visuelle,
doit nécessairement varier, non-seulement chez les divers organismes animaux, ce qui est bien reconnu, mais aussi, quoique
plus faiblement, entre les divers types humains. Toute exploration de la durée effective du crépuscule d'après le temps, par
exemple, pendant lequel notre œil peut lire nettement certains
caractères typographiques, ou selon d'autres symptômes quelconques essentiellement subjectifs, ne saurait donc procurer
qu'une mesure vague et variable de l'abaissement crépusculaire, dont l'incertaine estimation doit ensuite affecter tous les
résultats numériques de la théorie générale des crépuscules. Si
la hauteur totale de l'atmosphère nous était réellement connue,
la définition de cet angle pourrait devenir vraiment objective,
de manière à comporter une rigoureuse appréciation, en plaçant la fin ou le début du crépuscule à l'instant, dès lors aisément assignable, où le soleil se lève ou se couche pour la plus
haute région atmosphérique.

Malgré l'inévitable incertitude que doivent ainsi présenter
les détails numériques de la théorie mathématique des crépuscules, l'ensemble de son application offre quelques importantes remarques sur les variations générales de la durée du
phénomène, d'abord selon les temps, ensuite suivant les lieux.

La déclinaison du soleil affectant évidemment le calcul journalier des crépuscules comme celui des levers, ses notables variations périodiques doivent déterminer, aux diverses époques de
l'année, des crépuscules très-inégalement prolongés. Il est aisé
de comprendre, par exemple, que, en une région quelconque,
la nuit ne sera pas complète, c'est-à-dire qu'il n'existera aucun
intervalle entre la fin d'un crépuscule et le commencement de
l'aurore suivante, tant que la somme de la latitude du lieu et
de la déclinaison du soleil reste au moins égale au complément
de l'abaissement crépusculaire, ou à 72°, suivant l'estimation
ordinaire : c'est ce qui arrive à Paris vers le solstice d'été ; un
simple coup d'œil jeté sur la figure 2 montre, en effet, que la
distance V′N du soleil à l'horizon à l'heure de minuit est toujours le complément, pendant le semestre boréal, de la somme
ainsi formée. Quant aux dates précises du plus long et du plus
court crépuscule, qui ont tant occupé les géomètres du dix-
septième siècle à titre d'intéressants exercices mathématiques,
elles n'offrent, au fond, aucun véritable intérêt scientifique.
Mais les variations fondamentales du phénomène selon les lieux
doivent naturellement être encore plus prononcées et surtout
plus importantes que celles relatives aux temps. Suivant la loi
évidente que nous venons de reconnaître, l'époque où le crépuscule se mêle directement à l'aurore doit se prolonger
d'autant plus que la latitude augmente davantage. Au pôle
même, où la distance du soleil à l'horizon est toujours égale à
sa déclinaison ; l'extrême durée du crépuscule constitue spontanément une inévitable compensation, d'ailleurs très-imparfaite, des inconvénients nécessairement propres au semestre
nocturne, pendant la majeure partie duquel l'horizon doit se
trouver ainsi éclairé indirectement : car, la déclinaison ne pouvant jamais dépasser 23° ½, y reste le plus souvent inférieure à
l'abaissement crépusculaire ; le crépuscule persiste alors pen-

dant cinquante jours de chacun des deux trimestres dont cette
sombre période y doit être composée.

  Suivant l'ingénieux aperçu de Lambert et de Lacaille, judicieusement reproduit, de nos jours, par M. Biot, l'exacte observation des phénomènes crépusculaires comportera toujours un
grand intérêt scientifique, comme fournissant le meilleur mode
de détermination de la hauteur totale de notre atmosphère, si
imparfaitement connue jusqu'ici. Outre la liaison naturelle,
ci-dessus indiquée, d'une telle évaluation avec la mesure directe
de l'abaissement crépusculaire, d'où résulterait, à cet égard, une
estimation trop vague ou trop incertaine, il convient ici de
caractériser, à ce sujet, la haute importance qu'offrirait l'exploration attentive, malheureusement si délicate, de la *courbe crépusculaire*, c'est-à-dire de la ligne mobile de démarcation où
finit, à chaque instant, la partie visible de l'atmosphère que le
soleil éclaire directement après son coucher ou avant son lever.
Quoique la portion ultérieure, éclairée par réverbération,
doive habituellement se distinguer peu nettement de l'autre, on
conçoit néanmoins qu'une inégalité naturelle de clarté, due à
la dégradation très-prononcée qui résulte toujours même d'une
première réflexion, puisse permettre à un œil exercé de saisir
convenablement une telle séparation sur un ciel suffisamment
calme et pur. Cela posé, cette courbe, résultée à chaque instant
de l'intersection circulaire de la sphère gazeuse par le cylindre
lumineux circonscrit au globe terrestre dans la position correspondante du soleil, doit journellement subir un mouvement
angulaire conforme et égal à celui de cet astre : se levant comme
un point, à l'orient, quand il se couche à l'occident, elle doit
d'abord monter graduellement sur notre horizon, avec une am-
plitude croissante, à mesure qu'il s'en éloigne lui-même. Son passage au méridien, accompagné de sa plus grande expansion,
coïncide nécessairement avec l'instant où le soleil cesse d'éclai-

rer directement la partie culminante de l'atmosphère : son coucher propre annonce que l'étendue totale de l'atmosphère visible commence à perdre toute lumière non réfléchie. L'exacte appréciation de l'heure correspondante à l'une quelconque de ces deux positions remarquables de l'arc crépusculaire, et surtout à la seconde, qui doit être mieux saisissable, constituerait donc un élément naturel de détermination pour la hauteur réelle des dernières couches atmosphériques, susceptibles d'une réflexion prononcée. Mais on a jusqu'ici très-peu suivi une exploration aussi difficile, qui exige un rare concours de circonstances favorables. La science actuelle ne possède presque, à cet égard, que deux observations incomplètes, accomplies par Lacaille, dans son précieux voyage astronomique au cap de Bonne-Espérance, en utilisant judicieusement certains calmes très-prononcés, propres à l'atmosphère des mers équatoriales. Une sage combinaison des documents trop peu nombreux, recueillis jusqu'ici à cet égard, contrôlée d'ailleurs par l'ensemble des indications diverses que peuvent fournir d'autres phénomènes, a conduit M. Biot à circonscrire entre quatre et cinq myriamètres la hauteur effective de notre atmosphère.

Outre la réfraction, principal objet de ce chapitre, et la réflexion que nous avons dû ensuite y apprécier sommairement, il convient enfin d'y signaler, encore plus brièvement, la troisième influence générale que l'atmosphère terrestre exerce nécessairement, par absorption, sur la lumière qui nous vient des astres.

Quelque transparent que puisse être un milieu, on sait qu'il n'en existe pas qui, sous une épaisseur suffisante, ne doive éteindre la majeure partie de la lumière qui le traverse : il n'y a de différence réelle, à cet égard, que dans la longueur du trajet propre à déterminer pour nous une complète obscurité. Si une simple accumulation de quelques mètres la produit avec le plus pur cristal, une épaisseur beaucoup plus grande est nécessaire pour cela envers l'eau, et l'air, le moins opaque de tous les milieux, doit exiger, à cet effet, encore plus d'étendue. Mais l'immense épaisseur de la masse aérienne que traverse la lumière des astres avant de nous parvenir doit, sous ce rapport, compenser amplement la transparence plus prononcée; en sorte que l'interposition de ce voile gazeux doit naturellement nous enlever toujours la très-majeure partie de la lumière émanée des astres. Cette influence constante est nécessairement assujettie à de grandes variations régulières suivant l'inégale obliquité du trajet; et l'ensemble de ces variations offre, par sa nature, une certaine analogie avec la marche des réfractions. L'absorption, comme la réfraction, doit sans cesse augmenter depuis le zénith jusqu'à l'horizon; quoique la vraie loi de cet accroissement soit encore inconnue, Euler a supposé que l'absorption est quarante ou cinquante fois plus grande dans le sens horizontal que dans le sens vertical. Sans attacher aucune importance scientifique à cette appréciation numérique, dont toutes les bases essentielles nous manquent, il suffit de remarquer combien cet aperçu général est conforme à l'expérience journalière, qui nous fait sentir si vivement l'extrême inégalité d'éclat que présentent les astres, surtout la lune et encore plus le soleil, depuis leur lever jusqu'à leur passage au méridien.

Cette inégalité nécessaire a fourni à Euler le principe d'une ingénieuse tentative d'explication d'un phénomène très-fréquent, depuis longtemps signalé à l'attention philosophique, mais qui n'a pu être jusqu'ici ramené à aucune théorie vraiment satisfaisante. Il s'agit de la singulière aberration optique qui nous fait invinciblement juger le soleil et la lune plus grands à l'horizon qu'au zénith, sans que leur diamètre apparent éprouve réellement aucune variation sensible. Euler a victorieusement réfuté la première explication plausible qui ait été imaginée pour cette tendance, que Mallebranche avait rattachée à une exagération involontaire de la distance horizontale , résultée de l'interposition des objets intermédiaires, qui cesse naturelle- ment à une grande hauteur. Mais , après cette facile critique, le grand géomètre n'a pas été aussi heureux en remplaçant cette prétendue source d'illusion sur la distance par l'influence équi- valente d'une incontestable inégalité d'éclat. Pour prouver notre tendance à juger l'astre plus éloigné quand il est moins brillant , il rappelle surtout l'artifice usité chez les peintres, qui rendent plus ternes les objets qu'ils veulent faire paraître plus lointains.. Cette comparaison est elle-même très-propre à signaler l'insuf- fisance radicale d'une telle explication , puisqu'il existe, entre les deux cas ainsi assimilés, cette différence essentielle, entière- ment inaperçue ou négligée par Euler, que, dans le second, il s'agit du contraste effectif de deux sensations actuelles, tandis que, dans le premier, la sensation présente se trouve opposée au simple souvenir du spectacle antérieur ; quoique le temps écoulé ne soit pas très-considérable, il doit certainement influer beau- coup, en l'un ou l'autre sens, sur le résultat du parallèle (1). Au reste, outre ce vice évident , l'explication d'Euler pèche, comme celle de Mallebranche , par leur principe commun , notre pré- tendue tendance à juger plus grand ce que nous estimons plus lointain , en vertu de l'un de ces raisonnements imperceptibles dont les métaphysiciens ont tant abusé pour la théorie générale des sensations, même externes, si mal étudiée jusqu'ici, à tous égards. Quand l'appréciation positive de cet ordre de questions sera enfin convenablement instituée sous l'ascendant systéma-

---

(1) Cette objection décisive m'a été exposée , avec autant de netteté que de sagacité, dans une lettre fort remarquable que m'écrivit, à ce sujet, il y a dix ans, un judicieux ouvrier imprimeur, auditeur assidu de mon cours public d'astronomie : je regrette d'avoir ignoré son nom, que je me plairais à citer ici.

tique de la saine philosophie, on y reconnaîtra d'ailleurs la
nécessité logique de mieux éclairer de telles recherches en leur
attribuant toute leur extension normale aux divers états de
l'organisme humain, et même aux différents degrés d'organisation animale, par l'usage rationnel de la méthode comparative
dont tous les biologistes proclament aujourd'hui le besoin envers
les moindres phénomènes vitaux, et qui ne se trouve encore
écartée des plus hautes spéculations physiologiques que par la
désastreuse prolongation d'un vain régime métaphysique. Si,
par exemple, on recueillait sur l'illusion ci-dessus considérée,
l'opinion effective des animaux le plus rapprochés de l'homme,
ce qui peut être ne serait pas impraticable, on dissiperait ainsi
toute incertitude essentielle, quant à la participation inaperçue
du raisonnement proprement dit.

CHAPITRE III.

Théorie générale des parallaxes proprement dites.
Complément général des moyens fondamentaux d'observation astronomique, par
la formation et l'usage des catalogues d'étoiles.

Parmi les corrections fondamentales que la position de l'observateur, abstraction faite de ses mouvements, impose inévitablement aux diverses observations astronomiques, nous
venons d'apprécier la seule qui soit réellement commune à
tous les astres quelconques, envers lesquels elle exige uniformément la même rectification pour une égale hauteur. Il nous
reste maintenant à considérer une modification qui, par sa
nature, varie, au contraire, d'un astre à un autre, et qui, quoique bornée nécessairement aux astres intérieurs, n'est pas
moins indispensable au fond que la précédente, puisqu'ils

constituent, en effet, l'objet exclusif de l'Astronomie positive, suivant un principe philosophique déjà posé au début de ce traité, et que le cours entier de notre étude confirmera de plus en plus. Cette seconde rectification élémentaire résulte de ce que l'observateur n'est jamais placé au centre véritable des mouvements apparents, c'est-à-dire au centre de la terre, où doivent être toujours rapportées les observations accomplies sur les divers points de sa surface, afin de les rendre suffisamment comparables ; sans cette constante préparation, on ne pourrait jamais faire exactement concourir, à une même conclusion astronomique, les opérations analogues des différents observatoires. Une telle réduction est justement assimilable à celle qu'exigent habituellement les travaux géodésiques ou topographiques, sous le nom de *réduction au centre de la station*, quand on n'a pas pu se placer strictement au point de vue qui convient à l'ensemble des déterminations.

Cette nouvelle correction, que l'on appelle la *parallaxe*, doit, comme la réfraction, affecter immédiatement la distance au zénith. La réaction géométrique qu'elle exerce ensuite sur presque tous les autres éléments astronomiques, soit angulaires, soit même horaires, ne doit pas davantage nous occuper que dans le premier cas, où nous l'avons reconnue dépendre des formules fondamentales relatives à la loi du mouvement diurne. Ainsi réduite à l'effet principal, la question consiste donc à remplacer la distance zénithale ASZ (fig. 6), observée à la surface de la terre, pour un astre donné A, par celle ACZ que verrait un observateur idéal placé au centre de notre globe.

Il est d'abord évident, d'après ce seul énoncé, que l'effet de la parallaxe s'opère toujours, comme celui de la réfraction, dans le même plan vertical ; en sorte que les azimuths proprement dits restent également inaltérables sous l'un et l'autre aspect : ce sont les seules quantités astronomiques qui n'exigent, à ce double titre, aucune rectification. En second lieu, la parallaxe agit en sens inverse de la réfraction ; tandis que celle-ci élève les astres, celle-là les abaisse : car, l'angle ACZ est visiblement moindre que l'angle ASZ, et leur différence est toujours mesurée, suivant le grand théorème géométrique de Thalès, par l'angle SAC sous lequel on verrait, de l'astre, le rayon terrestre de l'observateur. Quoique ces deux corrections opposées ne suivent pas d'ailleurs la même marche numérique, en sorte qu'il ne peut exister entre elles, envers aucun astre, aucune compensation durable, il n'est pas inutile de remarquer que leur antagonisme a dû contribuer à dissimuler aux anciens la nécessité d'avoir égard à chacune d'elles. Enfin, il est sensible que la parallaxe est, comme la réfraction, rigoureusement nulle au zénith, seule direction où il soit strictement indifférent d'observer de la surface ou du centre : à mesure qu'on s'éloigne du zénith, la parallaxe augmente avec la réfraction, et atteint son maximum à l'horizon ; puisque, dans le triangle CAS, où deux côtés sont fixes, l'angle A devient le plus grand possible quand l'angle S est devenu droit. Mais là se borne la ressemblance générale entre les modes respectifs de variation de la réfraction et de la parallaxe, dont les lois numériques diffèrent extrêmement.

Au lieu de cette profonde complication logique de hautes recherches physiques avec de difficiles combinaisons mathématiques, qui réduira toujours l'étude réelle des réfractions astronomiques à devoir rester essentiellement expérimentale, le problème des parallaxes présente, au contraire, une grande simplicité géométrique, qui comporte une solution rationnelle pleinement satisfaisante, où la seule difficulté grave consiste à bien déterminer les données spéciales de chaque cas. En effet, le principe fondamental de la trigonométrie indique aussitôt une constante proportionnalité entre le sinus de la parallaxe cherchée CAS , et celui de la distance zénithale observée ASZ , puisque le côté SC est rigoureusement invariable , et que le côté AC peut toujours être jugé sensiblement tel pendant tout le cours d'une seule révolution diurne , ce qui suffit au calcul usuel des parallaxes. Le rapport fixe de ces deux côtés constitue donc la seule donnée spécifique qui , dans ces formules , doive distinguer les différents astres: il détermine directement la valeur propre de la parallaxe horizontale CA'S , par laquelle on se borne justement à caractériser chaque cas , puisque , de cette principale parallaxe, il est aisé de déduire mathématiquement toutes celles que le même astre doit successivement offrir dans ses diverses hauteurs horaires.

On a, depuis longtemps , reconnu que la parallaxe est complétement insensible envers tous les astres extérieurs à notre monde ; en sorte que, à leur égard , il est réellement indifférent de supposer le spectateur placé au centre de la terre , ou en un point quelconque de sa surface : cette conclusion générale se trouvera puissamment fortifiée au chapitre suivant, quand nous reconnaîtrons qu'une correction de même nature , mais vingt-quatre mille fois plus grande, reste jusqu'ici totalement inappréciable , quoique l'erreur des mesures angulaires n'excède pas une seconde. Tous les astres intérieurs, au contraire , sans excepter les plus lointains, doivent habituellement subir une telle correction , pour toute détermination exacte : elle offre d'ailleurs entre eux , par suite de l'extrême diversité de leurs distances à la terre , des différences très-prononcées , depuis l'énorme parallaxe moyenne , d'environ un degré, qui convient à la lune, jusqu'à la minime parallaxe d'Uranus, toujours un peu inférieure à une demi-seconde.

La vraie difficulté du problème des parallaxes étant ainsi réduite mathématiquement à déterminer, pour chaque astre, la valeur propre de sa parallaxe horizontale , le seul mode à la

fois pleinement général et suffisamment précis consiste à rattacher cette question, suivant l'appréciation rationnelle ci-dessus
indiquée, à la mesure fondamentale des distances des astres à
la terre, qui sera le sujet spécial du chapitre suivant : cette
relation naturelle fait déjà sentir l'intime solidarité mutuelle
des diverses parties essentielles de la science céleste. On conçoit d'ailleurs que l'étude des parallaxes, qui doit sembler
purement préalable, se rattache même ainsi à l'exacte connaissance des mouvements célestes, afin d'estimer les changements
que doit éprouver chaque parallaxe horizontale, d'après les
variations nécessaires que subit, aux diverses époques du
mouvement propre, la distance du centre de la terre à l'astre
considéré. Quoique la lune circule réellement autour de la
terre, sa parallaxe varie néanmoins de 54 à 61 minutes environ : les variations doivent être proportionnellement bien plus
considérables envers les astres dont la terre ne constitue pas le
centre de mouvement. Au reste, quoique le rayon terrestre,
l'autre terme du rapport qui mesure la parallaxe horizontale,
ne soit pas, sans doute, strictement identique pour tous les
observateurs, le faible défaut de sphéricité de notre globe
n'exige pas qu'on y ait réellement égard dans le calcul usuel
des parallaxes, où il faut éviter de compliquer les formules
par aucune puérile affectation d'une précision illusoire ou
superflue.

Outre ce mode rationnel, seul pleinement satisfaisant, d'évaluer la parallaxe horizontale, il faut apprécier ici le procédé
indirect par lequel on peut aussi la déterminer, avec une certaine précision, du moins quand elle est un peu considérable,
sans connaître préalablement la distance de l'astre à la terre.
Il suffit, pour cela, de suivre la même marche qui, au chapitre précédent, a servi de base à l'étude expérimentale des
réfractions. Ainsi, on commencera par observer la hauteur

méridienne de l'astre proposé quand il passe presque au zénith, afin de pouvoir évaluer sa déclinaison actuelle, abstraction faite des erreurs dues à la parallaxe. Seulement, cette condition préliminaire pourra souvent exiger que l'observateur se déplace, en se transportant aux lieux, alors déterminés, où elle peut être suffisamment remplie. Cela posé, le calcul ordinaire du mouvement diurne, naturellement rapporté au centre de la terre, permettra de prévoir, à une heure donnée, la distance zénithale de l'astre quand il est notablement éloigné du méridien, en évitant toutefois sa trop grande proximité de l'horizon, vu l'incertitude des réfractions. Dès lors, l'exacte confrontation de cette distance calculée à la même distance observée déterminera nécessairement la parallaxe correspondante à cette hauteur, et par suite aussi la parallaxe horizontale, pourvu que la seconde distance zénithale ait d'abord été bien corrigée de la réfraction, qui concourt avec la parallaxe au règlement effectif de la différence constatée. N'ayant ici à découvrir qu'une seule constante, l'opération comportera spontanément de nombreuses vérifications, même sans changer de lieu, ni d'époque, en observant successivement l'astre à diverses hauteurs, entre les limites convenables, assez loin du zénith pour que la parallaxe devienne bien sensible, et en même temps de l'horizon pour que la réfraction soit moins prononcée et surtout mieux connue. L'esprit de cette méthode montre clairement que l'inévitable incertitude laissée par nos tables de réfraction y doit habituellement exercer une influence trop considérable. Aussi ne peut-on l'appliquer utilement qu'à de fortes parallaxes, et presque au seul cas de la lune, où l'on peut ainsi obtenir une précision satisfaisante, quoique inférieure, même alors, à celle qui résulterait d'une étude directe de la distance : envers Uranus, par exemple, ce procédé deviendrait totalement illusoire, ou du moins il ne pourrait indiquer qu'une vague limite supérieure de la parallaxe cherchée, puisque celle-ci se trouverait, en ce cas, moindre que l'erreur nécessairement inhérente à une telle comparaison.

Les astres assez gros ou assez rapprochés pour nous offrir un diamètre apparent très-considérable comportent, à cet égard, un autre mode d'appréciation expérimentale, fondé sur la confrontation des mesures successives de ce diamètre à diverses hauteurs données. En effet, pendant le mouvement diurne de l'astre autour du centre de la terre, les diverses valeurs SAC, SA″C, de la parallaxe se lient nécessairement au changement des distances AS, A″S à l'observateur, qui constituent le seul côté variable du triangle parallactique ACS. Or ces dernières variations se trouvent spontanément appréciées d'après celles du diamètre apparent, toujours inversement proportionnel à cette distance. Par la comparaison trigonométrique des deux triangles ACS, A″CS, une exacte mesure des diamètres apparents propres aux deux hauteurs connues permettra donc d'apprécier le rapport des deux côtés constants CS et AS ou A″S, c'est-à-dire, la parallaxe horizontale. Mais l'incertitude inhérente à nos tables de réfraction exercerait ainsi ordinairement encore plus d'influence que dans le mode précédent, vu l'extrême petitesse habituelle du diamètre apparent, dont les variations servent alors de base à l'ensemble de l'opération : aussi cette seconde manière d'éviter l'étude directe des distances n'est-elle essentiellement admissible qu'envers le soleil et la lune, qui nous offrent un diamètre d'environ un demi-degré.

La théorie des parallaxes et celle des réfractions constituent, dans leur ensemble, la préparation élémentaire que nous devons faire subir à toutes nos observations astronomiques pour les dépouiller, autant que possible, de tout ce qu'elles renferment d'abord de nécessairement subjectif, afin de parvenir, envers les corps célestes, à des notions vraiment objectives, où l'homme n'intervient que comme simple explorateur de phénomènes indépendants de lui, et sur lesquels ses propres conditions d'existence n'exercent plus aucune perturbation apparente. Mais nous n'avons ainsi considéré que les seules influences inhérentes aux conditions statiques de l'observateur, obligé de contempler les corps extérieurs à travers un voile gazeux et dans une position excentrique. Une autre classe de corrections subjectives, résultées des divers mouvements généraux de l'observatoire terrestre, devra compléter ensuite cette indispensable épuration, à mesure que ces mouvements viendront à nous être connus. Il y a d'autant moins d'inconvénients à ne pas nous en occuper encore, que ces rectifications dynamiques sont, en général, beaucoup moins considérables que les modifications statiques dont nous venons d'achever l'appréciation fondamentale, et qui, par leur nature, pouvaient être logiquement étudiées sans anticiper sur l'ordre nécessaire de nos explications ultérieures.

Collectivement envisagée, cette double élaboration rend désormais irrécusable la remarque générale de l'avant-dernier chapitre sur l'intime solidarité qui existe spontanément, en astronomie, entre le progrès de l'exploration matérielle et le développement des théories de correction : des instruments trop grossiers dissimulent l'influence de la réfraction et de la parallaxe; en sens inverse, le perfectionnement des mesures angulaires et horaires reste impossible, ou du moins illusoire, tant que ces deux perturbations laissent subsister une incertitude équivalente à celle que l'on veut ainsi éviter. Le sentiment profond d'une telle connexité nécessaire, essentiellement propre à la science astronomique, doit faire historiquement apprécier l'importance et la difficulté des efforts, d'ailleurs purement préliminaires, qui ont enfin rompu cette sorte de cercle vicieux, si longtemps contraire à tout essor des déterminations précises, qui constituent maintenant l'un des principaux caractères de cette première partie de la philosophie naturelle.

En considérant, encore plus profondément, cette relation fondamentale, on en peut tirer une éclatante confirmation d'un précieux précepte philosophique sur la nécessité logique de n'aspirer que graduellement, même dans les plus simples études inorganiques, à toute la précision convenable, en appréciant d'abord les phénomènes sous un aspect général, abstraction faite des irrégularités secondaires, dont l'appréciation successive s'accomplit ensuite, en temps opportun, sans altérer aucunement les lois primitives, à l'établissement desquelles leur examen prématuré eût apporté nécessairement un obstacle insurmontable. Car, on peut assurer hautement que, si l'exploration astronomique eût pu être, dès l'origine, aussi précise qu'elle l'est devenue depuis un siècle, elle aurait radicalement entravé le développement de la science, bien loin de le favoriser : on eût même été conduit ainsi à méconnaître la loi élémentaire du mouvement diurne, première base indispensable de toute l'astronomie ; puisque, tant qu'on ignore l'influence des réfractions, ce mouvement ne saurait sembler sphérique et uniforme au spectateur qui le mesurerait avec des instruments trop parfaits.

Dans l'évidente impossibilité d'expliquer alors ces irrégularités apparentes ou subjectives, il eût été, par conséquent, indispensable de les négliger d'abord, quand même elles auraient pu être aperçues : mais comme l'enfance de l'esprit humain ne comportait guère une telle sagesse logique, si rare encore aujourd'hui, il a été bien préférable que leur manifestation évidente se soit trouvée spontanément retardée jusqu'au temps où l'on a pu en rattacher l'appréciation à la loi objective primitivement résultée de leur ignorance. Si donc, d'une part, l'imperfection des moyens matériels d'observation était véritable ment liée, chez les astronomes de l'antiquité, à celle de leurs connaissances théoriques, on voit aussi, d'une autre part, que cette harmonie se trouvait alors, en général, spontanément conforme aux vraies conditions fondamentales du progrès scientifique. La précision a commencé habituellement, en astronomie, vers l'époque où, en effet, elle devenait convenable ; son introduction prématurée eût été presque aussi funeste qu'impraticable. Il importe beaucoup, à tous égards, de s'affranchir désormais, sous les lumineuses inspirations de la vraie philosophie, d'une vaine appréciation historique, trop commune chez les savants actuels, que leur tendance empirique dispose à déplorer aveuglément, sans aucune saine distinction d'époques, l'absence primitive des moyens d'observation précise propres à la science moderne, tandis que, au contraire, leur usage initial eût radicalement empêché l'essor positif de l'esprit humain.

Pour compléter enfin notre institution fondamentale de l'exploration astronomique, il reste seulement à caractériser ici le précieux supplément général que fournit habituellement, à l'ensemble des mesures angulaires et horaires, l'exacte formation et le judicieux usage de ces *catalogues d'étoiles*, où se trouvent soigneusement déterminées les positions sphériques des astres nombreux que nous offre l'aspect journalier du ciel.

Cet ordre de notions est presque toujours mal apprécié aujourd'hui, par suite de la tendance du vulgaire des savants à faire consister la science dans une simple accumulation de faits bien observés. Sous cet aspect, en effet, un catalogue d'étoiles ne constitue pas seulement un pur procédé d'exploration astronomique, mais aussi et surtout une classe directe de notions scientifiques, première base de l'astronomie sidérale. Aux yeux de ceux qui, au contraire, érigent la découverte des lois en seul objet permanent de la véritable science, pour laquelle les faits

proprement dits ne peuvent fournir que d'indispensables matériaux, il n'existe réellement aucune astronomie sidérale, et nous
reconnaîtrons de plus en plus qu'elle ne saurait jamais exister.
Dès lors, nous devons envisager les catalogues d'étoiles, non
sous l'aspect vraiment scientifique, mais sous le simple point de
vue logique, comme un moyen précieux de faciliter l'observation
des astres intérieurs à notre monde, unique objet essentiel des
saines spéculations astronomiques. La fixité fondamentale que
nous offrent les astres extérieurs, par une suite nécessaire de
notre immense éloignement, les rend éminemment propres à
constituer, pour nos yeux, le fond du tableau résulté du spectacle des divers mouvements intérieurs dont nous voulons découvrir les lois. Ainsi, l'ensemble des étoiles ne comporte réellement, en astronomie, d'autre office habituel que de caractériser
commodément les positions successives des planètes, d'après les
directions connues des étoiles vis-à-vis desquelles leurs mouvements propres les transportent successivement.

En écartant toute idée de distance linéaire, le catalogue détermine la position sphérique de chaque étoile par la combinaison de deux données angulaires essentiellement analogues
à nos coordonnées géographiques, puisqu'elles sont également
rapportées au plan de l'équateur céleste ou terrestre. La première, qualifiée de *déclinaison*, correspond exactement à la
latitude terrestre : elle mesure l'inclinaison sur ce plan du
rayon mené du centre de la terre ou du ciel à l'étoile proposée,
ou, en d'autres termes, sa distance sphérique à l'équateur.
Quant à la seconde, qui a reçu le nom bizarre *d'ascension
droite*, qu'un long usage peut seul excuser, elle représente la
longitude géographique, en indiquant l'angle du cercle horaire
correspondant à l'astre avec tout autre plan fixe passant par
l'axe du monde, et qu'on est convenu de mener toujours par
la ligne d'intersection de l'équateur avec l'écliptique. L'en-

semble de ces deux angles ou arcs détermine évidemment chaque direction céleste, de la même manière que leurs analogues géographiques caractérisent les positions terrestres, pourvu qu'on ajoute, en l'un et l'autre cas, le sens ou le signe de la coordonnée employée.

Ce système habituel de coordonnées angulaires est souvent remplacé, surtout envers les planètes, par un autre mode, entièrement semblable au précédent, dont il diffère seulement par la substitution continue de l'écliptique à l'équateur. Un vicieux usage a conduit les astronomes à appliquer à ce dernier procédé les dénominations, de *latitude* et *longitude*, qui, d'après leur acception géographique, se rapporteraient beaucoup mieux au premier. Quoi qu'il en soit, il faut reconnaître que ce nouveau couple convient davantage aux calculs astronomiques, et le précédent aux observations. Or il est facile de passer mathématiquement de l'un à l'autre, puisqu'ils appartiennent à deux triangles sphériques rectangles ayant pour hypoténuse commune l'arc mené de l'astre à l'origine identique des ascensions droites et des longitudes, et dont deux angles obliques diffèrent entre eux de l'inclinaison bien connue de l'écliptique sur l'équateur.

L'exploration directe détermine aisément l'ascension droite et la déclinaison de chaque astre, d'après une soigneuse appréciation de son seul passage au méridien, considéré sous le double aspect horaire et angulaire. Car, le temps entre les passages successifs de deux étoiles mesure aussitôt, suivant le taux ordinaire du mouvement diurne, la différence de leurs ascensions droites, qui, à ce titre, sont presqu'aussi souvent exprimées en heures qu'en degrés. Quant à la déclinaison, elle est facile à déduire de la hauteur méridienne, en retranchant ou ajoutant son complément à la distance locale du pôle au zénith, suivant que le passage au méridien s'opère au nord ou

au sud du zénith. Cette double détermination pourrait également résulter d'une équivalente observation de toute autre
position de l'astre; mais la situation méridienne est, en général,
très-préférable, soit comme évitant un calcul pénible, soit
surtout pour laisser moins d'influence à l'inévitable incertitude
des réfractions. Ainsi conçue, la construction d'un catalogue
d'étoiles n'exige donc qu'un usage convenable des principaux
instruments astronomiques, la lunette méridienne combinée
avec l'horloge sidérale, et ensuite le cercle répétiteur vertical.
Nous devons d'ailleurs supposer ici une rigoureuse fixité aux
deux coordonnées sphériques de chaque étoile, que nous reconnaîtrons ensuite assujetties à certaines variations régulières,
ou très-lentes ou fort petites, qui, au reste, ne tiennent à
aucun vrai mouvement objectif de l'astre, mais à la simple
mobilité subjective de l'observatoire terrestre.

Cette double détermination géométrique constitue réellement
la seule partie essentielle de tout catalogue d'étoiles, puisqu'elle fournit aussitôt le vrai signalement précis de chaque
astre considéré, dont la direction actuelle peut ainsi être toujours retrouvée avec certitude, d'après la loi fondamentale du
mouvement diurne. Aussi les astronomes n'attachent-ils plus
aucune sérieuse importance aux indications accessoires de ces
recueils sur les noms ou les notations des étoiles, et sur leur
groupement en constellations. Ils ont laissé établir, à cet égard,
sans aucun grave danger scientifique, des usages presque arbitraires, dont la fixité constitue maintenant la principale valeur
réelle, quoiqu'ils nous offrent encore tant de traces évidentes
de la première enfance théologique des études astronomiques.
Si ces considérations secondaires comportaient réellement l'importance exagérée qu'y attachent trop souvent les esprits su-
perficiels, il serait assurément facile de les assujettir à des
conventions judicieusement systématiques, destinées à secon-

der l'usage continu du catalogue, en permettant de mieux retrouver sur le ciel la position de chaque étoile, puisqu'il suffirait, réciproquement, de rattacher convenablement aux situations les noms et les classements employés. Cette double réforme offrirait certainement beaucoup moins d'embarras que celle de la nomenclature chimique ; mais aussi est-elle fort loin de présenter la même utilité. Sans insister, à cet égard, sur aucune anticipation puérile des innovations qui pourront un jour s'introduire spontanément, il convient seulement de signaler ici une expression vicieuse, qu'il serait aisé de remplacer, et qui tend trop souvent à suggérer des idées radicalement fausses. Il s'agit de l'ordre de *grandeur* par lequel on a coutume de distinguer les étoiles suivant qu'elles sont plus ou moins brillantes, depuis les cinq ou six premières classes, toujours visibles à l'œil nu, jusqu'aux douzième et treizième, que permettent seuls d'apercevoir les plus puissants télescopes. Outre le vague peu dangereux d'une telle classification, il faut surtout rectifier la notion erronée qu'indique naturellement cette mauvaise dénomination, d'après laquelle on semblerait ranger les diverses étoiles suivant leurs dimensions décroissantes, prétention radicalement contraire, comme nous le reconnaîtrons bientôt, à notre ignorance fondamentale sur leurs distances respectives. Cet usage constitue réellement un reste inaperçu de l'antique philosophie astronomique, où, tous ces astres étant effectivement supposés à la même distance, les plus brillants seraient naturellement les plus grands, tandis que le contraire arrive peut-être fort souvent, si la moindre grosseur est suffisamment compensée par plus de proximité, ce qui doit rester toujours indécis. La substitution facile du mot *éclat* aurait le précieux avantage logique d'offrir un fidèle énoncé du fait, sans indiquer aucune vaine prétention scientifique.

D'après leur destination essentielle, les catalogues d'étoiles doivent, pour mieux remplir leur office, contenir le plus d'astres possible, et situés dans toutes les régions célestes, afin d'offrir partout et toujours des termes de comparaison aux explorations planétaires. C'est pourquoi ces recueils, si peu étendus chez leur premier auteur, Hipparque, ont dû successivement devenir très-volumineux, au point de comprendre aujourd'hui plus de cent mille étoiles, quoique le ciel austral soit encore peu exploré. Les astronomes modernes se sont mis, à cet égard, à l'abri de tout reproche, en contractant la louable habitude d'y insérer tous les astres quelconques qu'ils peuvent convenablement observer.

TROISIÈME PARTIE.

GÉOMÉTRIE CÉLESTE.

Après avoir suffisamment caractérisé l'institution fondamentale d'une exacte exploration astronomique, nous devons maintenant procéder à l'appréciation directe de la principale partie de la science céleste, relative à l'étude méthodique des phénomènes géométriques des astres, envisagée dans l'état de perfection qu'elle a atteint depuis environ un siècle. Cette étude se décompose rationnellement en deux ordres de questions, bien distincts quoique solidaires, dont la diverse nature est régulièrement indiquée par les qualifications respectives de *statique* et *dynamique*, pourvu qu'on prenne ces deux termes importants dans l'entière acception philosophique qui commence aujourd'hui à devenir familière aux esprits judicieusement systématiques, sans se borner à leur usage spécial en mécanique. D'une part, en effet, on considère seulement les recherches géométriques relatives à l'astre supposé immobile ; tandis que, de l'autre, on procède directement à l'appréciation géométrique de ses mouvements. Malgré l'intime connexité, à la fois dogmatique et historique, que nous reconnaîtrons entre ces deux sortes de problèmes astronomiques, une exposition vraiment méthodique doit placer l'étude statique avant l'étude dynamique, comme étant d'une nature plus simple et même plus générale : l'une constitue le premier fondement de la géométrie céleste, et l'autre son objet final, puisque seule elle se rapporte immédiatement au but essentiel des spéculations astronomiques, l'exacte prévision de l'état du ciel à une époque donnée, que la première se borne à préparer. Si les anciens ont presqu'entièrement ignoré celle ci, tandis qu'ils ont au moins ébauché celle-là , l'imperfection nécessaire de leurs moyens d'observation explique suffisamment cette sorte d'inversion de l'ordre naturel , sans que cette marche provisoire doive susciter aucun doute légitime sur la rationalité propre de notre mode définitif d'exposition, résulté ici d'une application plus spéciale des mêmes principes généraux qui, à la fin du discours préliminaire, nous ont fourni la vraie classification encyclopédique des diverses sciences fondamentales.

La partie statique de la géométrie céleste comprend, par sa nature , deux sortes de questions, suivant que les astres y sont considérés quant à leurs distances ou quant à leurs figures et leurs dimensions, seuls aspects auxquels se réduirait leur étude réelle, si on les supposait immobiles. Il est évident que la détermination des distances doit précéder celle des grandeurs , qui en dépend nécessairement.

CHAPITRE PREMIER.

Détermination fondamentale des distances mutuelles des astres intérieurs : appréciation des limites nécessaires d'un tel ordre de recherches.

Dans cette grande étude, à la fois la plus simple et la plus fondamentale de toutes celles que peut offrir la géométrie céleste, on peut d'abord réduire la difficulté générale à déterminer les distances des astres à la terre : car, deux quelconques de ces lignes étant une fois connues, l'angle toujours mesurable qu'elles forment entre elles permettra évidemment d'en déduire, suivant les lois trigonométriques, la distance mutuelle des astres correspondants. Cela posé, pour bien apprécier l'esprit nécessaire d'une telle recherche, il faut préalablement rappeler la nature élémentaire du procédé uniforme imaginé, dès l'origine de la science géométrique, envers toute distance inaccessible, et qui seul peut convenir aux distances célestes, quoiqu'il n'ait longtemps été appliqué qu'aux distances terrestres, les deux cas ne devant réellement différer que par les diversités essentielles qui résultent de l'extrême inégalité des deux sortes de longueurs.

L'inspection directe d'un objet lointain ne peut immédiatement déterminer que sa direction, sans jamais pouvoir fournir aucune idée juste de sa distance, aussitôt que son éloignement et sa grosseur dépassent beaucoup les limites ordinaires de notre expérience complète. Cette distance ne devient réellement appréciable qne par la comparaison géométrique des directions différentes suivant lesquelles le même corps est aperçu de deux stations distinctes, dont l'écartement est d'abord bien connu. Successivement observé des deux points A et B (*fig.* 7), l'objet inaccessible C y est vu sous deux angles inégaux CAD, CBD, qui diffèrent entre eux de l'angle C, sous lequel, de ce corps, on verrait la base AB. Une telle différence dépend également, mais en sens inverse, de deux conditions, l'une objective et par suite immodifiable, l'autre subjective et dès lors plus ou moins facultative, qui concernent, d'une part, l'éloignement de l'objet, et, d'une autre part, l'écartement des deux stations. Le seul accroissement du premier tend évidemment à diminuer cette différence, et celui du second à l'augmenter, suivant des lois que la géométrie assigne exactement. Après avoir mesuré les deux angles, on peut donc en déduire la longueur de la première ligne, si d'abord on connaît bien la seconde, puisque l'effet observé ne dépend que de ces deux éléments. Toute la difficulté propre à chaque cas consiste essentiellement à écarter assez les deux stations pour que la diversité des directions y puisse devenir appréciable. Envers les objets terrestres, cette condition est toujours strictement possible à remplir, puisque la base est alors du même ordre de grandeur que la distance cherchée ; en sorte que, sans qu'il soit nécessaire de rendre la première presque égale à la seconde, on a la faculté de l'augmenter de manière à obtenir une considérable diversité de directions. Mais il n'en est plus ainsi relativement aux corps célestes, à l'égard desquels l'écartement de nos stations comparatives se trouve spontanément limité par l'insurmontable nécessité qui circonscrit nos excursions dans l'étendue de notre propre planète, dont les dimensions peuvent être insuffisantes pour obtenir, en beaucoup de cas, aucune comparaison décisive. Tel est le principe naturel des difficultés inhérentes à la détermination des distances célestes, et, par suite, de la restriction nécessaire de nos connaissances réelles à cet égard.

Pour en mesurer convenablement l'exigence, il faut remarquer que l'angle C ne pouvant être connu que par la différence des deux angles CAD et CBD, seuls immédiatement assignables, l'erreur qu'il comporte peut devenir égale, dans l'hypothèse la plus défavorable, où il faut toujours se placer ici, à la somme de celles dont ceux-ci sont séparément affectés. Si donc les observations angulaires se font à une seconde près, suivant la pratique habituelle des astronomes de notre siècle, l'angle C ne pourra être connu qu'avec une incertitude de deux secondes, qui, devant être estimée proportionnellement, exercera, sur l'ensemble de l'opération mathématique, une influence d'autant plus considérable que l'astre se trouvera plus lointain. Quand cet angle C ne sera que de huit ou dix secondes, son appréciation sera ainsi très-imparfaite ; et lorsque sa valeur deviendra inférieure à deux secondes, on ne la connaîtra nullement, si ce n'est par une vague limite supérieure, commune à tous les cas de ce genre. On conçoit par là combien le progrès de l'astronomie a dû dépendre du perfectionnement des observations

16

angulaires, dont la grossièreté primitive interdisait aux anciens toute vraie détermination des distances célestes, en laissant subsister, dans leurs mesures, même pour les cas les moins défavorables, une erreur plus grande que l'angle cherché. Malgré l'extrême précision de l'exploration moderne, il s'en faut de beaucoup que nos bases terrestres puissent directement suffire envers la plupart de nos astres intérieurs. Nous devons donc surtout caractériser ici les artifices scientifiques que les astronomes ont successivement introduit pour surmonter convenablement cette difficulté fondamentale, dont l'extrême appréciation nous conduira ensuite à déterminer les limites nécessaires d'une telle étude.

Il faut, à cet effet, y distinguer trois cas essentiels, suivant qu'il s'agit d'astres plus rapprochés de nous que le soleil, ou du soleil lui-même, ou enfin d'astres encore plus éloignés, sans toutefois cesser d'appartenir à notre monde proprement dit.

Envers le premier cas, c'est-à-dire pour la lune surtout, et ensuite pour Vénus, Mars, et même Mercure, lors de leur plus grande proximité de la terre, la précision actuelle des observations astronomiques permet toujours, quoique d'une manière inégalement satisfaisante, l'application directe du procédé géométrique, dans toute sa simplicité fondamentale. Il n'y a là d'autre difficulté essentielle que celle résultée de l'évidente impossibilité de mesurer immédiatement les deux angles à la base, dont les sommets trop écartés ne sauraient être visibles l'un de l'autre : le même motif empêche également la mesure pratique de la base. Mais ces deux sortes de données peuvent alors être indirectement déduites d'observations simultanées accomplies dans les deux stations, en ayant convenablement égard aux coordonnées géographiques des lieux choisis. Quand on voulut, par exemple, déterminer avec soin, il y a environ un siècle, la distance de la lune à la terre, Lacaille et Lalande se transportèrent respectivement, en A et B (*fig.* 8) , l'un au cap de Bonne-Espérance, l'autre à Berlin, pour y mesurer à la fois les distances, LAZ′ et LAZ, de cet astre aux zéniths des deux observatoires, à l'instant du milieu d'une éclipse remarquable, ou suivant tout autre signal propre à garantir la stricte simultanéité des deux observations. Cela posé, un calcul préalable, fondé sur les latitudes et longitudes des deux stations , ayant d'abord permis de connaître exactement les angles BAC et ABC, ainsi que la base AB, du moins comparativement au rayon de la terre, les deux angles à la base, LAB et LBA, devenaient géométriquement appréciables : leur évaluation serait surtout facile, si les deux stations se trouvaient placées sous le même méridien. L'opération s'achève alors sans difficulté, comme dans les plus simples cas terrestres. Son degré de précision est ainsi naturellement fixé par la grandeur effective de l'angle L, comparée à la somme des erreurs angulaires des deux distances zénithales observées. Dans le cas cité, où la base AB se trouvait à peu près aussi grande que puisse le comporter réellement l'étendue de notre globe, cet angle était d'environ 60 minutes ; en sorte que la distance LC du centre de la lune à celui de la terre se trouve ainsi déterminée à moins de $\frac{1}{1800}$ près de sa valeur moyenne, qu'on peut commodément fixer à 60 rayons terrestres. C'est nécessairement la mieux connue de toutes les distances célestes, par cela même qu'elle en est la plus petite : les trois autres distances auxquelles ce procédé peut convenir sont loin de comporter une pareille précision.

A l'égard du soleil, où ce mode primitif laisserait une incertitude d'environ un quart, il n'y a pas d'autre ressource que d'employer les longueurs que nous venons d'obtenir comme de nouvelles bases, dont la grande prépondérance sur nos bases terrestres permettra une meilleure appréciation. Mais alors le procédé change radicalement de nature, et l'étude des distances

célestes commence à s'y lier à celle des mouvements, vu l'évidente impossibilité d'observer ainsi le second angle à la base,
qui ne peut être connu que théoriquement, d'après les lois
relatives au cours périodique de l'astre. Les artifices destinés à
établir cette heureuse liaison de la distance solaire à de moindres distances astronomiques, se présentent dès la véritable
origine de la géométrie céleste. Tel est surtout le but de l'ingénieux procédé imaginé, dans les premiers temps de l'école
d'Alexandrie, par Aristarque de Samos, pour comparer l'éloignement du soleil à celui de la lune. Outre son intérêt
historique, comme relatif à la seule tentative vraiment
mathématique des anciens pour mesurer les distances célestes,
il mérite d'être indiqué ici sous l'aspect logique, comme très-
propre à caractériser provisoirement la nature de ces relations,
dont le mode le plus efficace ne nous deviendra suffisamment
appréciable qu'après l'entière exposition des lois essentielles des
mouvements planétaires. Pour suppléer à la mesure directe de
l'angle à la lune, TLS (fig. 9), Aristarque proposa d'observer la
distance angulaire LTS entre cet astre et le soleil, à l'instant
précis du quartier, où le disque lunaire se présente à nous sous
une forme exactement demi-circulaire, parce qu'alors, en effet,
cet angle doit se trouver rigoureusement droit, comme je l'expliquerai spécialement en son lieu. Un facile calcul trigonométrique déterminerait aussitôt le rapport cherché des distances
LT et ST. Aristarque trouve aussi que le soleil est au moins
19 fois et au plus 20 fois plus éloigné de la terre que ne l'est
la lune : or, ce résultat est environ vingt fois trop faible. A la
vérité, l'extrême imperfection de l'exploration ancienne explique, en partie, cette énorme erreur, qui serait aujourd'hui
fort atténuée si on renouvelait expressément une telle opération.
Mais la nature du procédé constitue pourtant la principale source
de son inefficacité; car, le symptôme choisi pour reconnaître que

l'angle L est devenu droit ne saurait aucunement comporter la précision convenable, puisque la figure du disque lunaire change trop lentement pour ne pas laisser une notable incertitude sur le véritable instant de la dichotomie ; or, d'une autre part, nous reconnaîtrons plus tard que la distance angulaire observée, LTS, varie très-rapidement, à raison d'environ un demi-degré par heure, en sorte qu'un seul quart d'heure d'indécision au sujet du quartier, où un tel moyen d'appréciation laisserait même une plus forte erreur, doit produire, sur l'angle S, une incertitude presque égale à sa propre valeur, alors d'à peu près huit minutes. La méthode d'Aristarque est donc, au fond, encore moins propre que le simple emploi d'une base terrestre à la vraie détermination de la distance du soleil à la terre. Néanmoins, elle contient certainement, comme type logique, le premier germe essentiel de la méthode, beaucoup plus heureuse ; imaginée, au siècle dernier, par Halley, pour rattacher cette distance, non à celle de la lune, qui constitue une trop petite base, mais à celle de Vénus lors de sa plus grande proximité de notre planète. Quand nous pourrons caractériser spécialement ce dernier mode, le seul finalement convenable, nous apprécierons, en même temps, le degré d'approximation qu'il comporte, et nous reconnaîtrons ainsi que la distance du soleil à la terre se trouve maintenant connue à environ un centième près. Sa valeur moyenne, qu'il importe de se rendre familière, est presque 400 fois plus grande que celle de la lune : elle équivaut donc à environ 24,000 rayons terrestres.

Cette distance fondamentale étant une fois déterminée, la théorie des mouvements célestes la fait aussitôt servir de base à une exacte mesure de toutes les autres distances intérieures de notre monde. En effet, quand le mouvement de la terre autour du soleil a été découvert, on n'a pas tardé à sentir qu'il nous procure spontanément la faculté d'agrandir, à un immense degré, jusqu'alors inespéré, les bases d'après lesquelles nous apprécions les longueurs célestes; puisque, au lieu de comparer simplement les observations accomplies en deux points différents de la surface terrestre, nous pouvons dès lors confronter les angles observés en deux positions différentes de notre planète, cette énorme longueur pouvant être exactement connue, par rapport au rayon de notre orbite annuelle, d'après le temps écoulé entre les deux stations. Conçu dans sa plus grande extension possible, c'est-à-dire en observant, à six mois d'intervalle, les distances angulaires du soleil à l'astre proposé, ce procédé nous fournit une base au moins vingt-quatre mille fois plus grande qu'aucune de celles que nous puissions trouver sur notre globe. A la vérité, le défaut nécessaire de simultanéité des deux observations comparées constitue alors une difficulté essentielle envers tous les astres intérieurs, auxquels seuls cette méthode est réellement destinée, en vertu de leurs mouvements propres, qui semblent d'abord interdire, entre les deux époques, toute exacte confrontation. Mais, en premier lieu, il faut remarquer que l'intervalle de six mois, supposé ci-dessus pour mieux caractériser le procédé, est fort loin de jamais devenir nécessaire envers aucun astre intérieur : en le réduisant à deux mois, la base serait seulement moitié moindre, et encore beaucoup plus considérable que ne l'exigent les cas réels ; même avec un seul jour, elle contiendrait plus de six fois la distance de la lune à la terre, étant alors d'environ 400 rayons terrestres. Un intervalle de quelques jours suffira donc constamment pour procurer à l'angle inconnu une valeur très-appréciable : envers Uranus, notre plus lointaine planète, une semaine élèverait cet angle à un tiers de degré. Or, pendant une aussi courte durée, l'astre proposé peut être regardé comme sensiblement immobile. Cette première hypothèse se trouve alors d'autant plus convenable que, d'après une loi fondamentale, expliquée dans l'un des chapitres suivants, la planète se meut d'autant plus lentement qu'elle est plus éloignée : si donc l'astre a plus de vitesse, comme il est aussi plus rapproché, on pourra, sans inconvénient, diminuer l'écartement des stations, de manière à rétablir, par compensation, la fixité supposée. Au reste, si l'on ne destine les opérations ainsi conduites qu'à fournir une approximation provisoire, on pourra ensuite, à l'aide de ce premier résultat, tenir un compte suffisant du déplacement effectif de l'astre entre les deux observations, d'après les lois de son mouvement propre, de façon à obtenir finalement une mesure encore plus exacte. Telle est la marche générale qui a procuré aux modernes une détermination très-précise des distances de la terre aux astres intérieurs les plus lointains, comparativement à sa distance au soleil, ce qui importe surtout à l'astronomie : quand on veut convertir ces longueurs, non en nos mesures itinéraires, ce qui serait une ridicule puérilité, mais en rayons terrestres, ce qui devient quelquefois nécessaire, leur évaluation se trouve alors affectée, en outre, de l'erreur ci-dessus indiquée envers la grande unité solaire.

Pour se former une juste idée de la constitution géométrique de notre monde, il est vraiment indispensable de se rendre d'abord familiers les principaux résultats numériques de cet ordre fondamental de recherches astronomiques. Mais, au lieu de considérer les distances des astres à la terre, quoique seules immédiatement déterminables, il faut uniquement noter les valeurs qui s'en déduisent pour leurs distances au soleil, qui sont presque invariables, tandis que les autres varient, au contraire, beaucoup par le mouvement de la planète considérée, qui circule réellement autour du soleil et non de la terre. On ne doit donc rapporter à la terre que les distances ci-dessus indiquées pour la lune et le soleil, par cela même que notre globe est le centre des mouvements de l'une et tourne autour de l'autre.

Voici maintenant, dans l'ordre croissant, le tableau suffisamment approché des distances du soleil aux diverses planètes, en
parties de sa distance à la terre. Envers cette première donnée
fondamentale de la statistique de notre monde, comme à l'égard
de toutes celles que je rapporterai ultérieurement, je crois devoir m'attacher à des évaluations assez simples pour être aisément retenues, afin que ces notions puissent devenir vraiment
usuelles, sans le secours continu des recueils spéciaux, d'ailleurs très-répandus aujourd'hui, où sont consignées des déterminations plus exactes, mais aussi beaucoup plus compliquées,
dont le public n'a presque jamais besoin, et dont la considération intempestive n'aboutirait réellement qu'à empêcher chacun
de se former aucune idée nette de l'ensemble de notre système
solaire.

Mercure.	. . . . .	$\frac{2}{5}$			
Vénus.	. . . . . .	$\frac{3}{4}$			
La Terre.	. . . . .	1			
Mars.	. . . .	$1\frac{1}{2}$			
Vesta.	. . . .	$2\frac{1}{3}$			
Junon.	. . . . . .	$2\frac{2}{3}$			
Cérès ⎱	. . . . . .	$2\frac{3}{4}$ . . .	⎧ Cérès.	. . . .	2,767
Pallas ⎰			⎩ Pallas.	. . . .	2,768
Jupiter.	. . . . . .	$5\frac{1}{5}$			
Saturne.	. . . . .	$9\frac{1}{2}$			
Uranus.	. . . . . .	19			

Ces nombres expriment les valeurs moyennes des distances
correspondantes, c'est-à-dire des valeurs également écartées du
maximum et du minimum dont chacune d'elles est susceptible ;
ou, ce qui revient au même, comme nous le reconnaîtrons plus
tard, elles se rapportent à la situation moyenne de la planète,

quand elle est équidistante de ces deux positions extrêmes. Il serait essentiellement inutile ici de rapporter, autrement que pour la lune, les distances des satellites aux planètes correspondantes : on les trouvera dans les divers recueils usités , tels que sont, en France l'*Annuaire du bureau des longitudes*, en Angleterre *The Nautical Almanack*, et beaucoup d'autres manuels semblables. Quant aux comètes, la plupart des orbites sont encore trop mal connues ; et d'ailleurs la grande variation qu'éprouve alors chaque distance la rendrait , lors même qu'elle est connue, presque inutile à considérer si on n'y joignait pas l'indication de ses états extrêmes ; ce qui surchargerait la mémoire du public, fort au delà du degré d'attention que méritent vraiment de lui des astres aussi peu influents.

Parmi les planètes ci-dessus mentionnées, cinq sont connues de tout temps, comme étant visibles à l'œil nu ; les cinq autres , au contraire, n'ont pu être étudiées que depuis un demi-siècle environ ; les quatre situées entre Mars et Jupiter ne peuvent s'apercevoir qu'avec de puissants télescopes ; quant à Uranus, c'est moins la difficulté de la voir que l'extrême lenteur de son mouvement propre qui en a retardé la connaissance jusqu'à W. Herschell , faute d'une exploration assez prolongée pour la bien distinguer des étoiles , au rang desquelles elle avait longtemps figuré.

Afin de mieux retenir ces nombres fondamentaux , on peut encore utiliser un rapprochement remarquable, mais, au fond, irrationnel, auquel le grand Kepler fut conduit par l'entraînement de son éminent génie analogique , qui, mieux dirigé, produisit ses admirables découvertes. Si l'on écarte d'abord les quatre planètes télescopiques comprises entre Mars et Jupiter, les distances précédentes pourront être exprimées par la suite des termes de la progression

$$0 , 3 , 6, 12, 24, 48, 96, 192, \text{etc.,}$$

en ajoutant à chacun le nombre 4 ; en sorte que ces distances, sauf celle de Mercure, procéderaient suivant la formule $4 + 3 \times 2^{n-1}$, où n désigne le rang de la planète à partir du soleil, c'est-à-dire 2 pour Vénus, 3 pour la terre, etc. Il est aisé de vérifier, en effet, que les nombres ainsi formés s'accordent sensiblement avec ceux de notre tableau, quoiqu'ils soient, en général, encore moins exacts. Au temps de Kepler, cette suite présentait, entre Mars et Jupiter, une lacune irrécusable, qui le conduisit à conjecturer hardiment la découverte ultérieure d'une planète intermédiaire. Kant a beaucoup trop vanté cette hypothèse très-hasardée, que l'événement n'a confirmée que d'une manière fort équivoque. On voit, en effet, que, pour en assurer la réalité, il faudrait nécessairement envisager comme une planète unique les quatre planètes télescopiques. Quoique divers rapprochements incontestables, et d'abord la remarquable parité de leurs moyennes distances (1) au soleil, aient conduit le judicieux Olbers, premier et principal auteur de leur découverte, à supposer que ces divers astres n'en formaient jadis qu'un seul, brisé en plusieurs fragments par une explosion intérieure, cette ingénieuse conjecture est encore bien éloignée d'une vraie démonstration, quoiqu'elle satisfasse jusqu'ici, mieux qu'aucune autre, à la plupart des documents obtenus. Tant que cette démonstration nous manquera, l'existence de ces petites planètes, qui d'abord semblaient offrir une confirmation inespérée

---

(1) Cette parité est surtout si prononcée envers les deux derniers de ces astres, qu'ils devraient se trouver confondus dans notre tableau numérique, en s'y contentant de la commune approximation ; en sorte que, pour les distinguer, j'ai dû alors rapporter spécialement les nombres exacts, qui diffèrent seulement par la troisième décimale. Toutefois, afin de ne pas s'exagérer le voisinage de Cérès et Pallas lors de leur plus grande proximité, il faut ne jamais oublier l'immense unité que nous avons choisie, et d'où il résulte ainsi que, même en ce cas, l'écartement des deux planètes est encore quadruple de la distance de la Terre à la Lune.

de la loi proposée, doit bien plutôt tendre à en constater l'inanité.

Quelle que puisse être accessoirement, sous une telle réserve, l'utilité scientifique de ce rapprochement général, à titre de simple artifice mnémonique, la saine philosophie peut en retirer aujourd'hui une beaucoup plus haute efficacité logique, en ce qu'il offre l'occasion de mieux caractériser, sous un aspect aussi délicat qu'important, la nature nécessaire des recherches vraiment positives, que Kant avait, à cet égard, gravement méconnue. En effet, lorsque nous établissons, par exemple, entre telles distances planétaires, tel rapport déterminé, il s'agit alors d'une notion pleinement positive, puisqu'elle résulte d'une relation susceptible d'être irrécusablement constatée. Mais il n'en est plus ainsi quand nous affirmons que telle planète occupe, à partir du soleil, tel rang déterminé : car c'est là une proposition éminemment négative, et nullement positive, où l'on assure implicitement qu'il n'existe point de planète intermédiaire, ce que nous n'avons aucun motif de croire, et ce qui, en effet, peut souvent se trouver faux. Après avoir découvert de nouveaux astres entre Mars et Jupiter, ainsi qu'au delà de Saturne, oserait-on, par exemple, affirmer qu'il n'en existe aucun dans l'immense intervalle qui sépare Saturne d'Uranus, ou même aussi dans le court espace qui s'étend de Mercure au soleil, dont la lumière trop rapprochée l'aurait jusqu'ici dissimulé ? Nos spéculations réelles ne devant évidemment reposer que sur des notions pleinement positives, seules susceptibles d'une vraie démonstration, et non sur des opinions essentiellement négatives, qui ne peuvent comporter une suffisante certitude, il est donc clair que ce rapprochement de Kepler ne mérite désormais aucune sérieuse discussion philosophique, comme étant d'une nature irrationnelle, radicalement contraire à l'esprit fondamental de toutes saines recherches scientifiques, puisqu'on y suppose absolue et définitive une appréciation qui ne saurait jamais être que relative et provisoire.

Après avoir suffisamment examiné les caractères et les résultats de la méthode propre à déterminer géométriquement les diverses distances célestes, il n'est pas moins indispensable d'apprécier aussi, suivant le même principe, ses limites nécessaires, en reconnaissant directement son impuissance radicale envers tous les astres extérieurs. En comparant ses différentes applications effectives, nous avons déjà trouvé l'occasion de constater spécialement que, conformément à l'indication générale du simple bon sens, ces distances nous sont d'autant plus mal connues, même proportionnellement, qu'elles sont plus considérables. Il ne s'agit maintenant que de poursuivre cet incontestable aperçu jusqu'à ses dernières conséquences, en nous assurant que, pour tous les astres plus lointains que les planètes, les distances nous seront nécessairement inconnues, sauf une certaine limite inférieure qui leur est vaguement commune, et que n'accompagne aucune limite supérieure.

Les conditions subjectives de nos études réelles doivent; en tous genres, plus ou moins restreindre inévitablement leur portée objective. Dans les questions dont il s'agit ici, il n'est pas possible que les données fondamentales de notre propre situation ne finissent par apporter d'insurmontables obstacles à notre détermination successive des distances d'astres de plus en plus lointains, en limitant, de toute nécessité, la base indispensable de notre appréciation géométrique. Avant la découverte du mouvement propre de notre planète, cette base devait sembler bornée au diamètre effectif de ce globe. Depuis que nous avons reconnu notre mouvement, cette limite naturelle s'est trouvée spontanément reculée jusqu'à une longueur vingt-quatre mille fois plus grande ; mais il serait irrationnel de concevoir cet heureux accroissement comme l'indice probable d'une autre augmentation ultérieure ; car il faut bien que les conditions d'existence du spectateur se fassent nécessairement sentir, à cet égard comme à tout autre. Si nous habitions, par exemple, Jupiter ou Saturne, astres plus grands et plus distants que celui où nous sommes fixés , les limites d'accroissement de nos bases géométriques se trouveraient beaucoup reculées , et cependant il en existerait toujours. Il est clair que le double de notre moyenne distance au soleil fixe , par une invincible nécessité , le plus grand écartement que nous puissions donner à nos stations comparatives. Sans doute le monde dont nous faisons partie peut avoir, dans son ensemble, alors essentiellement réductible au soleil , un immense mouvement général autour de quelque autre centre plus lointain, d'où résulterait une distance encore plus considérable entre les deux positions successives, rapportées à un espace immobile , que nous occuperions ainsi à deux époques différentes de cette révolution supérieure ; mais, outre que cette nouvelle extension de nos bases ne réaliserait encore nullement les prétentions absolues maintenues par une vaine philosophie , il y a d'ailleurs tout lieu de penser aujourd'hui que ce mouvement total de notre système solaire nous sera toujours essentiellement inconnu , ainsi que l'ensemble de ce traité le fera clairement sentir.

Il faut donc concevoir le diamètre de l'orbite terrestre comme constituant, en réalité, la plus grande base que notre situation nécessaire nous permette d'appliquer à la mesure des distances célestes. Or cette immense longueur, quoique pleinement suffisante envers les plus lointains de nos astres intérieurs, se trouve jusqu'ici totalement insensible pour toutes les étoiles, à l'égard desquelles il est essentiellement indifférent de supposer l'observateur placé sur la terre ou sur le soleil , ou en un point quelconque de notre monde. Si on mesure , en effet , à six mois d'intervalle , les deux distances angulaires du soleil à une même étoile, leur somme ne différera de deux angles droits que d'une quantité inférieure à l'erreur totale inhérente à nos meilleurs modes d'exploration. Pendant le dix-huitième siècle, on a cru plusieurs fois être parvenu à rendre appréciable la diversité des deux directions : mais, d'après une soigneuse discussion spéciale, les astronomes ont toujours été unanimement conduits à reconnaître successivement l'inefficacité de toutes ces tentatives. Il en sera probablement bientôt de même pour la différence de $\frac{1}{7}$ de seconde qu'on a récemment annoncée comme vraiment constatée à l'égard d'une seule étoile, et qui est, sans doute, au-dessous de l'erreur que laissent, même aujourd'hui, les plus parfaites mesures angulaires, ne fût-ce que par l'incertitude nécessaire des réfractions, surtout en confrontant des observations accomplies en deux saisons opposées.

Mais, envisagée sous un autre aspect, cette même insuffisance, si hautement reconnue, de tous nos moyens actuels d'appréciation envers les distances des astres extérieurs, procure à la philosophie positive une notion précieuse, que je ne crains pas d'ériger ici en un dogme vraiment fondamental, puisque nous confirmons ainsi, de la manière la plus irrécusable, l'isolement de notre système solaire, et la nécessité d'y borner l'ensemble de nos saines spéculations astronomiques, comme toute la suite de ce traité l'établira de plus en plus. Car, notre impuissance à cet égard prouve désormais l'immense éloignement de cette multitude d'astres, tous placés infiniment au delà des limites générales de notre propre monde, qui, pour nous, se termine jusqu'ici à Uranus. En effet, si l'on renverse l'opération trigonométrique, on trouvera, d'après cette impossibilité d'apprécier l'angle sous lequel aucune étoile apercevrait le diamètre de l'orbite terrestre, que l'étoile la plus voisine est située plus de deux cents mille fois plus loin de nous que le soleil, ou plus de dix mille fois que la planète la plus lointaine, en supposant, suivant

le taux actuel, que nos observations angulaires comportent une
erreur moindre qu'une seconde. Les distances intérieures de
notre monde, les seules que nous puissions réellement mesurer,
sont donc extrêmement minimes en comparaison de l'inappréciable éloignement de tous les astres extérieurs, par cela même
invinciblement soustraits au vrai domaine général de nos spéculations positives. Une telle disproportion excède beaucoup celles
que nous offrent les diverses inégalités relatives que nous sommes le plus habitués à négliger, comme les rugosités des corps
polis, les aspérités du globe terrestre, etc. ; en sorte que, comparativement aux étoiles, tous les astres de notre monde font
essentiellement partie du soleil.

Je devais insister ici sur ce premier motif fondamental de la
restriction nécessaire des saines recherches astronomiques à ce
groupe planétaire, d'où notre vaine curiosité ne peut aucunement sortir sans tomber aussitôt dans une complète ignorance,
même envers la plus simple détermination géométrique, qui
devrait fournir l'indispensable fondement de toutes les autres
études réelles. L'expérience la plus décisive nous montre spontanément, depuis vingt siècles, que cette inévitable restriction
convient pleinement à l'ensemble de nos vrais besoins, puisque
l'exacte conformité journalière des événements célestes avec nos
prévisions astronomiques, où toute action des étoiles est radicalement négligée, constate clairement que les phénomènes intérieurs de notre monde, seuls dignes de nous intéresser sérieusement, ne sont aucunement affectés par les relations plus générales entre les divers systèmes solaires, dont la connaissance
nous est radicalement interdite. Or les lois fondamentales du
mouvement nous expliqueront plus tard une telle indépendance
géométrique, que nous verrons alors résulter de cette même
immensité d'éloignement qui nous rend inaccessibles ces phénomènes cosmiques proprement dits. Par là, cette indispensable

limitation initiale du vrai champ général de nos spéculations réelles se trouvera finalement dégagée de tout caractère empirique, et deviendra un dogme rationnel de la philosophie positive, qui n'a pu d'ailleurs résulter que d'un lent et laborieux exercice de la raison humaine, si longtemps vouée à la vaine poursuite des notions absolues.

CHAPITRE II.

Détermination générale de la figure et de la grandeur des principaux astres intérieurs, complétée par la mesure des aspérités de leurs surfaces, et suivie de l'appréciation géométrique de leurs atmosphères.

Envers tous les astres intérieurs assez grands ou assez voisins pour nous offrir un diamètre apparent suffisamment appréciable, la connaissance de leurs distances à la terre conduit aussitôt à celle de leurs dimensions effectives, quand leur figure presque sphérique a été bien constatée ; car, le demi-diamètre apparent détermine directement, d'après la facile résolution d'un triangle rectangle, le rapport entre le rayon de chaque sphère et la distance de son centre à celui de notre globe. Si les anciens se sont formés des idées radicalement fausses de la grandeur des astres, c'est surtout par suite de leurs erreurs capitales sur l'éloignement de chacun d'eux, sans qu'il ait d'ailleurs existé toujours une exacte harmonie entre les deux ordres d'aberrations.

Quant à l'appréciation préalable de la figure de ces corps, elle ne peut presque jamais nous offrir d'autres difficultés réelles que celles de la minutieuse inspection qui alors devient le plus souvent indispensable ; car, nous sommes d'ailleurs très-favorablement placés pour connaître ces formes par l'observa-

tion directe, puisque notre propre éloignement nous permet
d'en saisir aisément l'ensemble d'un seul coup d'œil, pourvu
toutefois que le diamètre apparent reste bien sensible. De telles
recherches n'exigent donc essentiellement aucune intervention
spéciale des conceptions rationnelles, et leur progrès doit principalement dépendre du perfectionnement de l'exploration
matérielle, surtout en ce qui concerne les appareils micrométriques destinés à mesurer avec précision les diamètres
apparents. Leur perfection dépend beaucoup de l'atténuation
des fils parallèles entre lesquels s'y trouve exactement insérée
l'image focale de l'astre, et qui ont été amenés, de nos
jours, à une ténuité inespérée, au point de n'offrir quelquefois
qu'un diamètre de $\frac{1}{1000}$ de millimètre, d'après l'ingénieux procédé
que Wollaston déduisit d'une judicieuse combinaison du peu de
fusibilité avec le peu de solubilité du platine comparé à l'argent.

En caractérisant ainsi la nature des difficultés, essentiellement matérielles, propres à l'étude générale de la figure des
astres, il est clair que nous y faisons tacitement abstraction de
ce qui concerne notre planète, envers laquelle, par cela même
que nous l'habitons, l'inspection directe ne peut jamais suffire,
sans une large et difficile intervention du raisonnement mathématique, fondé sur l'ensemble des observations partielles. La
haute importance spéciale de ce cas, et surtout sa profonde diversité logique, doivent nous déterminer à le traiter séparément, en lui consacrant la totalité du chapitre suivant. Sous
cette seule réserve nécessaire, la connaissance des formes de
nos astres intérieurs n'a pu susciter quelques vraies difficultés
géométriques que pour deux corps particuliers, devenus, à
cet égard, exceptionnels, l'un en vertu de sa situation, l'autre
par l'étrangeté de sa figure. Le premier cas s'est offert, dès l'o-
rigine de la véritable astronomie, à l'égard de la lune, dont la
sphéricité réelle n'a pu alors être découverte que d'après une

certaine élaboration mathématique, que l'état naissant de la
géométrie abstraite dut même rendre longtemps embarrassante,
à cause des phases ou aspects si divers qui résultent nécessairement de sa rotation mensuelle autour de la terre. La suffisante
explication de ces diversités, par les apparences que doit nous
offrir une sphère opaque en réfléchissant la lumière solaire, a
dû sérieusement occuper les écoles de Thalès et de Pythagore.
Quant au second cas, il constituait, en lui-même, une difficulté encore plus grande, mais qui fut néanmoins surmontée
beaucoup plus promptement, parce qu'elle surgit en un temps
où un vaste essor des conceptions géométriques permettait bien
mieux son exacte appréciation. Il s'agit du singulier satellite
annulaire dont Saturne est immédiatement entouré, et que les
puissants télescopes d'Herschell ont montré composé de deux
anneaux plats, dont le faible intervalle est pourtant appréciable. Cette forme anomale, seule exception à la sphéricité
essentielle de tous nos astres intérieurs, était difficilement re-
connaissable, vu la variété et la complication des figures successivement résultées des diverses situations de l'observateur
terrestre envers le plan de l'anneau ; aussi ce cas a-t-il exigé,
de la part d'Huyghens, un véritable travail mathématique pour
représenter exactement l'ensemble des apparences par une
heureuse hypothèse, que l'exploration ultérieure a pleinement
confirmée.

Après ces sommaires explications, il suffit ici de rapporter
les principaux résultats déduits aujourd'hui, à cet égard, des
meilleures mesures des divers diamètres apparents, qui d'ailleurs ne sauraient, évidemment, comporter une égale précision, en vertu même de leur grande inégalité. Quant à la
figure, l'ensemble de ces observations a toujours essentiellement confirmé la sphéricité primitive, mais aussi en montrant
sans cesse un faible aplatissement, du reste très-varié, depuis

la rondeur presque parfaite de la lune et l'aplatissement de
$\frac{1}{300}$ de Vénus, jusqu'à l'aplatissement, sensible à un œil exercé,
de Saturne, et surtout de Jupiter, dont le plus court diamètre
est d'environ $\frac{1}{11}$ inférieur au plus long. Cet inégal défaut de
sphéricité semble en harmonie avec la rotation du corps, puisque
le diamètre minimum paraît ordinairement dirigé suivant l'axe
de ce mouvement, et le maximum vers l'équateur de l'astre ;
la valeur de l'aplatissement croît aussi, dans la plupart des
cas explorés, avec la rapidité du mouvement : ces remarques
expérimentales méritent d'être notées ici, surtout en vertu de
leur conformité avec les indications rationnelles que nous fournira ultérieurement la mécanique céleste.

Quant aux dimensions, voici le tableau relatif des diamètres,
suffisamment approchés, propres au soleil et aux planètes, dont
le chapitre précédent a montré les distances centrales, en sorte
que la combinaison familière de ces deux ordres de déterminations numériques pourra suggérer au lecteur une juste idée générale de la constitution statique de notre monde.

Le Soleil. . . . . , . . . 110
Mercure. . . . . : . . $\frac{2}{5}$
Vénus. . . . . , . . presque 1 (exactement 0,97).
La Terre. 1
Mars. . . . . $\frac{1}{2}$
Vesta. 0,03
Junon. . . . . $\frac{1}{8}$
Cérès. . . . . $\frac{1}{20}$
Pallas. 0,01
Jupiter. . . . . 11 $\frac{1}{2}$
Saturne. . . . . 9 $\frac{1}{2}$
Uranus. . . . . 4 $\frac{1}{4}$

Il est presque superflu d'avertir que les nombres relatifs aux

quatre planètes télescopiques méritent beaucoup moins de confiance que les autres, vu l'extrême petitesse de leurs diamètres
apparents, qui ne sauraient être mesurés avec une grande précision. Le même motif explique notre ignorance totale sur les dimensions effectives des satellites, sauf les anneaux de Saturne.
Mais, heureusement, leur vraie connaissance nous importe peu,
si ce n'est pour la lune, dont l'énorme diamètre apparent rend
l'exacte appréciation très-facile. Son rayon est mieux connu que
ceux de tous les autres astres intérieurs, : il est environ quatre
fois moindre que celui de la terre (exactement 0,27).

En combinant ces résultats avec ceux du chapitre précédent,
on reconnaît aisément qu'aucun appareil matériel ne saurait
fournir une juste idée relative de la vraie constitution statique'
de notre monde, pour la conception de laquelle rien ne saurait
dispenser l'imagination d'une suite convenable d'efforts directs,
guidés par ces deux tableaux numériques. Car, la construction
effective d'un groupe vraiment proportionnel, où l'on accorde-
rait seulement à la lune un millimètre de diamètre, exigerait
ainsi une étendue circulaire d'au moins un kilomètre de rayon,
pour y pouvoir comprendre l'orbite d'Uranus : en sorte que
tant d'appareils érigés à grands-frais, et néanmoins si éloignés
de ces impraticables proportions, suggèrent nécessairement, à
cet égard, de très-fausses notions: · · · · · · · ·

L'inspection générale du tableau précédent n'y indique évidemment aucune relation entre l'ordre des grandeurs et celui des
distances, double élément de la constitution statique propre à
notre monde. Si on ne considérait, de part et d'autre, que Mercure, la Terre, et Saturne, les diamètres sembleraient exactement proportionnels aux distances : mais l'ensemble des autres
nombres détruit aussitôt cette analogie partielle, sans la remplacer par aucune véritable loi. Nulle considération rationnelle ne
tend d'ailleurs à suggérer, sous ce rapport, la moindre indi-

cation, sauf la prépondérance nécessaire de la masse centrale, fidèlement exprimée par nos déterminations géométriques. Quelque précieux que soit, à tous égards, notre penchant spéculatif à supposer partout la liaison, il est pourtant aveugle comme tous les autres penchants quelconques, et il a pareillement besoin d'être soumis à une sage discipline philosophique, fondée sur une judicieuse appréciation objective, où nous apprenons que les harmonies extérieures ne correspondent pas toujours aux inclinations permanentes de notre intelligence.

De l'appréciation comparative des diamètres, chacun peut aisément déduire celle des aires ou des volumes, qu'il serait inutile d'indiquer ici, puisqu'il suffit alors, suivant les lois géométriques, de former les carrés ou les cubes de ces rapports linéaires.

Enfin, il faut remarquer, à ce sujet, que notre ignorance nécessaire sur le véritable éloignement des astres extérieurs nous interdit tout espoir de jamais connaître leurs dimensions, quand même leurs diamètres apparents nous seraient appréciables. Mais, en outre, cette même immensité de distance nous les montre, dans les lunettes, comme de simples points mathématiques, où aucun disque ne peut être distingué. Ceux qui croient encore devoir spéculer sur ce qui ne saurait être connu, au lieu d'employer leur temps et leurs forces à ces vastes et nombreuses contemplations qui sont à la fois susceptibles de réalité et d'utilité, se trouvent donc réduits, à cet égard, à conjecturer vaguement, d'après le vif éclat de ces corps lointains, qu'ils doivent avoir une forme et une grandeur confusément comparables à celles de notre soleil. Toutefois, il serait difficile, à vrai dire, de comprendre quelle peut être la validité logique d'une analogie qui n'est fondée que sur la seule considération d'un cas isolé. Quant aux indications rationnelles de la mécanique céleste, même en leur attribuant, à ce sujet, une extension purement hypothétique jusqu'ici, elles seraient loin de rien établir d'exclusif sur la forme nécessaire de ces corps étrangers, et encore moins sur leurs dimensions, puisque l'équilibre des masses célestes est, en général, mathématiquement compatible avec une infinité de figures différentes, dont notre propre monde nous montre, en quelques cas, la diversité effective.

Pour compléter l'étude générale de la figure et de la grandeur des astres intérieurs, il convient ici d'indiquer sommairement une recherche accessoire, qui ne comporte, comme la question principale, mais à un plus haut degré, d'autre difficulté essentielle que celle d'une exploration très-délicate, propre à donner une juste idée de l'admirable précision actuelle des mesures astronomiques. Il s'agit de la vraie détermination des hauteurs propres aux aspérités qui peuvent altérer la régularité de leurs surfaces.

Si chacune de ces sphères était parfaitement polie, l'hémisphère tourné vers la terre et celui que le soleil éclaire seraient toujours nettement terminés par de purs cercles, dont le premier nous apparaît constamment sous sa vraie forme, tandis que le second est diversement aperçu suivant l'inclinaison variable de son plan sur notre rayon visuel. L'image de l'astre se trouverait donc sans cesse bornée par une ligne pleinement régulière et continue; mais cette apparence normale sera nécessairement altérée, s'il existe, en certains points de ce corps, des élévations notables au-dessus de sa surface générale. Outre les ombres qui seront ainsi projetées sur elle, et dont les indications ne sauraient comporter assez de précision, il faut surtout considérer les irrégularités partielles qui en résulteront pour les deux sortes de limites du disque. De même que le sommet de nos montagnes terrestres est souvent éclairé ou aperçu quand leur pied est obscur ou invisible, on conçoit que les aspérités situées dans l'hémisphère obscur ou dans l'hémisphère invisible pourront être éclairées ou aperçues si elles sont assez voisines des lignes de démarcation correspondantes , au delà desquelles nous devrons voir ces sommets comme autant de points isolés , qui altéreront la régularité de l'image, dont les bords pourront même se recouvrir ainsi d'une sorte de dentelure variée , si ces inégalités sont très-nombreuses et fort rapprochées. Tel est , évidemment, l'aspect que devrait offrir notre terre à un observateur lointain. On conçoit donc que, en ayant égard à la situation de chaque point saillant , on pourra déterminer la hauteur correspondante au-dessus de la surface générale de l'astre , d'après une exacte mesure micrométrique de son écartement du disque régulier. Cette estimation se trouvera ainsi accomplie naturellement en parties du rayon de cet astre ; mais le rapport déjà connu de celui-ci au diamètre terrestre , d'ailleurs évalué lui-même en unités usuelles, permettra ensuite de rapporter à ces dernières unités les hauteurs cherchées, dès lors numériquement comparables à celles de nos propres montagnes. Tel est le procédé naturel qu'un habile observateur de notre siècle , Schroëter, a soigneusement appliqué à presque tous les cas qui s'y prêtaient suffisamment, c'est-à-dire à la lune surtout, ensuite à Vénus , et même à Mercure. Le premier de ces corps présente évidemment les plus favorables conditions , soit par la grandeur et l'éclat du disque, soit aussi par l'absence de toute atmosphère réfringente : il comporte donc , à cet égard , beaucoup plus de précision qu'aucun autre. Ses nombreuses montagnes ont ainsi offert une hauteur quelquefois égale à celle des pics les plus élevés de notre Himalaya , ce qui est remarquable pour un diamètre environ quatre fois moindre que celui de la terre. Vénus et Mercure ont présenté à cet astronome des hauteurs très-supérieures , surtout proportionnellement , à celles de nos montagnes : les plus grandes atteignent ,

en effet, jusqu'à 34 kilomètres dans le premier cas et 16 dans
le second.

Il nous reste maintenant à caractériser, en tant que susceptible d'une certaine appréciation géométrique, l'étude générale
des atmosphères célestes, qui constitue, par sa nature, un
important complément des déterminations statiques propres
à chaque astre intérieur. On conçoit d'abord que cette recherche
ne saurait être entièrement inaccessible à notre science réelle,
puisque l'existence d'une enveloppe gazeuse autour d'un de ces
corps doit y déterminer, par réfraction, des altérations de lumière qui deviennent quelquefois appréciables à notre exploration purement visuelle, et qui le seraient même toujours si
nous étions assez rapprochés pour que le disque fût assez grand
et assez distinct. Cet effet se trouvant, dans notre atmosphère,
le plus complet possible à l'horizon, il se manifestera de même
au plus haut degré, chez un astre quelconque, quand nous en
recevrons des rayons lumineux tangents à sa surface. La déviation pourra même alors devenir plus prononcée que notre
propre réfraction atmosphérique, si cette lumière, au lieu
d'émaner de cet astre, a seulement traversé son atmosphère,
en provenant d'un autre corps plus lointain, puisque l'altération sera ainsi doublée pour nous, qui subirons les résultats
accumulés des deux réfractions successivement survenues,
d'abord à l'entrée, puis à la sortie de ce milieu gazeux. On doit
surtout employer à cette comparaison la lumière des étoiles,
afin de connaître avec plus de facilité et de précision la vraie
direction du rayon visuel de l'astre indicateur, par suite de son
immobilité propre, qui nous permettra donc une meilleure
confrontation avec la direction apparente. Mais, au lieu d'estimer immédiatement cette déviation totale, il vaut mieux l'apprécier d'une manière indirecte, d'après son influence nécessaire
sur la durée de l'occultation que l'étoile subit alors par l'inter-

position de la planète, tant que le mouvement spécial de celle-ci ne l'a pas transportée à une assez grande distance angulaire de l'autre. Si, afin de faciliter la conception du phénomène, on attribue à l'astre extérieur, en sens contraire, c'est-à-dire de l'est à l'ouest, une vitesse angulaire égale et parallèle à celle de l'astre intérieur, l'occultation devra mathématiquement persister pendant le temps qu'exige une telle vitesse pour décrire un angle égal au diamètre apparent de la planète proposée. Cette durée peut donc, en chaque cas, être exactement prévue, d'après un calcul géométrique, d'ailleurs compliqué, dont tous les éléments essentiels sont déjà bien connus. Or, l'influence des réfractions exercées par l'atmosphère de la planète sur la lumière tangentielle de l'étoile devra nécessairement la diminuer, en retardant le début de l'occultation et accélérant sa fin ; de même que l'atmosphère terrestre retarde pour nous le coucher apparent du soleil et accélère son lever : la nouvelle influence réfractive doit seulement être plus prononcée que celle-ci, puisque la réfraction de sortie s'y joint, à notre égard, à celle d'entrée. Ainsi, l'existence d'une atmosphère autour de l'astre intérieur proposé se trouvera constatée par une telle infériorité de la durée observée de l'occultation envers celle d'abord calculée : s'il n'existait pas entre elles de différence appréciable, ce serait la preuve que cet astre manque d'une enveloppe gazeuze susceptible de dévier sensiblement la lumière qui la traverse très-obliquement ; la valeur relative de cette différence mesurera, en d'autres cas, l'énergie proportionnelle de l'action réfringente. Quoique les déviations doivent être moins prononcées quand la lumière de l'étoile s'écarte de la direction tangentielle à la planète, elles doivent pourtant se faire toujours sentir, à un degré décroissant, tant que cet écartement graduel laisse pénétrer le rayon lumineux dans quelques couches atmosphériques, et l'instant précis de sa cessation indiquera les limites sensibles de l'atmosphère proposée. Si donc on observe, en outre, sous un tel aspect comparatif, les phénomènes qui précèdent le début de l'occultation, ou ceux qui suivent sa fin, on y puisera aussi la base naturelle d'une certaine appréciation géométrique de l'étendue effective de cette enveloppe gazeuse.

Tel est l'esprit fondamental de l'étude astronomique des atmosphères, qui exige, par sa nature, une exploration très-précise, à laquelle nos divers astres intérieurs sont fort loin de se prêter également. Le cas le plus favorable doit être évidemment, comme pour la mesure des aspérités, celui de la lune, où des observations assidues ont ainsi constaté irrécusablement l'absence de toute enveloppe gazeuse susceptible de dévier sensiblement la lumière ; puisqu'on n'a pu saisir aucune différence appréciable entre les deux durées de l'occultation : comme les moyens employés eussent manifesté une réfraction horizontale qui n'aurait pas même dépassé une seule seconde, sa non-existence prouve clairement que, en supposant un tel milieu, il faudrait le réduire à une action réfringente inférieure à celle du vide de nos meilleures machines pneumatiques. Ce défaut d'atmosphère autour de la lune reçoit d'ailleurs une confirmation accessoire par la vérification directe d'une de ses conséquences physiques les plus nécessaires, l'absence de toute mer proprement dite : car, la liquidité d'une notable partie de la surface lunaire y produirait bientôt une enveloppe aérienne, par la subite vaporisation résultée alors de l'absence totale de compression atmosphérique. L'existence de tout océan suppose nécessairement celle d'une atmosphère ambiante, afin de maintenir un état liquide qui, par lui-même, ne saurait persister. Quoique la solidarité ne soit pas également indispensable en sens inverse, on doit donc regarder l'exploration directe de Schroëter sur l'absence de toute réfraction lunaire comme ayant été ensuite confirmée utilement par les ingénieuses observations de M. Arago sur la non-existence correspondante de toute couche liquide, d'après le défaut de ce caractère optique, connu sous le nom de *polarisation*, que nous présente, sous certaines incidences, la lumière réfléchie par tout corps poli, et que ne nous offrent jamais les rayons de la lune, malgré que son cours mensuel leur procure successivement toutes les directions possibles.

Parmi tous les autres cas de cette intéressante recherche, le mieux exploré est ensuite celui de Vénus, où Schroëter a constaté l'existence d'une atmosphère susceptible de produire, comme la nôtre, une réfraction horizontale de plus d'un demi-degré. Quant à l'étendue effective de ces enveloppes gazeuses, on l'a trouvée le plus souvent limitée, de même que pour notre globe, à une faible partie du rayon de l'astre. Mais les planètes télescopiques ont pourtant offert, à cet égard, une exception remarquable, par l'immense développement de leurs atmosphères, qui, chez Pallas, la plus petite d'entre elles, excède douze fois le rayon correspondant.

Si on considère les diverses indications réelles que l'on peut tirer, sous tout autre aspect physique, de l'étude que nous venons de caractériser, et surtout quant aux conjectures les moins vaines sur l'existence des êtres organisés à la surface des différents astres explorés, il est aisé de sentir ici que, envers des phénomènes aussi complexes, notre raison se trouve placée dans un de ces cas exceptionnels de la logique positive, où les conclusions sont plus certaines pour nier que pour affirmer, quand on a pu constater l'absence d'une seule des nombreuses influences dont le concours est reconnu indispensable au phénomène proposé. Comme l'existence d'une atmosphère constitue certainement l'une des conditions les plus fondamentales des fonctions propres à tous les corps vivants, même réduits à la simple vie végétative, on aura donc le droit rationnel de proclamer inhabitables, et par

suite inhabités, tous les astres dépourvus d'atmosphères. Quant,
au contraire, à ceux qui en sont entourés, cette première analogie physique avec notre globe ne nous autorise nullement à
conjecturer des conséquences affirmatives qui supposeraient beaucoup d'autres renseignements, non moins essentiels, que nous ne
pouvons jamais espérer d'obtenir. Il convient même d'utiliser
ici, sous l'aspect logique, cette occasion de mieux caractériser la
restriction nécessaire de nos spéculations réelles en chaque cas
déterminé, où une judicieuse appréciation spéciale permettra
toujours de bien distinguer les recherches vraiment accessibles
de celles qui ne sauraient le devenir. En effet, si l'on concluait,
par exemple, dè l'égalité d'action réfringente constatée entre les
atmosphères respectives de Vénus et de la Terre, à la similitude
essentielle de ces deux planètes, ou seulement de leurs enveloppes gazeuses, il est aisé de reconnaître que cette induction
n'aurait aucun fondement véritable. Car, on n'aurait pas même
ainsi le droit d'attribuer aux deux atmosphères une égale densité, puisque notre expérience a clairement prouvé que la puissance réfractive d'un gaz ne dépend pas uniquement de sa densité, mais aussi, et davantage, de sa nature chimique. Nous
savons donc avec certitude que les deux atmosphères sont également réfringentes, mais là s'arrête nécessairement la science
réelle : poussé plus loin, le rapprochement devient purement
conjectural, ou plutôt arbitraire ; affirmer aussi que les deux
enveloppes sont également denses, ce serait tacitement leur
attribuer la même composition moléculaire, ce qui constituera
toujours évidemment une supposition tout à fait gratuite.

CHAPITRE III.

Étude spéciale de la grandeur et de la figure de la terre.

La partie statique de la géométrie céleste ne nous laisse plus
à considérer maintenant d'autre question essentielle que celle,
ci-dessus spécialement réservée, sur la forme et les dimensions
de notre propre planète. Par cela même que nous l'habitons,
nous ne pouvons nous en écarter assez pour en saisir l'ensemble d'un seul regard : nos plus grandes excursions verticales,
même en aérostat, n'excèdent pas un myriamètre, et nous per-
mettraient à peine d'apercevoir à la fois la totalité de la France,
minime partie de la surface terrestre. Ainsi, cette étude qui,
envers tous les autres astres intérieurs, dépendait surtout de la
simple inspection directe, change ici nécessairement de nature,
et exige l'emploi essentiel du raisonnement mathématique, pour
déduire d'exactes observations partielles de légitimes conclusions générales.

Nous avons soigneusement apprécié, dans la première partie de ce traité, l'institution initiale de cette recherche vraiment
fondamentale, qui constitue le premier lien spontané entre l'ensemble des spéculations célestes et celui des spéculations terrestres. L'appréciation géométrique des variations qu'éprouve l'aspect du ciel sur les divers horizons a conduit, il y a plus de vingt
siècles, les fondateurs de l'astronomie mathématique à construire, quant à la figure de la terre, l'hypothèse qui était alors,
à tous égards, la plus convenable, et qui est ensuite devenue la
base de tous les travaux ultérieurs. Il s'agit maintenant de concevoir comment cette suite de recherches, qui n'avait d'abord
d'autre but que de compléter cette notion primordiale, a fina-

lement amené les modernes à modifier radicalement le principe lui-même, à l'égard duquel les anciens n'avaient eu réellement d'autre tort grave que d'y attacher un sens rigoureusement absolu, incompatible avec la nature nécessaire de toutes nos connaissances réelles, mais alors imposé inévitablement par l'état général de l'esprit humain. C'est, en effet, afin de déterminer la vraie grandeur de la terre, sous la supposition préalable d'une parfaite sphéricité, qu'on a accompli cette longue élaboration dont le cours spontané a manifesté, en temps opportun, la nécessité d'une nouvelle figure. Il faut donc ici nous occuper d'abord de la simple mesure de notre globe.

On doit réellement faire remonter jusqu'à l'immortelle École d'Alexandrie, la première ébauche du mode fondamental d'une telle détermination géométrique, qui ne peut résulter que d'une exacte combinaison entre deux opérations, l'une terrestre, consistant dans l'estimation linéaire d'une partie suffisante de la circonférence de la terre, l'autre céleste, où, d'après les coordonnées géographiques des deux extrémités, on évalue le rapport de cette portion avec le cercle entier. La célèbre opération d'Ératosthène caractérise, en effet, cette décomposition nécessaire : sans doute, la grossièreté des moyens employés ne permettait point, même alors, d'attacher aucune importance sérieuse à ce premier travail, autrement que pour indiquer la marche générale ; mais, d'un autre côté, l'extrême simplicité de ce type initial le rend, encore aujourd'hui, très-propre, sous l'aspect logique, à faire d'abord saisir la vraie nature élémentaire d'une telle élaboration, et, par suite, à signaler les grandes conditions à remplir. D'une part, Ératosthène avait appris que, à Syéné, dans la Haute-Égypte, le soleil s'élevait précisément au zénith le jour du solstice, puisque les plus grands édifices ne projetaient alors aucune ombre à midi, les puits les plus profonds étant aussi éclairés jusqu'au fond : ayant lui-même observé, en ce moment, à Alexandrie, que l'astre ne montait que jusqu'à 7° ½ du zénith, il en conclut avec raison que telle est la valeur angulaire de l'arc compris entre ces deux villes, en les supposant toutefois sous le même méridien. Quant à l'évaluation terrestre, il ne fit qu'adopter l'opinion commune des voyageurs, qui fixaient à 5000 stades la distance des deux stations; d'où il se borna à déduire, en combinant les deux résultats, une valeur cinquante fois plus grande pour la circonférence de notre globe. Il serait superflu de faire ressortir le peu de confiance effective que mérite l'ensemble d'une telle opération, à laquelle peut-être son propre auteur, suivant la conjecture de Delambre, attachait peu d'importance numérique : mais elle a nettement signalé, à tous les astronomes ultérieurs, la marche générale du problème.

Les observations angulaires ont aujourd'hui atteint un tel degré de précision que la partie astronomique de ce travail pourrait s'accomplir maintenant sur un très-petit arc, même sans sortir de l'enceinte d'une grande ville, où les diversités de latitude deviendraient vraiment appréciables. Mais, malgré la facilité qu'offrirait alors l'opération terrestre, par l'accomplissement direct de la mesure linéaire, les diverses erreurs inévitables deviendraient, proportionnellement, si considérables, sous l'un et l'autre aspect, qu'il en résulterait une trop grande incertitude sur l'évaluation finale de la circonférence. Le résultat ne saurait être, même aujourd'hui, suffisamment exact, si l'arc embrassé n'est pas au moins d'un degré, ce qui empêche de mesurer directement sa longueur, qui ne peut donc être connue que par un véritable travail géodésique, dont voici la marche générale, en supposant, comme on doit le faire presque toujours, que les deux stations extrêmes soient placées sous le même méridien.

Si A·B (*fig.* 10) désigne la partie proposée de la méridienne;

on choisit, de part et d'autre, des stations intermédiaires C, D,
E, F, G, H, I, assez rapprochées pour que les portions d'arc
AM, MN, NP, etc., comprises dans les triangles résultés de
leur jonction successive puissent être traitées comme rectilignes.
Cela posé, la mesure directe du seul côté AC ou AD du premier
triangle, et l'exacte orientation de cette base fondamentale, permettront de déduire exactement, des angles observés aux diverses stations, les longueurs de tous les éléments de ce réseau
trigonométrique, et ensuite celles de toutes les fractions correspondantes de l'arc cherché. En effet, le premier triangle ACD
ayant été ainsi calculé, la connaissance de l'angle MAC déterminera aisément le premier segment AM de la méridienne : on
pourra donc, d'après les angles en D et C, passer ensuite au
triangle EDC, et aussi calculer le second segment MN, à l'aide
du triangle DMN, où l'on connaît déjà, outre l'angle observé D,
l'angle M, conclu du triangle AMC, qui fournit également DM,
à l'aide de CM et DC d'abord évalués ; il ne sera pas plus difficile
de prolonger ce travail envers le troisième segment NP, et successivement pour tous les autres, en quelque nombre qu'ils
soient. Quoique l'ensemble d'une telle opération n'exige strictement d'autre mesure linéaire que celle de la base AC, son institution rigoureuse assujettira néanmoins à mesurer aussi, vers
l'autre extrémité de la méridienne, un second côté, BI, BH,
ou IH, afin d'obtenir, par la confrontation de sa valeur concluc
avec sa longueur observée, un moyen décisif d'apprécier le
degré d'exactitude apporté à l'élaboration totale de ce réseau
trigonométrique, composé quelquefois de plusieurs centaines
de triangles, dont les sommets consécutifs ne doivent guère
être distants de plus de deux myriamètres.

Ni la partie astronomique, ni la partie géodésique d'un semblable travail ne pouvaient certainement satisfaire avant les
temps modernes aux conditions suffisantes de sûreté et de pré-

cision, soit en ce qui concerne le perfectionnement des observations angulaires, surtout quant aux réfractions, soit pour le progrès non moins indispensable des théories trigonométriques (1). La
première opération de ce genre qui ait vraiment atteint le but,
et au delà de laquelle il est désormais superflu de remonter,
consiste dans la mesure justement célèbre exécutée par l'esti-
mable astronome Picard, au milieu de l'avant-dernier siècle,
quant au degré du méridien compris entre Paris et Amiens.
Parmi les nombreux travaux ultérieurs, la postérité distinguera
surtout l'immense élaboration accomplie, il y a un demi-siècle,
afin de servir de base à l'admirable système métrique que la
France a construit pour l'usage universel et continu du monde
civilisé. La description spéciale de cette opération capitale par
l'un de ses principaux auteurs a permis de juger combien elle
mérite, à tous égards, d'être finalement érigée en type essentiel
de toutes les entreprises de ce genre, même jusqu'aux minu-
tieuses précautions alors introduites dans la simple estimation
linéaire de la base, qui devait tant influer sur l'ensemble de la
détermination. Il ne peut plus rester ainsi aucune incertitude
grave quant aux vraies dimensions de notre globe, que l'heureuse institution des mesures françaises doit rendre désormais
extrêmement familières.

La tendance naturelle à prolonger de telles opérations et à
les reproduire en divers lieux, dans la seule vue d'en perfectionner et d'en vérifier les résultats, a graduellement introduit,
pendant le siècle dernier, la nouvelle direction fondamentale que
nous devons maintenant apprécier dans l'ensemble de ces recher-

---

(1) Cette double source de l'imperfection nécessaire des opérations accomplies dans l'antiquité se trouve nettement caractérisée par la consécration du
travail qui avait conduit Pythéas à conclure, de certaines observations gnomoniques, une exacte égalité de latitude entre deux villes, Marseille et Byzance,
qui diffèrent, à cet égard, de plus de deux degrés.

ches, comme manifestant la nécessité de changer enfin la conception primitive de l'école d'Alexandrie sur la vraie figure de la terre. Si notre globe était exactement sphérique, le changement de la hauteur du pôle le long d'un même méridien se trouverait toujours strictement proportionnel au chemin parcouru; en d'autres termes, le déplacement propre à faire ainsi varier d'un degré la hauteur du pôle sur l'horizon aurait partout une égale longueur. D'après ce principe évident, la comparaison spontanée des degrés soigneusement mesurés à diverses latitudes devait dévoiler le défaut de parfaite sphéricité, quand on serait parvenu à constater géométriquement quelque inégalité appréciable entre les divers résultats. Puisque les variations de la hauteur du pôle déterminent les inclinaisons mutuelles des horizons consécutifs, ou des tangentes au méridien, on conçoit que, là où les degrés diminuéront, la courbure sera plus prononcée, et moindre, au contraire, là où ils seront plus longs, au lieu de la rigoureuse uniformité sphérique. Mais, quoique les opérations géodésiques, livrées à leurs cours naturel, eussent nécessairement suffi pour dévoiler tôt ou tard le défaut de sphéricité de la terre, cette découverte a été notablement accélérée par les indications rationnelles qui rattachaient une telle notion à la théorie mécanique de la figure du globe, et même par le conflit remarquable qui a longtemps subsisté, à cet égard, entre les conceptions mécaniques et les mesures géométriques. Sans l'impulsion et la stimulation qui en sont résultées, on eût difficilement poursuivi, avec toute la précision convenable, les pénibles et dispendieux travaux qui seuls pouvaient décider géométriquement une telle question, dont la solution, du moins, eût été dès lors très-retardée, vu le peu d'intensité effective de l'inégalité proposée.

Dans la quatrième partie de ce traité, j'indiquerai spécialement les considérations incontestables de mécanique céleste qui ont conduit les géomètres du dix-septième siècle, peu de temps après la mesure initiale du degré de Picard, à penser, *à priori*, que les planètes, en vertu de leur propre rotation, doivent être plus ou moins aplaties à leurs pôles et renflées à leur équateur : pour la terre en particulier, on avait même présumé ainsi que le diamètre polaire devait se trouver inférieur d'environ $\frac{1}{230}$ au diamètre équatorial. Or, les premières opérations géodésiques relatives au prolongement de la méridienne de Picard ont, en effet, manifesté, entre les degrés successifs, une inégalité appréciable, mais en sens inverse de cette prévision théorique : car, en comparant, aux deux extrémités de la France, les longueurs des degrés, ceux du nord semblaient un peu plus courts et ceux du sud un peu plus longs que celui de Paris ; d'où résultait, au contraire, une figure aplatie à l'équateur et renflée aux pôles. L'histoire de la science a présenté dès lors, pendant près d'un demi-siècle, une sorte d'anarchie mathématique, par suite d'une contradiction directe entre les principes et les faits, qui fournissaient aux géomètres et aux astronomes des motifs partiels également plausibles en faveur de leurs opinions opposées. Après de vaines discussions, on sentit, quoiqu'un peu tard, que l'observation pouvait seule décider une telle question, puisque les conjectures des géomètres, quelque rationnelles qu'elles fussent réellement, devaient pourtant céder finalement aux résultats bien constatés de mesures irrécusables : ce que leurs raisonnements mathématiques renfermaient ici de nécessairement hypothétique eût expliqué, sans inconséquence, une telle opposition. Mais, en même temps, il était évident que, pour devenir vraiment décisive, cette exploration géométrique devait être accomplie sur la plus grande échelle possible, en comparant les deux degrés qui doivent différer le plus, le défaut réel de sphéricité de notre globe étant si peu prononcé que son vrai sens ne pouvait se manifester nettement sur un intervalle trop circonscrit. Cet ensemble de motifs détermina enfin la grande opération, à jamais célèbre, qu'exécutèrent, il y a environ un siècle, sous la noble, protection du cardinal de Fleury, premier ministre, les deux groupes d'académiciens français chargés de mesurer les deux degrés extrêmes du méridien, d'une part à l'équateur, d'une autre part aussi près que possible du pôle nord. En comparant leurs résultats, soit entre eux, soit au degré moyen de 57060 toises, trouvé par Picard de Paris à Amiens, cette longue contestation scientifique devait nécessairement se terminer, en manifestant l'inexactitude effective des premières explorations géodésiques ou des premières inspirations mathématiques. L'ensemble de cette double expédition répondit pleinement à sa destination; en trouvant, à Quito, un degré de 56800 toises, tandis que, à Tornéa, il en avait 57400, l'heureuse conjecture des géomètres devint irrécusablement démontrée. Toutes les opérations géodésiques accomplies ensuite, avec tout le soin possible, même sur la partie du méridien qui avait donné lieu à l'erreur primitive des astronomes, ont complétement vérifié cette conclusion générale, désormais inébranlable : le sphéroïde terrestre est certainement un peu aplati aux pôles et renflé à l'équateur.

Dans l'obligation de renoncer enfin à la parfaite sphéricité, l'esprit humain a continué à suivre son inclination naturelle, et pleinement légitime, vers les plus simples hypothèses qui puissent satisfaire à l'ensemble des renseignements obtenus; ce qui correspond, non-seulement au plus précieux droit, mais aussi au plus important devoir, de la logique positive. On persista donc, en compliquant le moins possible la conception primitive, à supposer une exacte égalité entre tous les méridiens, en sorte que la terre demeurât une surface de révolution : seulement, au lieu de les concevoir circulaires, on les considéra comme des ellipses peu excentriques, dont le petit axe commun coïncide avec le diamètre polaire, tandis que le grand axe décrit l'équateur. La comparaison des deux degrés extrêmes déterminerait aisément le rapport de ces deux lignes, comme égal à la racine cubique du rapport inverse de ces degrés: mais la théorie géométrique de l'ellipse permet aussi d'obtenir le même résultat, quoique suivant une loi plus compliquée, de la confrontation moins tranchée entre deux degrés quelconques, exactement mesurés à d'autres latitudes connues, pourvu qu'elles soient suffisamment distinctes. C'est ainsi qu'on a reconnu que l'aplatissement est d'environ $\frac{1}{300}$. Toutes les diverses combinaisons linéaires des nombreuses opérations accomplies, à ce sujet, depuis un siècle, doivent donc conduire finalement à la même valeur de l'aplatissement, sauf les différences relatives à l'erreur possible des observations bien discutées ; ce qui fournit beaucoup de moyens de vérification. Sans qu'il puisse exister, à cet égard, un parfait accord, il reste maintenant certain que la conception de la terre comme un ellipsoïde de révolution, dont l'axe polaire est d'environ $\frac{1}{300}$ plus court que l'axe équatorial, satisfait suffisamment à l'ensemble des phénomènes explorés, et même aussi des diverses indications rationnelles.

Toutefois, il ne faut pas dissimuler que l'extrême précision des comparaisons modernes a déjà dépouillé cette notion du caractère absolu qu'on voulait d'abord lui attribuer, et tend à la réduire à sa véritable nature philosophique, en l'érigeant simplement en une seconde approximation, qui, plus exacte et plus durable que la première approximation sphérique, suffira probablement toujours à nos vrais besoins spéculatifs, quoique aucune d'elles, ni aucune autre quelconque, ne puisse d'ailleurs être la stricte expression d'une figure objective que nous ne pouvons pleinement connaître. Quelques rapprochements très-scrupuleux semblent indiquer, en effet, que les degrés mesurés, à la même latitude, sous des méridiens différents, n'ont pas exactement la même valeur, d'où il résulterait que les méridiens ne sont pas rigoureusement égaux, ou que la terre n'est pas précisément une surface de révolution. En comparant, à cet égard, les deux hémisphères, on paraît aussi trouver certaines différences appréciables entre les degrés correspondants aux latitudes australes et ceux des pareilles latitudes boréales, ce qui indique que les méridiens ne sont pas même des courbes symétriques par rapport à l'équateur. D'un autre côté, les spéculations des géomètres sur la figure nécessaire des astres, bornées d'abord au simple ellipsoïde régulier, se sont étendues, de nos jours, de manière à montrer que plusieurs autres formes, et entre autres l'ellipsoïde irrégulier, convenaient aussi à l'équilibre de ces masses. Mais, outre ce qu'il y aurait d'évidemment prématuré à modifier déjà la conception moderne, quand les faibles anomalies qu'elle n'embrasse pas sont encore à peine dégagées de l'incertitude actuelle des observations, il est très-vraisemblable qu'une plus profonde appréciation spéculative, fondée sur un plus juste sentiment de la vraie portée de nos recherches et de là véritable exigence de nos besoins, déterminera, au contraire, une adhésion plus réfléchie et plus complète à la doctrine de l'ellipsoïde arrondi. Si l'ancienne conception a satisfait, pendant vingt siècles, à l'ensemble de nos nécessités intellectuelles, serait-il possible que la conception moderne, approchant beaucoup plus de la réalité, fût déjà altérée ou renversée un siècle après son entier établissement ? Les modernes qui, à cet égard, comme à tout autre, tendraient encore à l'absolu, seraient certes moins excusables que les anciens qui s'y croyaient parvenus, puisque le spectacle même de ces inévitables mutations scientifiques doit les avoir éclairés spontanément sur la vraie nature de nos saines spéculations. En n'y voyant, en aucun genre, que de simples approximations progressives d'une réalité dont la représentation absolue doit toujours échapper à nos conceptions, on conçoit dès lors que notre inquiétude scientifique doit être réglée, sous ce rapport, par les exigences effectives de nos divers besoins. Or, suivant ce principe, il y a tout lieu de croire que la nécessité de modifier la seconde approximation de la figure de la terre ne se fera jamais réellement sentir, faute de correspondre à aucun phénomène important. Quelque approchée que soit, à beaucoup d'égards, l'hypothèse sphérique, on a dû cependant la changer comme incompatible, d'une part avec les observations prolongées, d'une autre part avec les indications théoriques, mais surtout parce que de grands phénomènes astronomiques, et principalement la précession des équinoxes, se rattachent nécessairement à ce léger défaut de sphéricité. On doit penser, au contraire, que rien d'équivalent ne viendra prescrire le changement ultérieur de l'hypothèse ellipsoïdique. Les atteintes irrécusables que pourrait lui porter le perfectionnement graduel des mesures géodésiques n'aboutiront qu'à faire sentir l'impossibilité d'une détermination absolue de la figure de la terre aux esprits peu philosophiques qui entretiendraient encore, à cet égard, des espérances incompatibles avec la vraie nature de nos recherches positives. Bien loin donc de devoir être prochainement modifiée, comme le pensent aujourd'hui quelques savants trop spéciaux, la doctrine établie, à ce sujet, dans le siècle dernier, ne fera sans doute que s'enraciner plus profondément, à mesure qu'une indispensable discipline philosophique viendra régler sagement une aveugle ardeur de progrès qui, méconnaissant les conditions d'ordre, tendrait déjà, dans les sciences très-avancées, à devenir nécessairement destructive des principales acquisitions antérieures. Ce cas particulier me semble propre à caractériser nettement les dangers inhérents au régime actuel de spécialisation empirique, qui, consacrant indéfiniment une vaine application scientifique en-

vers des sujets essentiellement épuisés, n'aboutirait finalement
qu'à ébranler les plus saines doctrines, en y voulant dépasser
le véritable but de nos spéculations positives. Aucun autre
exemple ne peut mieux éclaircir la conciliation spontanée qui
existe partout entre la nature relative de nos connaissances
réelles et la stabilité de nos conceptions, puisque chaque nouvelle approximation conserve toujours à la précédente ses
vrais attributs primitifs. Dans la stricte rigueur du langage
philosophique, on ne peut dire, en effet, que l'esprit humain
ait abandonné, au dix-huitième siècle, l'ancienne doctrine
scientifique sur la figure de notre planète : car cette doctrine
satisfait encore, et satisfera sans cesse, à moins d'une déformation effective du globe, aux observations qui l'avaient inspirée;
seulement, une exploration plus complète et plus exacte ne
permet pas désormais de représenter l'ensemble des phénomènes
connus sans une conception plus compliquée, qui n'enlèvera
jamais à la première les avantages inhérents à son heureuse
simplicité, pour tous les cas correspondants qui n'exigent point
une grande précision.

CHAPITRE IV.

Étude géométrique des rotations des astres intérieurs.
Détermination préalable des plans de leurs orbites et des durées de leurs
révolutions.

Après avoir suffisamment apprécié les diverses études géométriques auxquelles peut donner lieu chaque corps céleste dans
l'état d'immobilité, il faut maintenant passer aux recherches,
plus étendues et plus difficiles, qui se rapportent directement à
l'état de mouvement, et qui, par cela même, sont seules immédiatement relatives au but général de toute la science astrono-

mique, l'exacte prévision de la situation des divers astres intérieurs à une époque donnée. Mais, en commençant ce principal
sujet, on conçoit aussitôt la nécessité de décider préalablement
une question fondamentale, dont la solution, en l'un ou l'autre
sens, doit essentiellement affecter toute cette nouvelle série de
spéculations, tandis que nous avions pu jusqu'ici la laisser en
suspens, comme n'étant pas indispensable à l'examen des déterminations statiques qui devaient nous occuper d'abord : c'est le
grand problème du mouvement propre de notre planète, qui
doit exercer, par sa nature, une grave influence sur les observations que nous accomplissons d'un tel poste, en altérant notablement notre manière d'apercevoir les positions successives
des autres corps célestes. Nous voici donc parvenus au point de
ne pouvoir retarder davantage cette décision capitale, que les
notions déjà exposées ont maintenant assez préparée, et qui
dominera nécessairement toute la suite de nos études. Cependant, nous pouvons encore ajourner au chapitre suivant l'examen spécial d'un tel sujet, en consacrant celui-ci à un ordre de
recherches astronomiques qui, quoique vraiment dynamiques,
se rapprochent néanmoins, par leur nature, du point de vue
statique propre aux trois chapitres antérieurs ; comme étant,
au fond, essentiellement indépendantes de toute opinion sur le
mouvement de la terre. Il s'agit surtout de l'appréciation géométrique des rotations spéciales des divers astres de notre
monde sur leurs axes intérieurs.

Un corps céleste, comme tout autre, nous offre ordinairement deux mouvements simultanés : l'un, identique pour tous
ses points, transporte collectivement sa masse entière autour de
quelque centre étranger ; l'autre, nécessairement inégal pour
ses diverses parties, les fait tourner à la fois, dans des cercles
différents quoique parallèles, autour d'un même diamètre. Sous
quelque aspect, soit géométrique, soit mécanique, qu'on envi-

sage ces mouvements, leur liaison doit être jugée pleinement
naturelle, tandis que leur séparation, sans être strictement
impossible, est toujours éminemment exceptionnelle, ainsi que
j'aurai lieu de le faire souvent sentir. Mais, quoiqu'il importe beaucoup de se rendre déjà très-familière cette co-existence normale, il est clair que les deux sortes de mouvements
peuvent et même doivent comporter des études distinctes et indépendantes. Quoique la théorie mathématique des rotations soit
justement réputée, dans la mécanique céleste, plus difficile que
celle des translations; il en est tout autrement en géométrie céleste, où l'appréciation des premières doit être naturellement plus
facile, comme radicalement dégagée de la question d'orbite, qui y
constitue le principal embarras de l'examen des autres. Or, cette
étude géométrique des rotations se trouve spontanément indépendante de toute opinion sur le mouvement propre de l'observateur:
elle va constituer ici une transition normale du point de vue essentiellement statique des chapitres précédents au point de vue
pleinement dynamique des chapitres suivants; l'astre n'y est
plus supposé strictement immobile, mais cependant il ne se déplace pas encore.

D'après cette indication générale, on conçoit aisément que,
si l'étude des translations a été réellement ébauchée par les astronomes de l'antiquité, tandis que celle des rotations est uniquement due aux modernes, un tel ordre de développement
historique n'est pas essentiellement résulté des vraies difficultés respectivement inhérentes aux deux sortes de théories
astronomiques : il a tenu uniquement aux diverses exigences
de l'exploration matérielle. En tous temps, les révolutions célestes ont été susceptibles d'observation, tandis que les rotations
ne le sont devenues que depuis l'introduction des lunettes. Si
les anciens eussent été munis d'instruments convenables, l'étude
géométrique des rotations célestes leur eût certainement offert

bien moins d'obstacles essentiels que celle des translations.

La rotation d'un globe inaccessible ne saurait être aucunement appréciée, ni même aperçue, si toutes les parties de sa
surface nous présentaient uniformément le même aspect, puisque nous ne pourrions distinguer réellement les diverses situations que prendrait ainsi chacune d'elles, aussitôt remplacée par
une autre identique. Mais si certains points fixes de cette surface peuvent être nettement définis par des caractères quelconques qui les rendent toujours reconnaissables, l'exacte comparaison de leurs positions successives fournira une base certaine
d'appréciation d'un tel mouvement. Or, tel est, en effet, le cas
de tous nos principaux astres intérieurs, sur lesquels une soigneuse appréciation parvient toujours, avec plus ou moins de
difficulté, à distinguer suffisamment quelques parties remarquables, soit par leur éclat spécial, soit, au contraire, d'après une
plus grande obscurité, soit même seulement à raison de leurs formes respectives ou de leur simple situation mutuelle. Toutefois,
une telle exploration est la plus délicate de toutes celles
qu'exige l'étude positive de notre monde; elle a plus besoin
qu'aucune autre d'une sorte d'éducation spéciale de l'œil, résultée d'un long exercice préalable: sans cette indispensable préparation, on confondrait souvent des parties spécialement mobiles avec celles qui, adhérentes à l'astre, peuvent
seules manifester convenablement sa rotation; et, même
après avoir rempli cette condition fondamentale, on pourrait
encore méconnaître l'identité de la portion indicatrice dans les
positions successives que ce mouvement total lui procure, vu
la diversité des aspects sous lesquels elle s'offre ainsi à l'observateur. Sauf ces grandes difficultés d'inspection, naturellement
augmentées par l'inévitable discontinuité d'un tel spectacle,
l'étude géométrique des rotations célestes comporte une facile
institution mathématique, quand on a pu prendre, avec toute

la précision convenable, les mesures micrométriques qu'elle exige. Car, un cercle étant déterminable par trois points, il suffit, en chaque cas, d'avoir bien observé trois positions suffisamment distinctes de l'indice quelconque de rotation auquel on s'est attaché, pour en conclure géométriquement la situation de l'axe correspondant. On pourrait même, après avoir reconnu l'uniformité de ce mouvement, en découvrir ainsi la période ; puisque, lorsque ce cercle aurait été calculé, le temps écoulé entre deux quelconques des positions observées ferait aussitôt connaître la vitesse angulaire. Mais, à cet égard, il est très-préférable de déterminer directement cette période, en se bornant à observer le temps qui sépare deux apparitions successives du même indice dans la même partie du disque, par exemple, à son bord occidental ou oriental. Quand les difficultés d'exploration pourront être suffisamment surmontées, l'ensemble de cette recherche géométrique offrira d'ailleurs de nombreux moyens de vérification, soit par l'accord des diverses combinaisons ternaires que comporteront toutes les positions appréciables de chaque indice, soit surtout d'après l'exacte convergence des résultats obtenus avec des indices différents, quelquefois très-multipliés. On conçoit, au reste, quelle extrême précision de mesures micrométriques exige une telle élaboration, qui, par sa nature, ne peut reposer que sur les petites différences d'ascension droite et de déclinaison qu'on aura observées entre certains points du disque et son centre. C'est pourquoi le succès doit surtout dépendre de la grandeur effective du diamètre apparent. Aussi la rotation du soleil a-t-elle été étudiée par Galilée, au moins quant à sa durée, dès que le télescope a pu être régulièrement employé en astronomie ; tandis que les rotations des quatre petites planètes, et même celle d'Uranus, ne sont encore nullement connues, pas seulement en ce qui concerne les périodes, qui d'ailleurs, pour tous les autres cas, se trouvent aujourd'hui déterminées avec bien plus de précision, et peut-être de sûreté, que les directions des axes correspondants.

Envisagée dans ses résultats généraux, cette étude géométrique des rotations célestes a d'abord manifesté, partout où l'exploration a pu être complète, l'exacte uniformité de tous ces mouvements, les seuls pleinement uniformes qui existent réellement, et parmi lesquels, en effet, doit se ranger notre type fondamental de l'uniformité, résulté de la rotation de notre propre planète. Quoique ces rotations s'effectuent selon des plans différents, elles nous offrent, en second lieu, une pleine conformité de sens, toutes s'accomplissant de l'ouest à l'est. Leurs axes respectifs doivent être surtout comparés aux plans des orbites correspondantes, afin de déterminer, en chaque cas, l'inclinaison fondamentale, analogue à notre obliquité de l'écliptique, qui doit également diriger, sur une planète quelconque, la distinction effective des saisons et des climats. Sous ce rapport, les divers astres explorés jusqu'ici diffèrent notablement de la terre : les uns, comme Mars, offrent une disposition encore plus défavorable aux conditions d'existence des corps vivants; tandis que d'autres, plus heureux, surtout Jupiter, tournent autour d'axes presque perpendiculaires à leurs orbites.

Quant aux durées des rotations, principaux résultats, à tous égards, de cet ordre de recherches astronomiques, en voici le tableau numérique, qui mesure, pour chaque astre, la grandeur effective des *jours* proprement dits, élément essentiel de la vraie constitution de notre monde.

Le Soleil. . . . . . . 25 jours $\frac{1}{2}$

Mercure. . . . . . . 1 jour (exactement 24 h. 5 m.)

Vénus (1). . . . . . . 23 heures $\frac{1}{3}$

---

(1) Cet astre peut donner lieu à une curieuse remarque historique, très-propre à confirmer nos réflexions générales sur l'extrême difficulté naturelle

$$\text{La Terre.} \ldots \ldots \ldots \text{1 jour}$$
$$\text{Mars.} \ldots \ldots \ldots \text{24 heures } \tfrac{2}{3}$$
$$\text{Jupiter.} \ldots \ldots \text{10 heures}$$
$$\text{Saturne.} \ldots \ldots \text{10 heures } \tfrac{1}{4}$$

Sauf la remarquable lenteur de la rotation solaire, ces nombres ne comportent jusqu'ici aucune relation appréciable, si ce n'est le rapprochement peu décisif indiqué, dans l'avant-dernier chapitre, entre les vitesses qui en résultent et les degrés respectifs d'aplatissement.

Ces déterminations ne sauraient être accomplies envers les satellites, vu l'extrême petitesse de leurs diamètres apparents, excepté pour le seul cas qui nous offre un véritable intérêt, celui de la lune, dont la rotation est aussi pleinement appréciable que celle du soleil ; elle s'accomplit en 27 jours $\tfrac{1}{3}$, autour d'un axe presque perpendiculaire à l'orbite lunaire. Il faut surtout noter, à ce sujet, la parfaite identité qui existe ainsi entre la durée de la rotation de la lune et celle de sa révolution sidérale autour de la terre. Sous ce rapport, la seconde période aurait pu dès longtemps faire prévoir la première, parce qu'un phénomène continu, souvent signalé depuis les Grecs, annonçait essentiellement leur égalité effective : il consiste en ce que la lune tourne toujours vers la terre le même hémisphère, comme l'indique l'invariable retour des mêmes configurations intérieures du disque avec les mêmes phases mensuelles. L'égalité angulaire des deux mouvements peut seule, en effet, maintenir

---

d'une semblable exploration, où d'habiles et scrupuleux observateurs peuvent aisément commettre de graves méprises. Tel fut, au commencement du dernier siècle, le cas de Bianchini, qui, en voulant vérifier l'exacte mesure faite par D. Cassini de la durée de la rotation de Vénus, la rendit environ vingt-quatre fois trop grande, par suite probablement des erreurs inhérentes à la discontinuité nécessaire de ces observations.

une telle permanence , puis quequand l'un d'eux tend à altérer
cette disposition , l'autre doit ainsi la rétablir. Toutefois, cette
compensation naturelle ne saurait être parfaitement exacte, soit
en vertu du faible écartement entre l'orbite et l'équateur lunaire, soit surtout à raison des variations périodiques de la
vitesse de circulation, alternativement un peu inférieure
et supérieure à la vitesse constante de rotation. L'ensemble
des petites inégalités qui en résultent constitue la *libration*
de la lune, caractérisée surtout par les oscillations secondaires qu'éprouve ainsi la configuration fondamentale du
disque ; où se montrent et disparaissent tour à tour les parties de l'hémisphère invisible assez voisines du cercle de séparation. .

Si cette remarquable égalité angulaire des deux mouvements
lunaires était érigée en loi générale envers tous les satellites,
conjecture que les considérations de mécanique céleste semblent
autoriser, comme je l'indiquerai plus tard , nous aurions aussitôt une exacte connaissance indirecte des périodes propres aux
rotations de tous ces corps.

Pour compléter ici l'ensemble des déterminations dynamiques
de la géométrie céleste qui sont essentiellement indépendantes
de la grande question du mouvement de la terre, il convient d'y
joindre, après l'étude fondamentale des rotations, l'appréciation des plans des orbites et des temps périodiques correspondants, abstraction faite de toute opinion sur les lois qui doivent
être substituées à l'hypothèse primitive du mouvement circulaire et uniforme. Quand nous serons parvenus à traiter intégralement, selon sa vraie nature géométrique, le problème
général des translations planétaires , cette double détermination
s'y trouvera, sans doute, naturellement comprise. Mais, comme
elle en peut aussi être réellement détachée, je crois devoir la
considérer maintenant sous cet aspect préalable , afin de mieux

caractériser, conformément à la marche historique de la géo·
métrie céleste, une recherche susceptible de solution satisfaisante avant l'élaboration décisive du nœud fondamental de
l'astronomie moderne.

·· Un plan étant déterminé d'après trois points, l'étude des
orbites planétaires, envisagées seulement quant à leurs plans
respectifs, constitue une question géométrique fort analogue au
précédent problème des rotations, mais heureusement· dispensée, par sa nature beaucoup mieux tranchée, de l'extrême délicatesse d'exploration qui était alors ·prescrite. ·Des calculs de
même·espèce reposeront ici sur l'estimation directe des coordonnées astronomiques de la planète dans trois positions suffisamment distinctes. Il faudra donc, pour chacune d'elles, me·
surer soigneusement l'ascension ·droite et la déclinaison, en y
joignant aussi la distance correspondante, à moins que l'observateur ne se·trouvât dans le plan cherché, ce qui n'arrive exactement qu'envers la lune et le soleil. Si, comme on doit le supposer presque toujours, la moyenne distance est préalablement
connue, il suffira, sous ce rapport, des mesures· comparatives
·du diamètre apparent, afin d'éviter la nécessité de combiner
les observations faites en divers lieux. L'opération comportera
d'ailleurs de nombreuses vérifications, de même que pour les
rotations, par la convergence finale des diverses combinaisons
ternaires que permet l'ensemble des positions bien observées.
On dirigera ces calculs vers la détermination des deux angles
qui servent habituellement à définir le plan de chaque orbite,
savoir son inclinaison sur l'écliptique, et celle de son intersection avec ce plan ·sur la ligne équinoxiale; ce second angle se
nomme communément la longitude du nœud.

Quant à la durée de chaque révolution, on ne pourrait la
déduire exactement de cette observation partielle que d'après
les véritables lois géométriques du mouvement des planètes,

comme nous le ferons plus tard. Mais ces temps peuvent aussi être aisément déterminés, plus sûrement même que par aucune autre voie, d'après l'exploration effective d'une révolution entière, ou, mieux encore, d'un grand nombre de révolutions accomplies ; ce qui se réduit à compter soigneusement les jours et heures qui séparent les divers retours de l'astre intérieur à un même astre extérieur, ou, plus précisément, aux mêmes coordonnées angulaires.

Je dois ici renvoyer aux recueils spéciaux en ce qui concerne les valeurs très-diverses, et d'ailleurs plus ou moins variables, de la longitude du nœud pour les différentes planètes, en remarquant seulement que toutes les lignes des nœuds se coupent toujours au centre du soleil, qui appartient donc également aux plans de toutes les orbites. Quant aux inclinaisons, d'ailleurs presque constantes, il importe de noter qu'elles sont, en général, très-faibles ; c'est-à-dire, que les révolutions planétaires, toutes accomplies d'occident en orient, s'effectuent dans des plans peu différents de l'écliptique, et moins encore de l'équateur solaire. Parmi les planètes connues de tout temps, Mercure est celle dont l'orbite s'écarte le plus de notre écliptique, et pourtant l'inclinaison ne dépasse pas 7°. Quant à Uranus, elle se trouve au-dessous d'un degré. Mais les planètes récemment découvertes entre Mars et Jupiter ont offert, à cet égard, comme à plusieurs autres, quelques anomalies prononcées : pour Pallas surtout, la plus petite d'entre elles, l'inclinaison excède 34°.

Voici maintenant le tableau numérique des temps périodiques propres aux différentes planètes, dont ils représentent les *années* respectives, encore plus indispensables à retenir que les *jours* ci-dessus rapportés, afin de se former une juste idée élémentaire de la constitution dynamique de notre monde.

Mercure.	3 mois	
Vénus.	7 mois $\frac{1}{2}$	
La Terre.	1 an	
Mars.	23 mois	
Vesta.	3 ans $\frac{2}{3}$	
Junon.	4 ans $\frac{1}{3}$	
Cérès ⎫ Pallas ⎬ (1). . . .	4 ans $\frac{2}{3}$. .	Cérès . . 1681^{jours}, 5 Pallas . . 1681^{jours}, 7
Jupiter.	12 ans	
Saturne.	29 ans $\frac{1}{3}$	
Uranus.	84 ans	

Envers ce nouvel élément de la statistique planétaire, il importe de signaler déjà une remarque essentielle, que nous rattacherons plus tard à l'une des trois lois fondamentales de la géométrie céleste. Nos trois autres colonnes de nombres astronomiques, statiques ou dynamiques, ne nous ont offert aucune relation mutuelle. Mais, au premier aspect du tableau précédent, et d'après sa seule disposition suivant l'ordre des distances au soleil, on doit sentir qu'il existe, au contraire, une liaison régulière entre ces temps périodiques et les moyennes distances correspondantes, puisque les révolutions deviennent évidemment d'autant plus lentes qu'elles s'accomplissent plus loin de l'astre central. Sans que ce soit ici le lieu d'expliquer

---

(1) On voit que les quatre planètes télescopiques présentent aussi, entre leurs temps périodiques, la conformité remarquable qui, manifestée d'abord par leurs moyennes distances, a suscité l'ingénieuse conjecture d'Olbers sur leur réunion antérieure. Cérès et Pallas, qui déjà se ressemblaient plus spécialement sous l'un des aspects, coïncident aussi tellement sous l'autre, qu'il a fallu ici, pour distinguer les deux astres, rapporter exceptionellement les déterminations précises, qui font seulement différer de quelques heures ces deux lentes révolutions.

exactement la loi numérique d'un tel accroissement, il faut
pourtant noter déjà qu'il est toujours plus rapide que celui des
distances, en sorte que les vitesses moyennes des planètes diminuent constamment à mesure qu'on s'éloigne du soleil. La
comparaison de Saturne à Uranus rend surtout très-saillante
cette remarque générale, puisque cette dernière planète est
seulement deux fois plus lointaine que l'autre, tandis que son
temps périodique excède notablement le double du premier.

Il serait superflu de rapporter ici les tableaux analogues qui
concernent les satellites, envers lesquels on consultera, au
besoin, les recueils spéciaux. La seule de ces révolutions que le
lecteur doive se rendre familière, celle de la lune, s'accomplit
dans un plan incliné d'environ 5° sur l'écliptique : sa période
($27^{\text{jours}} \frac{1}{3}$), qu'il ne faut pas confondre avec celle des phases lunaires, a déjà été implicitement signalée ci-dessus, comme
égale à la durée de la rotation correspondante.

CHAPITRE V.

Appréciation isolée du mouvement de rotation de la terre.

La conception fondamentale du double mouvement de notre
planète a naturellement constitué la principale crise du développement de l'astronomie moderne, qui, après avoir enfin
franchi ce pas décisif, a beaucoup plus avancé dans le cours de
deux siècles que pendant la longue suite de tous les temps
antérieurs. Comme chaque évolution individuelle doit nécessairement reproduire toutes les phases essentielles propres à
l'évolution collective de l'esprit humain, une exposition philosophique de la science céleste doit accorder une place distincte

et considérable à l'examen direct d'une question aussi capitale, soit en elle-même, soit par ses conséquences astronomiques. Nous consacrerons donc à une telle appréciation, outre le chapitre actuel, les deux chapitres suivants. D'après sa réaction naturelle sur le système total des notions astronomiques, tant mécaniques que géométriques, on peut aujourd'hui affirmer, sans aucune exagération, que chaque partie quelconque de l'astronomie concourt spécialement à démontrer la réalité de cette doctrine fondamentale; en sorte que l'ensemble de ses preuves ne peut être complétement apprécié par chacun qu'en opérant spontanément, sous cet aspect, une sorte de révision générale de la science céleste. Il faut donc nous borner ici, sur ce sujet, aux divers ordres de considérations qui ont surtout déterminé la conviction définitive des astronomes, sauf à faire ensuite sentir graduellement l'intime connexité d'une telle conception avec tout le reste de notre exposition.

Pour faciliter cette démonstration décisive, il convient d'envisager séparément les deux mouvements simultanés, en consacrant le présent chapitre à la seule rotation journalière, et les deux suivants à la révolution annuelle. Cette division naturelle ne constitue point un simple artifice didactique; elle représente, historiquement, une phase passagère, trop oubliée aujourd'hui, mais qui d'abord prépara utilement l'admission finale de la doctrine copernicienne. On peut, en effet, nettement observer, en cette grande occasion, la tendance naturelle et constante de notre intelligence, dans les principales révolutions de nos doctrines, à ne s'occuper de construire des conceptions intermédiaires qu'après avoir convenablement saisi la nouvelle théorie définitive vers laquelle il s'agit ensuite d'organiser une transition suffisamment graduelle. Tel fut, à l'insu même de son auteur, l'office, passager mais indispensable, de l'hypothèse, d'ailleurs si peu philosophique, imaginée par Tycho-Brahé pour combattre celle de Copernic, et qui n'aboutit réellement qu'à en faciliter l'admission universelle : car, en faisant tourner autour du soleil toutes les planètes sauf la nôtre, Tycho habituait les esprits à rapporter finalement les mouvements célestes à leur véritable centre; et, quoiqu'il eût conservé l'immobilité de la Terre, la discussion décisive de cette antique conception se trouvait ainsi notablement simplifiée. Quelle qu'ait été néanmoins l'efficacité naturelle de cette opinion transitoire, l'histoire nous apprend qu'elle n'a pas entièrement suffi pour effectuer le passage. Notre intelligence répugne tellement à tout brusque changement de ses conceptions habituelles, que, entre cette hypothèse intermédiaire de Tycho-Brahé et la doctrine nouvelle de Copernic, elle a historiquement employé, pendant une génération environ, un système moyen, encore plus rapproché de l'état final. C'est celui qu'imagina le plus illustre élève de Tycho, son compatriote Longomontanus, qui admit, malgré son maître, la rotation journalière de la terre, en persistant à nier avec lui sa révolution annuelle. On ne peut douter que cette dernière intercalation logique n'ait beaucoup facilité, au commencement du XVIIe siècle, l'établissement de la conception copernicienne. Il est donc très-convenable de s'arrêter, dans ce chapitre, à l'appréciation isolée des preuves relatives au mouvement diurne, en écartant d'abord tout ce qui concerne le mouvement actuel, pour caractériser essentiellement cette phase passagère de l'évolution moderne.

Toutefois, en poursuivant ce premier examen, il importe de sentir que, par sa nature, il ne saurait comprendre l'ensemble des motifs qui constatent finalement la réalité de la rotation terrestre, laquelle se trouvera ensuite fondée aussi, d'une manière décisive quoique indirecte, sur la démonstration propre de la révolution annuelle, vu la convexité nécessaire des deux mouvements. Leur liaison naturelle ne se borne point ici, en effet, à la coexistence habituelle qui, envers un astre quelconque, nous conduit justement à présumer l'un d'après l'autre. Mais, en outre, il est clair que, pour notre globe en particulier, on ne saurait admettre sa circulation annuelle autour du soleil sans devoir aussitôt reconnaître sa rotation diurne sur son axe, quoique l'inverse ait été logiquement possible ; car, il y aurait une contradiction manifeste à faire à la fois tourner annuellement la terre autour du soleil, et journellement l'ensemble du ciel autour de la terre. Ainsi le présent chapitre ne pourra, par sa nature, contenir qu'une partie des preuves de la rotation terrestre, puisque nous n'y devons considérer que celles qui sont indépendantes de la révolution annuelle, dont la démonstration ultérieure fortifiera indirectement ces premières conclusions, où nous reproduisons momentanément la phase mentale de Longomontanus.

Dans cette grande discussion, il faut d'abord reconnaître l'insuffisance logique de toutes les apparences ordinaires pour décider la question en un sens quelconque, parce qu'elles doivent également résulter des deux hypothèses. La rotation journalière de notre globe, de l'ouest à l'est, autour de son axe polaire, doit, en effet, produire, sur chaque horizon, le déplacement inverse que nos sens attribuent à la sphère céleste : les mêmes lois géométriques lieront toujours, envers un astre quelconque, sa distance actuelle au zénith et l'angle horaire correspondant, soit que, pendant le cours journalier, l'astre se rapproche du zénith et son plan horaire du méridien local, ou que, au contraire, ce zénith et ce méridien se rapprochent de l'astre immobile. C'est pourquoi la doctrine de Copernic n'a dû apporter aucun changement aux calculs élémentaires usités jusqu'alors pour les phénomènes fondamentaux du mouvement diurne : tout se réduirait, sous ce rapport, à de simples rectifications de langage, où les passages d'un astre à l'horizon ou au méridien seraient désormais désignés comme les passages de chacun de ces plans par l'astre, ce qui, dès lors, devient même inutile à spécifier habituellement. Ainsi, le mouvement journalier peut n'être qu'une simple illusion, pleinement analogue à celle que nous offrent communément les objets fixes devant lesquels nous passons avec une grande vitesse, et cette apparence sera néanmoins assujettie nécessairement aux mêmes lois géométriques que si elle était réelle. En second lieu, on ne peut davantage arguer contre le mouvement de la terre de notre absence totale de sensation à ce sujet. Car, il est clair, en général, que toutes nos impressions sont purement comparatives, et que nous n'avons aucun moyen de sentir notre participation à un effet continu, dont le degré est invariable. On peut dire, à la vérité, que la vitesse résultée de la rotation terrestre varie nécessairement d'un point à un autre de la surface, proportion- nellement à la distance à l'axe, puisque tous les points décri- vent ainsi simultanément des cercles inégaux : cette vitesse, par exemple, est moitié moindre à Pétersbourg qu'à l'équateur. Si donc il était possible que le spectateur, habitué à une certaine vitesse locale, fût subitement transporté à une latitude très- différente, on pourrait espérer qu'il devrait sentir ce change- ment. Mais, outre la lenteur nécessaire d'un tel trajet, qui ne pourrait donc déterminer qu'une immense suite de changements graduels, et dès lors imperceptibles, il faut surtout considérer que la vitesse résultée de la seule rotation terrestre ne constitue qu'une faible fraction de celle due, en chaque lieu, au mouve- ment total de notre globe ; car, la révolution annuelle, quoique sa période soit 365 fois plus longue, se trouve réellement 66 fois plus rapide que la rotation journalière, comme faisant décrire un cercle 24000 fois plus grand. Or, cette vitesse pré- pondérante étant, par sa nature, essentiellement la même pour tous les points du globe, on voit que toutes les variations pro-

pres à ceux-ci ne peuvent affecter que la 67ᵉ partie de la vitesse
totale : en sorte que, quand même on les supposerait subitement produites, il n'en devrait résulter aucune sensation réelle.
Ainsi, la non-perception de notre mouvement n'a pas plus de
validité logique contre la doctrine copernicienne, que l'apparence de la rotation journalière du ciel. Nous ne pouvons décider, entre les deux hypothèses, que d'après leur aptitude comparative à représenter convenablement l'ensemble des phénomènes appréciables. Réduite à ces termes, la question de la rotation terrestre ne saurait rester longtemps indécise, d'après
les diverses données incontestables obtenues, dans les chapitres
précédents, sur les distances et les dimensions des corps célestes.

En jugeant aujourd'hui l'antique conception astronomique,
on oublie trop que les graves erreurs relatives à la partie dynamique de la géométrie céleste s'y trouvaient naturellement en
harmonie essentielle avec des aberrations statiques, qui durent
être longtemps inévitables. On doit, en effet, remarquer que,
faute d'aucune détermination mathématique, même grossière,
les anciens ont toujours supposé les astres très-rapprochés, et,
par suite, forts petits; en sorte que le diamètre de notre globe
était ainsi regardé comme extrêmement supérieur à leurs distances, et à leurs dimensions (1) quelconques. Il était donc très-
naturel, ou plutôt inévitable, de consacrer alors l'immobilité

-----

(1) Deux faits suffiront ici à bien caractériser la persistance et l'universalité
d'une telle opinion. Pour avoir osé concevoir le soleil comme plus grand que le
Péloponèse, le philosophe Anaxagore essuya une dangereuse persécution, dont
toute la puissance de Périclès put à peine le garantir. Environ deux siècles
après, la secte entière des épicuriens, malgré son émancipation métaphysique,
posait en dogme essentiel, consacré ensuite par le poëme de Lucrèce, que les
astres ne sont pas plus distants ni plus étendus que ne l'indique l'apparence vulgaire.

de cette immense massé centrale, en faisant circuler autour
d'elle une sphère céleste composée de corps très-petits et peu
éloignés. Les connaissances exactes des modernes sur les distances et les dimensions des astres ont entièrement renversé cette
conception initiale, en montrant, par d'incontestables opérations géométriques, que le rayon terrestre est, au contraire,
une faible fraction de ceux de la plupart des astres intérieurs,
encore plus de leurs divers écartements, et qu'il devient enfin
totalement inappréciable en comparaison de l'éloignement des
étoiles, même sans supposer celles-ci aussi lointaines que nous
l'a indiqué le mouvement de la terre. On peut dès lors regarder
la rotation terrestre comme constatée d'abord par le simple contraste décisif qui résulte de cet ensemble de renseignements
statiques entre les deux manières opposées de concevoir les phénomènes élémentaires du mouvement diurne. En effet, la doctrine nouvelle les explique aisément en attribuant à chaque
point de notre globe une vitesse très-médiocre, dont le maximum, à l'équateur, est d'un peu moins de 470 mètres par seconde, ou presqu'égale à la vitesse initiale résultée souvent de
l'explosion de la poudre à canon. Pour nier ce simple mouvement, on se trouve forcé d'accorder à des masses bien supérieures diverses vitesses beaucoup plus grandes ; l'énorme globe solaire devra, par exemple, se mouvoir 24000 fois plus rapidement, et Jupiter ou Saturne encore davantage : quant à l'immense multitude des étoiles, l'accroissement deviendra incal-
culable. L'appréciation mécanique fait encore mieux ressortir
que la pure comparaison géométrique toute l'efficacité logique
d'un tel contraste, en opposant le monstrueux effort que devrait ainsi exercer notre petit globe pour contenir la pro-
digieuse force centrifuge de tous ces grands corps, à la facile
prépondérance de la pesanteur et de la cohésion sur la minime force centrifuge résultée de la rotation terrestre, et qui

n'est, même à l'équateur, que la 289° partie de la gravité.

A cette première considération générale, l'ensemble des notions astronomiques en joint spontanément une seconde, qui,
convenablement pesée, concourt avec non moins d'énergie à la
même conclusion, en faisant sentir combien l'indépendance effective des divers astres intérieurs est contraire à la solidarité mutuelle qu'exigerait entre eux l'immobilité de la terre. L'existence des mouvements propres constate clairement que tous ces
astres ne sont point adhérents, et dès lors on ne peut aucunement expliquer leur invariable accord à circuler journellement
autour de l'axe terrestre dans des parallèles si différents. Malgré
la fiction pénible, quoique ingénieuse, des sphères cristallines,
les anciens ne sont jamais parvenus à rendre vraiment intelligible la conciliation permanente des divers mouvements particuliers aux planètes et aux satellites avec le mouvement fondamental de toute la sphère étoilée. Toutefois, quand Tycho-Bra-
ché a définitivement érigé les comètes en véritables astres, il a
involontairement fourni, à cet égard, le germe d'une argumentation encore plus irrésistible, d'après la judicieuse remarque de Fontenelle. Car, lorsque ces corps ont été reconnus assujettis à des orbites fort excentriques, qui leur font successivement parcourir presque toutes les régions planétaires, cette antique hypothèse des cieux solides est devenue directement contraire au cours allongé de ces nouveaux astres, qui tendaient dès
lors à casser un tel univers, suivant l'heureuse expression de
ce philosophe.

La combinaison spontanée de ces deux ordres généraux de
motifs astronomiques comporte, évidemment, une telle efficacité logique, que l'on doit aujourd'hui s'étonner d'abord de ne
pas trouver l'hypothèse de la rotation terrestre unanimement
préférée par les juges compétents, aussitôt que les modernes
ont obtenu une première approximation mathématique, même

grossièrement ébauchée, des distances et des dimensions célestes. Ce retard serait, en effet, historiquement inexplicable, s'il
n'eût été nécessairement lié à une autre crise spéculative, que
la prépondérance du régime métaphysique a longtemps ajour-
née. La plupart des astronomes de la fin du seizième siècle ont
bientôt reconnu l'aptitude très-supérieure du principe copernicien à expliquer géométriquement l'ensemble des phénomènes
du mouvement diurne. Mais ils ne pouvaient néanmoins admettre sa réalité, tant il devait leur sembler radicalement inconci-
liable avec les mouvements effectifs des corps terrestres, d'après
l'ignorance totale que le régime métaphysique a tant prolongée
sur les lois fondamentales de la dynamique, dont la découverte
est essentiellement due au grand Galilée. Alors, en effet, tous
les philosophes étaient convaincus, contre les plus évidents témoignages, qu'un tel mouvement total de la terre altérerait
nécessairement les mouvements partiels qui s'accomplissent à sa
surface, et surtout la chute habituelle des corps pesants. Les
préjugés ontologiques exerçaient une telle fascination, que l'on
admettait, comme assez incontestable pour ne devoir pas même
consulter l'expérience, cette assertion radicalement fausse : en
laissant choir une balle du haut d'un mât, dans un vaisseau en
mouvement, elle ne tombe pas au pied du mât, mais à une certaine distance en arrière, égale au chemin parcouru par le navire pendant cette chute. Pour sentir suffisamment la prépondérance d'une telle aberration, et combien elle empêchait toute
discussion décisive à cet égard, il convient d'ajouter, suivant la
juste remarque historique de Delambre, que les partisans de Copernic ne contestaient pas plus que ses adversaires la réalité de
cette proposition, dont ils s'efforçaient seulement d'éluder l'irrésistible portée logique en accumulant de misérables sophismes
sur la prétendue diversité des deux cas du vaisseau et de la
terre. Il était donc impossible d'admettre réellement la doc-

trine copernicienne, jusqu'à ce que Galilée, en dévoilant enfin les vraies lois fondamentales du mouvement, eût démontré que, malgré la rotation terrestre, la pierre qu'on laisse choir du haut d'une tour doit tomber au pied de l'édifice, comme si la terre était immobile , et non se trouver déviée vers l'ouest d'une quantité égale au chemin simultané de ce point du globe. Ce n'est pas ici le lieu d'ailleurs d'insister davantage sur cette grande notion dynamique, que j'aurai l'occasion naturelle de considérer spécialement, en commençant la dernière partie de ce traité. Nous devons maintenant nous borner à sentir comment elle a spontanément écarté, par un indispensable éclaircissement, la seule objection fondamentale qui s'opposât à la prépondérance de la doctrine copernicienne, dont l'adoption définitive, ainsi due principalement à Galilée, a fait dès lors de très-rapides progrès.

Outre les preuves astronomiques du mouvement journalier de notre globe considéré isolément, il en comporte aussi de terrestres, fondées sur l'inégalité nécessaire entre les vitesses simultanées qu'il procure aux divers points de la surface. En considérant d'abord les diversités relatives à un même lieu, dans toute l'étendue de la verticale correspondante, on a très-heureusement tenté de faire concourir à la démonstration mathématique de cette rotation, les phénomènes de chute qui avaient si longtemps entravé son admission; car, le sommet d'une tour décrivant ainsi un plus grand cercle que le pied, l'excès de vitesse qui en résulte doit, en effet, suivant la loi de Galilée, faire tomber le corps un peu à l'est du pied de l'édifice : cette déviation déterminée équivaut, évidemment, au chemin parcouru, en vertu de cette vitesse relative, pendant la durée de la chute. Tout étant ici rigoureusement fixé, une telle expérience a donné l'espoir de constater, indépendamment des indications célestes, la réalité de la rotation terrestre. Mais un

calcul facile démontre malheureusement que nos plus grands
édifices ne peuvent produire, à cet égard, que des déviations
trop petites pour devenir suffisamment appréciables, même à
l'équateur, où elles atteindraient leur maximum : la petite
impulsion horizontale qu'on peut difficilement éviter d'imprimer au corps, en le laissant choir, tend à produire un écartement presque aussi considérable que celui qu'il s'agit de constater. Il n'y a donc pas lieu de s'étouner que les diverses expériences tentées, à cet égard, au commencement de notre siècle,
en Italie, en Hollande, en France, etc., n'aient pas obtenu,
malgré d'extrêmes précautions et de favorables circonstances,
tout le succès désiré ; néanmoins on a généralement constaté
ainsi une déviation orientale, quoique sa quantité, qui ne pouvait guère dépasser quelques millimètres, ne se soit jamais
trouvée exactement conforme à une telle prévision mathématique.

C'est surtout d'après les différences beaucoup plus prononcées que comporte horizontalement la vitesse de rotation des
diverses points du globe, que le mouvement diurne de notre
planète a pu jusqu'ici être directement constaté par une exploration purement terrestre. Le principe de cette appréciation
résulte de l'inégalité nécessaire de la force centrifuge ainsi procurée à nos divers parallèles, proportionnellement à leurs
rayons respectifs, comme j'aurai lieu de l'expliquer plus tard.
Mais, malheureusement, ces notables diversités ne nous sont
pas immédiatement sensibles : nous ne pouvons observer que
celles, bien moins tranchées, qu'éprouve ainsi l'antagonisme
partiel de la pesanteur avec la force centrifuge, qui n'en constitue jamais qu'une faible fraction. Je reviendrai naturellement, dans la dernière partie de ce traité, sur le mode essentiel de manifestation d'une telle influence, qui ne saurait devenir bien observable que d'après une comparaison très-précise

entre les vraies longueurs du pendule à secondes aux diverses latitudes. Nous reconnaîtrons même alors que ces variations, dont l'étendue totale ne dépasse pas trois millimètres, proviennent, en partie, d'une autre source, à la vérité moins puissante, qu'il faut d'abord défalquer pour mesurer la véritable part de l'inégale force centrifuge. Toutefois, quelque délicate que doive être une telle appréciation, on peut aujourd'hui affirmer que les nombreuses expériences accomplies, depuis près de deux siècles, et que les navigateurs multiplient journellement, sur la longueur comparative du pendule à secondes en divers points du globe, contiennent autant de témoignages terrestres, peu prononcés, mais pourtant irrécusables, de la réalité de notre rotation diurne, déjà si bien démontrée par l'ensemble des considérations célestes.

CHAPITRE VI.

Preuves préliminaires du mouvement annuel de la terre, déduites: 1o de la précession des équinoxes, et de la nutation de l'axe terrestre ; 2o des rétrogradations et stations planétaires.

La discussion relative à la révolution annuelle de la terre doit d'abord être dégagée, comme envers la rotation diurne, de toute argumentation directement fondée sur les apparences ordinaires, que peuvent également représenter les deux hypothèses opposées. Car, le rayon visuel mené de la terre au soleil aura toujours une pareille direction, et aboutira successivement aux mêmes étoiles immobiles, soit que le soleil circule, en effet, autour de la terre fixe, ou que celle-ci, au contraire, décrive, dans le même sens, l'écliptique, dont le soleil occupe le centre; pourvu seulement qu'on attribue ainsi des positions inverses aux points de départ respectifs de l'astre mobile. Or cette dernière condition n'oblige réellement qu'à concevoir assez lointain l'ensemble d'astres extérieurs qui forme le fond du tableau planétaire, pour qu'il devienne indifférent d'y viser du centre de l'écliptique ou de sa circonférence. Quant à la conciliation fondamentale entre la révolution annuelle et la rotation journalière, il a suffi à Copernic de regarder, en outre, l'axe terrestre comme transporté parallèlement autour du soleil, sous un angle constant de 66° ½ avec le plan de l'écliptique; de manière à correspondre toujours aux mêmes étoiles pendant tout le trajet annuel. D'après ces conditions indispensables, qu'on peut aisément se rendre familières, on n'éprouvera aucune difficulté à adapter à la doctrine copernicienne nos explications primitives sur la théorie des saisons, et par suite des climats, où l'on pourra continuer à supposer d'abord que le mouvement annuel est circulaire et uniforme, ce qui suffit essentiellement en un tel sujet. Si l'on néglige le déplacement du centre de la terre sur l'écliptique pendant la durée d'une rotation journalière, la droite menée de ce centre au soleil représentera chaque jour la direction fixe des rayons solaires pour l'ensemble du globe, sur la surface duquel le cercle de séparation entre l'hémisphère éclairé et l'hémisphère obscur sera continuellement déterminé par un plan perpendiculaire à cette ligne, ou, en d'autres termes, conduit, perpendiculairement à l'écliptique, suivant la direction tangentielle correspondante du mouvement annuel. Les durées respectives du jour et de la nuit seront toujours et partout proportionnelles aux deux arcs que ce plan mobile déterminera sur chaque parallèle local. Il diviserait tous ces cercles en deux parties constamment égales, si l'axe terrestre était perpendiculaire à l'écliptique. Mais, vu l'obliquité de la rotation, cette égalité n'aura lieu que quand le rayon solaire deviendra perpendiculaire à la projection de l'axe sur l'écliptique, de manière à faire passer le plan de l'équateur par le soleil ; ce qui déterminera, pour l'ensemble du globe, les jours et les points équinoxiaux. Quand, au contraire, le rayon solaire coïncidera avec la direction constante de cette projection, le plan qui sépare ces deux hémisphères sera le plus écarté possible de l'axe terrestre, alors incliné sur lui de 23° $\frac{1}{2}$, et le cercle correspondant coupera nos différents parallèles suivant la plus inégale proportion, d'ailleurs d'autant plus prononcée envers chacun d'eux, qu'il se trouvera plus éloigné de l'équateur : on caractérisera ainsi les jours et les points solsticiaux. Aux diverses époques intermédiaires, ce cercle variable formera toujours avec l'axe un angle égal à l'inclinaison du rayon solaire sur le plan de l'équateur, c'est-à-dire à ce que nous avions nommé jusqu'ici la *déclinaison* du soleil, laquelle déterminera donc la direction journalière d'un tel cercle, d'où l'on déduira ensuite, pour chaque latitude, suivant le principe précédent, la durée correspondante du jour ou de la nuit. Tous ces calculs s'accompliront aussi de la même manière que dans l'ancienne doctrine astronomique, sans qu'il convienne ici d'insister davantage sur une telle transformation géométrique, où les triangles sphériques primitifs se trouveront naturellement remplacés par des angles trièdres finalement équivalents. Les explications relatives aux climats deviendront ensuite encore plus faciles à transformer, en considérant, pour la région équatoriale de chaque hémisphère terrestre, le rayon solaire, et pour la région polaire, le cercle perpendiculaire à ce rayon : quant à l'opposition constante des saisons entre les deux moitiés, boréale et australe, de notre globe, elle résulte aussitôt du contraste évident des deux angles toujours supplémentaires formés par le rayon solaire avec les deux moitiés correspondantes de l'axe, l'une penchée vers le soleil, l'autre en sens contraire.

En écartant désormais ces considérations préalables, comme

également impropres à constater le mouvement ou l'immobilité de la terre, il faut donc choisir maintenant, entre les deux hypothèses, d'après leur aptitude respective à représenter l'ensemble des phénomènes astronomiques. D'abord, la vraie position de la question suffirait seule pour constituer une très-forte présomption logique en faveur de la doctrine copernicienne. Car, l'ancienne doctrine n'étant plus réellement discutable qu'avec l'amendement radical de Tycho-Brahé, la nature de cette modification indique assez que l'immobilité exceptionnelle ainsi conservée à notre planète, pendant que toutes les autres circulent autour du soleil, n'a de source véritable que la propre situation du contemplateur qui, placé sur tout autre astre, lui eût probablement attribué, à son tour, un tel privilége exclusif. La puissance logique d'une semblable appréciation a dû surtout devenir presque irrésistible, aussitôt que les astronomes ont admis l'hypothèse intermédiaire de Longomontanus, en adoptant la rotation terrestre, par les motifs indiqués au chapitre précédent, quand Galilée eut radicalement détruit la seule objection fondamentale. Mais cette marche naturelle de notre intelligence n'eût pas suffi néanmoins pour accomplir et consolider la grande réforme astronomique, si d'importants phénomènes célestes n'avaient été beaucoup plus conciliables avec la nouvelle conception qu'avec l'ancienne. Nous devons considérer ici les notions spéciales qui ont, en effet, déterminé la conviction définitive des astronomes. Le chapitre suivant sera entièrement consacré à la classe de phénomènes qui, pleinement expliquée d'après le mouvement de la terre, est essentiellement incompatible avec son immobilité, et d'où résulte finalement une démonstration vraiment mathématique de la doctrine copernicienne. Toutefois, cette doctrine ayant historiquement prévalu, avec presque autant d'unanimité que de nos jours, avant que cette dernière démonstration pût être établie, il faut bien que les notions antérieures aient suffi pour décider la question, quoiqu'on ait dû être ensuite disposé à méconnaître leur efficacité logique, quand on a possédé des considérations encore plus décisives. C'est pourquoi le chapitre actuel doit être consacré à apprécier, sous cet aspect, les deux ordres de phénomènes généraux, connus de tout temps, qui ont d'abord servi de base à la principale argumentation copernicienne, et dont la connaissance est d'ailleurs indispensable au lecteur.

La première classe se rapporte à ce qu'on nomme la précession des équinoxes, complétée par la nutation de l'axe terrestre.

Dans le dernier chapitre de la partie précédente, nous avons étudié la formation d'un catalogue d'étoiles, comme instrument fondamental de l'exploration planétaire, en supposant invariables les deux coordonnées angulaires qui s'y trouvent assignées à chaque astre extérieur. Mais nous devons maintenant étudier les variations continues, quoique très-lentes, auxquelles ces éléments géométriques sont assujettis, et qui deviennent fort sensibles en comparant, à deux époques suffisamment éloignées, leurs déterminations effectives. L'extrême imperfection des mesures anciennes n'a pas empêché Hipparque de constater ces changements, et d'en découvrir la loi, en confrontant ses propres observations avec celles qu'avaient accomplies, envers les mêmes astres, un siècle et demi auparavant, ses deux prédécesseurs Aristille et Timocharis, dans les premiers temps de l'école d'Alexandrie. Ce grand fondateur de la géométrie céleste n'aperçut d'abord aucune régularité entre les variations incontestables qu'avait ainsi éprouvées chaque déclinaison ou chaque ascension droite ; et, en effet, la marche du phénomène ne peut être appréciée sous cette forme initiale. Mais ayant imaginé de faire, au contraire, porter la comparaison sur les coordonnées angulaires relatives à l'écliptique, qu'on peut aisément calculer d'après celles qui se rapportent à l'équateur, la loi de ces changements lui devint aussitôt évidente. On trouve ainsi que toutes les latitudes sont restées invariables, et que toutes les longitudes ont également augmenté, suivant le taux uniforme de 1° en 72 ans, ou 50″ par an. Ces longitudes étant comptées à partir des points équinoxiaux, leur commun accroissement équivaut à la rétrogradation de ces points, qui, graduellement déplacés en sens contraire du soleil, doivent produire chaque année, dans le retour des équinoxes, un avancement ou *précession* d'environ 20 minutes, temps que le soleil emploie à décrire 50″ de l'écliptique. D'après ce déplacement fondamental, les points équinoxiaux accompliraient une révolution entière, de manière à se diriger successivement vers toutes les étoiles de l'écliptique, en une période de 260 siècles, dont nous n'avons parcouru, depuis Hipparque, qu'une faible partie, assez notable toutefois pour nous avoir permis de constater l'uniformité essentielle de ce lent mouvement, confirmée d'ailleurs par les indications théoriques de la mécanique céleste. Il est clair que cette notion exige une précaution universelle dans l'usage effectif de tout catalogue d'étoiles, qui ne pourrait ainsi convenir exactement qu'à l'époque de sa construction directe, si les déclinaisons et ascensions droites n'y éprouvaient pas soigneusement, en chaque temps, les corrections progressives qui résultent de la loi géométrique de la précession, suivant les formules trigonométriques convenables.

Pour faire maintenant sortir de ce grand phénomène une puissante considération en faveur du mouvement de la terre, il suffit de signaler l'immense contraste qui existe naturellement, à cet égard, entre les deux doctrines opposés s. L'ancienne ne permettait de concevoir la précession des équinoxes qu'en attribuant réellement à la sphère céleste, outre sa rotation journalière de l'est à l'ouest, autour des pôles de l'équateur, une autre rotation de l'ouest à l'est, dans une période de 260 siècles , sur l'axe de l'écliptique : la combinaison nécessaire de ces deux mouvements continus, si différents en direction, en sens , en vitesse, offre évidemment une extrême complication , soit géométrique, soit surtout mécanique. Au contraire, Copernic a aisément représenté tous ces phénomènes , d'après une altération presque imperceptible du parallélisme de l'axe terrestre , ci-dessus exigé pour la conciliation fondamentale des deux mouvements élémentaires. Concevons , en effet , que notre axe de rotation , au lieu de conserver strictement la même direction , soit doué d'un lent mouvement conique, de l'est à l'ouest , autour de l'axe de l'écliptique , de manière à éprouver annuellement sur ce cône un déplacement angulaire de 50″, qui lui ferait décrire le cône entier en 260 siècles. Le plan de l'équateur subira ainsi un déplacement continu , qui n'affectera nullement son invariable obliquité sur l'écliptique , et qui changera seulement la direction successive de son intersection avec ce plan, laquelle parcourrait ainsi l'écliptique dans la période indiquée. Cette facile appréciation géométrique de la précession des équinoxes devient encore plus satisfaisante et plus décisive , quand on conçoit le phénomène sous l'aspect mécanique , comme je l'indiquerai à la fin de ce traité , où nous reconnaîtrons qu'il résulte naturellement des actions combinées du soleil , et surtout de la lune , sur le renflement équatorial du sphéroïde terrestre.

La puissance logique de cette première argumentation copernicienne se trouve notablement augmentée , quand on joint au phénomène principal les petites modifications périodiques que le grand Bradley y a découvertes , vers le milieu du dernier siècle, et dont l'ensemble constitue ce qu'on nomme la *nutation* de l'axe terrestre. D'après l'extrême précision alors acquise par les mesures astronomiques, les formules ordinaires de la précession des équinoxes ne représentaient plus assez exactement les variations continues des coordonnées angulaires de chaque étoile. Ainsi corrigées, les ascensions droites et les déclinaisons, au lieu de devenir rigoureusement fixes, offraient de très-petits changements, toujours accomplis dans une période d'un peu plus de dix-huit ans, égale à celle de la révolution des nœuds de l'orbite lunaire. Ces nouvelles variations ont été géométriquement représentées avec une grande facilité, en compliquant un peu l'altération graduelle que Copernic avait apportée au parallélisme de l'axe terrestre. Son mouvement a cessé d'être exactment conique ; pour concevoir, à chaque instant, sa vraie position, il faut imaginer que chaque génératrice du cône copernicien, tout en conservant la rotation déjà admise, devient, à son tour, l'axe mobile d'un petit cône secondaire, dont l'angle n'est que d'environ dix secondes : l'axe de la terre est dès lors la génératrice variable de ce dernier cône, qu'il décrit entièrement en 18 ans. On voit que si ces minimes perturbations eussent pu être connues avant l'adoption unanime du double mouvement de notre globe, elles auraient obligé les partisans de l'ancienne doctrine à attribuer à la sphère céleste une troisième rotation élémentaire ayant une direction et une vitesse très-différentes de celles des deux autres, de manière à rendre presque inintelligible la conciliation permanente de ces trois mouvements simultanés. L'appréciation mécanique augmente d'ailleurs beaucoup, comme envers la notion principale, l'efficacité logique de cette notion secondaire, où nous indiquerons plus tard une conséquence naturelle de la modification périodique que doit apporter le déplacement continu des nœuds de la lune dans la participation de cet astre à la précession des équinoxes. Ce double ordre de considérations astronomiques constitue donc, par sa nature, une première manisfestation essentielle de l'aptitude fondamentale de la doctrine copernicienne à lier entre eux et à simplifier tous les phénomènes célestes, dont l'étude précise

offrait, au contraire, une incohérence et une complication cho-
quantes, sous l'empire de l'ancienne hypothèse.

Avant de quitter ce sujet, il convient ici d'apprécier sommairement la spécieuse méthode chronologique que Newton a voulu
déduire de la précession des équinoxes. Quoique ce procédé ait
été judicieusement combattu par Fréret dans son application historique, ce grand antiquaire n'en a pas directement jugé le
principe astronomique.

La loi de la précession permet, évidemment, de déterminer,
par un usage inverse, le vrai temps écoulé entre deux évaluations distinctes des coordonnées angulaires propres à une
même toile quelconque. D'après le degré actuel de précision
des mesures astronomiques, on peut assurer que cette comparaison ne laisserait pas, à cet égard, une incertitude de plus
d'un mois, si les deux opérations étaient ainsi perfectionnées.
Tel est le fondement très-spécieux du moyen imaginé par Newton pour remonter aux véritables dates historiques des divers
monuments qui peuvent fournir des indications, directes ou indirectes, sur la position correspondante des points équinoxiaux,
dont chaque degré de déplacement annoncerait un intervalle
de 72 ans. Mais, outre que Fréret a pleinement démontré l'inanité des prétendues rectifications chronologiques ainsi obtenues,
et la supériorité effective des procédés ordinaires de la saine
critique historique, il est aisé d'établir, sur le principe lui-même,
que l'usage en serait nécessairement illusoire, soit comme superflu, soit comme fautif. En effet, dans cette conception pré-
cipitée, Newton avait oublié que les observations modernes seraient seules assez précises pour que ce nouveau moyen pût procurer une exactitude supérieure, ou simplement égale, à celle
qu'obtiennent communément les chronologistes. Chez les anciens,
et même à leurs époques de plus grande civilisation, où on n'a
nul besoin d'un tel mode supplémentaire, l'incertitude habi-

tuelle, d'au moins un degré, propre à leurs meilleures mesures angulaires, ne permettrait pas seulement de retrouver ainsi la véritable époque d'Hipparque ou de Ptolémée, déjà bien fixée par les documents ordinaires. Que serait-ce donc envers les temps étrangers à toute observation vraiment géométrique, et qui seuls pourtant offriraient, sous cet aspect, quelque intérêt, vu l'absence ou l'insuffisance des autres renseignements? Mais le vice d'un tel procédé chronologique devient encore plus prononcé, quand on joint, à l'inévitable inexactitude des observations, l'erreur, encore plus grande peut-être, inhérente aux antiques moyens de transmission. En effet, cette comparaison astronomique n'est pas habituellement fondée sur des indications numériques directement relatives à la mesure des ascensions droites ou déclinaisons, qui ne seraient affectées que de l'imperfection propre à l'exploration correspondante. Les seuls cas où un tel mode pourrait offrir quelque utilité historique se rapportent à des temps où, la division régulière du cercle étant encore inconnue ou inusitée, les résultats d'une grossière appréciation visuelle n'étaient consignés que d'après une vague représentation en relief de l'état du ciel. Si l'on estime convenablement cette double source d'erreur, on ne pourra s'empêcher de reconnaître ainsi une indécision de dix degrés au moins sur la position des points équinoxiaux ou solsticiaux, envers les époques auxquelles serait surtout destiné ce procédé chronologique, qui laisserait finalement, à leur égard, une incertitude de plus de sept siècles, supérieure à celle qui résulte, même dans les plus défavorables occasions, de l'ensemble des autres modes. Cette manière de comparer les dates ne conviendrait donc qu'aux temps très-modernes, où elle est évidemment inutile : elle perd nécessairement toute véritable efficacité, pour les seuls âges qui en exigeraient l'emploi. Ainsi, cette pensée accessoire de Newton doit être définitivement écartée, comme résultée d'une appréciation trop superficielle de l'ensemble d'un sujet étranger aux méditations habituelles de ce grand physicien et géomètre.

Nous devons maintenant considérer, sous le même aspect copernicien, un second ordre de phénomènes astronomiques, qui a fourni la principale base de l'argumentation initiale en faveur du mouvement de la terre : ce sont les rétrogradations et stations exceptionnelles que semble présenter, à certaines époques, le cours d'une planète quelconque.

Dans la première partie de ce traité, on a vu comment se détermine le sens du mouvement propre à chaque astre intérieur, d'après le retard croissant qu'offre, de jour en jour, son passage à l'horizon ou au méridien, comparé à celui d'une étoile qui avait d'abord coïncidé, à cet égard, avec la planète : d'où il résulte que le cours spécial de celle-ci se dirige contrairement à l'apparente rotation diurne de l'ensemble du ciel, et, par conséquent, de l'ouest à l'est. Or, quoique tel soit, en effet, l'ordre habituel, il arrive quelquefois que la comparaison de ces passages donne un résultat inverse, qui montre le mouvement planétaire devenu, pendant quelque temps, rétrograde, c'est-à-dire accompli de l'est à l'ouest; le commencement et la fin de ces époques exceptionnelles présentent d'ailleurs naturellement, lors du passage de l'un à l'autre état, suivant la marche ordinaire de tous les phénomènes qui changent de sens, une sorte de station, durant laquelle la planète ne semble douée, comme l'étoile, que du mouvement journalier commun à tout l'univers. Ces anomalies apparentes ont toujours lieu vers le temps où la planète se trouve le plus près possible de la terre : c'est-à-dire, pour une planète *supérieure*, ou plus éloignée du soleil que ne l'est la nôtre, lors de son *opposition* avec le soleil; et, pour une planète *inférieure*, ou plus près que nous du soleil, au voisinage de sa *conjonction* inférieure : cet instant caractérise le milieu environ de la rétrogradation, précédée et suivie, à un intervalle plus ou moins grand, mais fixe envers chaque planète, de la station correspondante.

Il est aisé maintenant de concevoir combien Copernic était autorisé à présenter l'ensemble de ces phénomènes comme constituant une irrécusable manifestation du mouvement annuel de la terre, d'où ils se déduisent, en effet, de la manière à la fois la plus simple et la plus exacte, d'après l'incontestable décroissement que nous avons remarqué, à la fin de l'avant-dernier chapitre, entre les vitesses linéaires des diverses planètes, à mesure qu'elles s'éloignent davantage du soleil. Nous pouvons ici, pour cette sommaire appréciation, continuer à regarder les mouvements planétaires comme circulaires et uniformes, et tous opérés, d'ailleurs, dans le plan de l'écliptique : cette première approximation suffit encore aujourd'hui à la plupart des calculs de ce genre, dès lors beaucoup simplifiés.

Comparons d'abord la terre, décrivant le cercle ST (*fig.* 11), à une planète supérieure, Mars, par exemple, décrivant le cercle SM. A l'instant de l'opposition, où la première est en T et la seconde en M, leurs routes sont dirigées parallèlement et dans le même sens. Dès lors, la terre parcourant, en un temps donné, un arc Tt plus grand que celui Mm simultanément parcouru par Mars, il est évident que notre second rayon visuel tm dirigé vers Mars passera à l'ouest du premier TM, de manière à aboutir, dans la sphère étoilée, qui forme le fond général du tableau planétaire, à une étoile E′ plus occidentale que celle E qui correspondait au moment de l'opposition. Cette déviation, qui avait dû pareillement exister un peu avant cette situation, se prolongera, mais en décroissant, un certain temps après, jusqu'à ce que, l'obliquité croissante des directions propres aux deux planètes venant à compenser la constante inégalité de leurs vitesses, les deux rayons visuels T′M′ et $t'm'$ menés de l'une à l'autre pendant deux jours consécutifs se trouvent exactement parallèles, ce qui constituera la station apparente, à la suite de laquelle le mouvement redeviendra direct, puisque chaque situation du rayon visuel sera naturellement placée à l'est de la précédente. On voit que cette disposition normale aura éminemment lieu lors de la conjonction, quand, la terre étant en T, Mars est venu en M''.

Il est maintenant facile d'étendre la même explication générale à une planète inférieure, Vénus, par exemple, parcourant le cercle SV ; parce que les conditions précédentes se trouvent alors doublement renversées, ce qui détermine, par une compensation nécessaire, un résultat équivalent : puisque, si, d'une part, la planète observée tourne plus rapidement que la nôtre, d'une autre part nous rapportons alors le rayon visuel à une partie opposée de la voûte céleste. A l'instant de la conjonction inférieure, les deux routes sont parallèles, et Vénus décrit, en un temps donné, un arc Vv plus grand que l'arc terrestre simultané Tt : d'où il suit encore que notre second rayon visuel tv se dirige à l'ouest du précédent TV, de manière à indiquer une rétrogradation, jusqu'à ce que leurs situations consécutives $T''V''$., $t''v''$, devenant parallèles, de la même manière que ci-dessus, l'état stationnaire vienne annoncer le retour immédiat du mouvement direct. Comme dans l'autre cas, on voit que l'état normal est surtout prononcé lors de la conjonction supérieure, où, Vénus se trouvant en V', les routes des deux planètes sont parallèles mais opposées, de façon à placer toujours le second rayon visuel tv' à l'est du premier TV'.

Une telle explication, qui ne renferme rien d'arbitraire, confirme certainement, par son exacte correspondance aux phénomènes, le principe d'où elle dérive. L'observation générale vérifie essentiellement tous ses principaux résultats numériques sur l'étendue et la position de l'arc de rétrogadation. Il

suffira d'indiquer ici la durée de cette époque exceptionnelle
envers les principales planètes : pour Mercure 22 jours,
Vénus 42, Mars 73, Jupiter 120, Saturne 140, Uranus 150.
On voit que, si cette époque se prolonge davantage à mesure
que la planète est plus lointaine, elle constitue néanmoins une
fraction rapidement décroissante du temps périodique correspondant : en comparant les deux cas extrêmes, elle forme le
quart de la révolution de Mercure, et à peine $\frac{1}{200}$ de celle
d'Uranus.

Pour mieux sentir la validité logique d'une telle argumentation copernicienne, il n'est pas inutile d'opposer cette simple
et lumineuse explication à la conception pénible et compliquée
d'après laquelle les anciens avaient représenté, d'une manière
vague et confuse, ces phénomènes exceptionnels. A cet effet,
ils supposaient que chaque planète ne décrit pas immédiatement
son orbite autour de la terre, mais qu'elle décrit un cercle auxiliaire, nommé *épicycle*, dont le centre parcourt seul le cercle
principal, nommé *déférent*. Sans déterminer ni les rayons ni les
distances de ces deux cercles, Ptolémée assignait seulement les
vitesses correspondantes : envers une planète inférieure, il at-
tribuait toujours, au centre de l'épicycle, un mouvement angulaire égal à celui du soleil, chaque planète décrivant ensuite
cet épicycle avec l'excès de sa propre vitesse sur celle de la
terre : pour une planète supérieure, chaque déférent était parcouru avec la vitesse effective de l'astre correspondant, lequel
tournait, en sens contraire, sur l'épicycle, d'un mouvement
égal à l'excès de celui de la terre. Malgré les ressources générales que laissaient les divers éléments restés arbitraires, cette
conception géométrique ne permettait de représenter que d'une
manière aussi insuffisante que pénible les principales circonstances d'un tel ordre de phénomènes, qui semblaient constituer
d'inintelligibles anomalies astronomiques, jusqu'à ce que la

doctrine de Copernic en ait spontanément dissipé le merveilleux intérêt, par son extrême aptitude à les expliquer complétement.

CHAPITRE VII.

Démonstration finale du mouvement de la terre, d'après l'ensemble de la théorie de l'aberration, fondée sur la détermination préalable de la vitesse de la lumière.

Quoique les considérations ci-dessus exposées aient, historiquement, déterminé l'unanime conviction des astronomes du XVIIe siècle en faveur du mouvement de la terre, cette base universelle de l'astronomie moderne est surtout rattachée désormais au nouvel ordre de phénomènes d'où le grand Bradley a déduit sa plus irrécusable démonstration, et que leur extrême petitesse n'avait pas permis d'apprécier jusqu'à ce que l'exploration céleste eût atteint la précision qui la caractérise depuis un siècle. Après avoir examiné, dans le chapitre précédent, des phénomènes beaucoup mieux conciliables avec la nouvelle doctrine qu'avec l'ancienne, nous allons maintenant envisager des phénomènes vraiment décisifs, qui ne permettent plus aucune hésitation, parce que, pleinement expliqués par l'une, ils sont directement contraires à l'autre.

Nous devons, à cet égard, établir d'abord un préambule indispensable, en déduisant, de l'observation des mouvements célestes, la mesure fondamentale de la vitesse de la lumière.

On peut directement estimer la durée de la propagation du son, d'après le temps fort appréciable qui sépare les deux instants où un même bruit est entendu en deux stations terrestres médiocrement distantes, dont l'intervalle est bien connu. Mais un semblable procédé ne saurait convenir à la lumière, parce que sa vitesse infiniment supérieure ne permettrait jamais aucune distinction entre l'instant où la clarté se produit en un certain lieu et celui où elle est aperçue de tout autre point de notre globe, quelque éloigné qu'il fût du premier. Les intervalles planétaires sont seuls assez considérables pour manifester, à cet égard, des différences vraiment appréciables. Toutefois, un tel recours introduit, dans cette comparaison, une difficulté radicale, tenant à notre impossibilité de connaître directement l'instant où la lumière est produite ou aperçue dans la station inaccessible que nous confrontons ainsi avec la terre. Quelque temps que la lumière puisse employer à nous venir d'un astre lointain, nous ne pouvons le déterminer aucunement, s'il demeure toujours le même, puisqu'il introduira seulement, dans l'époque où nous apercevons ce corps, un retard déterminé, qui ne saurait affecter notre appréciation, exclusivement comparative. Il n'y a donc de phénomènes célestes propres à manifester et à mesurer la durée effective de la propagation de la lumière, que ceux qui, successivement accomplis à diverses distances de l'observatoire terrestre, peuvent offrir, sous ce rapport, des inégalités seules appréciables. Tel est le principe naturel d'après lequel l'illustre astronome danois Roëmer a opéré, au commencement du siècle dernier, cette détermination vraiment fondamentale, par l'observation comparative des éclipses des satellites de Jupiter.

Cette planète prépondérante est entourée de quatre satellites, qui circulent rapidement autour d'elle, le premier, par exemple, accomplissant sa révolution en moins de deux jours ($42^{\text{heures}} \frac{1}{2}$). Ils doivent donc être fréquemment éclipsés par l'astre central, quelle que soit la position de celui-ci envers le soleil et la terre. Or, ces phénomènes remarquables ont lieu successivement à de très-inégales distances de nous : en comparant les deux cas extrêmes, c'est-à-dire l'opposition et la conjonction entre Jupiter et la terre, l'un des lieux est plus éloigné de nous que l'autre d'une quantité égale au double de notre distance au soleil. Si donc les tables destinées à nous annoncer ces éclipses ont été dressées sur des observations accomplies lorsque notre écartement de Jupiter était à son moyen degré, il est clair que cette prévision devra se trouver en arrière ou en avance de l'événement, de tout le temps qu'emploie la lumière à parcourir le rayon de l'orbite terrestre, quand on l'appliquera aux époques d'opposition ou de conjonction. Ainsi, l'appréciation effective d'une telle inégalité permettra de mesurer la vitesse de la lumière, supposée d'ailleurs constante. L'observation ne laisse à cet égard, aucune incertitude, puisque l'avance ou le retard s'élèvent communément à un demi-quart d'heure : en comparant les deux situations extrêmes, on trouve une différence d'environ seize minutes entre l'époque de la conjonction et celle de l'opposition ; d'où il suit que la lumière ne parvient du soleil à la terre qu'au bout de huit minutes ($8^{m\cdot} 13^{s\cdot}$). On conçoit que cette importante détermination comporte, par sa nature, de nombreuses vérifications, d'abord à raison des diverses distances intermédiaires, puis en y employant successivement chacun des autres satellites de Jupiter, enfin en y faisant intervenir aussi les différents satellites de Saturne ou même d'Uranus. Cette exploration variée, en confirmant essentiellement la mesure initiale de Roëmer, a d'ailleurs montré que la vitesse de la lumière est, en effet, constante, du moins entre les limites intérieures de notre monde.

D'après cette détermination fondamentale, il est maintenant facile d'établir le principe simple et lumineux d'où Bradley a déduit son admirable théorie de l'aberration de la lumière dans les étoiles et dans les planètes, résultée d'une combinaison continue entre le mouvement de la lumière et celui de la terre, qui, quoique étant beaucoup plus lent, n'est pourtant pas entièrement imperceptible en comparaison du premier, dont la vitesse se trouve ainsi seulement dix mille fois plus grande.

Quand les observations astronomiques ont enfin acquis la précision des secondes, angulaires et horaires, l'exacte contemplation du ciel y a dévoilé de petites irrégularités périodiques, auparavant dissimulées par l'imperfection des mesures, et qui ont représenté les coordonnées sphériques d'une étoile quelconques comme assujetties à certaines variations, après qu'on les a soigneusement corrigées, outre la réfraction, de la précession et même de la nutation. Les déclinaisons et les ascensions droites, ainsi que les latitudes et les longitudes, sont tantôt croissantes, tantôt décroissantes, suivant une marche qui semble d'abord inintelligible, mais dont la nature a été suggérée à Bradley par une heureuse remarque décisive sur la commune périodicité de toutes ces minimes perturbations, qui ramènent toujours les mêmes valeurs après un an d'intervalle. Ainsi averti qu'il fallait leur chercher une source, non pas objective, qui eût varié pour chaque étoile, mais purement subjective, dans le mouvement propre de l'observatoire terrestre, ce grand astronome fut bientôt conduit à y voir une simple erreur de lieu provenue de la combinaison nécessaire de ce mouvement avec celui de la lumière.

Si la terre était immobile, le temps quelconque qu'emploie la lumière à nous venir d'un astre ne pourrait jamais altérer la direction du rayon visuel correspondant à chaque position, qui seulement serait ainsi observée plusieurs années peut-être après l'instant où le corps s'y trouvait. Mais il n'en est plus de même en supposant, tandis que la lumière parcourt un espace quelconque LT, dirigé vers l'étoile, que l'observatoire terrestre décrive un chemin appréciable T*t* (*fig.* 12), suivant la tangente actuelle à l'écliptique : dès lors, la loi fondamentale de la composition des mouvements assignera, pour le rayon visuel ET, la nouvelle direction E′T, déterminée par la diagonale du parallélogramme construit sur ces deux lignes LT, T*t*. Afin de mieux saisir le principe, on pourra concevoir, comme le préférait Bradley, que l'espace LT soit simplement réduit à la longueur du télescope, T*t* désignant toujours le chemin simultanément parcouru par l'instrument lui-même, en vertu du mouvement général de la terre. Comme cette seconde ligne n'est que la dix-millième partie de la première, la déviation ETE′ sera toujours fort petite, mais sans échapper néanmoins à la précision des mesures actuelles. Tel est le principe fondamental de toute la théorie mathématique de l'*aberration*, dont il faut ici caractériser les divers aspects généraux.

D'après la construction précédente, l'aberration ETE′ ne pourra varier qu'en vertu du changement journalier qu'éprouve la direction T*t* du mouvement terrestre, c'est-à-dire la tangente à l'écliptique, puisque tous les autres éléments de la figure sont essentiellement fixes ; la direction du vrai rayon visuel TE devant être jugée constante, comme nous l'avons reconnu, en toutes les positions de la terre ; en étendant à toutes les distances l'uniformité constatée, dans l'intérieur de notre monde, pour le mouvement de la lumière, supposée d'ailleurs douée toujours de la même vitesse, quelle que soit sa source ; et, enfin, en négligeant les changements, évidemment insignifiants en ce cas, qu'éprouve régulièrement la vitesse de notre globe. On conçoit ainsi la périodicité nécessaire de tous les phénomènes de l'aberration, qui, faisant dévier un peu le rayon visuel de l'étoile, tantôt vers l'est, tantôt vers l'ouest, rétabliront exactement sa position primitive, quand le cours de notre révolution annuelle aura ramené notre mouvement à la même direction. Quant au degré de cette altération, elle sera, évidemment, d'autant plus prononcée que l'angle ET*t* se rapprochera davantage de 90° ; en le supposant droit, la tangente trigonométrique de l'aberration

ETE′ sera égale à $\frac{1}{10000}$; d'où il résulte que le maximum de la déviation est de 20″. Comme elle se trouve tantôt orientale et tantôt occidentale, suivant la direction alternative du mouvement terrestre, on voit que cet ordre de phénomènes peut offrir au plus un contraste de 40 secondes angulaires entre les circonstances les plus opposées.

Il faut maintenant nous former une juste idée générale de la marche nécessaire de ces variations, envers une étoile quelconque, pendant le cours de chaque période annuelle. Dans l'exploration effective des diverses conséquences que nous allons déduire du principe fondamental, nous pourrons d'ailleurs supposer, pour faciliter la conception et abréger l'exposition, que l'observation s'accomplit suivant le plan même de l'aberration, toujours déterminé par l'étoile correspondante et la tangente actuelle à l'écliptique. Quoiqu'une telle manière d'observer soit certainement peu praticable, surtout avec le degré de précision qu'exigent de tels phénomènes, il faut d'abord l'imaginer ainsi, sauf à déduire ensuite, d'après les règles trigonométriques convenables, les réactions diverses de l'altération primordiale sur les coordonnées angulaires de l'astre, et surtout les modifications que doivent en éprouver la déclinaison et l'ascension droite, seuls éléments géométriques qui comportent directement une exacte appréciation.

L'ensemble des rayons menés de l'étoile aux différentes positions de l'observatoire terrestre peut être utilement regardé comme formant un cylindre circulaire oblique, dont la base serait l'écliptique, son obliquité étant mesurée, en chaque cas, par la latitude de l'astre. On conçoit dès lors que le minimum de l'aberration, soit orientale, soit occidentale, aura lieu quand la terre se trouvera sur le diamètre TT′ de l'écliptique (*fig.* 13) déterminé par le plan conduit, suivant l'axe de ce cylindre, perpendiculairement à l'écliptique ; parce que, en ces deux points, les génératrices du cylindre formeront un angle droit avec les tangentes de sa base. Il est également aisé de sentir que le diamètre perpendiculaire $T'''T''''$ marquera les positions qui correspondent au minimum d'aberration, puisque l'inclinaison de la tangente sur la génératrice s'y écartera le plus possible de 90°; elle sera alors égale à la latitude de l'étoile. Telle est donc la marche élémentaire du phénomène : l'aberration, qui, à six mois d'intervalle, s'opère en sens inverse, présentera, dans le cours de l'année, deux maxima et deux minima, dont les quatre époques, exactement assignables, offrent toujours des intervalles semestriels ou trimestriels. Quant à l'intensité de la déviation, orientale ou occidentale, son maximum est uniformément fixé à 20″; mais son minimum varie nécessairement avec la latitude de l'étoile, quoiqu'il soit indépendant de sa longitude.

Si, enfin, de cette appréciation générale, on veut descendre, d'après le même principe, à la comparaison des divers cas essentiels, il faudra considérer l'explication précédente comme formulée pour une étoile quelconque, qui ne se trouve ni au pôle de l'écliptique, ni dans ce plan. Envers le premier de ces cas extrêmes, notre cylindre deviendra droit, et l'aberration, supposée toujours directement observée, obtiendra constamment son maximum de 20″, en ne laissant subsister de différences immédiates que relativement à sa direction; ce qui suffira toutefois à déterminer des variations aussi prononcées qu'à l'ordinaire à l'égard des coordonnées usitées. Lorsqu'il s'agit, au contraire, d'une étoile de l'écliptique, le cylindre se réduit à un plan, et l'ensemble des variations présente la marche la plus tranchée, surtout quant à leur intensité, puisque le minimum se trouve alors rigoureusement nul, la tangente à l'écliptique pouvant ainsi coïncider avec le rayon visuel de l'étoile.

Cette sommaire explication fait aussitôt ressortir l'immense variété que présentent, malgré leur petitesse, les phénomènes de l'aberration, sans jamais offrir rien d'arbitraire. On conçoit par là l'irrésistible efficacité logique qui a dû résulter de leur exacte exploration, aussitôt que le perfectionnement de nos mesures a permis de les apprécier distinctement, envers le petit nombre de notions restées hypothétiques dans une telle combinaison. Il n'est donc pas douteux que la vérification décisive de cette belle théorie, non-seulement quant à la marche générale des modifications, mais aussi pour leur quantité effective, ne constitue une démonstration pleinement mathématique du mouvement annuel de la terre. La multitude d'étoiles auxquelles a été spontanément étendue ensuite une telle comparaison, fournit réellement autant de preuves distinctes et convergentes de la réalité de cette grande notion, qui désormais ne saurait comporter aucune indécision, auprès des bons esprits qui peuvent dignement sentir toute la puissance logique du grand travail de Bradley, le plus éminent symptôme du vrai génie astronomique qui ait jamais surgi après les lois de Kepler, et qui d'ailleurs constitue peut-être le plus beau modèle que puisse nous offrir l'ensemble de la physique mathématique quant à l'exacte analyse d'un ordre spécial de phénomènes, toujours ramenés, malgré leurs innombrables diversités, à un seul principe très-simple.

Pour compléter cette indication fondamentale, il faut ajouter que l'aberration de la lumière, ci-dessus considérée uniquement envers les étoiles, doit aussi être appréciée dans les planètes, où elle rencontre nécessairement une nouvelle source de variétés, par la complication diverse qu'éprouve alors la loi élémentaire. Comme le rayon visuel ET (*fig.* 12) se trouve, en ce cas, animé lui-même d'un mouvement spécial, il ne suffit pas de combiner la vitesse de la lumière avec celle du spectateur terrestre ; mais il devient non moins indispensable d'avoir égard aussi à la vitesse propre de l'astre observé, en la composant, par un second parallélogramme, ATPB, avec celle déjà déduite de la première combinaison. Il en résulte nécessairement, outre des formules beaucoup plus pénibles, une profonde altération dans la régularité primitive de la marche générale, dont la périodicité caractéristique doit alors disparaître essentiellement ; en sorte que l'ensemble de ces nouveaux phénomènes eût été certainement inextricable, si on n'avait pas abordé leur étude sous l'influence d'une théorie déjà fondée sur l'exploration du cas analogue, mais beaucoup plus simple, qu'avaient présenté les étoiles. Les relations très-variables qui s'établissent spontanément entre la direction du mouvement terrestre et celle du mouvement planétaire, et enfin les grandes inégalités de vitesse qu'offre le passage d'une planète à une autre, constituent, à cet égard, une double source nouvelle d'inépuisables diversités ; d'ou résulte naturellement un notable surcroît d'efficacité logique dans l'ensemble de cette grande démonstration du mouvement de la terre.

Afin d'utiliser autant que possible une telle élaboration, il convient de remarquer ausssi que, fondée sur la mesure préalable de la vitesse de la lumière, elle a, réciproquement, perfectionné beaucoup cette importante détermination, en étendant aux plus grands espaces sidéraux l'hypothèse d'uniformité qui d'abord n'était, à cet égard, légitime qu'envers les intervalles planétaires. On peut, du moins, assurer ainsi que, si cette vitesse éprouve, à des distances que leur immensité nous empêche d'apprécier, des variations que nous ne pouvons connaître, leur loi est toujours telle que la dernière vitesse, seule observable, coïncide constamment avec celle que nous indique l'intérieur de notre monde. Il en résulte donc une notable identité, sous ce rapport, entre les lumières émanées des différentes étoiles, ou celles réfléchies par les diverses planètes. Toutefois, afin d'éviter à cet égard toute déclaration absolue, incompatible avec la vraie nature de nos spéculations positives, on peut utilement remarquer, d'après M. Arago, que les phénomènes de l'aberration démontrent seulement que les vitesses, peut-être inégales, de toutes ces lumières ne diffèrent pas entre elles de plus de $\frac{1}{20}$ de leur valeur moyenne ; car, au-dessous de cette limite, leurs diversités ne seraient point appréciables au degré actuel de la précision astronomique.

En démontrant directement la réalité de notre révolution annuelle, il est clair que la théorie précédente constate aussi, d'une manière non moins irrécusable, quoique indirecte, notre rotation journalière, vu l'intime solidarité déjà prouvée entre ces deux mouvements. Mais, en outre, on doit noter que, si nos observations pouvaient jamais devenir assez précises, cet ordre de phénomènes nous offrirait également une preuve spéciale et immédiate de ce dernier mouvement, considéré indépendamment de l'autre. Car, en principe, l'aberration doit exister pour toute vitesse du spectateur, même artificielle, sauf la difficulté, ou plutôt l'impossibilité, de l'apprécier quand elle devient trop petite. Ainsi, la rotation journalière, 66 fois moins rapide que la révolution annuelle, donne naissance à une aberration, dont le maximum est de $\frac{1}{3}$ de seconde, mais qui, d'ailleurs, offre chaque jour, comme la première chaque année, tantôt vers l'est, tantôt vers l'ouest, des déviations assujetties à une marche analogue, comportant deux positions inverses de maximum, et deux autres de minimum, à 90° des premières ; seulement les intervalles semestriels et trimestriels s'y trouvent remplacés par des demis et des quarts de jour. Si l'extrême petitesse de cette aberration diurne ne nous interdisait pas tout espoir raisonnable de pouvoir jamais l'explorer convenablement, elle admettrait d'ailleurs, pour les différentes latitudes terrestres, un nouvel ordre essentiel de variations, qui nous permettrait de diversifier encore davantage les preuves spéciales du mouvement correspondant.

La théorie de l'aberration, considérée dans son usage astronomique continu, complète enfin le système très-complexe des diverses corrections que doivent subir toutes nos exactes observations célestes, afin d'être dépouillées de toute illusion subjective, pour prendre un caractère purement objectif, propre à les rendre dignes, autant que possible, de concourir à la manifestatio précise des lois correspondantes de la nature inorganique. Des cinq rectifications habituelles, dont nous avons successivement apprécié le mode, et qui toutes se rapportent aux conditions nécessaires de l'existence géométrique et mécanique du spectateur, deux sont statiques, et les trois autres dynamiques : les premières, la réfraction et la parallaxe, résultent du milieu gazeux où il est plongé, et de la position excentrique où il se trouve placé ; les dernières, c'est-à-dire, la précession, la nutation, et l'aberration, tiennent à l'agitation continue de notre observatoire terrestre. Quelque pénible que soit ainsi devenue la préparation journalière de chaque observation astronomique, elle est certainement indispensable aujourd'hui pour faire suffisamment concourir à l'exacte élaboration des théories célestes les mesures obtenues par les meilleurs instruments.

Après avoir suffisamment expliqué la démonstration finale du double mouvement de la terre, nous ne devons pas négliger ici de caractériser sommairement la grande réaction philosophique résultée de cette importante notion astronomique pour modifier profondément le système général des opinions humaines. Cette influence nécessaire se rapporte à deux tendances bien distinctes, quoique solidaires : l'une essentiellement négative et dès lors passagère, seule imparfaitement sentie jusqu'ici ; l'autre pleinement positive et permanente, encore presque inaperçue de la plupart des philosophes, mais destinée à une immense extension ultérieure.

Sous le premier aspect, il faut concevoir cette crise fondamentale de l'astronomie moderne comme ayant dû déterminer
la première manifestation historique de l'incompatibilité radicale de la] science réelle avec toute philosophie théologique.
En terminant la première partie de ce traité, nous avons constaté que la systématisation initiale de l'astronomie mathématique par l'école d'Alexandrie s'était trouvée nécessairement contradictoire à l'antique polythéisme, de manière à constituer
alors une irrésistible impulsion mentale vers l'état monothéique.
On doit maintenant compléter cette appréciation historique en
reconnaissant que la fondation directe de l'astronomie moderne,
d'après la doctrine du mouvement terrestre, a spécialement
poussé l'esprit humain à sortir enfin de tout régime théologique, ainsi devenu désormais hostile au progrès continu des spéculations positives. Quoique l'autorité sacerdotale ait dû formuler de vains textes pour obtenir légalement, contre le grand
Galilée, une condamnation caractéristique, l'impuissante opposition de l'Église à la doctrine copernicienne reposait nécessairement sur des motifs beaucoup plus profonds; son instinct confus lui fesait sentir que tout son empire intellectuel se trouvait
par là radicalement compromis. Il est clair, en effet, que l'ensemble du système théologique, même à l'état extrême de monothéisme, suppose l'univers essentiellement subordonné à l'homme, ce qui n'est plus compatible avec la connaissance du double
mouvement terrestre. Sous l'impulsion logique, secrète et graduelle, mais inévitable et continue, de la doctrine copernicienne,
le régime des causes finales, inhérent à l'ancienne philosophie,
est inévitablement devenu vague et impuissant; puisqu'il a fallu
renoncer ainsi à la seule destination intelligible que la raison
commune pût réellement assigner aux desseins providentiels,
dont on a dès lors continué machinalement à proclamer la sagesse,
tout en reconnaissant désormais que le but en est impénétrable.

Quant à son action spécialement positive, l'influence philosophique de cette grande révolution astronomique a surtout consisté à poser l'une des bases indispensables de la nouvelle philosophie générale, en substituant la notion relative de *monde* à
l'idée absolue d'*univers*, pour caractériser la plus vaste portée
de nos saines spéculations. Il est clair, en effet, que la conception d'univers se trouvait, par sa nature, intimement liée à l'ancienne doctrine céleste, qui, par l'immobilité de la terre, constituait vraiment l'ensemble total des corps existants en un système unique, dont le centre était nettement assigné. La connaissance du double mouvement terrestre a rendu, au contraire, cette hypothèse primitive essentiellement vague et précaire, dépourvue de force et même de fondement. Car le mot
d'univers a désormais perdu ainsi toute signification réelle et
intelligible; puisqu'il est maintenant de plus en plus incertain
si la multitude des étoilés constitue effectivement un seul systé-
me général, au lieu d'un nombre, peut-être fort grand, de
systèmes partiels, pleinement indépendants les uns des autres :
on peut du moins assurer déjà que leurs relations mutuelles
nous seront toujours essentiellement inconnues. Toute qualifi-
cation de véritable système a tendu dès lors à se réduire exclusivement au *monde* dont nous faisons partie, et qui seul nous
offre une liaison vraiment appréciable, autour de la masse centrale du soleil. Les astres extérieurs à ce groupé, désormais
reculés à des distances incommensurables, nous deviennent
pleinement étrangers en même temps qu'inconnus, comme
n'exerçant aucune influence réelle sur ces phénomènes intérieurs, qui seuls doivent intéresser l'humanité. Cette réduction
fondamentale de l'ancien point de vue cosmique au moderne
point de vue solaire, a donc tendu à faire directement prévaloir
le caractère nécessairement relatif de la saine philosophie jusque
dans les spéculations les plus vastes, les plus pures, et les plus

parfaites que notre intelligence puisse embrasser. A tous ces titres, on peut affirmer que l'influence de cette grande révolution scientifique est encore fort peu comprise, quoiqu'elle ait été, presqu'au début, judicieusement pressentie par l'esprit très-avancé de l'ingénieux Fontenelle, dont le précieux ouvrage astronomique rappelle partout, et jusque dans son titre, l'instinct profond, quoique spontané, d'une tendance philosophique, qui ne pouvait d'ailleurs devenir vraiment systématique, que lorsqu'on a pu tenter enfin de construire directement, sur les diverses acquisitions essentielles de la science moderne, une nouvelle philosophie dogmatique, suivant le vœu primitif de Bacon et de Descartes. En fournissant l'une des bases fondamentales de cette indispensable construction, la réforme copernicienne a permis aussi de constater historiquement l'ascendant social déjà acquis par l'esprit positif, qui, en moins d'un siècle, par la seule puissance de la vraie démonstration, a pleinement triomphé, en occident, d'une formidable opposition théologique, spontanément assistée d'une intime adhésion individuelle de l'orgueil humain à l'antique croyance astronomique.

CHAPITRE VIII.

Exposition fondamentale des trois grandes lois de Kepler.

La connaissance du double mouvement de la terre a permis à Kepler de procéder directement à la constitution définitive de l'ensemble de la géométrie céleste, en établissant enfin les vraies lois géométriques des divers mouvements intérieurs de notre monde. Il faut, pour cela, s'élever d'abord du simple point de vue terrestre au véritable point de vue solaire, seul propre à une telle appréciation, en transformant habituellement, suivant le langage des astronomes, nos observations géocentriques en observations héliocentriques. Cette réduction, quoique beaucoup plus considérable, est, évidemment, de la même nature mathématique que celle dont nous avons expliqué la théorie, au dernier chapitre de la seconde partie, sous le nom de *parallaxe* proprement dite. Aussi la transformation des mesures angulaires prises de la terre en celles qui s'accompliraient du soleil, est-elle souvent qualifiée, d'après cette analogie, de parallaxe annuelle, où le rayon terrestre, propre à la parallaxe diurne, se trouve remplacé par la distance de la terre au soleil. Les mêmes formules trigonométriques pourront donc servir presque indifféremment, soit à réduire au centre de notre globe les observations faites à sa surface, soit à ramener au soleil celles qui procèdent de la terre ; il n'y aura de différence mathématique, entre les deux cas, que celle de l'extrême inégalité des deux sortes de corrections, représentée, dans les calculs, par la grande diversité des constantes respectives. Pour être rigou-reusement accomplie, cette transformation préalable semble exiger, il est vrai, l'exácte connaissance géométrique de la loi du mouvement terrestre, afin d'y pouvoir tenir compte des variations continues qu'éprouve la distance fondamentale de la terre au soleil : mais, malgré la grandeur habituelle de cette réduction, cette distance change tellement peu, qu'il n'en résulte presque jamais, à cet égard, aucune modification très-notable ; en sorte que l'on peut ici continuer à adopter l'ancienne hypothèse du mouvement circulaire et uniforme, au moins comme une première approximation, suffisante à permettre ainsi la découverte des lois planétaires, sauf à déduire ensuite de ces lois une meilleure estimation de la correction proposée.

Afin de mieux apprécier la nature et l'urgence de la grande rénovation astronomique due à Kepler, il convient d'abord de

caractériser sommairement l'extrême complication qu'avait enfin acquise l'ancienne représentation des mouvements célestes ,
dont le mérite fondamental consistait surtout dans sa simplicité
primitive. Par suite du sens absolu qu'une philosophie métaphysique faisait attacher à l'antique principe du mouvement circulaire et uniforme de tous les astres , on s'est efforcé d'en prolonger l'empire fort au delà du temps de sa véritable efficacité
scientifique , malgré les manifestations contraires d'une irrécusable suite d'observations sur les changements continus de distance et de vitesse. Cette double diversité effective devait se faire
d'autant plus sentir que les mouvements n'étaient point rapportés au soleil , leur vrai centre , mais à la terre , envers laquelle les positions successives de chaque astre extérieur doivent
offrir une inégalité plus prononcée. Les anciens avaient été conduits ainsi à imaginer deux hypothèses, destinées à concilier des
variations qu'ils ne pouvaient plus méconnaître avec la condition qu'ils s'étaient imposée de maintenir toujours la circularité
et l'uniformité des mouvements célestes. D'une part , ils supposaient *excentrique* chaque orbite circulaire, en écartant la terre à
une certaine distance du centre ; ce qui permettait de représenter,
à quelques égards, les changements observés : car, en décrivant
des arcs égaux en temps égaux, le rayon vecteur de l'astre autour
de la terre variait néanmoins de longueur, et même de vitesse
angulaire. Toutefois ce premier artifice, où l'on ne disposait,
envers chaque mouvement, que d'une seule constante arbitraire,
devait se trouver bientôt épuisé , quand le progrès de la géométrie abstraite aurait permis d'en mieux confronter l'exacte application avec l'ensemble de l'exploration directe. C'est pourquoi
les astronomes du moyen âge , sans renoncer à cet expédient,
ont eu surtout recours, pour le même but , à un procédé beaucoup plus fécond , déjà indiqué , à la fin de l'avant-dernier chapitre, comme ayant servi aux anciens dans l'explication des ré-

trogradations planétaires. Il s'agit du grand artifice des épicycles, qui, permettant, par sa nature, une réitération presque illimitée, procurait la faculté de représenter graduellement les irrégularités observées, en introduisant un nouveau cercle auxiliaire à mesure qu'une nouvelle série d'observations manifestait l'insuffisance des calculs déjà fondés sur l'antique principe du mouvement circulaire et uniforme. Mais, d'après ces accumulations graduelles, ce principe, d'abord si recommandable par sa simplicité initiale, avait conduit à une telle complication, que, au commencement du seizième siècle, ce régime astronomique n'employait pas moins de 75 cercles péniblement combinés, pour l'imparfaite représentation géométrique des mouvements propres des sept astres intérieurs alors connus. Toute construction humaine, ainsi parvenue au point de devenir directement contraire au but essentiel de son institution spéciale, tend nécessairement à se dissoudre, pour faire place à un nouveau mode de systématisation, en écartant désormais tout vain amendement destiné à prolonger l'impuissant empire du principe antérieur. Mais, quoique ce besoin fût déjà senti, en astronomie, longtemps avant Kepler, ce puissant rénovateur n'en a pas moins dû développer constamment, outre son admirable génie scientifique, une rare fermeté philosophique, pour oser enfin tenter, après vingt siècles, la régénération totale du régime céleste, en remplaçant l'antique hypothèse des mouvements circulaires et uniformes par une meilleure législation fondamentale, qu'il s'agit maintenant d'exposer.

La première des trois grandes lois qui la composent est destinée à suppléer au principe déchu, en ce qui concerne l'uniformité, abstraction faite d'abord de la vraie figure de l'orbite. Elle consiste à lier radicalement les changements de vitesse de chaque planète à ceux de sa distance au soleil, en établissant que la vitesse angulaire est toujours réciproquement proportionnelle au carré de la distance à l'astre central. On avait déjà remarqué, dans les cas principaux, que le déplacement angulaire devenait d'autant plus considérable que le mobile se rapprochait davantage ; mais on ignorait totalement, avant Kepler, la loi mathématique de cette relation. Quoique l'énoncé précédent se trouve directement le mieux adapté aux besoins ordinaires de la géométrie céleste, Kepler l'a présenté aussi sous une autre forme différente, exactement équivalente, qu'il convient d'expliquer ici, surtout comme la plus conforme aux notions fondamentales de la mécanique céleste. Si l'on considère l'aire tracée, en un temps donné, par le rayon vecteur de la planète, sur le plan de son orbite, il est aisé de reconnaître que, en n'envisageant que des positions assez rapprochées pour que la distance au soleil n'ait pu sensiblement changer, cette surface est proportionnelle au produit de l'angle décrit par le carré de cette distance. La première loi de Kepler équivaut donc à regarder cette aire comme ayant une grandeur invariable, malgré le double changement continu qu'éprouve sa figure : en d'autres termes, l'aire totale décrite à une époque quelconque est toujours proportionnelle au temps écoulé. C'est ainsi que Kepler a définitivement remplacé l'égalité des arcs par celle des aires, qui ne satisfait pas moins à notre besoin mental de retrouver la constance au milieu de la variété, et qui même, outre sa réalité supérieure, simplifie davantage les calculs de la géométrie céleste, du moins en y ayant égard à la vraie nature des orbites. Déduite d'abord, par le génie éminemment analogique de Kepler, du seul rapprochement des deux positions extrêmes de Mars envers le soleil, qui devaient offrir un contraste plus tranché qu'en aucun autre cas, il étendit ensuite cette première loi à toutes les autres situations de la même planète, et finalement aussi à tous les divers mouvements célestes.

Par sa seconde loi, Kepler a réglé la figure générale des orbites planétaires. La résolution de renoncer enfin au cercle, devait naturellement le conduire à essayer l'ellipse, celle de toutes les courbes qui en diffère le moins. J'ai déjà eu l'occasion (page 177) de rappeler sa plus simple génération, comme section du cône circulaire droit, suivant la conception initiale des anciens, qui fait aisément dériver, d'un même cône, des ellipses aussi allongées ou aussi arrondies qu'on voudra, en le coupant seulement par un plan plus ou moins incliné à sa base. Mais, afin de se rendre mieux familière une figure qui va désormais devenir extrêmement usuelle dans notre exposition astronomique, le lecteur doit, en outre, se souvenir toujours de la facile construction plane par laquelle on la déduit du cercle, en y diminuant ou augmentant proportionnellement toutes les ordonnées, perpendiculaires ou même obliques, relatives à un commun diamètre : le degré de cette uniforme variation caractérise chaque espèce d'ellipse. Cette dérivation graphique est encore plus facile à concevoir, en projetant le cercle sur un plan plus ou moins oblique. Enfin, l'usage céleste exige aussi la considération habituelle de la description directe de cette courbe par un point dont la somme des distances à deux *foyers* fixes demeure constante. Il en résulte une figure évidemment symé-trique selon son plus grand diamètre PA (*fig.* 14), qui passe aux foyers F, S, et aussi suivant son moindre diamètre MM', perpendiculaire au premier, et dont les extrémités, également écartées des deux positions extrêmes A, P, se trouvent ainsi placées à une distance de chaque foyer exactement moyenne entre la moindre et la plus grande, SP, SA.

Dans la découverte de sa seconde loi, la principale difficulté que Kepler ait réellement éprouvée était plutôt morale qu'intellectuelle, ou, du moins, ce qui, au fond, est équivalent, plutôt philosophique que scientifique : car elle consistait surtout à renoncer franchement aux orbites circulaires, que, malgré son audace spéculative, il eut beaucoup de peine à écarter complétement. Quand il eut ainsi résolu d'essayer directement la figure elliptique, il ne pouvait plus rencontrer, à cet égard , aucun grand obstacle scientifique. En effet, pour compléter cette loi , il ne lui restait plus qu'à déterminer le lieu qu'il assigne- rait au soleil dans la concavité de l'ellipse. Or, sous ce rapport, le choix était naturellement limité d'abord à deux points remar- quables, le foyer et le centre. Mais, quelque rapprochés que soient réellement ces points dans les orbites planétaires, vu leur figure peu allongée, l'ensemble des phénomènes astronomiques ne pouvait permettre, à ce sujet, aucune hésitation durable. Comme cette détermination constitue une partie très-essentielle de la seconde loi de Kepler, et que les conséquences en sont surtout fort graves pour la mécanique céleste, il importe ici de bien caractériser les motifs généraux qui ont dû aussitôt con- duire Kepler à placer le soleil au foyer commun de toutes les ellipses planétaires , et non à leur centre. Il suffit , pour cela, de considérer le contraste radical que présentent les deux hypo thèses, quant à la marche fondamentale des rayons vecteur , successivement menés du soleil à la planète. En plaçant le soleil au foyer S, si la planète part de l'*aphélie* A, où elle en est le plus éloignée, sa distance diminuera continuellement pendant la première moitié de sa révolution, jusqu'à ce qu'elle parvienne à l'autre extrémité P du grand axe, où elle se trouvera le plus rapprochée du soleil, et qui, à ce titre, est qualifiée de *périhé- lie :* dans la seconde moitié de l'orbite, le rayon vecteur augmen- tera sans cesse, en reprenant d'égales longueurs en des posi- tions symétriques. Si, au contraire, le soleil était au centre C, la marche générale des rayons vecteurs, offrirait, évidemment, deux aphélies, A et P, et deux périhélies M et M', au lieu d'un seul ; les deux aphélies , ainsi que les deux périhélies, seraient écartés de 180°, et chaque aphélie se trouverait placé seulement à 90° de chaque périhélie. Une opposition aussi tranchée ne peut laisser, en un tel choix, aucune grave incertitude ; puisque le contraste ne cesserait qu'autant que le foyer se confondrait avec le centre : en sorte que la même nécessité qui oblige à renoncer aux orbites circulaires, doit aussi faire placer le soleil au foyer et non au centre, malgré l'extrême proximité c·dinaire de ces deux points, qui pourrait d'abord inspirer quelques doutes sur la sécurité effective de cette appréciation. Pour la terre, par exemple, on conçoit que, même d'après une exploration peu précise, on ne saurait douter si sa distance au soleil, inversement proportionnelle au diamètre apparent de cet astre, éprouve, en effet, pendant le cours de chaque année, un seul maximum et un seul minimum, survenus à six mois d'intervalle, ou bien deux maxima semestriels, et, à trois mois de chacun d'eux, deux minima pareillement écartés. C'est donc ainsi que Kepler a été nécessairement conduit à faire circuler toutes les planètes dans des ellipses ayant le soleil pour foyer commun, mais différant par leur second foyer. L'exacte confrontation mathématique de cette seconde loi avec l'ensemble des observations, instituée déjà par Kepler lui-même, et journellement développée par tous ses successeurs, a depuis longtemps dissipé toute incertitude sur la réalité essentielle de ce nouveau principe général, malgré les déplorables tentatives de l'illustre observateur Dominique Cassini pour y substituer une autre hypothèse géométrique, d'ailleurs très-mal choisie.

En combinant ses deux grandes lois, Kepler pouvait, évidemment, déterminer le cours total de chaque planète en particulier, d'après l'estimation spéciale des diverses constantes propres à chaque cas. Ces éléments essentiels du mouvement elliptique sont au nombre de six, savoir : 1° les deux angles, déjà considérés au chapitre 4ᵉ de cette 3ᵉ partie, par lesquels on caractérise le plan de l'orbite, en indiquant son inclinaison sur l'écliptique et la longitude du nœud ; 2° un troisième angle, qui achève de fixer la

direction de l'orbite, par la longitude du périhélie, qui marque
la situation du grand axe ; 3° le nombre qui spécifie la vraie
figure de l'orbite, en mesurant le degré d'ellipticité par le rapport de la distance des foyers à la longueur du grand axe, laquelle constitue ensuite une cinquième donnée, complétant la
définition géométrique de l'ellipse décrite ; 4° enfin, la durée
de la révolution sidérale, d'où résulte l'indication de la moyenne
vitesse. Au sujet des valeurs effectives que présentent, envers
les différentes planètes, celles de ces six données que nous n'a-
vons pas antérieurement citées, je dois ici renvoyer aux recueils
spéciaux. Pour la terre, en particulier, il convient toutefois
de noter que le grand axe de son orbite se trouve placé presque
perpendiculairement à la ligne des points équinoxiaux ; en sorte
que le périhélie et l'aphélie sont peu éloignés des solstices :
l'ellipse terrestre est d'ailleurs peu allongée, l'excentricité n'y
dépassant pas $\frac{1}{60}$ du grand axe ; de manière que la moindre distance au soleil n'est que d'environ $\frac{1}{30}$ inférieure à la plus longue.
Ces six éléments nécessaires du mouvement elliptique varient,
en général, d'une planète à une autre, sans aucune relation
appréciable. Mais il existe, entre les deux principaux, une
harmonie fondamentale, qui constitue la troisième loi de Kepler,
par laquelle se trouvent géométriquement liés les divers mouvements planétaires, qui, à tout autre égard, quoique assujettis
à la même marche mathématique, sembleraient indépendants
les uns des autres. Cette loi générale, dont la tendance vaguement analogique des anciens n'avait jamais offert l'équivalent,
consiste dans une relation constante entre les grands axes des
diverses orbites et les temps périodiques correspondants, en
sorte que les vitesses dépendent des moyennes distances. Nous
avons déjà remarqué, à la fin du 4° chapitre de cette partie, que
les durées des révolutions planétaires augmentent toujours en
s'éloignant du soleil, et même suivant une plus grande propor-

tion que les orbites. Il s'agit maintenant d'exposer directement la loi mathématique de cette liaison. Elle consiste en ce que les carrés des temps périodiques sont toujours proportionnels aux cubes des moyennes distances : si le grand axe de l'orbite devient quatre ou neuf fois plus long, la révolution devient huit ou vingt-sept fois plus lente, en multipliant le rapport linéaire par sa racine carrée. Par cette grande loi, Kepler a complété la systématisation définitive de la géométrie céleste, en constituant, entre les divers astres de notre monde, une solidarité qui permet de conclure ainsi, à divers égards, des uns aux autres : les deux premières lois instituaient uniformément la régularité spéciale de chaque mouvement; celle-ci seule caratérise leur cohérence générale, de manière à définir exactement leur ensemble. Outre la destination que nous lui reconnaîtrons bientôt pour la mécanique céleste, elle peut ici nous servir déjà à prévoir mutuellement les deux éléments dont elle formule la liaison. Quand W. Herschell, par exemple, a découvert la planète Uranus, cette loi lui a permis de connaître bientôt, d'après sa distance au soleil, la durée de sa révolution, sans en attendre le lent accomplissement effectif. De même, en sens inverse, si l'on apercevait jamais, entre Mercure et le soleil, une nouvelle planète, sa moyenne distance, qu'une telle proximité rendrait difficile à déterminer directement, pourrait être appréciée aisément, à l'aide du temps périodique correspondant, que sa brièveté nécessaire permettrait alors d'estimer facilement.

Telles sont les trois grandes lois par lesquelles Kepler a finalement constitué la géométrie céleste, sous l'impulsion résultée de la doctrine du double mouvement terrestre, commune base initiale de toute l'astronomie moderne. L'ensemble des deux premières régit aussi bien le mouvement relatif de chaque satellite autour de sa planète, que celui des planètes autour du soleil : quand la planète a plusieurs satellites, la troisième loi s'étend également aux durées de leurs révolutions partielles, comparées à leurs moyennes distances respectives, sans que rien d'ailleurs lie entre eux les satellites de deux planètes différentes. Après avoir construit cette nouvelle législation astronomique, Kepler la soumit convénablement à l'épreuve la plus décisive, en la faisant servir de base à ses célèbres tables rudolphines, dont une exploration suivie ne tarda pas à manifester la supériorité effective sur les meilleures tables résultées de l'ancienne théorie céleste. Mais les temps ultérieurs ont confirmé encore plus irrécusablement la réalité essentielle d'une telle constitution, qui depuis a toujours fourni le principe des calculs habituellement destinés à d'exactes prévisions : le perfectionnement de l'exploration matérielle, qui a surtout été postérieur à Kepler, n'a fait que rendre plus sensible la vérité de sa doctrine ; enfin, sous un dernier aspect, elle a victorieusement subi le contrôle le plus éclatant et le moins prévu, quand la découverte de nouveaux astres a plus que triplé graduellement le nombre total des mouvements qu'elle avait d'abord en vue, sans jamais donner lieu à aucune grave anomalie.

Le juste enthousiasme que doit naturellement inspirer cette admirable rénovation astronomique, pourrait cependant entraîner les esprits capables de l'apprécier dignement à lui attribuer un caractère incompatible avec les exigences logiques d'une philosophie pleinement positive, en la regardant comme l'expression absolue d'un ordre extérieur que l'intelligence humaine, ni aucune autre quelconque, ne saurait jamais connaître rigoureusement. Malgré l'immense supériorité de la théorie elliptique sur la théorie circulaire, on n'y peut réellement voir qu'une seconde approximation générale de l'étude mathématique des mouvements célestes, d'abord ébauchée sous le principe ancien. Kepler lui-même n'a pu l'envisager autrement, puisqu'il n'ignorait pas les principales variations que subissent effectivement les

divers éléments ainsi supposés fixes envers chaque astre intérieur. Si donc les données spécifiques de ces calculs modernes
n'étaient pas renouvelées, de temps à autre, d'après une exacte
exploration directe, les prévisions correspondantes finiraient,
quoique beaucoup plus lentement, et à de moindres degrés, par
manifester, en présence des événements accomplis, une insuffisance analogue à celle des anciens calculs. La partie statique de
la géométrie céleste nous a déjà offert, au sujet de la figure des
planètes, et surtout de la terre, un exemple caractéristique de
cette nature nécessairement relative des saines doctrines astronomiques. Mais cet inévitable attribut devient ici beaucoup plus
frappant, soit par la difficulté supérieure de l'élaboration dynamique, soit surtout parce que les imperfections de la théorie y
doivent être à la fois bien plus prononcées amieux appréciables, en vertu de leur accumulation continue. Aussi reconnaî-
trons-nous que, dans le siècle dernier, les astronomes et les géomètres, tout en maintenant à jamais la législation de Kepler,
ont tendu à consituer spontanément une sorte de troisième
approximation fondamentale des mouvements célestes, en déterminant, autant que possible, les lois qui régissent les variations des éléments du mouvement elliptique. Cette détermination, principal résultat scientifique de l'institution mathématique de la mécanique céleste d'après la théorie de la gravitation,
sera plus tard directement caractérisée. Sans anticiper, en ce
moment, sur cette considération prématurée, que j'ai seulement
annoncée ici afin de prévenir toute pensée absolue, il convient
actuellement d'apprécier plus spécialement la grande législation
Keplerienne, dont nous venons seulement d'établir le principe
général, en examinant, sous les divers aspects essentiels, son
application fondamentale à l'étude effective des mouvements
intérieurs de notre monde.

CHAPITRE IX.

Appréciation caractéristique du problème fondamental de la géométrie céleste, dans les trois cas généraux de complication croissante qu'offrent successivement les planètes, les satellites, et les comètes.

Parmi tous les astres de notre monde, les planètes proprement dites sont ceux envers lesquels l'exacte élaboration géométrique fondée sur les lois de Kepler présente le moins de difficultés essentielles et comporte le plus de succès habituel, par une suite nécessaire de leurs principaux caractères, la faible inclinaison de leurs orbites, et surtout leur peu d'ellipticité, double attribut qui seul les distingue réellement des comètes. Nous reconnaîtrons d'ailleurs, sous l'aspect mécanique, que ces mêmes conditions rendent, à leur égard, la seconde approximation mathématique, ainsi résultée du mouvement elliptique, beaucoup plus précise et plus durable, en diminuant spécialement les inévitables variations des six éléments qui s'y rapportent. Il faut donc apprécier ici, dans ce premier cas général, la vraie nature du problème fondamental de la géométrie céleste.

Cette recherche peut offrir toujours deux sortes de questions, inverses l'une de l'autre : soit que, d'après l'estimation préalable des constantes du mouvement elliptique, on veuille prévoir la position exacte d'une planète à une époque donnée, ou réciproquement ; soit, au contraire, qu'il s'agisse de déduire ces données fondamentales d'une exploration directe du cours de la planète. Le premier cas doit, sans doute, être le plus fréquent, puisqu'il se rapporte immédiatement à la destination finale des tables astronomiques : toutefois, le second n'est pas moins indispensable, non-seulement envers un nouvel astre, dont la théo-

rie propre n'est pas encore établie, mais aussi à l'égard même
des astres les plus connus, et qui exigent, de temps à autre,
le renouvellement spécial des déterminations préliminaires.
Caractérisons sommairement ces deux opérations générales.

Dans la première, il est évident que les lois de Kepler permettent, avec les données convenables, de déterminer exactement
le cours entier d'une planète, d'après une seule de ses positions.
Toute la difficulté géométrique est alors réductible ainsi à ce
problème fondamental qui a justement reçu le nom de *problème
de Kepler* : découvrir la vraie relation de l'aire d'un secteur
elliptique BSC (*fig.* 15) à l'angle de ses rayons extrêmes, de
manière à pouvoir passer de l'angle à l'aire, ou réciproquement.
En le supposant résolu, on conçoit que, si une planète a été
observée en B sur une ellipse connue, sa nouvelle position C au
bout d'un temps donné deviendra exactement assignable ; car,
la première loi de Kepler déterminera d'avance, d'après l'aire
totale de l'orbite, celle du secteur correspondant BSC, d'où
l'on conclura dès lors la direction et la longueur du nouveau
rayon vecteur SC par rapport à celles du rayon primitif SB ;
il en sera de même, en sens inverse, quand on voudra connaître
le temps employé au passage d'une position à l'autre ; enfin, il
serait superflu de noter expressément que ces prévisions s'appli-
queront indifféremment au passé et à l'avenir, pourvu toutefois que l'intervalle des époques ne devienne pas assez grand
pour que les éléments du mouvement elliptique aient sensiblement varié.

Qu'il s'agisse, par exemple, de déterminer la différence des
temps pendant lesquels la terre décrit les deux parties de son
ellipse annuelle PTAT', que sépare la ligne des équinoxes TT',
presque perpendiculaire au grand axe PA. Le problème de
Kepler fera connaître, d'après les dimensions de l'orbite, les
aires respectives des secteurs opposés PST, AST, d'où l'on dé-

duira les temps correspondants , dont la somme est égale à la
moitié de l'année. On conçoit ainsi que les deux saisons où notre
planète parcourt la partie de son orbite qui contient l'aphélie
doivent durer davantage que les saisons contraires où se trouve
le périhélie, soit à raison d'un plus long parcours, soit en vertu
d'une moindre vitesse : toutefois l'excès ne saurait être considérable, vu la faible excentricité de l'orbite terrestre. C'est ce
qui produit la différence d'environ 15 jours déjà annoncée (page
146) comme influant sur la douceur comparative du climat
dans l'hémisphère boréal de notre globe, parce que le pôle boréal de la terre est, en effet, penché vers le soleil à l'époque de
l'aphélie, et le pôle austral lors du périhélie.

Pour bien apprécier la réaction astronomique des difficultés
géométriques inhérentes au problème de Kepler, il importe de
savoir qu'il ne comporte pas jusqu'ici , guère plus qu'au début ,
de solution mathématique vraiment rigoureuse ; en sorte qu'on
est forcé de s'y réduire à des approximations , qui , à la vérité,
pourraient toujours suffire réellement à nos prévisions célestes,
sauf l'embarras de les pousser au degré convenable. C'est surtout à ce titre que se fait sentir, sous le simple aspect géométrique , la simplicité relative de l'étude des planètes , comparée
à celle des comètes : parce que la petitesse des excentricités et
celle des inclinaisons permettent, envers les premières, d'a-
bréger beaucoup ces calculs approximatifs , sans nuire essentiellement à leur destination usuelle. Mais il doit d'ailleurs
exister, à cet égard , d'inégales facilités entre les différentes planètes, d'après leurs diversités effectives quant à ces deux conditions de la simplification mathématique , et surtout en ce qui
concerne l'excentricité. Parmi les planètes anciennement observées, l'excentricité, quoique toujours peu prononcée, varie sensiblement, depuis $\frac{1}{160}$ pour Vénus, jusqu'à $\frac{1}{10}$ pour Mars, et même
$\frac{1}{5}$ pour Mercure, dont l'orbite est la plus allongée. Uranus n'a

présenté ensuite qu'une excentricité d'environ $\frac{1}{20}$, presqu'égale à celle de Jupiter et de Saturne. Quant aux planètes télescopiques, deux d'entre elles, Junon et Pallas, ont offert une excentricité d'à peu près $\frac{1}{4}$, encore plus grande que celle de Mercure, mais qui pourra néanmoins indiquer au lecteur, par le cas le plus tranché, combien peu nos ellipses planétaires diffèrent réellement du cercle.

Si nous renversons maintenant le problème précédent, il sera facile de comprendre comment les six éléments propres à l'orbite de chaque planète deviennent exactement déterminables d'après l'exploration directe d'une faible partie de son cours. Puisque trois points suffisent pour définir géométriquement une ellipse dont le foyer est connu, trois positions distinctes d'une planète permettront de calculer toutes les données de son mouvement, y compris même le temps périodique, qui, lorsque l'orbite aura été assignée, pourra se déduire du temps écoulé entre deux de ces trois époques, suivant le rapport du secteur correspondant à l'aire totale de l'ellipse. Mais, quoique trois observations choisies puissent ainsi tout déterminer, il est néanmoins indispensable d'en considérer un plus grand nombre, afin que l'accord de leurs diverses combinaisons ternaires fournisse des moyens de vérifier l'opération et d'en mesurer l'exactitude, outre la confirmation générale qui résultera de l'accomplissement d'une révolution entière. Ce problème inverse est toujours susceptible, par sa nature mathématique, d'une solution rigoureuse, exigeant d'ailleurs de pénibles calculs.

Le nombre d'observations successives qui doivent participer à une telle combinaison, et l'intervalle plus ou moins grand qui doit exister entre elles pour que leur comparaison puisse devenir assez décisive, assujettissent l'ensemble de cette opération astronomique à des lenteurs considérables. On est ainsi conduit à sentir l'utilité générale, et souvent même la nécessité

spéciale, d'une hypothèse purement provisoire, qui, susceptible d'une plus prompte institution, vienne fournir bientôt une
première ébauche de l'orbite cherchée, destinée surtout à mieux
diriger l'exploration qui doit conduire à la détermination finale.
Tel est l'office secondaire que l'astronomie moderne, après la
grande rénovation de Kepler, a utilement conservé à l'antique
principe du mouvement circulaire et uniforme, envisagé dans
toute sa simplicité primitive, sans aucun pénible amendement,
parce qu'on n'y voit plus qu'une première approximation des
théories planétaires. Deux positions, contrôlées tout au plus
par une troisième, suffisent alors à déterminer, autour du soleil, le plan de l'orbite, son diamètre, et même la vitesse de
l'astre. Surtout envers une nouvelle planète, cette indication
provisoire, outre sa valeur propre pour suppléer actuellement
à la théorie elliptique, pourra seule caractériser la partie du
ciel où il faut diriger l'exploration qui doit y conduire. En écartant irrévocablement le principe fondamental de l'ancien régime
astronomique, la raison moderne n'a donc pas renoncé à utiliser l'aptitude positive qui lui était inhérente ; en l'incorporant
au système nouveau de la géométrie céleste, elle en a même
augmenté l'efficacité réelle, par cela seul qu'elle ne lui a conservé
qu'un sens relatif et un office temporaire, ce qui a permis de le
dégager des complications dont les anciens avaient dû surchar-
ger sa notion absolue.

Après cette appréciation du problème des planètes, principal
objet de l'astronomie, il devient aisé de comprendre la difficulté
supérieure que doit offrir, en général, l'étude des satellites. Les
lois de Kepler leur sont, sans doute, également applicables ;
mais seulement en ce qui concerne leurs mouvements relatifs
autour des planètes correspondantes, comme si celles-ci étaient
immobiles. Or cette manière de les étudier, qui rentrerait, en
effet, dans le cas précédent, ne saurait suffire à nos prévisions

astronomiques , nécessairement affectées par le déplacement simultané de la planète. C'est pourquoi le problème des satellites est d'une nature plus compliquée que celui des planètes, comme imposant l'obligation de déterminer le résultat final d'un mouvement elliptique accompli autour d'un foyer qui lui-même est animé d'un mouvement analogue, quoique moins prononcé : cette indispensable combinaison produit alors spontanément des embarras semblables à ceux qu'engendraient artificielle- ment les anciens épicycles. En vertu de sa difficulté supé- rieure, cette seconde étude géométrique est, en général, moins avancée que la précédente. D'une autre part, elle a heureuse- ment beaucoup moins d'importance, excepté envers la lune : tous les autres satellites sont tellement lointains qu'ils ne sau- raient comporter une exploration aussi complète et aussi exacte que celle des planètes, ni, par suite, exiger des prévisions aussi précises. Il faut donc être peu surpris que la théorie de notre satellite, seule vraiment capitale pour nous, et où les moindres erreurs deviennent appréciables à raison d'une ex- trême proximité, ait toujours constitué, à tous les âges de la science, le principal embarras des astronomes.

La première approximation s'accomplit, envers les satellites, comme à l'égard des planètes , en supposant le mouvement cir- culaire et uniforme, mais en négligeant, en outre, le déplace- ment de la planète pendant une révolution entière du satellite. Or, il est aisé de concevoir que cette dernière supposition doit être fort inégalement satisfaisante dans les différents cas effectifs, suivant la disproportion plus ou moins faible des temps pério- diques respectifs. Il n'y a presqu'aucune erreur immédiate à procéder ainsi, par exemple, pour le premier satellite de Jupiter, qui circule en moins de deux jours autour d'une planète qui em- ploie douze ans à parcourir son orbite : mais une telle approxi- mation pourra, au contraire, devenir très-grossière en d'autres cas. Aucun d'eux n'est, à cet égard, aussi défavorable que celui de notre satellite, puisque son déplacement angulaire est un peu moins de treize fois plus grand que celui de la terre, dont il n'est donc presque jamais permis de négliger le mouvement simultané. Ces diverses disproportions ne règlent pas seulement l'efficacité et la durée d'une première approximation dans les théories respectives des différents satellites. Elles constituent aussi la principale source naturelle des difficultés plus ou moins grandes qu'offrent ensuite les calculs définitifs, où les approximations deviennent ainsi plus ou moins pénibles.

Quelle que soit la complication supérieure du problème des satellites, elle est pourtant beaucoup moindre que celle que présente, d'après les mêmes lois fondamentales, le problème des comètes, quand on y veut obtenir des résultats équivalents. Il nous reste donc à caractériser ici ce cas extrême de la géométrie céleste, où l'imperfection des études se trouve heureusement compensée par leur moindre importance.

Les comètes ne se distinguent essentiellement des planètes que par la grandeur des excentricités et des inclinaisons de leurs orbites : ces deux caractères géométriques, et surtout le premier, sont seuls à la fois fixés et importants ; ils constituent d'ailleurs, comme on le reconnaîtra, la source naturelle des principaux attributs qui attirent l'attention vulgaire. Pendant longtemps les astronomes ont cru pouvoir aussi définir ces astres par la longue durée de leurs révolutions ; mais cette différence a désormais radicalement disparu : car, d'un côté, Uranus a offert l'exemple d'une planète dont le temps périodique surpasse celui de toutes les comètes déjà bien connues ; et, d'une autre part, la comète de M. Encke a présenté une période d'environ douze cents jours, inférieure à celle de la plupart des planètes. On doit également écarter la distinction d'abord fondée sur la petitesse des masses cométaires, irrécusablement indiquée par la mécanique céleste, puisque tous les satellites, et même les quatre planètes télescopiques, tombent pareillement jusqu'ici au-dessous des poids appréciables, comme je l'indiquerai spéciale-ment en son lieu. Il serait d'ailleurs superflu de discuter les attributs qui ont fourni le nom spécial usité envers ces astres, et qui ne conviennent réellement qu'à une faible partie de leur cours. Ainsi, on ne doit finalement distinguer les comètes que comme des planètes dont l'ellipse est très-allongée et fortement inclinée à l'écliptique.

D'après les explications relatives au cas fondamental, on con-çoit que ce double caractère astronomique suffit pour expliquer la complication supérieure que doit présenter l'étude géomé-trique de ces astres, par l'extrême difficulté qu'on éprouve alors dans les approximations réglées sur les excentricités et les in-clinaisons. Mais, en outre, le principal obstacle au perfection-nement de la théorie des comètes résulte de ce que, par une suite nécessaire de ces deux attributs essentiels, les six éléments du mouvement elliptique, dont les variations sont, en tout au-tre cas, lentes et simples, se trouvent ici assujettis à d'énormes et nombreuses altérations, comme nous le reconnaîtrons plus tard, en expliquant le principe général de ces diverses pertur-bations. Aussi, parmi 150 ou 200 comètes peut-être qu'on a observées jusqu'ici, il n'y en a pas dix dont le mouvement elliptique ait été convenablement apprécié.

Quelque allongées que soient réellement les orbites comé-taires, cela n'empêche point d'y étendre encore, à titre de pre-mière approximation, l'hypothèse ordinaire du mouvement circulaire et uniforme ; car, il n'y a pas de courbe qui, dans une étendue assez petite, ne puisse être sensiblement assimilée au cercle. On pourrait même, si on le jugeait utile, regarder d'abord le mouvement comme rectiligne : mais il n'en résulte-rait guère plus de simplification dans les calculs astronomiques,

et leur usage se trouverait limité à une durée beaucoup moindre ; aussi n'emploie-t-on jamais cet artifice géométrique, que
lorsqu'il s'agit de juger grossièrement, par des opérations purement graphiques, dans quelle partie du ciel un astre dirige
sa course. Le mouvement circulaire représente bien mieux, et
plus longtemps, la route effective du corps, même envers les
comètes, auxquelles toutefois l'application en doit être plus
imparfaite et plus restreinte que pour les planètes. Il est d'autant plus convenable de pousser jusqu'à ce terme extrême la
notion générale de cette première approximation, que c'est
réellement ainsi que les comètes ont été définitivement élevées,
par le grand observateur Tycho-Brahé, au rang des véritables
astres, au lieu de rester confondues, suivant l'antique opinion,
parmi nos météores atmosphériques. Une comète remarquable
ayant paru vers la fin du seizième siècle, l'astronome danois,
après avoir constaté, par une mesure géométrique de sa distance, qu'elle était placée fort au delà de la lune, tenta de l'assujettir à un cours régulier, en supposant une orbite circulaire,
qui lui permit, en effet, de calculer quelques positions prochai-
nes, heureusement confirmées par l'événement. Toutefois, s'il
eût voulu pousser plus loin les prévisions, l'insuffisance d'une
telle approximation serait bientôt devenue irrécusable.

La première ébauche mathématique de la théorie d'une comète s'accomplit maintenant d'après un tout autre principe,
très-heureusement imaginé par Newton pour satisfaire aux exigences spéciales d'un semblable cas. On substitue alors à l'ellipse, non un cercle qui la représenterait mal, mais une parabole, ayant même sommet et même foyer. Cette courbe, déjà
mentionnée (page 177) comme section du cône parallèlement
à sa génératrice, doit, à raison même de l'extrême allongement
de ces ellipses, coïncider presque avec elles, mais seulement
dans la partie de l'orbite la plus voisine du périhélie. Une telle

substitution est ordinairement réputée suffisante jusqu'en M ou M' (*fig.* 15), à 90° du sommet : au delà, quelque allongée que soit l'ellipse, l'hypothèse parabolique finirait bientôt par s'écarter énormément de la réalité, outre qu'elle est radicalement incompatible avec toute idée de retour périodique. Quoique la parabole soit une courbe plus difficile à concevoir ou à tracer que le cercle, son étude géométrique est pourtant presque aussi simple, et même un peu davantage à certains égards, surtout en ce qui concerne les aires partielles. Il n'est pas douteux, du moins, que les problèmes astronomiques n'y soient beaucoup plus faciles qu'envers l'ellipse. Deux positions suffisent alors, comme avec le cercle, pour déterminer entièrement cette orbite provisoire, et même la vitesse de l'astre en chaque point. C'est ainsi que, quand une comète paraît, les astronomes ont ordinairement calculé, avant que le public la remarque, toute la partie visible de son cours, d'après deux observations assez distinctes, jusqu'aux limites naturelles de l'hypothèse parabolique. Or cet artifice géométrique est si heureusement institué que sa puissance effective correspond spontanément, dans presque tous les cas, à sa principale destination : car, lorsque la comète a dépassé la partie de son cours à laquelle convient une telle approximation, elle se trouve habituellement assez éloignée du soleil pour n'être plus visible de la terre, en sorte qu'elle cesse alors d'exciter la curiosité publique.

Toutefois, l'hypothèse parabolique, malgré ses propriétés caractéristiques, demeurera toujours moins satisfaisante, envers les comètes, que ne l'est, pour les planètes, l'hypothèse circulaire, d'ailleurs plus simple. Son insuffisance fondamentale se manifeste, d'une manière pleinement évidente, au sujet des retours, dont la prévision fournit en effet la meilleure mesure générale du progrès successif de nos connaissances sur les mouvements cométaires. Cette prévision, qui constitue la plus importante portion du problème, ne devient possible, d'une manière rationnelle et certaine, qu'en déterminant l'orbite elliptique, encore inconnue dans la plupart des cas. On doit d'autant plus le regretter que le temps périodique offre naturellement le principal symptôme de l'identité de chaque comète, par suite de ses perturbations beaucoup moindres que celle d'aucun autre élément du mouvement elliptique. L'orbite parabolique ne permet pas même de pouvoir compter sur le simple dénombrement des comètes, à la vérité peu important : car on s'expose ainsi à supposer deux comètes différentes, là où peut-être il n'y a souvent que deux altérations diverses d'un ensemble équivalent d'éléments paraboliques; d'une autre part, il n'est pas géométriquement impossible que diverses orbites elliptiques correspondent néanmoins à une seule orbite parabolique, dont le sommet et le foyer seraient ceux de toutes ces ellipses, lesquelles pourraient encore différer notablement par tous les degrés d'excentricité compris entre les deux types extrêmes du cercle et de la parabole.

Il ne faut pas néanmoins attacher une importance exagérée à l'inévitable imperfection de la théorie mathématique des comètes. En effet, le peu d'influence réelle de ces petites masses sur les mouvements intérieurs de notre monde, où elles sont profondément affectées sans pouvoir, au contraire, sensiblement troubler, réduira toujours le principal intérêt de leur étude à une commune utilité philosophique, sauf un spécial office scientifique, que je caractériserai en son lieu. La destination essentielle de cette élaboration consiste donc à écarter radicalement l'objection générale que ces phénomènes semblaient d'abord offrir contre le principe fondamental de l'invariabilité des lois naturelles, base universelle de la saine philosophie. Mais ce grand but n'exige pas un développement très-avancé ni fort étendu de la théorie des comètes, depuis que sa positi-

vité propre est devenue pleinement irrécusable. Qu'importe
aux bons esprits que les retours de ces petits astres ne soient
presque jamais réductibles à d'exactes prévisions, si leur étude
a été assez constituée pour qu'on puisse toujours garantir que
ces lacunes tiennent seulement à la complication naturelle de
tels phénomènes, sans même donner lieu de croire que leurs
lois élémentaires diffèrent aucunement de celles relatives aux
astres les plus réguliers? Or il est aujourd'hui certain que,
malgré son imperfection spéciale, cet ordre de spéculations
scientifiques est assez avancé pour être désormais irrévocablement soustrait à toute explication théologique, et ramené à
des conceptions pleinement positives. A la vérité, les terreurs
superstitieuses ont été quelquefois remplacées, au sujet des
comètes, par les inquiétudes de choc terrestre qu'elles ont
suscitées. Mais, sans qu'on puisse aucunement garantir, en
principe, l'impossibilité rigoureuse d'un tel conflit, il est clair
que cette rencontre doit être infiniment peu probable entre
deux corps aussi petits en comparaison de leurs immenses
orbites, et qui devraient pourtant, avec leurs énormes vitesses,
se trouver ainsi au même instant à l'intersection de leurs routes
indépendantes : car le contact seul aurait une grave influence,
et tout rapprochement moindre serait ici inoffensif, du moins
pour nous, vu la petitesse des masses cométaires. En second
lieu, l'inévitable imperfection de la théorie mathématique des
comètes ne saurait jamais permettre d'instituer une véritable
prévision au sujet d'un événement qui exigerait, par sa nature,
les déterminations les plus précises. L'humanité n'a donc
réellement ni à s'alarmer ni à s'occuper d'accidents invraisem-
blables et incalculables, dont l'éventualité strictement possible
doit seulement nous rappeler que notre destinée, individuelle
ou collective, ne comporte point réellement, à cet égard, pas
plus qu'à tant d'autres non moins importants, une sécurité

absolue dont l'absence ne doit certes troubler aucunement
l'essor continu de notre intelligence et de notre activité envers
tous les sujets positifs de notre appréciation et de notre intervention.

Après avoir suffisamment caractérisé la nature géométrique
du problème des comètes, il importe de remarquer, en terminant, que le double caractère astronomique de ces petits corps,
et surtout la grande excentricité de leurs orbites, constitue
nécessairement la source essentielle des autres anomalies radi-
cales qui leur sont propres. D'abord, on explique ainsi facilement l'indépendance fondamentale qu'on leur a si longtemps
supposée envers les lois générales des mouvements célestes.
Car, outre des perturbations beaucoup plus grandes, on conçoit que, par le seul allongement de leurs orbites, les comètes
se trouvant, à des époques quelquefois peu écartées, tantôt
fort près et tantôt très-loin du soleil, ne doivent nous devenir
visibles que dans une faible partie de leur cours, après laquelle
un éclat très-considérable se trouve remplacé par une complète
obscurité, ce qui naturellement semble incompatible avec cet
attribut d'éternité que nous rappellent toujours les astres, en
sorte qu'une existence fortuite et passagère doit alors être admise. En second lieu, ces mêmes variations considérables de
distance au soleil doivent, en effet, assujettir ces astres à d'immenses changements périodiques, non-seulement dans leur température, mais aussi dans leur état physique, et même ensuite
dans leur composition chimique. Les savants qui ont osé conjecturer l'existence possible de corps vivants à la surface des
comètes n'avaient point assez apprécié la condition fondamentale
que l'ensemble des lois biologiques impose évidemment à toute
vitalité, savoir un certain degré de fixité essentielle du milieu
inorganique correspondant. Il est assurément impossible de
concevoir la vie sur un astre dont l'atmosphère est tantôt liqué-

fiée, ou peut-être même solidifiée, et tantôt raréfiée outre mesure, tandis que le sol y doit éprouver d'énormes variations de
consistance et de structure : or nous avons tout lieu de penser
que chaque comète passe alternativement par ces diverses con-
stitutions, dans le trajet, quelquefois très-rapide, de l'aphélie
au périhélie ; sans parler d'ailleurs des altérations simultanées
que l'organisme lui-même éprouverait ainsi, et qui sont évidemment incompatibles avec toutes nos conceptions anatomi-
ques. On peut donc hardiment garantir, à ce sujet, qu'il n'y a
de vraiment habitables, dans notre monde, que les astres dont
les orbites sont presque circulaires, quoique nous ne soyons,
au reste, nullement autorisés à les croire effectivement habités.

CHAPITRE X.

Appréciation générale des divers phénomènes composés, ou *aspects*, qui résultent
de la disposition mutuelle de certains astres intérieurs : 1º des éclipses proprement dites ; 2º des *passages* de Vénus ou de Mercure, dont l'étude fournit la meilleure détermination de la parallaxe du soleil.

On ne connaîtrait pas suffisamment la vraie constitution finale
de la géométrie céleste, si, après avoir considéré la détermination fondamentale de chaque mouvement propre, on n'exami-
nait pas directement les notions relatives aux phénomènes d'*aspect*, c'est-à-dire à certaines situations respectives de plusieurs
astres intérieurs. Sans doute, ces questions composées se résol-
vent nécessairement d'après les mêmes lois générales que les
questions simples appréciées ci-dessus ; puisque, l'état du ciel
étant ainsi prévu, pour une époque donnée, envers chacun des
astres qui concourent à l'aspect proposé, toutes les conclusions
qui concernent l'existence, le lieu, et la durée de cette disposition
multiple ne pourront constituer qu'une déduction rigoureuse

dé l'ensemble de ces diverses études partielles. Mais, une telle combinaison n'en mérite pas moins une soigneuse appréciation distincte, soit en vertu de son importance spéciale pour certaines applications, soit surtout comme fournissant, par sa nature, l'épreuve la plus décisive et la mesure la plus précise de la réalité et du perfectionnement des saines spéculations astronomiques. Car, de tels phénomènes ne peuvent être exactement prévus que d'après des théories fort approchées de tous les astres qui y participent ; toute erreur grave envers un seul des éléments de cette combinaison scientifique rendra finalement la prévision incertaine ou fautive, puisque les situations correspondantes sont, en géneral, très-passagères, et ne comportent que de très-petites limites de variation. Il ne faut donc pas s'étonner que ces prévisions composées aient toujours été regardées, aussi bien par les esprits éclairés que par le vulgaire, comme le meilleur criterium de la réalité des lois célestes et du progrès de leur étude. Toutefois, il importe ici de prévenir, à ce sujet, une grave méprise historique, qui, d'après une insuffisante appréciation scientifique de cette règle incontestable, a souvent conduit d'éminents érudits à supposer de hautes connaissances astronomiques partout où ils apercevaient quelques vagues prédictions de ces phénomènes complexes, soit éclipses, soit conjonctions, etc. Afin de bien caractériser cette erreur capitale, il suffit de remarquer, en général, que toutes les situations célestes tendent à se reproduire périodiquement, comme toujours relatives à des orbites fermées : quoique les périodes deviennent plus longues, moins évidentes, et même plus variables, envers les dispositions composées que pour chaque mouvement simple, cette tendance fondamentale ne cesse jamais de se faire sentir. Si donc une observation empirique a dévoilé, par exemple, le retour périodique des éclipses de soleil ou de lune dans le même ordre au bout d'environ dix-neuf ans, cette

connaissance pourra devenir la base d'une sorte de prévision
spontanée envers les époques suivantes. C'est essentiellement
ainsi que les castes sacerdotales , antiques ou actuelles , ont pu
quelquefois prédire confusément ces phénomènes, sans aucune
autre invention capitale que celle d'une écriture propre à conserver parmi elles le souvenir des événements observés. Mais
de telles annonces ne peuvent être que vagues et même incertaines , parce que les périodes considérées , outre qu'elles sont
alors mal connues, ne reproduisent ordinairement que la principale influence déterminante. Quant à des prévisions vraiment
géométriques , on peut assurer, sans aucune hésitation, qu'elles
étaient impossibles , soit à l'état d'enfance scientifique qui correspond à ces civilisations théocratiques, soit même après la fondation initiale de l'astronomie mathématique dans l'École d'A-
lexandrie , vu la double imperfection correspondante de la géométrie abstraite et de l'exploration céleste. C'est uniquement
chez les modernes occidentaux , ou plutôt depuis trois siècles ,
que ces annonces rationnelles, seules satisfaisantes , ont pu régulièrement devenir certaines et précises (1).

Les plus nombreux et les plus importants de ces phénomènes
composés consistent en aspects seulement binaires , où l'on ne
compare que les rayons visuels menés de la terre à deux astres
intérieurs. Presque toutes les combinaisons de ce genre considérées aujourd'hui rentrent dans la classe des conjonctions ou
des oppositions, dont le caractère mathématique résulte toujours
de ce que ces deux droites forment alors le plus petit angle aigu

____

(1) La considération passagère que les jésuites acquirent , en Chine, pendant
l'avant-dernier siècle, résulta d'abord principalement de la supériorité que leur
procurait la science occidentale pour prédire exactement les éclipses , dont les
astronomes chinois n'osaient jamais, d'après leurs périodes, assigner l'instant
précis, même à une ou deux heures près.

ou le plus grand angle obtus, sans qu'il existe rigoureusemen
entre leurs directions cette coïncidence ou ce prolongement que
rappellent d'abord de telles dénominations. Mais les opinions
astrologiques avaient jadis introduit l'étude habituelle d'aspects
plus variés et plus compliqués, soit en ayant égard à d'autres
situations mutuelles des deux astres envers la terre, soit même
en spéculant sur des configurations ternaires, quaternaires, etc.
Sous ce rapport, on ne saurait méconnaître historiquement la puissante stimulation continue qui résulta longtemps de ces chimères
métaphysico-théologiques pour le perfectionnement graduel de
l'ensemble des théories célestes ; puisque les vaines inductions humaines qu'on voulait alors tirer de l'état du ciel se trouvaient ainsi
dépendre des recherches les plus complexes et les moins avancées.

Nous devons ici caractériser surtout les plus importants des
divers aspects binaires, c'est-à-dire les éclipses de soleil ou de
lune, qui, outre leur intérêt propre, constituent naturellement,
à tous égards, le meilleur type logique de toutes ces combinaisons astronomiques. Mais, il faut, pour cela, apprécier d'abord
la marche générale des phases mensuelles de la lune. Ce satellite réfléchissant vers nous la lumière qu'il reçoit du soleil, sa
surface comporte, à chaque instant, une double division : deux
grands cercles, respectivement perpendiculaires, l'un au rayon
solaire, l'autre au rayon terrestre, y séparent toujours, d'une
part l'hémisphère éclairé de l'hémisphère obscur, d'une autre
part l'hémisphère visible de l'hémisphère invisible. Or, comme
nous ne pouvons, en chaque position d'un tel globe, voir que
la portion commune à l'hémisphère visible et à l'hémisphère
éclairé, son image doit nous offrir successivement divers aspects
ou *phases* proprement dites, résultées de la disposition variable
de ces deux droites pendant sa révolution mensuelle autour de
nous. Pour en simplifier l'appréciation générale, nous pouvons
ici nous borner sans inconvénient à la première approximation

géométrique de ce mouvement, c'est-à-dire, le supposer circulaire et uniforme autour de la terre immobile, et même négliger d'abord l'inclinaison de son plan sur l'écliptique.

Dans cette hypothèse, partons de l'instant d'une conjonction
parfaite, où le centre de la lune est exactement situé entre ceux
du soleil et de la terre. Alors la pleine opposition des deux
droites ci-dessus considérées détermine la coïncidence de l'hémisphère visible avec l'hémisphère obscur, ou de l'hémisphère
éclairé avec l'hémisphère invisible ; en sorte que nous ne pouvons voir aucune partie du globe lunaire : c'est le temps de la
nouvelle lune. Bientôt après, le rayon terrestre s'écartant graduellement du prolongement du rayon solaire, une portion
croissante de l'hémisphère visible pénètre dans l'hémisphère
éclairé, et le disque nous offre la forme caractérisée par l'heureuse expression de *croissant :* sa limite extérieure est toujours
un demi-cercle, correspondant à la terminaison de l'hémisphère
visible, que nous voyons sans cesse perpendiculairement ; la
limite intérieure, seule variable, est un arc plus ou moins
courbé, indiquant la base de l'hémisphère éclairé, que nous
apercevons plus ou moins obliquement ; la droite d'intersection des deux plans qui déterminent la double division continue
de la surface lunaire constitue le diamètre de la première courbe
et la corde de la seconde. Telle est la figure changeante du
disque tant que le rayon solaire et le rayon terrestre continuent
à former un angle obtus, dont le décroissement donne lieu à
l'extension de l'image, par l'aplatissement de l'arc intérieur,
qui tend à se confondre avec sa corde. Cette confusion a exactement lieu, et le disque devient un parfait demi-cercle, quand
l'angle de ces deux rayons se trouve rigoureusement droit ; ce
qui constitue une seconde phase essentielle, judicieusement désignée sous le vieux nom de quartier. Après cette époque, cet
angle devient de plus en plus aigu, et le disque, comprenant

dès lors plus de la moitié du cercle fondamental, prend une nouvelle forme, parce que sa limite variable passe au delà du diamètre de la limite fixe, à laquelle aussi elle oppose maintenant sa concavité ; en sorte que l'image tend de plus en plus vers un cercle complet. Cette phase extrême, ou la pleine lune, arrive quand le rayon solaire coïncide avec le rayon terrestre, de manière à faire passer tout l'hémisphère visible dans l'hémisphère éclairé. Pendant la seconde moitié de la révolution lunaire, les mêmes phénomènes se reproduisent exactement, mais en ordre inverse, de façon à ne pouvoir, par exemple, distinguer le second quartier du premier qu'en comparant son aspect à celui du jour précédent ou suivant, afin de connaître le sens de la variation du disque. Au reste, dans cette sommaire appréciation de ses changements, nous avons seulement considéré la lumière directement émanée du soleil, en négligeant celle que la lune reçoit aussi par réflexion de la terre. Quoique cette lumière secondaire doive toujours être extrêmement faible, elle peut néanmoins devenir appréciable, même à l'œil nu, de manière à permettre d'apercevoir, presque en tout temps, la partie obscure de l'hémisphère visible, d'après une sorte de *lumière cendrée*, dont l'heureuse explication scientifique a été ainsi conçue par l'admirable peintre Léonard de Vinci.

Telle est la marche générale des phases lunaires, dont la période ne doit se régler sur celle déjà mentionnée envers la circulation sidérale, qu'en y ajoutant le temps qu'emploie la lune à parcourir les 27° environ du déplacement angulaire de la terre pendant chaque révolution du satellite : ce qui, au lieu de 27 jours ⅓, donne à peu près 29 jours ½ pour le mois lunaire *synodique*, qui ramène les mêmes aspects. Mais, afin de compléter l'appréciation précédente, il est indispensable d'y apporter maintenant les modifications élémentaires qui résultent de l'inclinaison de l'orbite lunaire sur l'écliptique, tout en conti-

nuant à supposer le mouvement circulaire et uniforme. La définition des quartiers ne peut ainsi recevoir aucune altération, en la
fondant toujours sur ce que le rayon solaire s'y trouve perpendiculaire au rayon terrestre. Il en est autrement quant aux deux
phases extrêmes de nouvelle et pleine lune, dont les noms cessent alors d'être rigoureusement exacts puisque les directions
de ces deux rayons peuvent ne jamais devenir strictement identiques ni contraires. On doit ici recourir à la définition plus
étendue ci-dessus posée pour les conjonctions et oppositions,
en caractérisant la nouvelle lune par le plus grand angle obtus
de ces deux droites et la pleine lune par leur moindre angle
aigu : les positions correspondantes se déterminent en conce-
vant que le plan de cet angle devienne perpendiculaire à celui
de l'orbite lunaire.

L'ensemble de ces explications préliminaires nous permet
maintenant de caractériser la nature géométrique de l'étude des
éclipses de soleil ou de lune, dont la source générale résulte de
l'interposition du globe lunaire entre le soleil et nous ou de notre
globe entre le soleil et la lune.

D'après les indications précédentes, il est clair que, si le
plan de l'orbite lunaire coïncidait avec celui de l'écliptique,
comme nous l'avions d'abord supposé, il y aurait nécessairement une éclipse de soleil à chaque nouvelle lune : et, comme
les diamètres apparents des deux astres sont à peu près égaux,
cette éclipse serait complète ou très-intense, du moins pour les
spectateurs qui la verraient au zénith. On peut également reconnaître, d'après un autre motif, qu'il y aurait aussi une éclipse
totale de lune à chaque époque désignée ci-dessus sous le nom,
dès lors impropre, de pleine lune : car, d'après nos données
statiques, un facile calcul géométrique démontre que le cône
d'ombre projeté par la terre s'étend près de quatre fois plus
loin que la lune, et que sa largeur, là où la lune y pénètre,

excède le double du diamètre du satellite. Mais la faible inclinaison de 5° que présente l'orbite lunaire sur le plan de l'écliptique, est plus que suffisante pour empêcher souvent, et altérer presque toujours, l'une et l'autre conséquence de la constitution statique des trois corps combinés. Dans le cas le plus prononcé, c'est-à dire quand le plan de ces trois astres se trouve,
au moment de la conjonction ou de l'opposition, perpendiculaire à la ligne des nœuds de l'orbite lunaire, la latitude de l'astre atteint son maximum de 5°, très-supérieure au diamètre
apparent du soleil, et même à celui, environ trois fois plus
grand, de la section du cône d'ombre terrestre par l'orbite lunaire ; en sorte qu'aucune des deux sortes d'éclipses ne peut
alors avoir lieu : si cette disposition rectangulaire existait toujours, il n'y aurait donc jamais d'éclipse. On conçoit dès lors
comment la mobilité propre à cette ligne des nœuds, qui fait
une révolution entière en 18 ans $\frac{2}{3}$ environ, tend à reproduire
essentiellement, suivant cette période, ces deux sortes d'éclipses, en ramenant leur première condition indispensable : mais,
comme une telle condition, quoique prépondérante, est loin de
suffire, on comprend aussi que les prévisions empiriques fondées sur une connaissance, même exacte, de cette période, devaient se trouver souvent fautives.

Les phénomènes que nous avons d'abord décrits ne peuvent
réellement se rapporter qu'au cas où la conjonction et l'opposition coïncideront avec le passage de la lune aux nœuds de son
orbite. Toutefois, quand la latitude, sans être strictement nulle,
n'excédera pas le diamètre apparent du soleil ou $\frac{1}{2}$ degré, à
l'instant de la nouvelle lune, le soleil se trouvera plus ou moins
éclipsé ; pour que la lune ne le soit nullement, il faudra que,
lors de l'opposition, sa latitude atteigne environ 1° $\frac{1}{2}$, diamètre
apparent de la section correspondante du cône d'ombre terrestre. Néanmoins, quoique toutes les époques de nouvelle ou

pleine lune soient ainsi fort loin d'amener toujours des éclipses
de soleil ou de lune, il reste évident que c'est seulement dans
ces phases que de tels phénomènes peuvent survenir (1).

On conçoit ainsi comment la théorie géométrique des mouvements de la lune et de la terre permet de distinguer exactement,
et même longtemps d'avance, les conjonctions ou oppositions
qui doivent amener des éclipses, et de déterminer avec précision l'instant ou le lieu de la plus grande intensité du phénomène. Quant à la nature ou au degré de l'éclipse, il faut
considérer, pour celles du soleil par exemple, le plus grand
rapprochement des deux centres, qui dépend surtout de la
latitude correspondante de la lune. Vu l'égalité essentielle des
diamètres apparents des deux astres, l'éclipse sera totale si les
centres coïncident exactement : toutefois, comme ces diamètres
changent un peu, il pourra arriver que celui de la lune, d'ailleurs plus variable, se trouve alors moindre que celui du
soleil; en ce cas l'éclipse sera seulement annulaire, et laissera

---

(1) Quelque frappante que soit assurément une telle notion, elle est pourtant
loin de se trouver jusqu'ici suffisamment répandue, même chez nos classes
lettrées, par suite de la déplorable éducation qui y domine encore. Je crois devoir, à ce sujet, citer ici une anecdote caractéristique, très-propre à manifester
le degré d'enfance mentale qui résulte trop souvent, envers les moindres notions
positives, du désastreux empire que conserve aujourd'hui l'étude des mots et
des entités.

Assistant, en septembre 1820, dans le jardin du Palais-Royal à Paris, à
une notable éclipse de soleil, survenue à une heure très-favorable, et beaucoup plus occupé, selon ma nature, des nombreux spectateurs que du spectacle lui-même, j'entendis, avec un inexprimable étonnement, un père, évidemment fort lettré, expliquer gravement à son fils, en très-bons termes d'ailleurs,
que, quoique le phénomène fût alors assez prononcé, le soleil eût été bien davantage éclipsé, si, en ce moment, la lune se fût trouvée pleine. Il serait difficile, sans doute, d'apprécier dignement une aussi profonde condensation
d'absurdités grossières. Malgré les progrès effectifs que la vulgarisation des
connaissances réelles a dû faire, depuis cette époque, même chez nos lettrés,
je crains qu'une occasion analogue ne permît encore d'entendre fréquemment
un langage équivalent.

subsister, autour de la lune, un anneau lumineux de la surface solaire. Les éclipses moins prononcées, où les centres ne peuvent coïncider, se classent d'après la portion obscurcie de la surface du disque solaire, grossièrement divisé en douze *doigts* par des droites équidistantes perpendiculaires à la ligne des centres. Enfin, il est aisé de concevoir que les mêmes règles qui auront d'abord déterminé l'instant précis du phénomène initial, caractérisé par le contact occidental des deux disques, puis celui de sa plus grande intensité, lors du moindre intervalle des centres, indiqueront aussi le moment final, relatif au contact oriental. Outre les conditions propres au degré de l'éclipse, et qui affecteront naturellement sa durée totale, celle-ci dépendra aussi de l'excès plus ou moins considérable de la vitesse angulaire de la lune sur celle de la terre, et de leurs directions respectives, ainsi que des angles qu'elles forment avec le plan de l'équateur. Quoique ces diverses indications soient ici formulées spécialement pour les éclipses solaires il est aisé de les étendre convenablement aux éclipses lunaires. Toutes les parties de ces prévisions rationnelles constituent, évidemment, de simples déductions géométriques des théories propres aux divers mouvements qui s'y combinent : mais cette combinaison devient souvent très-délicate, et ne comporte des annonces précises que d'après des calculs fort compliqués, qui supposent et témoignent un grand perfectionnement de ces différentes études. En ce sens, l'observation des éclipses, qui, depuis la cessation du régime théologique, n'inspire plus de profondes émotions vulgaires, présentera toujours un puissant intérêt philosophique, comme offrant une noble manifestation de notre essor mental, outre l'utilité pratique qu'elle conserve encore à quelques égards.

Pour compléter suffisamment une telle appréciation, il nous reste à y introduire un dernier élément indispensable, mais dont l'influence est facile à caractériser, quant à la diversité nécessaire qu'offrent, sous ce rapport, les différents lieux terrestres. Toutes nos explications ont été jusqu'ici relatives uniquement au centre de la terre, et ne peuvent par conséquent convenir pleinement qu'au point de sa surface qui verrait la lune au zénith à l'instant du phénomène : partout ailleurs, l'effet doit éprouver de notables variations, non en vertu de la parallaxe du soleil, toujours trop peu considérable, mais d'après celle de la lune, qui souvent dépasse le commun diamètre apparent des deux astres, même avant que le satellite atteigne l'horizon. En partant du point principal que nous venons de définir, il est clair d'abord qu'une éclipse solaire ne saurait exister, à aucun degré, au delà du grand cercle dont le point serait le pôle, ou plus exactement, du petit cercle distant de ce pôle d'un arc égal au complément de la parallaxe horizontale de la lune. Mais, il s'en faudra de beaucoup que l'éclipse puisse être commune à toute l'étendue de cette zone terrestre. Le phénomène ne se manifestera, à un degré décroissant, que dans les pays où, à l'instant de son maximum calculé déjà envers le centre, la lune se trouvera assez loin de l'horizon pour que sa parallaxe qui, comme on sait, peut s'élever à 1°, reste inférieure au diamètre apparent du soleil. Il est plus aisé de déterminer la circonscription territoriale des éclipses lunaires, puisqu'elles doivent être plus ou moins sensibles sur tous les points de l'hémisphère terrestre tourné alors vers la lune; c'est pourquoi ces éclipses sont plus fréquentes, en chaque lieu donné, que celles du soleil, quoique celles-ci surviennent plus fréquemment pour le centre de la terre. Enfin, les mêmes principes permettent aussi de calculer les modifications locales relatives à l'intensité et à la durée de tous ces phénomènes, en substituant partout au rayon vecteur mené du centre de la lune à celui de la terre, la droite qui aboutirait au lieu terrestre considéré, par une sorte d'inversion du calcul ordinaire des parallaxes.

Après avoir ainsi caractérisé suffisamment la théorie mathématique des éclipses proprement dites, il serait ici superflu d'indiquer aucune explication équivalente envers les divers phénomènes analogues, comme les éclipses des satellites de Jupiter, etc. Mais nous devons néanmoins apprécier séparément les recherches de ce genre à l'égard des deux planètes inférieures, vu leur extrême importance pour la détermination fondamentale de la distance de la terre au soleil.

Vénus et Mercure étant susceptibles, autant que la lune, de passer entre le soleil et nous, pourraient donc produire aussi des éclipses solaires, si leur diamètre apparent était alors plus considérable. Mais, même pour Vénus, il ne constitue qu'environ la trentième partie de celui du soleil, de manière à ne pouvoir jamais produire, sur le disque solaire, qu'une petite tache mobile, difficile à distinguer de celles qui lui sont propres. C'est pourquoi ces phénomènes ont été simplement qualifiés de *passages,* afin d'indiquer directement leur caractère géométrique, seul vraiment notable, sans aucune allusion à un imperceptible obscurcissement momentané. Il est clair que ces passages peuvent être prévus, à tous égards, d'après les mêmes principes que nous venons d'établir au sujet des éclipses proprement dites, en y remplaçant seulement la lune par Vénus ou Mercure; en sorte qu'il serait inutile d'insister davantage sur leur théorie fondamentale. On doit seulement apprécier ici leur tendance spéciale à la périodicité, selon d'autres motifs, et d'une manière beaucoup plus sûre, qu'envers les éclipses.

D'après les temps périodiques de Vénus et de la Terre, il est facile de conclure, suivant le mode appliqué ci-dessus à la révolution synodique de la lune, que les conjonctions de Vénus doivent se reproduire tous les 584 jours. Mais, ce nombre n'étant pas un multiple exact de l'année correspondante , la conjonction, au lieu de revenir ainsi vers les mêmes étoiles, se renouvelle en un point dont la longitude est plus grande de 216°. Le moindre multiple commun entre 216 et 360 contenant 5 fois l'un et 3 fois l'autre , on voit que la période des passages serait de 5 fois 584 jours , c'est-à-dire huit ans, si Vénus circulait dans le plan de l'écliptique. Or l'inclinaison de son orbite, quoiqu'un peu au-dessous de 3°½, altère sensiblement une telle tendance, en ne permettant le phénomène qu'à une distance déterminée des nœuds, dont le déplacement graduel est d'ailleurs presqu'insensible. Comme la latitude de Vénus augmente ainsi d'environ 20′ à chaque nouvelle période de huit ans, au bout de deux périodes elle surpasse nécessairement le diamètre apparent du soleil, et le passage devient impossible : en sorte que, malgré cette périodicité fondamentale, qui se fait toujours sentir, il ne peut jamais survenir trois passages en seize ans.

Le mouvement angulaire de Vénus étant beaucoup plus lent que celui de la lune, et seulement de 4′ par heure, ces passages doivent se prolonger bien davantage que les éclipses proprement dites : le maximum de leur durée est d'environ huit heures , temps que Vénus emploierait à parcourir le diamètre apparent du soleil. On calcule aisément cette durée, en chaque cas, quand on a d'abord prévu le lieu et l'époque du passage, de même qu'envers les éclipses ; mais ces prévisions, accomplies pour le centre de la terre, doivent être encore altérées notablement aux différents points de sa surface. L'exacte appréciation de ces diversités, dues à l'excès correspondant de la parallaxe de Vénus sur celle du soleil, a donné lieu au grand astronome Halley de procurer à l'observation d'un tel phénomène, en apparence si peu intéressant, une importance scientifique vraiment fondamentale, comme propre à fournir la meilleure détermination de la distance de la terre au soleil, principale unité de toute l'astronomie. En effet, quand on a fixé, comme à l'égard des éclipses, la circonscription territoriale du passage, on en peut déduire le choix des stations propres à manifester le mieux cette influence nécessaire de la parallaxe relative, dès lors directement mesurable. Le contraste doit être surtout prononcé entre les régions boréales et les régions australes : car, de deux points opposés de la surface terrestre, l'un verra Vénus décrire, sur le disque solaire, une corde plus voisine du centre, et par conséquent plus longue que celle qui serait vue du centre de la terre; tandis que, à l'autre, il correspondra, au contraire, une corde plus courte que celle-ci : en sorte que les passages observés aux deux antipodes auront des durées contrairement différentes de celle calculée pour le centre. C'est pourquoi Halley engagea, longtemps d'avance, tous les astronomes à utiliser soigneusement les prochains passages des années 1761 et 1769, afin de déduire, de l'inégalité de leur durée sur les divers horizons, la mesure de la parallaxe solaire, d'après celle de Vénus. Tel est l'esprit du procédé annoncé, au premier chapitre de cette partie, pour cette opération capitale, où l'on prend en quelque sorte la moindre distance de Vénus à la terre comme une base de détermination de celle du soleil. Son degré de précision dépend surtout de la grandeur effective de ces différences de durée, qui constituent les données initiales de tout ce calcul. Or le maximum de cette inégalité serait d'environ une demi-heure : elle ne dépassait pas vingt minutes dans la comparaison la plus tranchée que put fournir le célèbre passage de 1769, où tant d'astronomes européens se transportèrent péniblement aux diverses stations convenables (1). Comme la nature d'une telle éla-

____

(1) Tous les lecteurs des intéressants voyages de Cook savent que la première

boration laissait une incertitude d'environ dix secondes sur cette différence, on en a justement conclu que cette grande opération détermine la distance du soleil à la terre à. $\frac{1}{100}$ ou $\frac{1}{120}$ près. Les diverses comparaisons binaires que comportent les différentes stations terrestres, constituent d'ailleurs, pour l'ensemble du travail, de nombreuses vérifications. Quant aux passages analogues de Mercure, le trop grand éloignement de cet astre ne permet pas d'en tirer la même utilité fondamentale, puisque la détermination directe de sa propre distance serait presqu'aussi imparfaite que celle de la distance solaire.

CHAPITRE XI.

Appréciation générale des principales applications de la géométrie céleste, à la connaissance des temps et à celle des lieux.

Après avoir suffisamment caractérisé, sous les divers aspects essentiels, l'ensemble des théories de la géométrie céleste, il ne nous reste plus qu'à en compléter ici l'appréciation par celle de leurs applications fondamentales, d'abord à la connaissance des temps, ensuite à l'étude des lieux.

Les premières sont de deux sortes, suivant qu'il s'agit du jour, ou bien de l'année.

Notre précédente définition du jour, par la durée d'une rotation terrestre, se rapporte au temps sidéral, puisqu'elle indique l'intervalle de deux retours consécutifs d'une même étoile quelconque au méridien ou à l'horizon de chaque observatoire. Ainsi,

---

expédition de cet illustre navigateur était surtout destinée à transporter à Taïti l'astronome Green, chargé d'y observer ce passage, suivant le plan général tracé par Halley.

le jour solaire, réglé, au contraire, sur les retours du soleil, doit être un peu plus long, d'une quantité correspondante, suivant le taux du mouvement diurne, au déplacement angulaire journalier de la terre ; ce qui, moyennement, équivaut presque à quatre minutes. De là résultent donc deux espèces de temps bien distinctes, dont la première est justement préférée aujourd'hui par tous les astronomes, tandis que la seconde convient seule aux usages civils : on voit qu'il est facile de passer à volonté de l'une à l'autre.

Mais le temps solaire exige une distinction encore plus importante, d'après l'inégalité nécessaire des jours correspondants, soit en vertu de l'obliquité de l'écliptique, soit à raison des variations de vitesse. Quand même le mouvement propre du soleil serait circulaire et uniforme, les arcs égaux qu'il décrirait sur l'écliptique ne produiraient pas des projections égales sur l'équateur, vu l'inclinaison des deux plans : la différence du jour solaire au jour sidéral doit donc, à ce premier titre, varier continuellement pendant le cours de l'année. En second lieu, si les deux plans coïncidaient, le changement effectif de la vitesse angulaire du soleil, suivant la première loi de Kepler, entraînerait cependant l'inégalité nécessaire de cet excès fondamental, dont les valeurs extrêmes différeraient ainsi de leur quinzième partie. Ce double défaut de régularité naturellement propre au temps réglé sur le soleil, combiné avec le besoin évident de rapporter néanmoins à cet astre toutes nos estimations usuelles, a déterminé l'introduction habituelle d'une troisième sorte de temps, purement artificiel ; ce temps *moyen*, intermédiaire indispensable des deux autres, est uniforme comme le temps sidéral, et solaire comme le temps *vrai* proprement dit : il correspond à un soleil idéal qui parcourrait uniformément l'équateur pendant que le soleil réel décrit inégalement l'écliptique. Nos instruments chronométriques quelconques, portatifs ou même fixes, ne peuvent certainement indiquer avec justesse qu'un temps uniforme : les tentatives entreprises, dans les plus favorables circonstances, pour ajuster leur mécanisme au cours effectif du soleil ne constituent plus, aux yeux des bons esprits, que de laborieuses puérilités. Mais, par cela même que ces appareils doivent seulement marquer le temps moyen, il est indispensable d'instituer complétement leur correspondance variable avec le temps vrai, afin que l'observation directe du soleil puisse habituellement servir à contrôler et à régler leur marche, en garantissant qu'ils satisfont également aux deux conditions fondamentales de ce temps idéal.

Cette corrélation s'établit surtout d'après *l'équation du temps*, qui indique de combien le soleil fictif retarde ou avance, chaque jour, sur le soleil vrai, quant au passage au méridien ou à l'horizon : les calculs relatifs à notre mouvement annuel, suivant les lois de Kepler, fournissent spontanément la base d'une telle détermination. Puisque les deux révolutions ont la même durée totale, il est clair que la vitesse constante doit être alternativement supérieure et inférieure à la vitesse variable, en passant, dans l'intervalle, par une pleine égalité momentanée.

Les quatre époques annuelles de ce parfait accord des deux temps solaires tombent essentiellement vers le milieu d'avril, le milieu de juin, la fin d'août, et la fin de décembre : le milieu environ de chacun de leurs intervalles correspond naturellement au maximum de l'inégalité, en l'un ou l'autre sens alternativement ; et chaque maximum, d'avance ou de retard, devient plus considérable dans le principal des deux intervalles, doubles l'un de l'autre, qui s'y rapportent. On se formera une idée suffisante de l'étendue de ces différences alternatives, en notant ici que le plus grand maximum d'avance du temps moyen sur le temps vrai, est, à très-peu près, d'un quart d'heure, à la mi-février, tandis que celui du retard s'élève à près de 17 minutes, au commencement de novembre: mais, la somme totale des avances devant égaler celle des retards, la compensation s'établit, en sens inverse, sur les moindres maxima, qui, pour l'avance, montent à six minutes, vers la fin de juillet, et seulement à quatre, à la mi-mai, pour le retard. En ayant soigneusement égard, d'après les tables usuelles, à la quantité et au sens de cette diversité, on pourra donc, à toutes les époques de l'année, régler exactement la marche de nos horloges et de nos montres sur le passage effectif du soleil au méridien d'un lieu quelconque. Comme les variations propres aux éléments du mouvement elliptique apportent à la longue quelques légères altérations dans les diverses indications précédentes, les tables d'équation du temps ont besoin de subir, en chaque siècle, de petites modifications : les almanachs spéciaux les reproduisent annuellement, avec les rectifications qui sont devenues convenables.

Nous devons maintenant considérer ce qui se rapporte à la mesure et à la division de l'année.

L'exacte évaluation du temps qu'exige la révolution de notre planète autour du soleil, outre son extrême importance propre, est indispensable à toute l'astronomie, en vertu de sa liaison naturelle avec les périodes des autres mouvements intérieurs de notre monde. En effet, ces temps ne se déterminent pas seulement d'après les retours des astres correspondants vers les mêmes étoiles : on peut aussi les déduire de l'observation plus commode des diverses années synodiques, qui ramènent chacun d'eux à la même distance angulaire de la terre ; mais alors le temps périodique de celle-ci influe nécessairement sur ce calcul facile, qui consiste à le multiplier par la période synodique observée, et à diviser le produit de ces deux temps par leur somme ou leur différence, selon que le mouvement angulaire de cet astre est plus ou moins rapide que celui de la terre. C'est ainsi que, dans

l'hypothèse de l'uniformité, presque toujours suffisante, le retour des conjonctions ou des oppositions a fourni, dès la naissance
de l'astronomie, un moyen fort simple de déterminer les principales périodes célestes, mais en faisant toujours sentir le besoin
d'une exacte évaluation de notre propre année, dont une telle connexité générale multipliait d'ailleurs les modes d'estimation.

Parmi les divers procédés qu'on peut employer à cet égard,
le plus simple et le plus sûr consiste à estimer directement le
chemin total que parcourt le rayon vecteur du soleil en un
grand nombre d'années, ordinairement cent années juliennes,
comprenant 36525 jours. On trouve ainsi que, abstraction faite
des petites variations provenues lentement des diverses perturbations, l'année moyenne est exactement de $365^{j.}\ 5^{h.}\ 48^{m.}\ 50^{s.}$.
Cette mesure se rapporte à l'année *tropique*, qui seule convient
aux usages civils, comme indiquant le retour des équinoxes ou
des solstices. Quant à l'année *sidérale*, principalement usitée en
astronomie, surtout pour la troisième loi de Kepler, parce
qu'elle marque le retour au même point du ciel, elle est nécessairement plus longue d'environ vingt minutes, en vertu de la
précession des équinoxes.

Les deux périodes relatives aux deux mouvements simultanés de notre planète ne sont donc pas un multiple exact l'une de
l'autre : c'est pourquoi l'institution de nos années civiles, où
une telle condition est pourtant indispensable, présente inévitablement un défaut de concordance avec l'ensemble des phénomènes célestes, qui, susceptible évidemment d'une accumulation continue, doit amener finalement de choquants contras-
tes, quelque minime qu'il ait paru d'abord. On tend ainsi à
faire successivement passer par toutes les saisons de l'année
réelle les opérations périodiques dont les dates ont été rattachées
à cette année artificielle. Cet inconvénient inévitable a fait depuis longtemps sentir le besoin de divers règlements destinés à

y remédier successivement par l'addition exceptionnelle d'un jour intercalaire aux 365 jours qui composent l'année commune. La première institution régulière, à cet égard, est due à Jules César, qui, d'après l'opinion alors unanime des astronomes d'Alexandrie, devait croire l'année exactement formée de 365 j. $\frac{1}{4}$. Il se borna dès lors à statuer que le jour intercalaire serait invariablement ajouté, tous les quatre ans, à l'année commune, devenue cette fois *bissextile*, du nom correspondant, dans le calendrier romain; à la position qu'il assigna à ce jour exceptionnel, placé, comme on sait, à la fin de février : en sorte que, suivant cette règle, une année doit être de 366 jours quand son millésime est un multiple de quatre. Mais, comme l'année civile, qui d'abord avait péché par défaut, errait maintenant en sens contraire, quoiqu'à un degré beaucoup moindre, l'institution julienne devait, après un certain nombre de siècles, exiger une nouvelle modification. Trop longue ainsi d'environ onze minutes, cette année tendait peu à peu à faire rétrograder vers toutes les dates usitées l'époque effective des équinoxes ou des solstices. Cette discordance nécessaire était déjà devenue assez sensible, au milieu du seizième siècle, pour attirer l'attention des astronomes et même des gouvernements, surtout du pouvoir papal, qui devait naturellement veiller, avec une spéciale sollicitude, sur une altération tendant à troubler les dates assignées aux diverses fêtes religieuses. En l'année 1582, l'équinoxe de printemps arrivait déjà le 10 mars. Par un heureux usage de son autorité centrale, le pape Grégoire XIII compensa d'abord l'erreur totale, en prescrivant de retrancher 10 jours à l'année suivante, où, le lendemain du 4 octobre, on compta brusquement le 15. Mais il régla ensuite, pour l'avenir, une modification normale, qui a justement retenu son nom : elle consiste à traiter comme années communes toutes les années séculaires, qui, d'après leur rang, seraient toujours bissextiles, si on ne s'écartait aucunement du calendrier julien. Toutefois, l'année moyenne se trouvant ainsi devenue un peu trop courte, il fut statué que, tous les quatre siècles, on cesserait de supprimer la bissextile séculaire. Cette double disposition grégorienne doit remédier suffisamment, pour un très-grand nombre de siècles, à l'inconvénient fondamental : si jamais il se fait sentir de nouveau, ces amendements successifs indiquent déjà de faciles moyens d'y pourvoir. De vaines dissidences théologiques ont longtemps retardé l'admission unanime de ce nouveau calendrier, qui n'a prévalu dans tout l'occident européen que vers la fin du siècle dernier, et qui, même aujourd'hui, n'est pas encore usuel chez les divers catholiques grecs, surtout en Russie, où toutefois s'est déjà propagé beaucoup l'emploi simultané des deux calendriers, dont les dates diffèrent maintenant de treize jours, d'après les explications précédentes.

Quant à la division de l'année solaire, il faut reconnaître, au fond, qu'elle doit rester essentiellement artificielle, puisque nos mois ne sont pas, comme nos jours et nos années, réellement déterminés par d'invariables phénomènes. Il en est autrement dans le calendrier arabe, ou, en général, musulman, où les mois correspondent toujours à la révolution synodique de la lune, dont la durée fractionnaire oblige à leur assigner alternativement 29 et 30 jours. Mais alors l'année, composée de douze pareils mois, ou de 354 jours, devient, à son tour, purement artificielle, de manière à faire passer rapidement dans toutes les saisons de l'année les diverses pratiques périodiques qui ont été ainsi rattachées à des dates fixes. En un mot, l'année ne saurait jamais être à la fois lunaire et solaire, et ce dernier mode est essentiellement préférable. Son entière prépondérance laisse la faculté de partager l'année en périodes toujours égales, comme les mois de trente jours, divisés eux-mêmes en trois décades, avec cinq ou six jours complémentaires. Quoique, pour

établir cette utile institution, il faille s'abstenir de porter une
atteinte prématurée à cette universalité effective qui constitue
la principale valeur d'un calendrier quelconque, et que le temps
seul peut amener, il est pourtant vraisemblable que, à mesure
que s'accomplira la réformation générale déjà commencée pour
l'ensemble des autres mesures, on sera naturellement conduit
à introduire peu à peu une telle division.

Enfin, il n'est pas inutile d'indiquer ici, comme application
usuelle de la géométrie céleste, son emploi continu, dans le
calendrier chrétien, au sujet des fêtes mobiles, qui, toutes déjà
réglées sur celle de Pâques, se trouvent ainsi subordonnées à la
définition astronomique que le célèbre concile de Nicée a imposée à celle-ci, afin d'y prévenir toute discordance, en la fixant
à jamais au premier dimanche qui suivrait la pleine lune de
l'équinoxe de printemps. Un illustre géomètre et astronome de
notre siècle (M. Gauss) a pris la peine de construire, suivant
ce principe, une formule générale suffisamment simple, qui
remplace désormais, avec beaucoup d'avantage, les pratiques
pénibles et incertaines que prescrivait, à cet égard, l'ancienne
discipline ecclésiastique. Au reste, cette liaison solennelle des
principales fêtes chrétiennes à l'ensemble des plus importantes
études astronomiques a dû puissamment concourir, surtout au
moyen âge, à encourager la culture permanente de l'ordre de
recherches ainsi consacré, et qui, ne fût-ce qu'à ce titre, n'a
jamais pu tomber dans cet abandon complet que suppose encore
trop souvent une superficielle appréciation historique. Le monothéisme musulman a concouru, d'une autre manière, à une
consécration analogue, mais toutefois moins efficace, de la
science céleste, en imposant aux fidèles l'obligation constante
de tourner leurs regards vers la Mecque pendant la prière : car,
ce précepte, facile à pratiquer tant que le mahométisme est
resté concentré dans l'Arabie, a dû exiger quelques détermina-

tions scientifiques de la longitude pour devenir également observable à Tanger et à Bornéo. Mais, quelle qu'ait dû être, historiquement, l'efficacité naturelle de ces deux sortes de prescriptions religieuses pour honorer et stimuler les recherches astronomiques, il n'est pas douteux, suivant une indication du
chapitre précédent, que l'ensemble des opinions astrologiques
n'ait déterminé, à cet égard, aux mêmes époques, une impulsion à la fois beaucoup plus générale, plus énergique, et plus
continue : aussi l'activité soutenue des spéculations célestes leur
fut-elle alors essentiellement due.

Pour achever notre sommaire appréciation des applications
fondamentales de l'astronomie proprement dite, il ne nous
reste maintenant qu'à indiquer brièvement ce qui concerne la
détermination des lieux terrestres. Les explications de la première partie de ce traité sont déjà pleinement suffisantes quant
à l'un des deux éléments géométriques qu'on y emploie : les
divers moyens de mesurer exactement la latitude doivent actuellement être très-familiers au lecteur. Mais il reste à fixer, quant
aux longitudes, surtout nautiques, une notion indispensable
sur la précision respective des nombreux procédés qu'on y peut
appliquer.

Nous avons établi, dès le début, le principe général qui rattache nécessairement cette immense application à tout l'ensemble des théories célestes, poussées jusqu'aux prévisions exactes
et lointaines qui constituent leur destination finale. Ayant maintenant caractérisé les diverses doctrines géométriques qui ont
enfin permis, après vingt siècles, la réalisation usuelle du
projet initial conçu, à ce sujet, par le grand fondateur de l'astronomie mathématique, nous pouvons comparer et mesurer
l'efficacité plus ou moins complète d'un tel ordre d'opérations,
en étendant le choix à tous les phénomènes quelconques susceptibles de prévision astronomique.

A quelques signaux célestes qu'on ait recours , nous savons
que le procédé comparatif exige toujours l'estimation actuelle
de l'heure propre au méridien lointain d'après la distance angulaire observée alors entre les deux astres choisis. Par conséquent, la détermination nautique comportera d'autant plus de
précision finale, que l'on emploiera un astre dont le rayon visuel
se déplace plus rapidement , en vertu de la différence de son
mouvement propre à celui de la terre. C'est pourquoi, dès que
l'astronomie moderne a réellement tenté de réaliser cette application fondamentale, on a bientôt senti , il y a déjà deux siècles,
que la lune devait être, à cet égard , préférée à tout autre astre ,
comme étant celui dont le mouvement angulaire est, pour nous,
le plus rapide. Sans doute, les navigateurs de Jupiter, s'il en
existait ; seraient, sous ce rapport, beaucoup mieux avisés en
recourant à leurs propres satellites, et surtout au premier,
dont la révolution est bien plus prompte encore. Mais, dans
notre situation, nous ne pouvons rien trouver d'aussi favorable
que la lune, dont la difficile théorie a fait enfin , depuis un
siècle, tous les divers progrès qu'exigeait l'usage prépondérant
et habituel d'un tel procédé nautique. Afin de juger le degré de
précision qu'il comporte, il faut remarquer que la direction de
ce satellite change d'environ 13° par jour, si on la compare aux
étoiles voisines de l'écliptique, et 12° seulement envers le
soleil : ce qui revient toujours à 30' par heure. Chaque minute
d'incertitude sur la distance angulaire observée produira donc
deux minutes d'indécision sur l'heure correspondante : or, pendant ce temps, suivant le taux élémentaire de notre rotation
diurne, 30' du cercle équatorial passeront au méridien. On ne
pourrait garantir ainsi la longitude cherchée qu'à un demi-
degré près , qui, dans les mers équatoriales, laisserait une ambiguïté de plus de cinq myriamètres quant à la vraie position
du navire, même en négligeant tout à fait l'erreur des tables

astronomiques, ce qu'autorise presque, en de tels cas, l'admirable précision que leur procure aujourd'hui le progrès général des théories célestes. Les grandes difficultés inhérentes aux observations nautiques, surtout en vertu de l'agitation du vaisseau, permettent difficilement d'y perfectionner davantage les mesures angulaires. Toutefois, l'ingénieux principe de Hadley sur l'usage de la vision réfléchie, y a heureusement diminué de moitié l'erreur directement propre à l'instrument employé ; en sorte que les sextants bien construits y peuvent maintenant mesurer les distances angulaires à une demi-minute près. Suivant la règle précédente, la meilleure détermination astronomique des longitudes nautiques laisse donc aujourd'hui une incertitude d'un quart de degré seulement, que peuvent encore atténuer souvent les procédés accessoires. Mais, quelque satisfaisant que soit d'ordinaire ce résultat final du double progrès simultané des prévisions rationnelles et de l'exploration directe, on doit maintenant reconnaître, comme je l'ai posé, en principe, dans le discours préliminaire, que la plus parfaite théorie est encore, même à cet égard, et probablement restera toujours, au-dessous des exigences naturelles de la pratique : car, sans tomber dans aucune minutie puérile, on pourrait certes désirer raisonnablement que les positions nautiques bien déterminées ne laissassent jamais une incertitude, souvent dangereuse, de deux ou trois myriamètres sur la vraie situation du vaisseau.

QUATRIÈME PARTIE.

MÉCANIQUE CÉLESTE.

Après avoir suffisamment caractérisé l'étude géométrique
des corps célestes, il nous reste enfin à apprécier aussi l'étude
mécanique dont ils sont également susceptibles. Ce nouvel
ordre de conceptions astronomiques ne tire sa réalité que de
son indispensable relation au précédent, envers lequel il constitue une suite nécessaire, où les phénomènes généraux des
mouvements célestes, résumés par les trois grandes lois de
Kepler, permettent à la théorie fondamentale du mouvement
de déterminer le principe universel de leur mécanisme, afin
d'en déduire ensuite les divers effets particuliers. La nature et
la destination de ce traité nous interdisent d'y développer autant
cette astronomie mécanique que nous avons pu et dû le faire
pour l'astronomie purement géométrique, dans laquelle consiste surtout la science du ciel. Mais en même temps, un pareil
développement n'est nullement indispensable à une saine appréciation philosophique de la mécanique céleste, où les seules
conceptions qui lui soient réellement propres se rapportent à
l'établissement du principe fondamental et à l'institution de ses
applications essentielles. Une fois que les questions astronomiques ont été ainsi ramenées à de simples problèmes de
mécanique rationnelle, leur solution ne présente plus que
d'immenses difficultés mathématiques, dont l'examen serait ici
encore plus déplacé et plus superflu que celui des difficultés

équivalentes relatives à la géométrie céleste : il nous suffit, en l'un et l'autre cas, de bien concevoir la réduction effective des recherches astronomiques au domaine universel de la géométrie ou de la mécanique abstraites. Or cette transformation décisive peut être beaucoup plus promptement caractérisée envers l'étude mécanique des corps célestes que pour leur étude géométrique, parce que les phénomènes essentiels nous sont maintenant connus, et que leurs théories ont déjà subi, à un haut degré, une première systématisation mathématique , qu'il ne s'agit, au fond, que de compléter et de perfectionner par cette nouvelle manière d'envisager les mêmes mouvements.

Nous devrons donc apprécier surtout les deux perfectionnements essentiels, l'un philosophique, l'autre scientifique, que la formation de la mécanique céleste a introduits, au siècle dernier, dans l'ensemble des spéculations astronomiques : d'une part en y ramenant toutes les notions principales à une véritable unité, seul type logique constitué jusqu'ici de l'état final convenable à toute science réelle ; d'une autre part en y procurant des déterminations auparavant impossibles, et y améliorant beaucoup les connaissances déjà acquises, de façon à obtenir définitivement des prévisions à la fois plus lointaines et plus précises.

Quelque sommaire que doive être ici cette double appréciation, nous y devrons soigneusement établir le vrai caractère de positivité propre à une étude aussi récente, dont l'esprit et la tendance sont encore imparfaitement compris de ceux qui la cultivent spécialement. L'énergique impulsion résultée des conceptions hardies de notre grand Descartes à seule radicalement ébranlé, en un tel sujet, le long empire antérieur des fictions théologiques et des entités métaphysiques, mais en y substituant d'abord des hypothèses relatives à un ordre de recherches nécessairement inaccessible à nos spéculations réelles. Malgré cet indispensable ébranlement préliminaire, c'est uniquement à Newton qu'il faut rapporter la fondation directe de la vraie mécanique céleste, jusqu'alors impossible, faute des théories mathématiques convenables. Or la nouveauté d'une telle étude, et l'insuffisance philosophique de la plupart de ceux qui s'y sont spécialement livrés, y ont laissé subsister certaines imperfections secondaires qu'il importe ici de rectifier, parce qu'elles exposent encore trop souvent à y méconnaître gravement les véritables conditions et les limites nécessaires des spéculations pleinement positives, de manière à transmettre aux parties supérieures de la philosophie naturelle un type notablement vicié.

CHAPITRE PREMIER.

Revue préalable des notions fondamentales de mécanique abstraite les plus indispensables à la saine appréciation élémentaire de la mécanique céleste.

Pour faire mieux sentir ici que la mécanique céleste résulte uniquement d'une juste application de la science fondamentale du mouvement aux faits généraux constatés par la géométrie céleste, je crois devoir consacrer ce chapitre préliminaire à une récapitulation systématique des principales notions de la mécanique rationnelle, successivement appréciée dans son but, dans ses fondements, et dans ses résultats.

Sous le premier aspect, il serait maintenant superflu de rappeller d'abord que cette grande science mathématique ne s'occupe jamais, pas plus envers le cas astronomique qu'à l'égard d'aucun autre, des questions radicalement vaines et inaccessibles sur l'origine essentielle des mouvements quelconques. Outre ces vicieuses spéculations, la mécanique générale écarte aussi, non comme chimériques, mais comme étrangères à son

vrai domaine, toutes les recherches relatives à la production
des mouvements; elle se borne toujours à considérer les différentes circonstances qui caractérisent leur simple accomplissement, d'ailleurs réel ou virtuel; en renvoyant aux diverses
parties correspondantes de la philosophie naturelle l'étude des
phénomènes qui ont précédé et déterminé de tels effets. Dans le
tir des projectiles, par exemple, la mécanique ne les considère
qu'à leur sortie de la pièce, pour étudier la courbe qu'ils décrivent, leur vitesse successive, le temps qu'ils emploient à atteindre un point donné, etc.; mais elle fait entièrement abstraction
des questions physico-chimiques qui concernent la production
intérieure de la force impulsive par l'explosion de la poudre.
C'est pourquoi des mouvements provenus de sources hétérogènes s'y trouvent habituellement comparés; peu lui importe que
la force motrice résulte d'un choc, de l'expansion d'un gaz ou
d'une vapeur, des contractions musculaires d'un animal, etc.:
si ces divers modes peuvent procurer aux mêmes masses les
mêmes mouvements, elle est pleinement autorisée à les substituer indifféremment les uns aux autres, en n'y voyant jamais
que de simples images propres à mieux fixer les idées, sans
caractériser aucunement le vrai sujet de ses spéculations uniformes.

La composition des mouvements, et par suite leur décomposition, constituent, en général, l'objet propre des théories
mécaniques, toujours destinées essentiellement à déterminer le
mouvement composé qui résultera de la combinaison de divers
mouvements simples; dont chacun est supposé déjà connu.
Envers les projectiles, par exemple, les données sont les deux
mouvements rectilignes, l'un uniforme, l'autre uniformément
accéléré, que produiraient séparément l'impulsion et la pesanteur : la question a pour but d'en déduire la détermination
complète du mouvement curviligne dû à l'action simultanée de

ces deux forces. De même, quant aux astres, lorsque les diverses gravitations élémentaires de chacun d'eux ont été appréciées, le problème mécanique consiste surtout à découvrir le mouvement total qui résultera de leur combinaison effective. Mais, afin que cette idée de composition corresponde réellement à l'ensemble des spéculations mécaniques, il est indispensable d'y concevoir, en général, deux cas, ou plutôt deux degrés très-distincts, suivant que l'on combine les divers mouvements simples d'un même corps, ou les différents mouvements donnés, d'ailleurs simples ou non, de plusieurs corps liés entre eux. Dans le premier cas, il s'agit proprement de la combinaison mutuelle des mouvements simultanés, tandis que, dans le second, on étudie leur communication ou leurs modifications réciproques d'après la liaison des corps correspondants. La seconde étude suppose habituellement la première ; si, par exemple, on considérait deux projectiles invariablement liés, qui seraient tirés à la fois de deux pièces différentes, il faudrait d'abord connaître le mouvement isolé de chacun d'eux, et la question finale consisterait dès lors à déterminer comment ces mouvements libres seraient troublés par l'invariabilité de distance entre les deux corps. Par cela même que les forces élémentaires se rapportent presque toujours, et surtout en mécanique céleste, aux molécules qui forment les masses proposées, on conçoit que les lois de la liaison proprement dite, sans constituer le plus souvent le sujet direct des problèmes, doivent s'y trouver intimement mêlées aux lois de la simple combinaison, plus immédiatement relatives au but ordinaire des spéculations.

Quoique les études mécaniques concernent surtout la composition des mouvements, on conçoit néanmoins qu'elles peuvent offrir quelquefois un caractère inverse, et avoir pour objet leur décomposition. Cette face du sujet est surtout indispensable en mécanique céleste, où les mouvements composés sont seuls

directement appréciables , tandis que les mouvements simples ,
qu'il n'est pas alors en notre pouvoir d'observer isolément , ne
peuvent nous être connus que par une détermination théorique.
Ainsi le principe fondamental de la mécanique céleste ne peut
d'abord résulter que d'une décomposition rationnelle des mouvements explorés , afin de les ramener à leurs moindres éléments. Mais , après cette fondation nécessairement analytique ,
le cours entier de la mécanique céleste consiste surtout, comme
en tout autre cas , dans une élaboration essentiellement synthétique , sur les diverses combinaisons des gravitations élémentaires, de même qu'envers les projectiles.

Considérée maintenant quant à ses bases nécessaires , la théorie générale du mouvement et de l'équilibre repose essentiellement , d'une part, sur l'usage continu d'un grand artifice logique, et, d'une autre part , sur les lois physiques fondamentales
qui en dirigent l'emploi : sous ce double aspect , les conceptions ordinaires sont encore profondément altérées par une
vicieuse confusion entre les domaines respectifs du raisonnement et de l'observation.

En premier lieu , la mécanique abstraite doit toujours supposer les corps dans un état de parfaite inertie , afin de spéculer
librement sur le jeu mutuel des forces extérieures qui s'y appli-
quent. Il serait superflu , sans doute , d'insister ici pour faire
sentir que cette appréciation est purement fictive , puisque tous
les corps réels , même les plus inertes , offrent évidemment
diverses sortes d'activité spontanée, qui leur sont toujours
inhérentes : la seule existence d'une pesanteur continue et universelle dissiperait, à cet égard, toute incertitude, s'il en pouvait exister encore. Mais , malgré cette incontestable réalité, la
mécanique rationnelle n'en a pas moins à la fois le droit et l'o-
bligation de faire d'abord abstraction totale de ces différentes
forces intérieures propres à chaque corps , pour considérer

celui-ci comme purement passif sous les impulsions extérieures. Quant à la légitimité d'un tel artifice logique, elle résulte directement de l'explication fondamentale rappellée ci-dessus sur la vraie nature des spéculations mécaniques, qui, n'étant jamais relative qu'à l'accomplissement des mouvements, permet toujours de substituer à volonté les unes aux autres les diverses forces hétérogènes qui peuvent produire les mêmes mouvements effectifs. Car, on a ainsi le droit d'écarter toutes les forces intérieures dont les corps sont doués, pour en attribuer les effets à certaines forces extérieures, imaginées de manière à y correspondre exactement. Peu importe, par exemple, que la pesanteur soit réellement inhérente à chaque masse considérée; on pourra néanmoins établir les théories abstraites du mouvement et de l'équilibre sans tenir d'abord aucun compte spécial de cette propriété intime, pourvu qn'on la restitue ensuite convenablement, dans les applications concrètes, en l'assimilant au résultat d'impulsions extérieures, susceptibles des mêmes effets. Or, d'un autre côté, il est aisé de sentir, en général, que, sans de telles abstractions préalables, on ne pourrait établir, en mécanique, aucun principe vraiment universel. En effet, la réaction inconnue que le corps pourrait toujours exercer en vertu de ses propriétés intimes, rendrait constamment indécises les conclusions fondées sur la combinaison mutuelle des forces extérieures. Il n'y aurait pas même lieu à investir ainsi d'une entière généralité les plus simples propositions, fût-ce l'axiome fondamental de la neutralisation mutuelle de deux forces égales et contraires; car cette neutralisation suppose passif le corps auquel ces forces sont appliquées. Ainsi, la nécessité continue de ce grand artifice logique est encore moins contestable, en mécanique, que sa pleine légitimité. Mais son indispensable usage impose naturellement des obligations scientifiques, aussi difficiles qu'irrécusables, pour la restitution spéciale des diverses propriétés naturelles qui ont d'abord été écartées. C'est de là que résulte le principal embarras que présente, en mécanique, le passage définitif de l'abstrait au concret, qui restreint essentiellement aux plus simples cas effectifs l'application précise des théories générales du mouvement et de l'équilibre, malgré leur universalité nécessaire. La pesanteur, envisagée dans toute son étendue, constitue, en effet, aujourd'hui, et probablement restera toujours, la seule force naturelle que l'on sache convenablement restituer, quoique son appréciation spéciale suscite souvent de grandes difficultés mathématiques.

Il faut maintenant envisager, comme bases indispensables de la mécanique rationnelle, les trois lois fondamentales du mouvement, dont le caractère philosophique est aujourd'hui altéré habituellement, davantage même qu'au temps de leur découverte, par un faux esprit mathématique, qui entraîne vicieusement à substituer une vaine argumentation à une judicieuse observation.

La première loi, dont la vraie notion générale est essentiellement due à Kepler, consiste en ce que tout mouvement simple est naturellement rectiligne et uniforme. C'est ce qu'on qualifie mal à propos de loi *d'inertie*, et ce qu'il vaudrait mieux nommer la loi *de persistance*, puisqu'elle établit en effet, que tout mobile tend spontanément à persévérer dans la direction et la vitesse quelconques qu'il a maintenant. S'il ne rencontre pas d'obstacle, cette persévérance devient effective : mais, si les influences extérieures tendent à le dévier ou à le retarder, elle se fait toujours sentir par la résistance que le corps leur oppose. Un prétendu principe de la raison suffisante est souvent invoqué encore pour démontrer à priori une telle loi : mais le caractère radicalement absurde ou profondément illusoire de toute logique où l'absence de motifs de nier est aussitôt érigée en droit d'affirmer, n'a jamais été plus sensible que dans une sémblable argumentation, qu'on pourrait également appliquer à consacrer toute autre hypothèse arbitrairement formulée sur le mode déterminé de variation de la direction et de la vitesse. En écartant ces puérilités métaphysiques, il faut consulter, à cet égard, l'observation directe, qui seule peut établir les vraies notions primordiales, d'où peuvent ensuite procéder les démonstrations proprement dites. Or, on ne peut ainsi élever aucun doute sur l'une ou l'autre partie de la loi proposée, toutes deux soumises, dans une foule de phénomènes journaliers, à d'irrécusables vérifications permanentes, qui nous montrent, à tant de titres, cette grande relation naturelle comme l'une des bases élémentaires de l'ordre réel. La judicieuse appréciation de tous les mouvements curvilignes nous offre même une sensible confirmation de cette tendance fondamentale au mouvement rectiligne, qui produit alors les effets variés de ce qu'on appelle la *force centrifuge*, résultée de l'effort continu du corps à quitter la courbe sur laquelle il est retenu, pour suivre indéfiniment la tangente actuelle. En même temps, ces mouvements forcés, surtout circulaires, permettent d'observer plus commodément la disposition naturelle à la conservation de la vitesse acquise : c'est ainsi, par exemple, qu'un pendule, écarté de la verticale, tend ensuite à exécuter autour d'elle des oscillations perpétuelles, qui ne cessent effectivement qu'en vertu des résistances inévitables que lui offrent l'air ambiant et le frottement de l'axe. Puisque toute vitesse, une fois imprimée, se conserve d'autant plus que nous diminuons davantage les obstacles extérieurs, une juste induction nous autorise à conclure que le mouvement se perpétuerait sans cesse au même degré, si les résistances pouvaient entièrement disparaître. L'exploration astronomique nous offre la plus décisive confirmation d'une telle loi, d'après la permanence irrécusable des mouvements célestes, qui se rapprochent le plus d'une telle condition d'accomplissement, puisque le milieu général n'y a pas apporté jusqu'ici la moindre altération appréciable.

Essentiellement due à Galilée, la seconde loi fondamentale du mouvement consiste directement dans la conciliation naturelle entre les mouvements partiels de divers corps quelconques et le mouvement commun de leur ensemble. Si plusieurs corps agissent les uns sur les autres, par telles forces qu'on voudra, intérieures ou extérieures, leur état relatif de mouvement ou de repos ne sera nullement altéré en imprimant à tous un même mouvement d'ailleurs arbitraire, qui leur fasse décrire à la fois des droites égales et parallèles. L'explication d'une telle coexistence constituerait assurément un mystère impéné-trable; mais tout bon esprit doit sentir que cette grande loi ne comporte réellement aucune argumentation. Destinée à servir de fondement primordial à toute spéculation sur la composi-tion des mouvements, elle-même ne saurait admettre d'autre démonstration que celle qui résulte spontanément d'une judi-cieuse observation. C'est uniquement parce que le raisonnement fut seul consulté à cet égard, qu'une telle loi resta si longtemps ignorée, par suite d'une sorte d'hallucination métaphysique qui empêchait l'exacte appréciation des phénomènes les plus vul-gaires, comme j'ai déjà eu lieu de l'indiquer au sujet de l'ob-jection radicale contre la rotation terrestre. Mais, en observant au lieu de raisonner, son incontestable réalité se manifeste sans cesse sous les formes les plus variées, [parce que l'économie fondamentale du monde extérieur s'y rapporte essentiellement. Les divers mouvements partiels qui s'accomplissent dans un char ou un vaisseau rapidement transportés, comme si le sys-tème était immobile, nous en offrent journellement la confir-mation irrécusable. Cette vérification peut aujourd'hui devenir très-prononcée, en vertu de la grande accélération maintenant procurée à notre locomotion artificielle. Qu'un voyageur parcourant, sur nos chemins de fer, dix mètres par seconde, lance verticalement, par exemple, à une hauteur de cinq mètres, un corps quelconque, sa main recevra naturellement le projectile comme si le convoi était stationnaire, quoique, pendant les deux secondes qu'auront duré l'ascension et la descente, cette main ait été transportée à vingt mètres du point de départ. Il serait superflu de citer ici d'autres confirmations spéciales, que chacun peut varier aisément.

Toutes les objections apparentes fondées, sur les altérations incontestables que le mouvement commun apporte souvent aux mouvements partiels, sont faciles à résoudre en reconnaissant que les conditions nécessaires de la loi de Galilée ne se trouvent pas alors pleinement maintenues; c'est-à-dire que le mouvement général n'est pas exactement commun, soit pour la direction, soit pour la vitesse. C'est ce qui arrive nécessairement dans toute rotation proprement dite, où les divers points ne sauraient avoir la même direction, puisqu'ils décrivent à chaque instant différentes tangentes de leurs cercles respectifs; leur vitesse est pareillement inégale, puisque ces cercles décrits simultanément n'ont pas des rayons égaux. Aussi est-il de l'essence d'un tel mouvement de tendre, avec plus ou moins d'énergie, à la destruction de la constitution mécanique correspondante, qui serait, en effet, toujours désorganisée, si la rotation pouvait toujours devenir assez rapide pour surmonter la résistance provenue de la mutuelle cohésion des parties. Comme il est presque impossible que les translations effectives ne soient pas constamment accompagnées de certaines rotations, une judicieuse analyse attribuera aisément à celles-ci seules les altérations réelles que le mouvement commun d'un système semble quelquefois apporter aux mouvements relatifs de ses éléments. Quelque frêle que soit, par exemple, le mécanisme d'une montre, on peut assurer qu'il n'éprouverait aucun dérangement, si cet appareil recevait, à un

degré et en un sens quelconques , une impulsion totale qui ne
produisit qu'une simple translation ; tandis qu'une légère rotation suffira souvent pour le troubler.

Considérée dans son application la plus élémentaire , cette
loi de Galilée fournit aussitôt la règle fondamentale de la composition des mouvements. Il suffit, en effet , de supposer qu'un
point décrive une droite, pendant que celle-ci se trouve transportée d'un mouvement commun le long d'une autre droite :
alors la loi de la co-existence montre clairement que le mobile
parcourra , en vertu de ces deux mouvements simultanés, la
diagonale du parallélogramme dont il aurait , dans le même
temps, parcouru séparément les deux côtés. L'emploi redoublé
de cette construction fondamentale permettra ensuite de composer en un seul autant de mouvements simples qu'on voudra ;
et cette détermination géométrique pourra être finalement réduite en formules algébriques.

Enfin, pour compléter l'appréciation de la seconde loi du
mouvement, il faut aussi l'envisager sous un autre aspect ,
comme fournissant l'une des deux règles essentielles pour la
mesure élémentaire des forces, en établissant leur constante
proportionnalité aux vitesses qu'elles peuvent respectivement
imprimer à une même masse. Dans cette question, que les géomètres ont souvent agitée d'une manière très-confuse , faute d'une
saine impulsion philosophique , il s'agit , au fond , de constater
l'équivalence effective entre nos deux modes généraux , l'un
statique , l'autre dynamique , de comparer des forces quelconque , tantôt par leurs équilibres mutuels , tantôt d'après les vitesses correspondantes. Or la loi de Galilée est directement
propre à manifester la convergence spontanée de ces deux sortes d'estimation élémentaire. Car elle vérifie d'abord , envers
deux mouvements opposés, que deux forces capables de produire des vitesses égales sont susceptibles aussi de se neutraliser

mutuellement. Si l'on suppose ensuite que les deux mouvements aient le même sens, elle montrera pareillement que la force double imprime une vitesse double, et ainsi de suite.

Quant à la troisième loi fondamentale du mouvement, dont la vraie notion générale est due à Newton, elle consiste en ce que, dans toute relation mécanique de deux corps quelconques, la réaction est égale et contraire à l'action. Pour bien saisir ce grand principe, qui domine spécialement toutes les spéculations relatives à la communication du mouvement, il est d'abord indispensable de compléter la règle précédente sur la mesure des forces, en y appréciant l'influence des masses. Après avoir admis, comme fait général, que diverses forces sont toujours proportionnelles aux masses auxquelles elles impriment respectivement une même vitesse, il est aisé de conclure que, dans un cas quelconque, chaque force doit être mesurée par le produit de la masse et de la vitesse correspondantes. La loi de Newton consiste alors en ce que ce produit a la même valeur envers les deux masses qui agissent l'une sur l'autre, en considérant les vitesses que l'une gagne et que l'autre perd dans un tel conflit mécanique. Toutes les objections apparentes que certains phénomènes semblent offrir à ce sujet, se rapportent ou à une fausse appréciation, qui n'aurait égard qu'aux vitesses, ou à des cas d'inégalité excessive entre les masses considérées, dont l'une peut ainsi n'acquérir aucun mouvement appréciable tandis que l'autre perd presque tout le sien. On a justement présenté les nombreux phénomènes mécaniques du choc comme éminemment propres à fournir la vérification directe de cette loi fondamentale, qu'ils ont même essentiellement suggérée. En considérant, par exemple, le plus simple cas, celui de deux globes dépourvus d'élasticité, la loi précédente détermine aussitôt la commune vitesse qu'ils devront acquérir après le choc; et la confirmation de cette règle par l'exploration directe manifeste la réalité du principe qui l'a fournie. Au reste, sur cette loi fondamentale du mouvement, comme envers les deux autres, il faut ici noter que, outre les confirmations spéciales et directes que chacune d'elles comporte, leur ensemble est pareillement susceptible de vérifications plus variées et plus étendues, qui, quoique indirectes, n'en sont pas moins décisives, d'après l'accord effectif des phénomènes avec les diverses conséquences, plus ou moins éloignées, mais toujours rigoureuses, qu'en a tirées la théorie mathématique du mouvement et de l'équilibre.

Il importe de remarquer, envers ces trois lois essentielles, l'universalité complète de leur application générale, sauf les difficultés spéciales que rencontre leur usage précis en chaque cas : par cela même que la mécanique fait toujours abstraction de la nature propre des moteurs, elle convient également à tous les modes possibles de production des mouvements. Les corps vivants, qu'une vaine métaphysique a souvent représentés comme indépendants de ces lois communes, en subissent pareillement l'inévitable influence permanente. On peut même assurer, quant à la seconde loi, par exemple, qu'une saine appréciation générale de l'existence animale aurait déjà suffi pour en suggérer spécialement la notion fondamentale, afin de concilier la locomotion totale qui caractérise surtout l'animalité avec l'accomplissement continu des mouvements partiels, extérieurs ou intérieurs, indispensables à la conservation de la vie proprement dite.

Enfin, pour rendre aussi philosophique que possible la conception de ces trois grandes lois mécaniques, il faut envisager chacune d'elles comme constituant, envers les plus simples phénomènes naturels, la première manifestation scientifique d'une loi plus étendue, qui embrasse simultanément tous les phénomènes quelconques, sans excepter les plus complexes,

ceux qui concernent les sociétés humaines, Dans tous , en effet,
on peut également observer soit la tendance spontanée à la persistance indéfinie de chaque situation existante, soit la conciliation naturelle de toute action vraiment commune avec les
diverses actions partielles, soit aussi l'égalité constante entre la
réaction et l'action en toutes sortes de relations mutuelles.
Spécialement envisagées envers les corps politiques, la première
loi s'y rapporte à leur énergique tendance instinctive à conserver toute disposition acquise, la seconde caractérise l'harmonie élémentaire entre l'ordre et le progrès, et la troisième
y définit la solidarité nécessaire de tous les divers agents.

L'ensemble de ces trois lois mécaniques suffit , évidemment,
pour fournir une base réelle à la solution de tous les problèmes
de mouvement et d'équilibre , qui ne peuvent plus présenter
que des difficultés purement mathématiques , relatives au prolongement des déductions complexes ; car la première détermine aussitôt l'action propre d'une force unique , la seconde
règle la combinaison mutuelle de plusieurs forces simultanées ,
et la troisième régit tout ce qui concerne la modification réciproque des mouvements liés. Pour bien apprécier les difficultés
essentielles que présente leur usage abstrait , il faut distinguer
entre les forces instantanées, telles que les impulsions, qui, cessant d'agir aussitôt que le mobile est lancé, doivent produire des
mouvements uniformes, et les forces continues, comme la pesanteur, qui, ne cessant jamais de le solliciter peu à peu pendant
tout le temps de sa course, déterminent nécessairement des
mouvements variés. Quant aux premières, les trois lois fondamentales sont immédiatement suffisantes pour en régler mathématiquement les combinaisons quelconques , soit qu'il en résulte un vrai mouvement, ou que l'équilibre provienne de leur
exacte neutralisation mutuelle. C'est pourquoi les difficultés essentielles de la mécanique se rapportent surtout à la théorie des

mouvements variés ou des forces continues, qu'on ne peut
même constituer qu'en la ramenant au cas précédent par le
grand artifice mathématique qui consiste à concevoir tout mouvement varié comme une succession perpétuelle de divers mouvement uniformes, dus à une accumulation indéfinie d'impulsions élémentaires.

Si maintenant nous considérons le vaste système scientifique
ainsi établi, sur ces bases fondamentales, par les géomètres
des deux derniers siècles, pourvus des moyens de déduction
convenables, nous devons d'abord y recueillir, en vertu de sa
grande importance spéciale pour la mécanique céleste, la règle
capitale d'Huyghens, quant à la mesure générale des forces
centrifuges. On conçoit aisément que l'effort centrifuge, toujours résulté de la tendance naturelle au mouvement rectiligne,
doive devenir plus considérable à mesure que la vitesse augmente, puisque le mobile, en un temps donné, infléchit alors
davantage sa route effective. Il est également sensible, par le
même motif, que cet effort doit être plus grand là où la courbure de cette trajectoire forcée se trouve plus considérable.
Mais une soigneuse appréciation mathématique a pu seule conduire ce grand géomètre à préciser suffisamment ces deux
aperçus spontanés, en établissant que, dans tous les mouvements circulaires, la force centrifuge est en raison directe du
quarré de la vitesse linéaire et en raison inverse du rayon. De
ce cas fondamental, on passe aisément à tout autre mouvement
curviligne, en y remplaçant, en chaque point, la trajectoire
donnée par le cercle *osculateur*, c'est-à-dire celui qui la touche
le plus intimement possible; car, un tel cercle offre, à chaque
instant, au mobile, les mêmes flexions consécutives que la
courbe proposée.

Nous devons signaler ensuite, comme spécialement indispensable à la mécanique céleste, la grande notion du centre de

gravité, ou plutôt de masse, surtout en considérant l'ensemble des propriétés statiques et dynamiques de ce point remarquable, défini, en tout système, par ce caractère géométrique que sa distance à un plan quelconque est moyenne entre celles de tous les points combinés, du moins en supposant que ceux-ci aient des masses égales. Ce centre des moyennes distances présente d'abord une importante destination directe dans l'équilibre des corps pesants, où la suspension extérieure ne peut neutraliser le poids du système qu'autant que la verticale correspondante passe exactement en ce point, où ce poids peut être conçu entièrement condensé. Une telle condition fondamentale comporte deux modes généraux d'accomplissement, qu'il importe de distinguer, suivant que le centre de gravité est placé, sur cette commune verticale, au-dessous ou au-dessus du point de suspension. Car il en résulte aussitôt la distinction capitale entre les deux équilibres opposés dont tout système est susceptible : l'un *stable*, tendant à se rétablir spontanément quand il est momentanément troublé, et se reproduisant, en effet, après certaines oscillations autour de cette situation moyenne, bientôt détruites par les diverses résistances extérieures ; l'autre *instable*, au contraire, qui, une fois altéré passagèrement, tend de lui-même à s'altérer de plus en plus, ou ramenant le corps à l'une des positions précédentes. Dans l'équilibre des poids, cette distinction est toujours réglée par la place qu'occupe le centre de gravité général, sa hauteur verticale devenant alors la moindre ou la plus grande de toutes celles que comporte la constitution du système, suivant que l'équilibre est stable ou instable. Mais, quelque importantes que soient les propriétés statiques d'un tel point, ses propriétés dynamiques ont une utilité encore plus éminente. C'est de lui que dépend surtout la décomposition fondamentale de tout mouvement, en une translation exactement commune à tous les points du corps, et une rotation simultanée de chacun d'eux, avec une même vitesse angulaire, autour d'un même centre. Si cette décomposition était opérée envers un point quelconque du système, les deux mouvements coexistants ne comporteraient pas une appréciation isolée, parce qu'ils réagiraient l'un sur l'autre. Ils ne deviennent indépendants qu'à l'égard du centre de masse, où chacun d'eux s'accomplit toujours comme si l'autre n'existait pas. Un telle notion générale procure à la mécanique céleste la précieuse faculté de réduire, habituellement les masses proposées à de simples points mathématiques, quand il s'agit de l'étude des translations. De même, pour les rotations, on peut ainsi faire abstraction de toutes les forces qui n'influent que sur le déplacement simultané du centre de masse, qu'on doit alors supposer fixe. Si, par exemple, il s'agit de déterminer l'action effective d'une impulsion connue sur un corps donné, la question deviendra facile en ce qui concerne la translation du centre de gravité, animé, en ce cas, d'un mouvement rectiligne et uniforme, comme si le coup y eût été directement appliqué. Mais l'étude isolée de la rotation présentera, en général, d'éminentes difficultés mathématiques, relatives à la forme et à la constitution du corps, sauf le seul cas d'une sphère homogène, qui tournerait uniformément autour d'un axe invariable perpendiculaire au plan mené de son centre à la droite d'impulsion. En tout autre cas, ces embarras ne peuvent être surmontés jusqu'ici que d'une manière très-imparfaite, parce que l'accomplissement même de la rotation initiale suscite des efforts centrifuges qui tendent à changer sans cesse la vitesse angulaire et la direction de l'axe primitif, à moins que celui-ci ne soit une de ces droites exceptionnelles que les géomètres ont nommées les *axes principaux* d'un corps tournant.

CHAPITRE II.

Appréciation philosophique de la loi fondamentale de la gravitation.

D'après les indications élémentaires du chapitre précédent, le principe fondamental de la mécanique céleste ne peut être découvert que par suite d'une décomposition mathématique des mouvements observés, fondée sur une exacte interprétation mécanique des résultats généraux de la géométrie céleste. Si le cours des astres était rectiligne et uniforme, les deux premières lois du mouvement autoriseraient à le regarder comme simple. Mais, par cela seul qu'il est curviligne, ces mêmes lois nous démontrent qu'un tel mouvement doit toujours être décomposé en deux; l'un rectiligne et uniforme, suivant la tangente actuelle à l'orbite, et qu'on peut assimiler au résultat d'une impulsion initiale représentant à chaque instant la vitesse acquise; l'autre provenu d'une force nécessairement continue, dont l'action graduelle change sans cesse la direction du mobile. Le premier de ces deux éléments est immédiatement connu par l'observation astronomique : c'est donc dans la détermination du second que consiste la vraie difficulté fondamentale. Ainsi, le principe général de la mécanique céleste doit aussitôt résulter d'une exacte appréciation de la force qui agit continuellement sur chaque astre pour infléchir sa route conformément aux règles géométriques de Kepler.

Cet éminent penseur a eu le mérite de sentir, le premier, que les grandes lois qu'il avait découvertes, par cela même qu'elles résumaient l'ensemble de la géométrie céleste, devenaient le point de départ nécessaire de la mécanique céleste. Son vigoureux génie osa entreprendre directement cette nouvelle élaboration générale : mais la science mathématique était alors trop peu avancée, à tous égards, pour lui permettre de poursuivre convenablement une recherche aussi difficile. Néanmoins, l'ébauche initiale lui en est réellement due, puisqu'il établit suffisamment l'interprétation dynamique de la première de ses trois lois astronomiques. En effet, cette appréciation résulte immédiatement d'une application facile des lois fondamentales du mouvement.

Si un mobile, sous une impulsion instantanée, décrit uniformément une droite indéfinie MN (fig. 16), son rayon vecteur autour d'un point quelconque S tracera, en temps égaux, des triangles successifs SAB, SBC, SCD, etc., dont les aires seront évidemment égales, quoique leurs figures soient différentes. Or cette équivalence spontanée subsistera encore malgré l'action continue d'une force susceptible de rendre curviligne le mouvement primitif, pourvu que sa direction converge toujours vers le point unique S, à l'égard duquel cette égalité des aires sera exclusivement maintenue. Car, si cette force fait parcourir au mobile, en un temps très-court, l'espace BG, sa combinaison avec la vitesse acquise BC s'opérera, d'après la loi de Galilée, en construisant le parallélogramme correspondant; en sorte que le corps décrira dans l'instant suivant, au lieu du côté BC, la diagonale BE. Mais une telle modification change la figure du triangle tracé par le rayon vecteur, sans altérer aucunement sa surface; puisque les triangles BCS et BES, dont BS est la commune, ont alors la même hauteur, vu le parallélisme spontané de CE à BS. La même démonstration prouve clairement que cette équivalence n'existerait pas si la force continue n'était pas toujours dirigée vers l'origine des aires, ce qui ferait aussitôt cesser un tel parallélisme. Tout mouvement curviligne produit par une force centrale doit donc faire décrire, autour du centre d'action, des aires égales en temps égaux. Réciproquement si l'observation montre que l'aire tracée par le rayon vecteur du mobile croît toujours proportionnellement au temps écoulé, cette seule relation constatera pleinement que la force continue converge sans cesse vers l'origine des aires.

Cette lumineuse appréciation, dont le principe appartient certainement à Kepler, constitue donc le premier germe indispensable de la vraie mécanique céleste, en démontrant, d'après la loi géométrique des aires, que l'action continuellement exercée sur chaque planète pour infléchir sa route émane sans cesse du soleil. La loi de cette force continue étant ainsi connue quant à sa direction, il restait dès lors à la découvrir aussi quant à son intensité, en ayant convenablement égard à la figure effective de l'orbite. Tel est, à proprement parler, le principal mérite de l'élaboration fondamentale réservée à Newton, et que Kepler, qui néanmoins osa l'entreprendre, avait dû radicalement manquer par suite de l'insuffisante préparation mathématique de son époque. Ne pouvant appliquer à cette difficulté essentielle aucune solution rationnelle équivalente à celle qu'il avait obtenue pour la question préliminaire, il abandonna toute marche vraiment positive, pour traiter ce nouveau problème d'après une vaine conception métaphysique, qui conduisait à regarder l'intensité de cette action solaire, indépendamment de toute notion astronomique, comme devant nécessairement varier en raison inverse du carré de la distance au soleil. Quelque excusable que fût alors une telle aberration scientifique, il n'est pas inutile de la caractériser ici, parce qu'elle a été trop souvent reproduite, même de nos jours, dans les vicieuses tentatives qui tendaient à vulgariser la loi fondamentale de la gravitation, en lui attribuant un caractère absolu, directement contraire à sa vraie destination. Kepler imaginait donc que l'action centrale du soleil s'exerçait par des rayons attractifs mystérieusement lancés vers la planète, et dont le nombre en un espace donné devait mesurer l'énergie correspondante d'une telle attraction. Suivant la variation géométrique des aires tracées sur un volume conique par divers plans parallèles, on conclut ainsi que cette intensité, comme envers toutes les émanations quelconques d'un même point, doit être inversement proportionnelle au carré de la distance. Mais cette conclusion absolue, étrangère à toute relation effective, n'a pu nullement avancer la création de la vraie mécanique céleste, et ne doit aucunement diminuer l'éminent mérite du travail fondamental de Newton, dont toute la valeur scientifique devait consister à établir mathématiquement la correspondance nécessaire d'une telle loi de variation avec la seconde loi astronomique de Kepler, sur la véritable figure des orbites planétaires. Il serait d'ailleurs superflu de faire expressément ressortir ici combien est vague et arbitraire cette inintelligible conception ontologique, où l'on attribue gratuitement aux prétendus rayons attractifs la même efficacité en tous sens, tandis que l'analogie réelle devrait plutôt conduire à faire varier leur énergie avec leur direction, comme on le voit, par exemple, pour les rayons lumineux ou calorifiques, dont le pouvoir diminue certainement à mesure qu'ils sont émanés ou reçus plus obliquement.

Abstraction faite de ces vaines inspirations métaphysiques, le génie de Newton fut réellement guidé vers sa grande découverte par une heureuse appréciation mécanique de la troisième loi géométrique de Kepler, d'après la règle fondamentale d'Huyghens sur la mesure des forces centrifuges. En considérant d'abord les orbites planétaires comme des cercles, l'action solaire, dès lors exactement opposée à la force centrifuge, lui devient nécessairement égale, et varie par conséquent de la même manière. Or, si les mouvements sont, en outre, supposés uniformes, ce qui est astronomiquement inséparable de leur circularité, cette force aura toujours la même énergie pendant tout le cours de chaque planète, et ne changera qu'en passant d'une planète à une autre. Pour découvrir la loi effective d'un tel changement, il suffit de remarquer que la règle d'Huyghens revient alors à faire varier la force centrifuge en raison directe du rayon de l'orbite et en raison inverse du carré du temps périodique correspondant. Dès lors, une facile déduction mathématique démontre, d'après la troisième loi astronomique de Kepler, que cette force, et par conséquent l'action solaire, varie en raison inverse du carré de la distance de la planète au soleil.

Telle est la véritable source scientifique de cette grande loi. Mais cette ébauche initiale, bien loin de résoudre la question essentielle, n'a fait réellement que la poser convenablement. Car, la difficulté que Newton devait surtout vaincre consistait à instituer une exacte harmonie mathématique entre le mode fondamental de variation de l'action solaire, et la figure elliptique des orbites planétaires autour du soleil comme foyer.

On peut d'abord établir, de la même manière que ci-dessus, une telle correspondance, en considérant seulement les deux points principaux de chaque orbite, c'est-à-dire l'aphélie et le périhélie, A et P (*fig.* 17). En ces sommets, la force centrifuge, partout dirigée suivant la normale à la trajectoire, se trouve encore directement opposée à l'action solaire, comme si le mouvement était circulaire. Cette action peut donc alors être mesurée aussi d'après la règle d'Huyghens. Si l'on remarque que, à l'un et l'autre point, l'orbite présente la même courbure, cette règle prescrira de comparer seulement les forces centrales correspondantes par les carrés des vitesses linéaires respectives. Dès lors, il est aisé de conclure mathématiquement, de la première loi astronomique de Kepler, envisagée surtout sous sa forme initiale, que, en passant de l'aphélie au périhélie, la tendance de chaque planète vers le soleil varie encore en raison inverse du carré de la distance. Ainsi, la même loi qui résultait d'abord de la comparaison générale des diverses planètes convient à la comparaison spéciale des deux principales positions de chacune d'elles. Mais cette confirmation est encore fort loin d'une démonstration décisive, puisque la vraie figure des orbites planétaires n'y exerce aucune influence, pourvu que la normale aux points extrêmes soit dirigée vers le soleil, et que la trajectoire s'y trouve également courbée; ce qui peut convenir évidemment à une infinité de figures différentes, où la loi cherchée ne saurait pourtant être la même.

Là néanmoins s'arrête, de toute nécessité, la seule partie de cette grande démonstration qui puisse jamais devenir vraiment élémentaire. A tout autre égard, nous devons ici nous borner à caractériser la profonde élaboration mathématique qu'exige une telle recherche pour établir suffisamment le principe fondamental de la mécanique céleste. On voit ainsi que la difficulté consiste essentiellement à mesurer l'action solaire MF en un point quelconque de l'orbite, où elle n'est plus directement opposée à la force centrifuge, toujours dirigée suivant la normale MN. En vertu de cette obliquité, la règle d'Huyghens sur la mesure de la seconde force ne saurait immédiatement permettre d'estimer la première, qu'après avoir décomposé celle-ci en deux, l'une suivant la tangente MC, et l'autre selon la normale : c'est seulement cette dernière composante qui doit détruire la force centrifuge, tandis que la composante tangentielle entretient le mouvement elliptique. Pour passer de la composante normale, évaluée par la force centrifuge, à l'action effective du soleil, il suffit d'avoir convenablement égard, d'après la théorie de l'ellipse, à l'angle variable de leurs directions. Il faut encore que l'étude perfectionnée de cette courbe permette d'évaluer exactement, en chaque point, le rayon de courbure correspondant, qui doit servir à l'appréciation de la force centrifuge. Telle est la combinaison très-complexe qui devient indispensable à une vraie démonstration mathématique du principe fondamental de la mécanique céleste.

Vu qu'il importe beaucoup à la saine philosophie, où l'homme ne saurait jamais être séparé de l'humanité, de concevoir toujours les grandes découvertes, aussi bien que tous les autres événements majeurs, comme essentiellement subordonnées à l'ensemble des antécédents convenables, nous devons saisir cette mémorable occasion spéciale de faire sentir combien l'éminente élaboration de Newton se trouvait devenue profondément conforme à l'état correspondant des diverses études mathématiques, de manière à devoir nécessairement s'accomplir chez quelqu'un des puissants géomètres de cette époque ; tandis que, un demi-siècle auparavant, ce travail, prématurément tenté par l'audacieux génie de Kepler, devait être réputé inévitablement supérieur aux plus vigoureux efforts de l'intelligence humaine. Pendant cet intervalle, Huyghens avait complété la création fondamentale de Galilée pour la théorie générale des mouvements curvilignes, en découvrant la vraie mesure des forces centrifuges, premier élément d'une telle combinaison mathématique. Le second élément en avait aussi été constitué, du moins en principe, par le grand géomètre hollandais, dans sa conception originale sur la courbure des courbes. Mais, outre qu'Huyghens n'a point accompli le rapprochement décisif de ses deux idées mères en mécanique et en géométrie, il faut surtout considérer que, l'eût-il conçu, il manquait essentiellement à une troisième condition, non moins indispensable que la précédente pour l'efficacité finale d'une telle combinaison scientifique, qui exigeait réellement un notable perfectionnement de la logique mathématique, c'est-à-dire la création d'un nouveau calcul, sans lequel on n'aurait pu suffisamment poursuivre la confrontation précise de la théorie dynamique aux lois initiales de Kepler sur les mouvements planétaires. C'est peut-être sous ce dernier aspect préalable qu'il faut surtout apprécier l'effort personnel de Newton, qui, en effet, inventa cette analyse transcendante pour accomplir la grande élaboration qu'il avait instituée. Toutefois, cette admirable invention ayant aussi été accomplie en même temps par Leibnitz, et d'ailleurs dans un mode très-préférable, on conçoit que la fondation directe de la mécanique céleste n'était pas, au fond, moins préparée, à cette époque, quant à sa condition analytique que relativement à ses conditions géométrique et mécanique. Il y a donc tout lieu de penser que, si Newton l'eût manquée, elle n'aurait point échappé alors à quelqu'un des éminents géomètres contemporains, et surtout, par exemple, au puissant penseur Jacques Bernouilli. Cette incontestable appréciation philosophique ne doit, sans doute, nullement altérer la véritable gloire de Newton, aux yeux de tous ceux qui la mesurent convenablement, et qui n'ignorent pas combien les plus admirables découvertes scientifiques sont toujours nécessairement préparées. Mais elle tend, en effet, à diminuer beaucoup la prééminence aveuglément exagérée que lui accorde encore le vulgaire des savants, qui, jugeant seulement les résultats, sans avoir égard à leur préparation, placent Newton hors de toute comparaison avec les autres grands géomètres, antérieurs, contemporains, et postérieurs, dont plusieurs néanmoins, dans chacune de ces trois classes, ont eu certainement un génie scientifique égal, et quelques-uns même supérieur, au sien (1).

---

(1) Le plus grand des purs géomètres, Lagrange, a dit, avec ce profond instinct philosophique qui le distingua spontanément de tous ses rivaux, quoiqu'il n'ait jamais affecté aucune telle prétention spéciale: *personne n'égalera jamais la gloire scientifique de Newton, parce qu'il n'y avait qu'un seul système du monde à trouver.* C'est ainsi que, à d'autres égards, on doit as-

En poursuivant maintenant notre sujet spécial, il suffit ici de rapporter que, d'après la grande élaboration mathématique qu'il avait instituée, Newton a complétement démontré l'exacte harmonie de sa loi primitive sur la variation effective de l'action solaire avec la figure elliptique des orbites planétaires autour du soleil comme foyer : car, la mesure de cette force, ainsi accomplie en tous les points de la trajectoire, l'a partout montrée inversement proportionnelle au carré de la distance. Après avoir pleinement établi la véritable interprétation dynamique des deux premières règles astronomiques de Kepler, il ne restait donc à l'éminent fondateur de la mécanique céleste qu'à aré-cier aussi, sous le même aspect, la troisième règle, relative au passage d'une planète à une autre. Cet indispensable complément, opéré conformément à la vraie figure des orbites, a démontré que l'action solaire n'est nullement spécifique, mais également commune à toutes les planètes : en passant de l'une à l'autre, elle ne change que de la même manière qu'envers les différentes positions successives de chacune d'elles ; en sorte que, ramenée, suivant la loi fondamentale, à une pareille distance arbitraire, l'action du soleil est également intense sur toutes les planètes, malgré l'immense diversité de leurs volumes et de leurs masses. Puisque tous ces corps, supposés placés à une même distance du soleil, tendraient ainsi à tomber vers lui avec la même vitesse, la règle élémentaire pour la mesure des forces démontre donc que l'action solaire est toujours propor-

---

surer qu'aucun peuple ne pouvait égaler la gloire militaire des Romains, parce que le grand système de conquête qu'ils ont développé, ne comportait, par sa nature, qu'un seul accomplissement essentiel, qui devait ensuite interdire tout autre, une fois que l'élite de l'humanité a été ainsi réunie sous une même domination. En tous genres, les grands succès dépendent surtout de l'opportunité. Quoique Wickleff et Jean Hus n'aient pas obtenu le même ascendant effectif que Luther et Calvin, les résultats n'autorisent point à les regarder comme moins propres naturellement à exciter de grands ébranlements théologiques.

tionnelle à la masse de chaque astre ; comme l'égalité de chute de tous les corps terrestres dans le vide constate suffisamment la proportionnalité analogue de leurs poids à leurs masses. Si l'on poursuit autant que possible les conséquences de cette précieuse indication, il est aisé de sentir qu'elle seule achève la décomposition fondamentale des mouvements célestes, en montrant qu'une telle force s'exerce directement sur toutes les molécules de la planète, de façon à y produire toujours une résultante proportionelle à chaque masse.

C'est ainsi que les trois lois géométriques de Kepler aboutissent respectivement à cette rigoureuse conclusion mécanique : toutes les planètes tendent continuellement vers le soleil, en raison inverse des carrés de leurs distances à cet astre focal, et proportionnellement à leurs masses. Les mêmes lois régissant également les mouvements relatifs des satellites autour de leurs planètes, elles comportent donc une pareille interprétation dynamique, qui étend et simplifie notablement la pensée fondamentale, en montrant que la force céleste n'émane pas seulement du soleil, mais aussi de chaque corps qui devient un centre de révolution. En outre, l'égalité constante entre la réaction et l'action autorise à conclure pareillement la tendance réciproque du soleil vers les planètes et de celles-ci vers leurs satellites, quoique l'extrême inégalité des masses comparées ne puisse presque jamais donner lieu à aucune appréciation spéciale de cette réciprocité nécessaire. Pour généraliser autant que possible ce principe fondamental de la mécanique céleste, il ne reste plus alors qu'à reconnaître l'existence d'une telle tendance mutuelle entre tous les corps célestes, considérés dans toutes leurs relations binaires. Mais, quelque naturelle que soit assurément l'analogie qui a d'abord suggéré cette extrême extension, la sévérité philosophique qui caractérise surtout la marche graduelle de cette admirable élaboration ne permet pas d'admettre finalement une semblable généralisation, tant qu'elle n'a point été rattachée à un certain ordre de phénomènes astronomiques, spécialement propres à manifester sa réalité. C'est ce qu'ont heureusement accompli, pendant le dernier siècle, les principaux successeurs de Newton, en montrant, par l'ensemble de leurs travaux spéciaux, que les diverses perturbations du mouvement elliptique résultent, en effet, de ces différentes tendances secondaires des planètes les unes vers les autres ; en sorte que ces forces accessoires sont aussi bien constatées aujourd'hui par les événements célestes que les forces essentielles provenues des masses prépondérantes.

Jusqu'ici nous avons dû nous abstenir avec soin de qualifier aucunement cette tendance mutuelle de tous les astres de notre monde. Dans un tel état d'élaboration, et sans rien prononcer sur l'assimilation d'une telle action à quelque autre force naturelle, il importe de sentir que la mécanique céleste n'en serait pas moins essentiellement fondée, puisque tous les mouvements intérieurs de ce système se trouveraient exactement ramenés à un seul principe universel. L'astronomie a ainsi reçu un immense perfectionnement philosophique par l'établissement réel d'une parfaite unité scientifique, qui permet presque d'y concevoir toujours deux phénomènes quelconques comme liés entre eux d'une manière plus ou moins indirecte. A la vérité, les notions astronomiques se trouvaient déjà combinées, à un éminent degré, par la législation géométrique de Kepler. Mais cette connexité était beaucoup moins intime et moins complète que celle résultée nécessairement de la législation mécanique de Newton, puisqu'elle employait trois lois au lieu d'une seule, de manière à ne rapprocher que les phénomènes rattachés à la même loi, sans comporter aucune relation entre ceux qui concernaient des lois différentes. D'une autre part, le système des connaissances astronomiques n'a pas moins gagné quant au pro-

grès que quant à l'ordre, par cette admirable fondation de la
mécanique céleste. Car, tous les mouvements étant ainsi ramenés à une seule force élémentaire, les géomètres ont pu dès
lors procéder à leur reconstruction rationnelle en composant,
suivant la marche ordinaire de tels problèmes, les diverses
forces dont chaque mobile est animé. Une telle recomposition
devait d'abord reproduire le mouvement elliptique primordial,
quand on a seulement envisagé la tendance principale vers le
foyer correspondant. Mais en ayant égard aussi, dans chaque
cas, aux tendances secondaires vers les autres mobiles simultanés, on a, comme je l'indiquerai spécialement en son lieu,
beaucoup amélioré l'étude effective des mouvements célestes,
de manière à permettre finalement des prévisions à la fois plus
lointaines et plus précises.

Telles sont, en général, les deux sortes de résultats nécessaires de la fondation de la mécanique céleste par la grande
théorie newtonienne : il convient, pour les mieux apprécier, de
les juger d'abord abstraction faite de toute assimilation de ces
forces astronomiques à d'autres forces quelconques. Mais il
nous reste ensuite à considérer le dernier complément essentiel
procuré par Newton à sa grande conception, en établissant
l'identité fondamentale des mouvements célestes avec ceux que
produit familièrement, sous nos yeux, la pesanteur proprement dite. Cette similitude décisive résulte d'une juste appréciation du mouvement principal de la lune : elle n'aurait pour
nous aucune base réelle, si notre planète n'était pas escortée
d'un satellite. Mais le mouvement lunaire nous a spontanément offert un heureux intermédiaire entre les phénomènes
purement célestes, où la terre n'a aucune part essentielle, et
les phénomènes pleinement terrestres, où les astres n'influent
pas directement : car, nous pouvons ainsi considérer un mouvement céleste dont la source est surtout terrestre.

Sous cet aspect, la question capitale, déjà suscitée par beaucoup d'analogies naturelles entre la force céleste et la simple gravité que Kepler lui-même avait spécialement rapprochées, consiste à décider si la tendance de la lune vers la terre coïncide réellement avec l'intensité correspondante de notre pesanteur, diminuée, suivant la loi fondamentale, proportionnellement au carré de la distance. Or, les deux termes de la comparaison sont de leur nature pleinement appréciables, à l'abri de toute hypothèse arbitraire. D'une part, en effet, la tendance lunaire se mesure exactement par les moyens généraux déjà appliqués à tous les autres cas célestes : en supposant le mouvement circulaire et uniforme, ce qui est alors sans inconvénient, on y peut employer la règle d'Huyghens, qui ne fait dépendre le résultat que du rayon de l'orbite et de la durée de la révolution, c'est-à-dire des éléments les mieux connus de tout le mouvement ; en sorte qu'il ne peut jamais rester aucune grave incertitude sur la quantité dont la lune tend à tomber vers la terre en un temps donné, une minute par exemple. En second lieu cet astre étant éloigné de nous de 60 rayons terrestres, sa pesanteur doit être 3600 fois moindre que celle que nous observons à la surface de notre globe. Tout mouvement accéléré par une force constante faisant croître l'espace comme le carré du temps, il est aisé de sentir que la confrontation proposée revient, pour plus de simplicité, à décider si la chute de la lune en une minute se trouve exactement égale à celle de nos poids en une seconde, puisque nous savons d'ailleurs que l'extrême diversité des masses ne doit nullement affecter une telle comparaison. Newton a découvert ainsi (1) la pleine

____

(1) Il convient de consacrer, à cette occasion, le souvenir historique de l'admirable fermeté scientifique avec laquelle Newton renonça, pendant quelques années, à un rapprochement aussi séduisant, par cela seul que cette concor-

identité de la tendance lunaire avec la pesanteur; d'où il a justement conclu que l'action mutuelle des différents astres de notre monde n'est qu'une simple extension de la pesanteur terrestre, quand elle s'exerce à des distances assez diverses pour manifester convenablement la vraie loi de ses variations. Le mot très-précieux de *gravitation* a été introduit, par ses successeurs, pour désigner cette extrême généralisation de l'idée de pesanteur. On peut donc formuler finalement le principe fondamental de la mécanique céleste, de manière à signaler sommairement ses divers caractères essentiels, en disant que : *toutes les molécules de notre monde gravitent constamment les unes vers les autres, en raison directe de leurs masses, et en raison inverse des carrés de leurs distances mutuelles.*

Considéré pour l'ensemble de la philosophie naturelle, ce rapprochement définitif entre la force céleste et la simple pesanteur a notablement avancé la constitution d'un véritable système universel de nos spéculations réelles, en rendant plus intime et plus complète la liaison positive, déjà consacrée à divers égards partiels, entre l'étude du ciel et celle de la terre, dont la connexité naturelle s'est ensuite rapidement développée, en manifestant de plus en plus sa double efficacité fondamentale. D'une part, en effet, les phénomènes astronomiques sont ainsi devenus beaucoup plus familiers, d'après leur exacte assimilation scientifique à ceux que nous observons sans cesse et que nous modifions journellement. Les problèmes célestes ont pu dès lors être justement comparés aux questions que

---

dance décisive n'était pas d'abord suffisamment vérifiée, vu l'usage d'une estimation fautive du rayon terrestre, déduite d'une mauvaise mesure géodésique exécutée en Angleterre. Il eut le rare courage philosophique de ne reprendre le cours spécial de ses méditations à ce sujet que lorsque l'opération de Picard sur le degré compris entre Paris et Amiens lui eut enfin procuré la satisfaction si méritée de pouvoir pleinement constater une telle identité.

nous offre la théorie des projectiles : si, en un sens, ils sont souvent plus complexes, d'après la variation et la pluralité des pesanteurs considérées, il n'en restent pas moins beaucoup plus faciles habituellement ; parce que, sous un autre aspect, on y peut totalement négliger la résistance du milieu général, qui, au contraire, constitue réellement la principale difficulté de nos études d'artillerie. Réciproquement, cette grande similitude a dû éclaircir la notion primitive de la pesanteur terrestre, dès lors envisagée comme le résultat composé de toutes les gravitations simultanées de chaque corps vers les diverses molécules de notre globe. Une telle comparaison, si justement réputée très-satisfaisante, quoiqu'on y renonce entièrement à pénétrer la nature intime des deux forces ainsi assimilées, est éminemment propre, sous l'aspect logique, à vérifier combien nos connaissances réelles sont nécessairement réductibles à de pareilles relations entre divers phénomènes observés. Mais l'usage scientifique de ce lumineux rapprochement était surtout indispensable pour manifester les variations effectives de la pesanteur terrestre, que la fixité essentielle des distances correspondantes nous eût certainement toujours cachées, si l'observation céleste ne les eût dès lors spontanément indiquées. Ainsi dévoilées, elles ont pu ensuite comporter une véritable appréciation directe, par une soigneuse comparaison de la longueur précise du pendule à secondes suivant nos diverses distances au centre du globe, surtout dans le sens horizontal, et même aussi verticalement : tandis que, sans cette indication théorique, ces petites inégalités nous auraient échappé, ou fussent restées attribuées aux incertitudes des mesures. Il fallait certainement une manifestation aussi décisive pour oser enfin, après tant de siècles, faire convenablement subir à l'idée de poids cette transformation radicale de l'absolu en relatif, qui constitue partout le principal caractère de la positivité systématique des notions humaines. Quoique la direction de la pesanteur eût éprouvé, comme nous l'avons vu, cette inévitable rénovation dès l'origine de la véritable astronomie, rien de pareil ne devait sembler possible quant à son intensité, jusqu'à ce que la théorie newtonienne y ait opéré spontanément cet indispensable changement. Tant que l'intégrité de la substance restait maintenue, l'ensemble de l'exploration humaine montrait, en effet, que le poids d'un corps demeurait inaltérable, malgré les changements, non-seulement de forme, mais aussi d'état physique, et de composition chimique, ou même par la plus profonde des métamorphoses réelles, le passage de la vie à la mort. Or, le caractère absolu que de telles permanences semblaient devoir consacrer à jamais, a disparu aussitôt sous l'indication directe de la loi de la gravitation, qui a montré que le poids d'un corps, indépendant, en effet, des diverses mutations précédentes, est purement relatif à une toute autre condition, dont personne ne pouvait auparavant soupçonner l'influence réelle, la distance effective au centre de la terre.

Si la vraie philosophie eût été mieux sentie des savants qui l'ont partiellement préparée, l'introduction, déjà ancienne, du nom de *gravitation*, destiné à caractériser ce rapprochement fondamental entre l'action céleste et la pesanteur terrestre, aurait depuis longtemps banni l'usage, dès lors sans excuses, du mot *attraction*, malheureusement consacré par Newton, et vicieusement conservé par ses successeurs. Cette expression témoigne réellement une tendance à pénétrer le mystère inaccessible du mode essentiel de production des phénomènes correspondants, et par suite elle tend à prolonger l'empire du vieil esprit philosophique. En suscitant de vains rapprochements, elle contribue trop souvent à décorer d'une sorte de vernis scientifique de vagues conceptions métaphysiques, radicalement contraires aux conditions élémentaires de toute logique positive.

Les savants qui ont faiblement entrevu ces graves inconvénients ont quelquefois tenté de justifier l'emploi de ce terme, en le bornant à former une simple image propre à faciliter la conception de la force ainsi qualifiée. Mais, en supposant, ce qui n'est jamais, qu'on le réduisit toujours à cette destination purement métaphorique, il est aisé de sentir, même sous ce rapport, son inconvenance radicale, en remarquant qu'une telle analogie tend à obscurcir profondément la notion correspondante, bien loin de pouvoir aucunement l'éclaircir. On prétend ainsi comparer, en effet, l'action mutuelle des astres à l'effort que nous faisons pour tirer à nous un corps extérieur à l'aide d'un lien intermédiaire. Mais il est évident que cette traction, abstraction faite de la masse et de la roideur du lien, n'est nullement affectée par la distance : que l'objet soit placé à dix mètres ou à vingt, le même effort le fera toujours également avancer. Une telle comparaison est donc essentiellement impropre à faciliter la conception d'une force dont le principal caractère consiste précisément à devenir quatre fois moindre quand la distance est double. La simple destination métaphorique de cette vicieuse formule ne serait donc aucunement justifiable. Sa portée journalière va pourtant beaucoup plus loin que cet usage purement grammatical; car on prétend le plus souvent caractériser ainsi la véritable cause essentielle du phénomène général de la gravitation. Il importe de sentir historiquement que les prétentions anti-scientifiques nécessairement manifestées par une telle locution ont beaucoup contribué à la mémorable opposition que rencontra, surtout en France, pendant un demi-siècle, la théorie newtonienne, même chez les penseurs les plus avancés. Fontenelle et Jean Bernouilli par exemple, en combattant cette doctrine, n'étaient pas essentiellement animés d'une vulgaire tendance à conserver aveuglément les opinions antérieures, qu'ils avaient, à d'autres égards, tant ébranlées.

On ne peut douter que leur opposition obstinée ne fût surtout dirigée contre l'espèce de rétrogradation philosophique que semblait témoigner le langage newtonien, comme indiquant le rétablissement de l'antique régime métaphysique des *qualités occultes*, si justement bannies, après de longs efforts, par le grand Descartes. Cette vicieuse tendance n'était point alors, à vrai dire, purement verbale : elle offrait une certaine réalité incontestable, mais simplement superficielle, qu'il était d'abord difficile de reconnaître comme n'exerçant aucune influence essentielle sur la nouvelle théorie. Si cette doctrine en eût été profondément affectée, ces illustres opposants se seraient trouvés autorisés, en effet, à la regarder comme plus dangereuse pour la philosophie qu'elle ne pouvait être utile pour la science ; puisque les besoins logiques ont certainement beaucoup plus d'importance encore que les besoins scientifiques proprement dits. Mais chacun peut aujourd'hui reconnaître aisément, au contraire, que le reste de régime métaphysique rappelé par un vicieux langage n'altère nullement le caractère fondamental de la vraie théorie de la gravitation, où l'on peut même, suivant nos indications antérieures, justement puiser désormais un des exemples les plus décisifs du véritable esprit philosophique.

Parmi les objections innombrables que des locutions équivoques ont d'abord suscitées contre cette théorie, il convient maintenant d'en signaler une seule, dont la solution, jusqu'ici insuffisante, pourra utilement éclaircir la notion principale. Elle consiste en ce que, chaque planète s'éloignant sans cesse du soleil pendant une moitié de sa révolution, tandis qu'elle s'en rapproche toujours dans le reste de l'orbite, l'action solaire semble donc être alternativement répulsive et attractive. Laplace lui-même n'a résolu cette difficulté générale que d'une manière très-peu satisfaisante, en se bornant à établir que la planète doit s'écarter ou s'approcher du soleil selon que sa direction fait avec celle de la force centrale un angle obtus ou aigu ; ce qui se réduit à reproduire, sous une autre forme, la remarque proposée. On ne peut convenablement détruire l'objection qu'en montrant directement qu'elle repose sur un pur sophisme, qui consiste à juger du sens effectif de l'action solaire en comparant deux positions consécutives de la planète, tandis qu'il faudrait, évidemment, comparer chaque position actuelle à celle qui aurait lieu, au même instant, en vertu de la vitesse acquise, si le soleil cessait d'agir. En rectifiant ainsi la comparaison, on reconnaît aussitôt que la planète ne cesse jamais de tendre vers le soleil, aussi bien quand elle s'en rapproche que lorsqu'elle s'en éloigne, puisqu'elle s'en trouve toujours plus près qu'elle ne l'eût été en suivant la tangente : cette tendance existerait encore, si l'astre s'écartait indéfiniment du foyer dans une orbite parabolique ou hyperbolique. Sous cet aspect, le cas des planètes est parfaitement semblable à celui de nos projectiles, qui ne cessent jamais de tomber de plus en plus, même tandis qu'ils s'élèvent, puisqu'ils se trouvent toujours de plus en plus au-dessous du point où les eût portés la seule impulsion initiale. Dans l'un et l'autre mouvement, l'explication consiste simplement en ce que la trajectoire est constamment concave vers le lieu fixe auquel se rapporte la comparaison.

. Après avoir suffisamment apprécié, en elle-même, la loi réelle de la gravitation, il convient de signaler sommairement le plus remarquable des cas purement artificiels que Newton s'est plu à discuter si soigneusement, pour mieux établir sa théorie mathématique des forces centrales. Rien n'est plus propre à manifester, avec une pleine évidence, le caractère profondément relatif de cette doctrine fondamentale que de considérer le changement radical qu'elle devrait subir si les lois géométriques de Kepler éprouvaient une modification quelconque. Supposons surtout que les orbites planétaires restent elliptiques, mais que le soleil en occupe le centre, au lieu du foyer. Dans cette hypothèse, Newton a démontré que l'action solaire varierait en raison directe de la simple distance, au lieu de la raison inversé de son carré. On ne saurait concevoir un contraste plus prononcé, provenu d'une modification aussi légère en apparence. Comme, sans exister réellement, elle ne nous offre certes rien de contradictoire, on peut ainsi caractériser avec énergie la profonde inanité nécessaire de toute argumentation qui tend à établir à priori, indépendamment des résultats généraux de la géométrie céleste, la loi effective de notre gravitation. On ne peut même expliquer vaguement, par ces considérations métaphysiques, pourquoi cette force augmente quand la distance diminue : car, le contraste précédent autorise à penser qu'il en est peut-être tout autrement dans quelque autre monde, où l'astre principal occuperait le centre, et non le foyer, des ellipses décrites autour de lui. A plus forte raison la force céleste varierait-elle suivant une loi encore plus différente, si la trajectoire changeait de figure. Toutefois, pour que la comparaison spéciale que nous venons de considérer se trouve ici pleinement appréciée, il est indispensable de remarquer que le contraste des hypothèses géométriques y est au fond en suffisante harmonie avec celui des conclusions mécaniques. Nous avons, en effet, convenablement expliqué déjà, en traitant de la seconde loi de Kepler, combien la marche générale des phénomènes astronomiques se trouverait profondément changée si le soleil était placé au centre, et non au foyer, des ellipses planétaires. Le peu d'excentricité de ces orbites ne doit donc laisser aucune incertitude raisonnable sur la véritable loi de notre gravitation ; puisque, quelque rapprochés que soient, en effet, le foyer et le centre, les astronomes n'ont jamais pu hésiter nullement sur celle des deux positions qui convient au soleil.

Il importe beaucoup aujourd'hui de faire nettement ressortir, sous tous les divers aspects essentiels, la nature profondément relative de la vraie mécanique céleste, que la plupart des savants sont encore disposés à méconnaître trop souvent, par suite de notre éducation radicalement vicieuse, toujours dominée d'abord par l'antique régime philosophique, contre lequel viennent ensuite réagir imparfaitement des études positives partielles et incohérentes, qui le modifient sans le remplacer. C'est pourquoi, en terminant cette appréciation fondamentale de la loi de la gravitation, il convient de signaler sommairement sa restriction nécessaire à l'intérieur de notre monde, quoiqu'une telle limitation se trouve déjà comprise implicitement dans l'ensemble des explications précédentes, outre qu'elle résulte inévitablement de l'esprit général de ce traité. Les géomètres et les astronomes qui, en qualifiant notre gravitation de strictement universelle, l'ont directement étendue à l'action mutuelle de tous les astres quelconques, ont certainement subi, à leur insu, l'empire prolongé de l'antique philosophie, qui consacre notre tendance primitive aux notions absolues. Dans leur entraînement involontaire, ils ont totalement oublié la véritable source d'une telle doctrine, qui n'a de réalité que par son exacte harmonie avec les trois théorèmes astronomiques de Kepler. Comment oserait-on l'appliquer gratuitement à des phénomènes sidéraux qui nous sont essentiellement inconnus, et envers lesquels l'impossibilité constatée de déterminer les simples distances mutuelles ne nous permettra jamais de découvrir rien d'analogue à ces lois géométriques ? A la vérité, on a cru, de nos jours, avoir spécialement retrouvé le mouvement elliptique dans quelques cas d'étoiles doubles, auxquels on s'est ainsi attribué le droit mathématique d'étendre la théorie newtonienne. Mais l'examen direct de ces travaux y fait bientôt reconnaître une imitation servile et mal déguisée

27

des études relatives à notre monde, sans que la nature de ces phénomènes permette aucunement d'y établir avec sécurité des indications géométriques susceptibles d'autoriser de vraies conclusions mécaniques. Les rayons vecteurs qu'on y prétend comparer ne nous offrant jamais qu'une étendue angulaire de quelques secondes, sur laquelle les meilleures observations doivent le plus souvent laisser une incertitude d'un tiers ou d'un quart, il est certainement impossible d'y garantir suffisamment la figure vraiment elliptique des orbites, et surtout la situation de l'astre principal au foyer plutôt qu'au centre. Tous les bons esprits, étrangers aux préjugés scientifiques, comme à tous les autres, ne doivent donc pas hésiter aujourd'hui à condamner de telles études, à la fois illusoires et irrationnelles ; d'où il ne résulte réellement que de nouvelles preuves involontaires de l'invincible nécessité qui restreint à l'intérieur de notre monde toutes nos vraies connaissances astronomiques, aussi bien mécaniques que géométriques. On ne peut d'ailleurs attribuer aucune véritable utilité à une extension franchement hypothétique de notre gravitation, à titre de simple artifice logique, seul mode vraiment légitime d'une telle conception ; car, nous n'avons là, au moins jusqu'ici, aucun phénomène général à représenter ainsi : autant vaudrait presque spéculer, de la même manière, sur les astres obscurs dont l'existence ne nous est pas même connue.

CHAPITRE III.

Détermination fondamentale des masses des principaux astres intérieurs, complétée
par l'estimation de la moyenne densité de la terre.

Avant de consacrer les trois derniers chapitres de ce traité à
apprécier directement la constitution générale de la mécanique
céleste d'après le principe de la gravitation, il faut d'abord caractériser sommairement un préambule indispensable, qui a
beaucoup occupé les géomètres, quant à la composition habituelle des gravitations élémentaires.

Puisque toutes les molécules de notre monde gravitent les
unes vers les autres, l'action mutuelle de deux astres quelconques résulte donc toujours du concours final d'une infinité de
forces partielles, qu'il est nécessaire de composer en une seule,
afin de se former une idée nette de cet effet total, comparé à
d'autres semblables. Mais cette composition offre, par sa nature,
de grandes difficultés mathématiques, qui seraient même insurmontables si la figure des corps devenait très-compliquée. Heureusement, la forme presque sphérique de la plupart de nos
astres apporte d'extrêmes simplifications à la partie vraiment
usuelle de cette étude préliminaire. On peut même se borner le
plus souvent à l'emploi des deux théorèmes, éternellement précieux, par lesquels Newton a ébauché cet ordre de recherches,
en y considérant seulement des sphères homogènes, ou du
moins composées de couches concentriques homogènes, dont la
densité varierait d'ailleurs arbitrairement de l'une à l'autre.
Envers de tels corps, il est aisé de sentir que la résultante générale des gravitations partielles sera toujours dirigée suivant la
ligne des centres : car, en considérant d'abord l'action d'un tel

globe sur un point extérieur, les actions égales que ce point éprouve de la part de deux éléments sphériques symétriquement placés autour de la droite qui le joint au centre se composent évidemment suivant cette direction, qui devient donc celle de l'action totale du globe; dès lors, un semblable raisonnement, pris en sens inverse, conduira aussi à la même conclusion pour la gravitation mutuelle de deux globes. Une pareille marche détermine également, mais avec plus d'embarras mathématique, l'intensité de la résultante générale. On trouve alors, d'abord à l'égard d'un point, et par suite envers un globe, qu'il existe une telle compensation entre les gravitations provenues des parties les plus rapprochées et celles qui viennent des portions les plus éloignées, que leur action totale est exactement la même que si toutes étaient réunies au centre correspondant. De là résulte donc le premier théorème de Newton sur la gravitation des globes : l'action mutuelle de tels corps est là la même que si leurs masses étaient entièrement condensées à leurs centres. Le second théorème consiste en ce que tout point placé à l'intérieur d'une couche sphérique homogène s'y trouve toujours exactement en équilibre de gravitation envers l'ensemble de cette couche. Il est facile, en effet, de constater géométriquement, d'après la loi fondamentale, que les éléments opposés exercent sur ce point des actions parfaitement équivalentes, par la compensation spontanée entre les masses et les distances. On en conclut que, en dedans d'un globe ainsi constitué, la gravité suit une tout autre loi qu'au dehors, puisqu'elle n'est due, envers chaque point, qu'aux couches placées au-dessous de lui ; d'où il résulterait que, dans l'intérieur de la terre, la pesanteur deviendrait proportionnelle à la distance au centre, si toutes les couches avaient la même densité. Mais, la fausseté reconnue d'une telle supposition, et notre invincible ignorance sur la vraie loi suivant laquelle change la densité en passant d'une couche à l'autre, ne nous permettent point de déterminer, en aucun cas effectif, en quoi consiste alors la nouvelle loi de la pesanteur.

Sans insister davantage sur ces études purement préliminaires, dont il fallait seulement indiquer ici la nature et la position, commençons directement l'appréciation méthodique des nouvelles notions astronomiques, jusqu'alors inaccessibles, qui résultent de la mécanique céleste.

La première et la plus importante de ces acquisitions consiste dans la détermination positive des masses respectives de nos différents astres. Ce chapitre sera totalement consacré à l'examen de cette grande recherche, aussi fondamentale pour la mécanique céleste que l'est, en géométrie céleste, l'estimation des distances ; puisque ces deux évaluations constituent, par leur nature, les deux éléments essentiels que le principe de la gravitation assigne à la mesure générale de chaque force astronomique.

Quoique la détermination des masses célestes semble d'abord inaccessible à ceux-là mêmes qui ont déjà compris celle des distances, la théorie de la gravitation fournit, à cet égard, trois méthodes différentes, que nous devons ici caractériser sommairement, dans l'ordre de leur généralité décroissante ou de leur facilité croissante.

La seule qui convienne pleinement à tous les astres consiste à apprécier, autant que possible, la part effective de chacun d'eux aux perturbations des autres. Ces modifications dépendent toujours, envers chaque corps perturbateur, de deux éléments essentiels dont l'un, variable, la distance, est déjà suffisamment connu, en sorte que l'autre, constant, la masse, peut se mesurer d'après l'observation de l'effet produit. Mais, outre sa complication naturelle, ce procédé est souvent incertain, parce que chaque perturbation appréciable n'est pas ordinairement due à une seule masse : quand elle provient à la fois de plu-

sieurs corps, qui y participent presque également, la répartition
du résultat effectif entre les diverses masses influentes doit devenir fort embarrassante. Toutefois, la constance naturelle des
masses cherchées permet d'appliquer cette méthode à leur détermination simultanée, pourvu qu'on étudie un égal nombre
de perturbations distinctes qui leur soient exclusivement, ou
du moins essentiellement, attribuables. On pourrait même,
dans la stricte rigueur mathématique, estimer ainsi à la fois
toutes les masses de notre monde, en accumulant suffisamment
les perturbations employées : mais les calculs deviendraient
alors inextricables. Il est d'ailleurs évident que la diversité et la
multiplicité des perturbations, qui peuvent affecter chacun des
six éléments irréductibles du mouvement elliptique de chaque
astre, doit offrir à ces pénibles opérations de nombreux moyens
de vérification. Néanmoins, on ne compte pas aussi précisément
sur les masses qui n'ont pu être évaluées que de cette manière
que sur celles qui ont comporté l'emploi des autres modes d'estimation.

Pour compléter cette sommaire appréciation, il importe,
sous le simple aspect logique, d'y joindre l'indication d'une
nouvelle marche proposée, de nos jours, par M. Poinsot, afin
de déterminer à la fois toutes les masses inconnues d'après
l'exploration spéciale du genre de perturbations le plus propre
à une telle recherche, celles relatives aux aires que décrit, en
un temps donné, chaque astre de notre monde autour du centre
de gravité général, qu'on peut confondre sans erreur sensible
avec le centre du soleil. Un grand théorème universel de mécanique rationnelle apprend que, quoique chacune de ces aires
puisse isolément varier, par l'action mutuelle des corps du système ; il s'opère toujours une telle compensation entre toutes
ces variations simultanées, que la somme des produits de ces
aires par les masses correspondantes demeure nécessairement

invariable, du moins en projetant toutes les aires sur un même plan quelconque, et les prenant d'ailleurs pour additives ou soustractives selon le sens de leur description. D'après cela, il suffirait de mesurer, à deux époques distinctes, toutes les aires alors décrites, et l'équivalence des deux sommes ainsi formées fournirait aussitôt une relation entre les masses constantes qu'il s'agirait de trouver : si donc le nombre de ces équations devenait égal à celui des inconnues, toutes les masses pourraient être simultanément déterminées par ce seul moyen. Cette méthode, d'ailleurs pleinement rigoureuse, est d'autant plus remarquable, qu'elle reste, par sa nature, entièrement indépendante de la loi effective de la gravitation ; en sorte que, si jamais on l'applique, la conformité de ses résultats avec ceux déduits des perturbations ordinaires, où cette loi domine, fournirait une confirmation, aussi décisive qu'inespérée, quoique maintenant surabondante, de l'intime réalité de la théorie newtonienne. Mais la nécessité d'écarter assez les époques comparatives pour que les aires partielles aient pu varier, afin que les relations ne deviennent pas insignifiantes, et en même temps le grand nombre de ces comparaisons reculent à quelques siècles l'application effective d'un tel procédé, auquel notre passé astronomique ne fournirait que bien peu d'éléments, vu l'institution presque récente d'une exploration aussi précise que l'exige une opération aussi délicate : en sorte que cette intéressante conception restera longtemps réduite à un simple office logique, comme caractérisant le mode le plus rationnel d'une telle recherche générale.

Il faut, en second lieu, considérer le moyen très-simple heureusement imaginé par le fondateur de la mécanique céleste, et qui convient à toutes les planètes escortées d'un satellite. Cette méthode consiste à comparer convenablement, en un même temps, la chute du satellite vers la planète à celle de la planète vers le soleil, en regardant les mouvements comme circulaires et uniformes, ce qui suffit ici presque toujours. Chacune de ces gravitations, alors mesurée par la règle d'Huyghens sur la force centrifuge, est en raison directe du rayon de l'orbite et en raison inverse du carré du temps périodique. A la vérité, avant de les comparer il est indispensable de les ramener d'abord à la même distance, suivant la loi fondamentale; ce qui revient à multiplier chacune de ces fractions par le carré de son numérateur. On a donc finalement à comparer les rapports qui existent, des deux côtés, entre le cube du rayon de l'orbite et le carré du temps périodique; les masses respectives du soleil et de la planète seront entre elles comme ces deux fractions, qui mesurent les pesanteurs résultées de ces masses. Toutefois, en instituant ainsi le rapprochement, on néglige la masse du satellite par rapport à celle de la planète, et celle-ci envers celle du soleil, puisque chaque pesanteur n'est pas strictement proportionnelle à la masse de l'astre principal qui la produit, mais à la somme des masses de celui-ci et de celui qui l'éprouve. Or, si l'on opérait une telle rectification, le calcul proposé deviendrait insuffisant comme contenant, outre le rapport cherché de la masse planétaire à la masse solaire, la masse relative du satellite envers la planète; en sorte qu'une telle comparaison ne pourrait déterminer à la fois ces deux inconnues. Néanmoins la constitution effective de notre monde permet toujours de procéder ainsi sans aucune erreur sensible, tous les satellites étant réellement très-petits relativement à leurs planètes. La masse de Jupiter, déterminée de cette manière par Newton, n'a subi qu'une rectification presque insignifiante, d'après l'ensemble des moyens qui y ont été ensuite appliqués pendant un siècle et demi.

Examinons enfin, au sujet des masses planétaires, le mode le plus facile et le plus précis, mais aussi le plus particulier de tous, puisqu'il se trouve naturellement limité à la planète qu'habite l'observateur. Il est au fond, très-analogue au précédent ; car il consiste à comparer aussi, en un temps donné, la chute de la planète vers le soleil, estimée comme ci-dessus, à celle, directement observée, des poids qui tombent sur la surface de la planète. La manière de procéder reste donc la même, et la réduction indispensable des deux forces à une commune distance s'accomplit pareillement : il n'y a de différence réelle qu'en ce que la pesanteur explorée, surtout par la mesure ordinaire de la longueur du pendule à secondes, remplace alors, avec beaucoup d'avantage, le satellite précédemment considéré : on ne peut plus éprouver ainsi aucun scrupule à négliger entièrement la masse auxiliaire. C'est par là que la masse relative de la terre envers le soleil est nécessairement devenue la mieux connue de toutes nos masses planétaires, comme comportant seule l'emploi simultané des trois moyens d'évaluation.

Par ces divers procédés, on a successivement déterminé, pendant le dernier siècle, les masses de tous les principaux astres de notre monde. On peut assurer aujourd'hui que celles qui nous sont encore inconnues ne nous offrent réellement presque aucun intérêt essentiel : car elles ne nous échappent qu'en vertu même de leur extrême petitesse, qui, d'une autre part, les prive de toute grave influence mécanique. Si jamais quelqu'une d'entre elles produisait des perturbations appréciables, leur mesure fournirait aussitôt, à son égard, une base d'évaluation. C'est ainsi que l'on ignore essentiellement jusqu'ici les masses des quatre planètes télescopiques, celles de tous les satellites autres que la lune, sauf une certaine approximation envers ceux de Jupiter, et enfin celles de toutes les comètes.

Voici maintenant le tableau numérique des résultats essentiels de ces études fondamentales, en prenant pour unité la masse terrestre. Ainsi se trouve graduellement complétée ici la statistique astronomique qui doit permettre à chaque lecteur de se rendre familière la vraie constitution géométrique et mécanique de notre monde.

Le Soleil.	355000
Mercure.	$\frac{1}{6}$
Vénus.	0,9
La Terre.	1
Mars.	$\frac{1}{8}$
Jupiter.	340
Saturne.	100
Uranus.	20
La Lune.	$\frac{1}{65}$

Sauf la prépondérance nécessaire de la masse centrale, dont l'énormité était annoncée par la petitesse effective des perturbations planétaires, ces nombres réels ne correspondent à aucune indication rationnelle. Leur ordre d'accroissement ne se lie d'ailleurs ni à l'ordre des distances, ni à celui des volumes. Kepler, qui éprouvait, à un degré si exorbitant, le besoin instinctif de trouver partout des analogies, avait cru, longtemps avant qu'aucune détermination de ces masses fût devenue possible, qu'elles devaient correspondre aux volumes de telle manière que la densité moyenne décrût toujours en s'éloignant du soleil : il osa même annoncer la loi mathématique de cette variation, en raison inverse de la racine carrée de la distance. Il serait superflu d'insister sur une conjecture aussi dépourvue de tout fondement, et qui ne mériterait aucune mention, si elle émanait d'une source moins éminente. Chacun peut d'ailleurs s'assurer aisément, en comparant ces masses aux volumes correspondants, qu'il n'existe pas même un décroissement continuel des densités.

Outre l'estimation des densités moyennes, les nombres précédents peuvent être reproduits, sous diverses formes équivalentes, par d'autres combinaisons avec quelqu'un de nos tableaux antérieurs. La plus intéressante de ces combinaisons consiste dans la mesure comparative de l'intensité de la pesanteur à la surface de chaque astre dont la masse et le rayon sont connus. Il suffit alors, suivant la loi fondamentale, de comparer entre elles les diverses fractions formées en divisant chaque masse par le carré du rayon correspondant. C'est ainsi, par exemple, que la gravité doit être environ 28 fois plus énergique sur le soleil et 6 fois plus faible sur la lune qu'elle ne l'est à la surface de la terre (1).

Pour compléter la détermination fondamentale de nos principales masses célestes, il reste à considérer la manière de les comparer à nos propres unités de poids, en expliquant comment la théorie de la gravitation a permis également d'estimer ainsi le poids total de la terre ou sa densité moyenne.

Cette hardie évaluation, presque inutile à l'astronomie, mais fort importante dans l'ensemble de la philosophie naturelle, résulte, comme les précédentes, d'une exacte comparaison entre la pesanteur principale due à la masse terrestre et quelque

---

(1) La lune étant le seul astre assez rapproché pour que des projectiles lancés par les volcans de sa surface puissent parvenir jusqu'à nous, on a été conduit à déterminer, d'après les masses respectives, la force d'impulsion verticale qui pourrait produire un tel effet. En ayant convenablement égard à la faible pesanteur lunaire et à sa notable diminution graduelle à mesure que le poids s'approche du point où la pesanteur terrestre commence à prévaloir, Lagrange a calculé que, pour dépasser un peu ce point, de manière à retomber ensuite spontanément sur la terre et non sur la lune, il suffirait que la vitesse initiale du projectile fût égale à celle qui résulte de nos plus puissantes bouches à feu. Une impulsion aussi médiocre, d'ailleurs notablement secondée par l'absence de résistance atmosphérique, a permis de conjecturer que quelques-uns de nos aérolithes ont peut-être une telle origine, quoique rien ne soit d'ailleurs démontré jusqu'ici sur un phénomène aussi imparfaitement apprécié.

pesanteur secondaire vers quelque masse spontanément appréciable à nos pesées directes ou indirectes. La difficulté consiste à
obtenir ainsi des gravitations qui ne deviennent pas imperceptibles sous l'énévitable prépondérance de l'action totale du
globe.

On a d'abord introduit, à cet égard, il y a un siècle, un premier moyen d'appréciation, fondé sur la minime altération que
le voisinage des grosses montagnes apporte quelquefois à la
direction normale de la pesanteur. Dans le célèbre voyage relatif à la figure de la terre, Bouguer crut reconnaître quelque
dérangement occasionné à ce sujet, près de Quito, par une
roche considérable, dont l'extrême proximité compensait assez
la faible masse relative pour modifier un peu la situation d'équilibre du fil-à-plomb. Cette situation, toujours perpendiculaire
à la surface générale de la terre, peut-être exactement prévue
d'avance, envers chaque lieu, d'après ses coordonnées géographiques, en ayant même égard, s'il le fallait, au léger défaut
de sphéricité. Pouvant ainsi connaître le zénith vrai de la station
proposée, indépendamment de toute observation directe du fil-
à-plomb, si celle-ci ne fournit pas exactement le même résultat, la différence mesurera la petite déviation résultée de la roche
voisine, quand on aura d'ailleurs pris convenablement toutes
les précautions propres à garantir qu'elle n'a pas d'autre source.
Il devient dès lors possible de déterminer le rapport de la masse
de ce corps à celle de la terre, puisque cette déviation permet
d'estimer immédiatement le rapport de la force perturbatrice à la pesanteur ordinaire ; car, cette comparaison, où les
centres d'action respectifs sont placés à des distances déjà connues, ne contient d'ailleurs d'autre élément inconnu que cette
proportion des masses. C'est ainsi que des altérations de 4 à 5
secondes observées par Maskelyne dans la direction du fil-à-
plomb auprès de certaines montagnes d'Écosse, avaient autorisé

à conclure, de l'ensemble d'un tel calcul, que la moyenne densité de la terre est environ 4 ½ fois plus grande que celle de l'eau. Mais, outre l'incertitude inhérente à la mesure très-délicate d'une aussi minime perturbation, cette première méthode ne comporte point assez de précision, parce que la masse comparative y est nécessairement mal estimée, le poids de la roche ne pouvant être que conclu grossièrement de son volume et de la pesanteur spécifique de ses couches superficielles.

Un second moyen très-préférable résulte de la comparaison de la masse terrestre à une masse purement artificielle, dès lors susceptible d'une scrupuleuse mesure. Toute la difficulté consiste, en principe, à instituer l'expérimentation de façon à rendre sensible la minime gravitation qu'un tel corps peut exercer sur un petit poids suspendu de manière à neutraliser l'action prépondérante de la pesanteur proprement dite, par exemple, sur deux balles de plomb placées aux extrémités d'un long levier horizontal, exactement soutenu en son milieu par un fil métallique vertical. Or, cette manifestation est devenue possible en y employant le précieux instrument que l'illustre physicien Coulomb imagina d'abord, sous le nom caractéristique de *balance de torsion*, pour la mesure des actions électriques, et qui convient, en général, à l'exacte appréciation de toutes les petites forces quelconques, qui s'y trouvent en équilibre avec la torsion croissante du fil qui supporte le levier qu'elles affectent. Convenablement placées dans cet appareil, deux grosses sphères de plomb, agissant en sens contraire afin de doubler l'effet, exercent envers les balles qui terminent ce levier une gravitation assez prononcée pour les écarter sensiblement de leur situation primitive, de manière à déterminer une nouvelle position d'équilibre, autour de laquelle le levier exécute des oscillations horizontales, dont le nombre, en un temps donné, comparé à sa longueur, permet d'évaluer, comme envers le pendule

vertical ordinaire, la force qui les produit. Tel est le principe
général de l'immortelle expérience imaginée par Cavendish
pour déterminer le poids de la terre, et qu'il accomplit heureusement avec toutes les précautions inouïes qu'exigeait l'extrême
délicatesse d'une telle opération, et que pouvait seul lui permettre le noble emploi d'une grande fortune. Il en est finalement résulté que notre globe pèse 5 $\frac{1}{7}$ fois autant qu'un pareil
globe d'eau; ou, en d'autres termes, que sa densité moyenne
est 5 $\frac{1}{7}$, sensiblement supérieure à celle plus grossièrement déduite du procédé précédent.

Cette grande application spéciale de la théorie de la gravitation est d'une importance vraiment fondamentale pour l'ensemble des spéculations si restreintes que nous pouvons tenter avec
une vraie rationalité sur la constitution générale du globe terrestre. Un tel renseignement étant le seul positif que nous ayons
pu jusqu'ici obtenir à ce sujet, toutes les conjectures correspondantes doivent y être soigneusement subordonnées. Le contrôle
général qu'il fournit peut surtout suffire à écarter radicalement
des hypothèses inconciliables avec la notable supériorité ainsi
constatée de la densité moyenne du globe sur celle des couches
qui composent sa surface, formée d'eau en majeure partie.
C'est ainsi, par exemple, qu'on renverse aussitôt les suppositions d'après lesquelles l'intérieur de la terre serait essentiellement vide et entouré seulement d'une mince croûte solide : car,
il faut évidemment, d'après la grande expérience de Cavendish,
que la densité des couches terrestres croisse toujours de la surface au centre, au moins dans l'ensemble des cas. Toutefois,
pour ne pas dépasser, à cet égard, les étroites limites d'une logique vraiment positive, que notre puérile curiosité est si souvent tentée de franchir, il importe de noter ici que cette condition nécessaire, quoique excluant beaucoup d'hypothèses, est
naturellement compatible avec une infinité d'autres : elle ne tend

pas même à déterminer réellement l'état physique des couches intérieures, qui pourraient ainsi être indifféremment solides, liquides, ou même gazeuses. A la vérité, tandis que nous connaissons des liquides plus denses que divers solides, notre expérience ne nous offre jamais de gaz plus denses que des liquides ; et notre imagination, toujours réglée involontairement sur nos impressions ordinaires, se refuse presque à le supposer. Mais cette difficulté ne tient, sans doute, qu'au peu de variété de nos circonstances habituelles, d'après lesquelles nous ne pouvons comprimer assez un gaz pour le rendre plus dense que l'eau, sans l'avoir auparavant liquéfié ou même solidifié, parce que nous n'opérons pas à une assez haute température. Si, au contraire, suivant une conjecture très-plausible, les couches centrales du globe sont soumises à une intense chaleur, l'énorme pression qu'elles supportent permet évidemment d'y concilier la supposition de l'état gazeux avec celle d'une forte densité, analogue ou supérieure à celle de beaucoup de solides.

Afin de mieux caractériser l'efficacité rationnelle, surtout critique, que comporte la grande notion expérimentale obtenue par Cavendish, quand les conséquences lointaines en sont poursuivies d'après une logique toujours positive, je crois devoir ici l'appliquer spécialement à la discussion sommaire d'une conjecture scientifique, ingénieuse mais superficielle, hasardée par le célèbre Cuvier, sur le véritable état chimique de plusieurs substances regardées aujourd'hui comme simples.

Cet illustre naturaliste, considérant que, parmi ces éléments, quelques-uns étaient extrêmement rares et d'autres fort abondants, a présumé que les premiers, quoique actuellement indécomposés, ne devaient constituer que des combinaisons exceptionnelles de certaines substances vraiment élémentaires, attendu que tous les divers éléments réels doivent se trouver à peu près également disséminés. Or, il est certain que cette conjecture, quelque plausible qu'elle paraisse d'abord, est, au fond, irrationnelle, comme contraire à la grande expérience de Cavendish, que l'auteur n'ignorait pas, puisqu'il la rapporte et l'apprécie dans le même écrit où il a consigné incidemment cet aperçu. En effet, même en accordant le principe, d'ailleurs très-précaire, de l'égale dissémination des vrais éléments terrestres, on doit reconnaître que Cuvier en a fait ainsi une application radicalement vicieuse, en le restreignant aux couches superficielles qui seules nous sont appréciables, au lieu de l'étendre à l'ensemble du globe, envers lequel seulement il peut devenir plausible. Loin que nous puissions regarder les divers éléments comme devant être également répandus à la surface de la terre, nous sommes, au contraire, pleinement autorisés, d'après l'expérience de Cavendish, à penser que les substances les plus légères doivent y abonder davantage, tandis que les plus lourdes doivent prévaloir de plus en plus vers le centre : or on peut remarquer que ces matières, signalées comme spécialement rares, sont pour la plupart fort denses. D'un autre côté, la vie n'étant possible qu'à la surface du globe, les éléments qui concourent surtout à la composition chimique des corps vivants, c'est-à-dire finalement ceux de l'air et de l'eau, principales bases premières de la nutrition, d'abord végétale et puis animale, doivent naturellement se trouver plus répandus à la surface qu'à l'intérieur : or ce sont aussi, en général, les plus légers. Tous les motifs essentiels que peut aujourd'hui fournir l'ensemble des connaissances naturelles concourent donc à représenter comme pleinement normale la disproportion d'abondance où Cuvier a puisé trop légèrement une induction irrationnelle contre l'état vraiment élémentaire de certaines substances. Cet exemple est très-propre à montrer comment le judicieux emploi du document fondamental obtenu par Cavendish sur le poids réel de notre planète peut fournir des indications certaines envers des spéculations scientifiques qui semblent d'abord n'en dépendre aucunement.

CHAPITRE IV.

Appréciation générale de la statique céleste : 1º théorie de la figure des planètes ; 2º théorie des marées.

Après avoir considéré la détermination fondamentale des masses planétaires, qui convient également à toutes les parties de la mécanique céleste, il nous reste maintenant à apprécier séparément, dans les deux derniers chapitres de ce traité, les deux ordres essentiels de spéculations positives dont se compose naturellement l'étude mécanique des astres comme leur étude géométrique, suivant qu'elles se rapportent à l'état d'immobilité ou à l'état de mouvement.

Sous l'aspect statique, la géométrie céleste nous a offert trois sortes de recherches, en étudiant successivement les distances des astres, leurs figures, et leurs dimensions. Or la mécanique céleste n'ajoute réellement rien au premier ni au dernier ordre de ces déterminations géométriques, dont les résultats effectifs ne se rattachent jusqu'ici à aucune indication théorique. C'est seulement envers la figure des astres que la théorie de la gravitation a introduit des conceptions rationnelles, propres à perfectionner, à cet égard, l'ensemble de l'appréciation purement géométrique, en tendant à fixer à priori, indépendamment de toute mesure directe, la forme nécessaire qui convient à l'équilibre général de chaque masse céleste.

L'équilibre d'un corps solide étant compatible avec une forme quelconque, les conceptions mécaniques ne trouveraient à ce sujet, aucune base si les planètes avaient toujours été dans

28

l'état de solidité que nous offrent maintenant les couches superficielles de la terre. Aussi les géomètres, d'abord guidés par la
régularité effective des figures observées, ont-ils été conduits à
concevoir, pour tous les corps célestes, une fluidité primitive,
probablement relative à une très-haute température, d'où
serait résultée la nécessité mécanique d'une forme déterminée,
qui aurait subsisté ensuite quand le progrès continu du refroi-
dissement aurait solidifié la surface extérieure. Telle est l'hypothèse générale qui a servi de base indispensable à toutes les
spéculations mathématiques sur la figure des astres. Quoique
sa conformité essentielle avec la plupart des mesures géométriques, surtout terrestres, ait dû finalement la rendre très-
plausible, et quoique beaucoup d'autres phénomènes semblent
converger, pour la terre en particulier, vers un tel-principe,
nous n'avons point à discuter ici la validité logique de l'ensemble des preuves relatives à cette grande conclusion, premier
fondement des conjectures hardies, et peut être à jamais témé-
raires, que comporte l'étude peu accessible des états antérieurs
de notre monde, dont l'état présent est encore, à tant d'égards,
si mal connu. Une telle appréciation conduirait, sans doute, à
reconnaître finalement qu'aucune doctrine ne mérite jusqu'ici
d'être regardée comme vraiment démontrée envers un sujet
prématuré, qui a été abordé en un temps où l'on ne pouvait
guère circonscrire convenablement la portée réelle de l'esprit
humain. Mais il ne s'agit maintenant que de caractériser l'é-
laboration mathématique résultée de cette hypothèse, et les
nouvelles indications qu'elle fournit sur la figure de nos planètes, en partant des notions incontestablement établies par la
théorie générale de l'équilibre des fluides.

Chaque molécule d'une planète fluide est constamment soumise à deux sortes de forces, l'une, principale, provenue de
l'ensemble de ses gravitations vers toutes les parties de cette

masse, l'autre, secondaire, due au mouvement de rotation. Or,
en ayant égard à la première, on explique aussitôt la figure
essentiellement sphérique de tels corps; puisque, en supposant
cette sphère composée de couches concentriques homogènes,
la pesanteur totale, toujours dirigée vers le centre, suivant le
théorème cité au début du chapitre précédent, se trouvera
constamment normale à la surface de chacune d'elles, ce qui
constitue la condition générale de l'équilibre des fluides, sous
la forme propre à Huyghens. Si l'on adopte, à ce sujet, le mode
préféré par Newton, on pourra dire aussi que les diverses
colonnes fluides menées du centre à la surface offriront partout
le même poids. En introduisant maintenant la force centrifuge
résultée de la rotation, on reconnaît aisément, par l'une et
l'autre voie, l'altération nécessaire de la sphéricité, dégénérant
dès lors en une figure aplatie aux pôles et renflée à l'équateur.
Car, d'après le principe d'Huyghens, si la surface restait encore
sphérique, la direction effective de la chute des corps, sensiblement altérée par la force centrifuge, ne pourrait plus lui
être alors, conformément à l'observation, exactement perpendiculaire. La déviation, naturellement nulle aux pôles et à l'é-
quateur, atteindrait son maximum vers la latitude de 45°, où
elle se trouverait d'environ 6 minutes, par conséquent très-
appréciable; tandis que la diminution continue de la courbure
depuis l'équateur jusqu'au pôle pourra permettre de remplir
partout cette condition de perpendicularité. De même, suivant
le principe de Newton, les colonnes fluides menées du centre,
d'une part au pôle, de l'autre à l'équateur, ne sauraient avoir le
même poids, si la surface demeurait sphérique, puisque la
force centrifuge diminue, pour la seconde, l'intensité effective
de la pesanteur, qui subsiste intégralement pour la première :
il faut donc, par compensation, que le rayon équatorial surpasse
le rayon polaire; et, en général, que les rayons croissent toujours

depuis le pôle jusqu'à l'équateur. Ainsi réduite à son aperçu
fondamental, la théorie mécanique de la figure des planètes
explique donc, d'une manière très-satisfaisante, et la forme
essentiellement sphérique de nos astres, et leur léger aplatissement suivant leur axe de rotation. Mais quand on veut aller
plus loin, afin de déterminer la figure précise et le degré effectif
d'aplatissement, les difficultés deviennent aussitôt transcén-
dantes, et même directement insurmontables. Quoique Newton
ait réellement ébauché cette théorie, on peut dire qu'il n'a pu
poser convenablement cette question principale alors prématurée, qui n'est devenue suffisamment accessible que lorsque
Maclaurin, et surtout Clairaut, ont constitué, dans son véritable
ensemble, l'hydrostatique générale. Le fondateur de la mécanique céleste se borna, en effet, à supposer, sans aucune démonstration, que la surface d'équilibre doit être un ellipsoïde
régulier ; cequi réduisait la difficulté à déterminer le rapport
des axes : or, en regardant la planète comme homogène, le
calcul devenait facile et fournit aussitôt, pour la terre, un aplatissement de $\frac{1}{230}$.

Envisagée sous son véritable aspect, une telle question mathématique ne saurait comporter aucune issue pleinement rationnelle, qui permette une réponse nettement décisive, parce que,
de sa nature, elle constitue logiquement une sorte de grand cercle
vicieux, où les données indispensables se trouvent nécessairement
dépendre des résultats cherchés. Car, pour y appliquer convenablement la théorie abstraite de l'équilibre des fluides, il faudrait
d'abord connaître la force totale qui agit sur chaque molécule
de la surface : mais, cette force résultant surtout de la gravitation
de cette molécule vers l'ensemble du corps, il serait préalablement nécessaire d'effectuer cette composition, suivant l'esprit
des études préliminaires signalées au début du chapitre précédent ; or une telle composition, outre sa difficulté propre,

exige avant tout une exacte connaissance de la forme générale du corps, et même de sa constitution mécanique. On conçoit ainsi l'extrême difficulté et l'imperfection inévitable d'une telle recherche mathématique, qui ne peut aboutir à aucune doctrine strictement déterminée. Il n'y reste d'autre ressource aux géomètres que de procéder en sens inverse, c'est-à-dire de supposer une figure quelconque, qui permet alors d'aborder la question, sauf d'immenses difficultés d'exécution, de manière à constater si l'hypothèse proposée convient ou non à l'équilibre. Cette série de travaux a commencé par le grand théorème de Maclaurin, étendu ensuite par Clairaut, sur l'ellipsoïde régulier, qui fut ainsi reconnu pleinement compatible avec l'équilibre de la planète fluide, d'abord en la supposant homogène, et puis quelle que soit sa constitution. La plupart des recherches ultérieures se sont rapportées à cette notion primordiale. Néanmoins, la nature d'une telle étude n'indique nullement que cette figure convienne seule à l'équilibre. Aussi Laplace, guidé par la forme anomale de l'anneau de Saturne, a-t-il reconnu que l'équilibre est encore possible si la surface résulte de la révolution d'une ellipse autour d'une parallèle extérieure à son petit axe. De nos jours, l'illustre géomètre de Berlin (M. Jacobi) a même démontré que l'ellipsoïde irrégulier satisfait aussi aux conditions fondamentales. Il est très-probable, suivant l'esprit d'une telle théorie, que de nouvelles recherches établiront également la conciliation de l'équilibre avec beaucoup d'autres figures, et peut-être avec une infinité, bien que les cas d'exclusion doivent rester plus abondants que les cas d'admission. La question proposée a maintenant perdu irrévocablement le caractère nettement circonscrit que lui avait attribué Newton, et qui peut-être était indispensable à sa pleine positivité : en sorte que nul motif rationnel n'autorise à penser que, si l'exploration astronomique devenait un jour assez parfaite

pour nous permettre d'observer la vraie figure des astres intérieurs qui n'ont pu encore être convenablement vus, ces nouveaux cas ne nous offriraient que la reproduction des formes
déjà connues ; les géomètres sont déjà prêts à reconnaître, sous
ce rapport, une variété d'abord repoussée. Si donc la géométrie
céleste ne fournissait, à cet égard, des notions directes et irrécusables, on voit que la mécanique céleste, largement envisagée, y laisserait une grande incertitude, malgré l'exorbitante
ambition spéculative que ses théories pourraient inspirer à ceux
qui croiraient pouvoir se passer, en un tel sujet, de toute observation directe.

Pour achever de comprendre la difficulté de cette étude, et
l'indécision nécessaire de ses résultats définitifs, il importe d'a-
jouter que, même en supposant fixée la véritable figure, de
manière à n'avoir plus qu'à déterminer le degré d'aplatissement,
ce complément indispensable, sans lequel la confrontation de
la théorie avec les phénomènes deviendrait presque illusoire,
contient un nouvel élément essentiel, soustrait à toute appréciation positive, et qui interdit toute réponse précise. En se
bornant même à la plus simple spéculation, d'après l'ellipsoïde
de Maclaurin, il est clair que le rapport des axes n'y saurait
être convenablement estimé dans l'hypothèse d'homogénéité que
Newton avait adoptée. Car, la grande expérience de Cavendish
a formellement démontré qu'elle ne convient nullement à la
terre, envers laquelle d'ailleurs toutes les autres inductions
fournies par divers ordres de phénomènes concourent à indiquer une condensation croissante à mesure qu'on s'approche
davantage du centre : les conditions même de la stabilité de
l'équilibre l'annoncent aussi, outre cette analogie, envers toutes
les planètes, comme on le verra ci-dessous. Or, en renonçant à
cette commode homogénéité, le calcul de l'aplatissement ne
saurait s'achever sans connaître la véritable loi suivant laquelle

croît la densité depuis la surface jusqu'au centre ; ce qui, même pour la terre, est essentiellement inaccessible à toute science humaine. Ainsi, la question secondaire du degré d'aplatissement ne comporte pas plus de réponse précise que la question principale de la vraie figure générale ; ce qui montre combien la portée effective d'une telle théorie mathématique est, à tous égards, au-dessous des espérances exagérées qu'on en avait d'abord conçues. Néanmoins, ces spéculations difficiles sont loin d'être dépourvues de toute réalité, et même de toute utilité. Car, sans pouvoir prévoir ainsi le véritable aplatissement, on peut former, sur la loi inconnue de la condensation, des hypothèses extrêmes, dont les résultats définitifs constitueront des limites nécessaires entre lesquelles devront tomber les mesures effectives, qu'un tel contrôle rationnel a pu quelquefois diriger avantageusement. Laplace a surtout découvert que l'aplatissement doit se trouver toujours compris entre les $\frac{5}{4}$ et la moitié du rapport de la force centrifuge à la gravité à l'équateur de l'astre : la première évaluation conviendrait au cas de l'homogénéité, et la seconde à celui où la densité serait inversement proportionnelle à la distance au centre, de manière à devenir infinie au centre même ; or il est évident que les cas réels restent nécessairement entre ces deux limites. Pour la terre en particulier, où la force centrifuge est, à l'équateur, $\frac{1}{289}$ de la pesanteur, cette règle indique que l'aplatissement est inférieur à $\frac{1}{300}$ et supérieur à $\frac{1}{578}$, conformément aux meilleures mesures géodésiques. On explique aussi par là une certaine correspondance, que nous avons déjà signalée géométriquement, entre le degré d'aplatissement des diverses planètes et la rapidité de leur rotation. Toutefois, il ne faut pas dissimuler, à ce sujet, que les observations précises de W. Herschell sur la figure de Mars sont spécialement contraires à cette indication générale de la mécanique céleste : car, cette planète tournant aussi lentement que la terre, avec un diamètre moitié moindre, devait, à ce titre, être encore moins aplatie, tandis que, suivant ce grand observateur, elle le serait presque autant que Jupiter. Cette anomalie est trop isolée jusqu'ici pour qu'on ne doive pas l'attribuer provisoirement à l'imperfection naturelle de mesures aussi délicates : mais si de tels cas devenaient jamais fréquents et d'ailleurs incontestables, il faudrait bien y voir de nouvelles confirmations de l'incertitude radicale qui doit affecter les diverses conclusions d'une théorie mathématique aussi peu déterminée.

Quand on ne s'obstine point, par une puérile ambition spéculative, à l'isoler vainement de l'exploration directe, elle peut réellement en perfectionner beaucoup les détails importants, surtout envers la terre, qui constitue, au fond, le sujet essentiel d'une telle élaboration, et où l'observation a suffisamment démontré la figure ellipsoïdique. La plus heureuse amélioration résultée de cette judicieuse connexité consiste à multiplier aisément nos documents partiels sur la figure du globe sans exiger aucune nouvelle mesure de degré. Cette opération géodésique, toujours lente et dispendieuse, impossible même en beaucoup de lieux, peut ainsi être commodément remplacée par la simple évaluation de la longueur précise du pendule à secondes, que les voyageurs peuvent aisément répéter presque partout. En effet, cette détermination directe de l'intensité effective de la pesanteur, permet alors, d'après la théorie précédente, de calculer la distance correspondante à l'axe et au centre du globe, et, si l'on veut même, la longueur du degré considéré. La diminution totale de la longueur du pendule à secondes depuis le pôle jusqu'à l'équateur est d'environ 3 millimètres : la force centrifuge produirait seulement 2 millimètres; en sorte qu'il reste 1 millimètre pour le décroissement effectif de la pesanteur, sur lequel peut reposer une certaine estimation du défaut de sphéricité. Toutefois, il ne faut jamais oublier que ces mesures indirectes des degrés terrestres contiennent nécessairement le même élément d'incertitude que la prévision hydrostatique de l'aplatissement, quant à la loi inconnue de la condensation intérieure : en sorte qu'un tel procédé ne saurait être judicieusement opposé à des opérations géodésiques convenablement exécutées. Mais ces discordances toujours minimes ne détruisent nullement l'utilité secondaire de cette relation générale.

Au sujet de la théorie mathématique de la figure des planètes, il convient enfin de signaler ici l'intéressant appendice naturel que Laplace y a joint, sur les conditions nécessaires à la stabilité d'un tel équilibre, que nous avons ci-dessus considéré en lui-même, abstraction faite de sa persistance spontanée. Ce grand géomètre a découvert que la stabilité exige seulement la prépondérance de la moyenne densité de la planète sur celle de sa surface liquide. L'expérience de Cavendish vérifie clairement, pour la terre, l'accomplissement de cette condition : mais, réciproquement, on peut dire aussi que l'observation journalière de la stabilité de l'équilibre de notre océan aurait pu ainsi indiquer suffisamment la tendance générale à l'accroissement de la densité depuis la surface jusqu'au centre.

Nous devons maintenant procéder à l'appréciation fondamentale d'une autre théorie essentielle de statique céleste, dont le caractère mathématique est fort analogue à celui de la théorie précédente, mais en général plus satisfaisant. Il s'agit de la grande théorie des marées, qui constitue certainement l'une des plus heureuses applications du principe de la gravitation. Malgré l'usage universel des géomètres, je n'hésite point à la placer à la suite de la théorie de la figure des planètes, comme étant, sous tous les rapports, de la même nature essentielle. Scientifiquement, elle est encore éminemment statique, puisqu'elle se rapporte à l'astre immobile, ou du moins animé de la seule rotation, ainsi que ci-dessus. Logiquement, l'affinité est encore plus complète; car, il ne s'agit alors que de déterminer la modification périodique qu'éprouve la figure générale du globe par suite d'une petite force perturbatrice, sans avoir d'ailleurs à s'occuper nullement des mouvements que suscite cette tendance dans la masse océanique. Comme la surface fondamentale est ici connue immédiatement par une irrécusable observation, il importe de noter, dès le début, que cette seconde théorie statique se trouve spontanément préservée des principales sources d'indécision qui sont propres à la première.

En voyant le grand Kepler attribuer sérieusement les marées aux efforts respiratoires de la terre, érigée en un immense animal, on juge combien ce sujet est resté longtemps plongé dans l'enfance théologico-métaphysique propre à toutes nos spéculations primitives. Descartes est réellement le premier qui, à cet égard, comme à tant d'autres, ait tenté, quoique prématurément, d'en sortir enfin irrévocablement, par la construction directe d'une théorie mécanique. C'est à lui qu'on doit essentiellement la lumineuse observation fondamentale, qui domine toute cette étude, sur l'exacte correspondance permanente de la période des marées au jour lunaire. Ainsi averti qu'il fallait attribuer à ce phénomène terrestre une source céleste, et la chercher surtout dans la lune, il le rapporta vaguement à une chimérique compression de cet astre sur notre atmosphère, qui, suivant la juste remarque d'Euler, eût plutôt produit un effet opposé. Mais cet échec inévitable, en un temps où la question ne pouvait encore être mûre, invitait néanmoins avec énergie à chercher au ciel une meilleure explication. Or on peut assurer qu'une telle indication logique constituait, à cet égard, la principale difficulté. Car, aussitôt que la théorie de la gravitation a fondé enfin la vraie mécanique céleste, il est devenu très-facile d'y rattacher le principe de cette étude scientifique, tant il en découle spontanément. Newton a donné, en effet, pour base nécessaire à l'ensemble de cette doctrine, l'inégale gravitation des diverses parties de notre océan vers un astre intérieur quelconque, surtout vers la lune et le soleil.

Faisons d'abord abstraction de la rotation terrestre, et considérons les deux points opposés du globe qui se trouvent sur la droite menée de son centre à l'astre proposé, en supposant, pour plus de simplicité, que la surface soit entièrement fluide. A l'un de ces points, le liquide gravitant davantage que le centre, tendra à s'en éloigner pour se rapprocher un peu de l'astre : à l'autre extrémité, l'exhaussement du liquide, c'est-à-dire son écartement du centre, résultera d'une tendance inverse, puisque cette gravitation y sera moindre qu'au centre. C'est ainsi que la gravitation générale de tous les points de l'Océan vers un astre quelconque, qui, en ce qu'elle offre de strictement commun aux diverses parties, ne peut nullement, quelque énergie qu'on lui suppose, altérer la figure totale, la trouble nécessairement en vertu de la petite inégalité résultée, à cet égard, de celle des distances. Tel est, dans sa simplicité initiale, le premier principe de la théorie des marées. On conçoit d'ailleurs que cette inégalité fondamentale ne peut produire aucune altération sensible quand la surface liquide n'est pas très-étendue ; ce qui explique déjà le peu d'élévation des marées, sauf en quelques localités exceptionnelles, pour toutes les mers intérieures. Mais, envers l'ensemble de l'Océan, il doit survenir ainsi une certaine déformation de sa surface propre, tendant à exhausser de plus en plus le niveau à mesure qu'on s'approche des points ci-dessus définis comme ayant l'astre à leur zénith ou à leur nadir ; ce qui doit indirectement faire baisser les eaux, là où il paraît à l'horizon. L'étude mathématique d'une telle déformation est donc tout à fait semblable à celle de la figure normale, sauf qu'il n'existe ici aucune grave indécision quant à la forme ellipsoïdique : la petite force perturbatrice que nous venons de caractériser remplace alors la force centrifuge du cas précédent. Comme cette force est aisément mesurable, le calcul de l'allongement s'opère de la même manière que celui de l'aplatissement, mais avec une valeur beaucoup moindre, toujours affectée d'ailleurs de l'incertitude relative à la loi de la condensation intérieure. Newton avait procédé, dans les deux cas, en supposant l'homogénéité.

Jusqu'ici néanmoins la conception précédente ne semble nullement correspondre au principal attribut du phénomène des marées, que nous caractérisons surtout par sa périodicité : car il ne s'agit encore là que d'une déformation permanente d'une figure primitive qui, d'après notre hypothèse abstraite, n'eût jamais été observable. Mais il suffit de rétablir la rotation d'abord écartée, pour voir résulter d'une telle source l'alternative journalière d'exhaussement et de dépression en chaque point de la surface océanique. Cette alternative n'existerait pas si l'axe de cette rotation convergeait toujours vers l'astre considéré ; puisque, malgré ce mouvement, les mêmes parties de l'Océan conserveraient envers lui les mêmes distances, et par suite les mêmes gravitations. Mais cette convergence ne saurait être que passagère de la part d'un axe qui, pendant la révolution annuelle, se déplace parallèlement : elle ne pourrait d'ailleurs avoir lieu à la fois envers tous les astres intérieurs ; en fait elle n'a jamais lieu pour aucun. Dès lors, il est évident que chaque particule liquide se trouvera par cette rotation journalière, à diverses distances de l'astre proposé, de manière à être alternativement transportée dans les régions où il élève le niveau et dans celles où il l'abaisse. Il y aura donc en chaque lieu, un maximum d'élévation à l'instant où l'astre se trouve le plus près du zénith, c'est-à-dire lors de son passage au méridien supérieur ou inférieur, et un maximum d'abaissement, au moment où il s'approche le plus de l'horizon, c'est-à-dire, s'il y a lieu, lorsqu'il se lève ou se couche. La période naturelle de ces intermittences ne sera pas le jour sidéral proprement dit, mais le jour relatif à l'astre proposé, ou le temps écoulé éntre ses deux retours consécutifs au méridien ou à l'horizon du lieu, ce qui doit, en chaque cas, dépendre de son mouvement propre. Tel est le second élément fondamental de la théorie des marées : la déformation fixe considérée d'abord devient ainsi une succession alternative de diverses figures, suivant une période exactement définie.

Nous n'avons plus maintenant, pour recomposer rationnellement le phénomène, qu'à y introduire un troisième élément indispensable, l'appréciation comparative de la puissance perturbatrice propre, à cet égard, aux différents astres intérieurs, afin de savoir sur lequel d'entre eux doit habituellement se régler la marche effective de ces oscillations. Or l'idée mère de cette théorie fournit aisément cette mesure générale, puisqu'il suffit d'estimer, d'après la loi fondamentale de la gravitation, l'inégalité de tendance dés points opposés de l'Océan vers l'astre considéré. Cette soustraction montre aussitôt que le pouvoir de chaque astre pour produire une marée est, comme la force principale, proportionnel à sa masse, mais en raison inverse du cube de sa distance et non du carré. En appliquant cette règle aux différents cas, d'après les données que nous avons établies, le lecteur reconnaîtra aisément que l'astre prépondérant est ici la lune, dont l'extrême proximité fait plus que compenser alors la faible masse. Ainsi se trouve enfin expliquée, d'une manière pleinement satisfaisante, l'observation initiale de Descartes sur l'identité de la principale période des marées avec le jour lunaire : car, en vertu de cette prépon-

dérance de la lune, c'est sur son retour au méridien ou à
l'horizon que doit se régler le renouvellement du flux ou du
reflux, l'opposition ou le concours des autres influences quelconques ne pouvant dès lors affecter que la quantité et non
l'époque du phénomène. La même règle indique ensuite l'action
du soleil comme étant la plus prononcée après celle de la lune.
Tous les autres astres intérieurs sont, à cet égard, dépourvus
de toute influence sensible. Quant à l'énergie comparative des
deux forces qui seules participent au phénomène, on trouve
ainsi que l'action lunaire équivaut environ à $2\frac{1}{2}$ fois l'action
solaire : en sorte que leur disproportion n'est pas assez considérable pour que le moindre agent doive être jamais négligé
dans l'appréciation des effets produits.

En vertu de ce concours permanent, la théorie des marées
présenterait d'inextricables difficultés mathématiques, si Daniel
Bernouilli, qui l'a surtout constituée, n'y avait très-heureusement appliqué son lumineux principe sur la coexistence des
petites oscillations résultées de diverses sources dans tout système infiniment peu dérangé d'une situation d'équilibre stable.
D'après cet important théorème, qui mérite bien de figurer ici
à titre de complément essentiel des notions fondamentales relatives à l'étude rationnelle des marées, on peut continuer à
spéculer séparément sur les marées simples, soit lunaires, soit
solaires, dont la composition finale s'opérera ensuite par une
pure superposition. Après avoir conçu le niveau de l'Océan
amené au point où l'aurait élevé la seule action de la lune, il
suffira de l'exhausser ou de l'abaisser de la hauteur correspondante à la seule action du soleil, selon que celle-ci devra concourir avec la précédente ou s'y opposer, suivant la marche
nécessaire que nous allons expliquer.

Telles sont les quatre notions fondamentales dont la combinaison normale représente, d'une manière très-satisfaisante, les

diverses variations régulières du grand phénomène des marées. Considérons-en maintenant la marche générale, en y distinguant les trois ordres essentiels de modifications, suivant leur énergie décroissante.

Les plus prononcées sont celles que présente le cours de chaque mois lunaire synodique. On conçoit, en effet, d'après le principe de Daniel Bernouilli, que les marées doivent y décroître graduellement de chaque syzygie à la quadrature suivante, et augmenter ensuite à peu près également de chaque quadrature à l'autre syzygie. Car, lors de la pleine ou de la nouvelle lune, où les deux astres passent ensemble au méridien supérieur ou inférieur, l'instant de la haute mer lunaire coïncide avec celui de la haute mer solaire; en sorte que la marée effective y doit être la somme des deux marées partielles : tandis que, au contraire, lors du quartier, l'un des astres atteint l'horizon quand l'autre arrive au méridien, et par conséquent le moment de la haute mer lunaire coïncide avec celui de la basse mer solaire; ce qui doit produire une marée effective égale à la différence des deux marées élémentaires. En comparant avec soin la moindre et la plus grande marée propres à chaque mois, on pourrait donc obtenir une relation entre les masses du soleil et de la lune, puisque les distances correspondantes seraient d'ailleurs exactement appréciables. Newton a eu assez de confiance dans une telle comparaison pour en tirer sa première détermination de la masse lunaire : mais on a bientôt senti que ce moyen ne comportait pas assez de précision, surtout eu égard aux irrégularités naturelles qu'offre l'observation d'un semblable phénomène.

Si nous comparons maintenant, dans leur ensemble, les différents mois lunaires dont se compose chaque année solaire, il devient facile d'apprécier un second ordre de variations normales, moins prononcées que les précédentes, par suite des diverses déclinaisons du soleil. Nous avons d'abord reconnu que l'action d'un astre quelconque pour produire une marée proprement dite, se trouverait nulle s'il était placé sur la direction de l'axe terrestre. Il agit au contraire avec le plus d'efficacité possible quand il est situé dans le plan de l'équateur. En toute autre direction, sa force perturbatrice doit donc être décomposée en deux : l'une, seule efficace, selon ce plan ; et l'autre, entièrement stérile, suivant cet axe. On reconnaît ainsi que l'action de chaque astre doit diminuer, tout restant d'ailleurs égal, à mesure que sa déclinaison augmente. Appliquée au soleil, cette nouvelle règle explique très-bien la prépondérance, depuis longtemps observée, des marées équinoxiales sur les marées solsticiales. Toutefois cette inégalité annuelle, comme celle relative aux diverses phases mensuelles, peut être plus ou moins prononcée, selon qu'elle est secondée ou contrariée par les variations de distance à la terre, que nous avons jusqu'ici négligées envers les deux astres. Ces changements, qui s'élèvent pour le soleil jusqu'à $\frac{2}{30}$, et pour la lune même jusqu'à $\frac{1}{30}$, en comparant les deux cas extrêmes, doivent produire une nouvelle source de modifications normales, d'autant moins négligeable que la force perturbatrice varie ici comme le cube de la distance au lieu du carré. Il n'en résulte jamais l'inversion effective de la marche générale déjà inhérente à des influences plus considérables : mais il s'ensuit de notables altérations de degré. On explique ainsi, par exemple, pourquoi les marées de notre solstice d'été sont moindres que celles du solstice d'hiver, puisque la terre se trouve alors à l'aphélie de son orbite, et dans l'autre cas au périhélie.

Enfin, la considération des diverses latitudes terrestres introduit, à cet égard, le dernier ordre de variations régulières que la théorie mathématique puisse réellement apprécier. Cette troisième influence est fort analogue, en principe, à celle que nous venons de reconnaître pour la déclinaison. Puisque la diversité de distance de chaque molécule liquide pendant sa rotation journalière constitue la source fondamentale du phénomène, il doit donc être moins prononcé à mesure que cette commune rotation détermine un moindre déplacement, c'est-à-dire quand la latitude augmente. Au pôle même, il ne peut exister, à proprement parler, aucune marée directe, mais de simples marées indirectes, qui fournissent ou recueillent les eaux déplacées ailleurs.

Telles sont les diverses variations régulières qu'indique, à l'égard des marées, la grande théorie mathématique ébauchée par Newton et constituée par Daniel Bernouilli. L'observation en confirme essentiellement la marche générale, sauf l'époque ainsi assignée à chaque phase ou modification du phénomène, qui survient toujours trente-six heures plus tard que l'instant assigné théoriquement, par suite du temps qu'exige la transmission de l'influence à travers une grande masse liquide plus ou moins visqueuse. Il n'y a de différences constantes qui échappent réellement à cette théorie que celles relatives aux circonstances purement locales, provenues surtout de la figure des côtes, qu'on tenterait vainement de soumettre à aucune appréciation mathématique : en sorte qu'il faudra, sans doute, se résoudre à toujours ignorer pourquoi, par exemple, le niveau de l'Océan s'élève habituellement deux fois plus à Granville qu'à Dieppe, ou à Bristol qu'à Liverpool, malgré la proximité des lieux.

Quant à la quantité effective de chaque phase du phénomène, l'accord essentiel des indications théoriques avec les mesures directes doit bien plus surprendre que leur discordance accessoire, attendu les nombreuses sources d'incertitude que renferme nécessairement un tel problème, en ce qui concerne la configuration générale de l'Océan, le véritable état physique

des couches terrestres , et surtout la vraie loi de leur condensation croissante. Il faut d'ailleurs reconnaître, à cet égard, que
la confrontation numérique n'a pas encore été convenablement
instituée. D'une part, les géomètres , à mesure que les vues de
détail ont prévalu davantage sur les pensées d'ensemble , ont
de plus en plus négligé les sages conseils que leur donnaient,
à ce sujet, il y a un siècle, leurs illustres prédécesseurs Clairaut et Daniel Bernouilli, « de ne point trop presser les con-
» séquences des formules, de peur d'en tirer de contraires à
» la réalité. » Cédant à une aveugle ardeur analytique (1), ils
ont compliqué et obscurci la vraie théorie mathématique des
marées, par la puérile affectation d'un degré de précision et de
spécialité qu'elle ne comporte pas. L'observation , d'une autre
part, n'a pas été conçue et dirigée de la manière la plus propre
à contrôler et à perfectionner les saines indications rationnelles,
vu la trop grande influence qu'on y a presque toujours laissée
aux perturbations locales et accidentelles. Une exploration
assez longtemps prolongée pour manifester suffisamment toutes
les variations régulières, devrait s'accomplir dans une petite
île voisine de l'équateur et fort éloignée de toute côte, comme
l'Ascension, Sainte-Hélène, etc. , afin d'obtenir de meilleures
évaluations des diverses données mathématiques.

Malgré les différentes imperfections secondaires que laisse
encore la théorie des marées, elle n'en constitue pas moins
l'un des plus beaux triomphes du génie positif, qui, en moins de

---

(1) A mesure que l'esprit scientifique s'est écarté davantage du véritable esprit philosophique, sous l'inévitable affaiblissement graduel de la grande impulsion initiale émanée de Bacon et de Descartes, les géomètres ont accordé
une importance de plus en plus exorbitante aux spéculations algébriques dépourvues de toute destination sérieuse , comme si l'éducation mathématique de
l'humanité devait durer indéfiniment, en absorbant les principaux efforts récla-
més par des contemplations à la fois plus nobles et plus utiles.

deux siècles, a radicalement soustrait à l'empire des fictions et des terreurs théologiques un grand phénomène, où l'étude du ciel se rattache spécialement à celle de la terre. Les lois naturelles auxquelles on l'a ramené permettent habituellement d'utiles prévisions, même locales, en y spécifiant convenablement les deux données numériques relatives, en chaque point, à l'heure et à la hauteur. Ainsi se prépare déjà l'époque finale où l'humanité utilisera, sans doute, pour ses besoins mécaniques continus, l'immense force qui se perd journellement dans l'ascension et la descente de la masse océanique.

Le principe fondamental de la théorie des marées s'applique nécessairement à l'atmosphère aussi bien qu'à l'Océan. Mais, outre qu'une masse beaucoup moindre doit rendre alors l'effet encore moins prononcé, nous sommes très-mal placés pour observer les marées atmosphériques, qui, comme les marées océaniques, doivent être bien plus sensibles à la surface qu'au fond.

CHAPITRE V.

Appréciation générale de la dynamique céleste, surtout quant à l'étude fondamentale des diverses perturbations du mouvement elliptique.

Il nous reste maintenant à caractériser sommairement la principale partie de la mécanique céleste, c'est-à-dire l'étude directe et spéciale des divers mouvements, qui seule tend immédiatement à mieux atteindre le but essentiel de toute la science astronomique, en permettant, sur le véritable état du ciel à une époque donnée, des prévisions plus précises et plus lointaines. Comme les difficultés de cette immense élaboration sont surtout mathématiques, il suffira, conformément au but de ce traité, d'apprécier ici les conceptions, ordinairement très-simples, qui en déterminent la nature, et d'en indiquer ensuite les plus importants résultats, en renvoyant aux ouvrages spéciaux les lecteurs qui éprouveraient le besoin d'explications plus complètes.

La théorie fondamentale de la gravitation ayant décomposé déjà les mouvements célestes de manière à découvrir leur unique principe général, il s'agit dès lors de reconstruire sur cette base universelle l'étude mathématique de tous ces divers phénomènes, en procédant toujours désormais à la manière ordinaire des problèmes de mécanique rationnelle, où, étant données les forces élémentaires, on cherche les mouvements composés qui en résultent.

Dans cette grande série de travaux, le point de départ se rapporte au mouvement elliptique proprement dit, où l'on ne considère que la gravitation principale de la masse mobile de la planète vers la masse prépondérante du soleil. Newton a reproduit ainsi, comme cela devait être, les lois de Kepler qui lui avaient servi de fondement à la découverte du principe général, mais en s'assurant d'ailleurs, par cette opération inverse, qu'aucune autre espèce d'orbites fermées ne peut résulter d'une telle loi mécanique. Ce travail a aussi manifesté comment les divers éléments géométriques de chaque mouvement se lient à la position, à la direction, et à la vitesse initiales du mobile. Il faut surtout remarquer, à ce sujet, l'influence relative au principal caractère astronomique, c'est-à-dire, le degré d'ellipticité de l'orbite, qui est entièrement réglé par l'énergie effective de l'impulsion, en quelque sens qu'elle soit dirigée; de manière à produire successivement toutes les sortes d'ellipse, entre les limites opposées du cercle et de la parabole, en augmentant continuellement la vitesse actuelle de la planète. Pour ce problème initial, la stricte rigueur mathématique indique le foyer de la trajectoire comme placé, non au centre du soleil, mais au centre commun de gravité des deux masses, autour duquel le centre solaire décrirait lui-même une petite orbite analogue. Toutefois, l'immense prépondérance de la masse solaire oblige ce centre de gravité à toujours tomber dans son intérieur, quelle que soit la planète : en sorte que, malgré les réactions planétaires, le soleil peut être supposé essentiellement fixe sans qu'il en résulte aucune erreur appréciable.

En partant de ce type fondamental, la mécanique céleste est surtout destinée à instituer une meilleure approximation des mouvements intérieurs de notre monde, en y ayant égard aux diverses influences secondaires qui peuvent altérer la régularité des lois de Kepler.

Ces dérangements doivent être distingués, d'après Lagrange, en deux classes très-différentes, selon qu'ils sont brusques ou graduels. Les premiers, résultant d'une action purement instantanée, comme un choc ou une explosion, n'altèrent pas radicalement la nature du mouvement fondamental : les seconds, au contraire, dus aux gravitations secondaires qui coexistent sans cesse avec la gravitation principale, constituent les perturbations proprement dites, dont l'influence continue modifie essentiellement le mouvement elliptique.

Quoique le premier ordre d'altérations semble jusqu'ici purement idéal, ou du moins très-exceptionnel, Lagrange n'en a pas moins reconnu la nécessité logique d'en faire d'abord une soigneuse appréciation mathématique, qui, beaucoup plus simple et plus facile que celle du second, doit ensuite lui fournir un type naturel. On conçoit, en effet, que, malgré la violence de tels changements, leur instantanéité les rend bien mieux appréciables, puisque la nature du mouvement elliptique n'en peut être aucunement troublée ; les influences continues restant alors les mêmes, toute l'altération se réduit à donner

de nouvelles valeurs fixes aux six constantes dont nous l'avons
vu dépendre en chaque cas. Cette appréciation se lie donc naturellement à l'analyse indiquée ci-dessus , envers le mouvement
fondamental, de la relation générale de ces six éléments aux
diverses circonstances qui caractérisent l'état initial du mobile ;
car l'effet immédiat d'une telle action mécanique consistera à
changer brusquement la vitesse et la direction de la planète.
Les suites de ce changement peuvent indifféremment affecter
tous ces éléments , même ceux qui se trouvent presque à l'abri
des perturbations proprement dites ; mais les lois de leurs
altérations sont toujours fort simples et bien connues. Il n'en
serait pas de même quant aux mouvements de rotation , si une
pareille appréciation y offrait autant d'importance. Car, d'après
la théorie mécanique de ces mouvements, ces modifications
instantanées dans la direction de l'axe de rotation et dans la
vitesse angulaire correspondante y deviendraient le plus souvent
une source perpétuelle d'altérations , par le jeu des forces centrifuges ainsi développées, à moins que le nouvel axe ne remplît
les conditions exceptionnelles qui garantissent sa permanence.

On ne connaît encore aucun exemple vraiment authentique
de cette première classe de troubles astronomiques, soit par
choc ou par explosion. La première a pourtant été souvent
invoquée, même de nos jours, pour expliquer, d'une façon plus
ou moins plausible, les diverses révolutions de la surface terrestre. Quant à l'explosion, j'ai déjà cité l'ingénieuse conjecture
d'Olbers sur l'origine des quatre planètes télescopiques. C'est ici
le lieu de remarquer, à ce sujet, qu'une telle supposition rentrerait dans l'ordre des hypothèses scientifiques pleinement légitimes, c'est-à-dire susceptibles de vérification , si nous possé-
dions les données convenables. En effet, malgré ces changements
brusques de tous les éléments du mouvement elliptique, la
mécanique rationnelle nous apprend que le centre de gravité de

la masse ainsi rompue doit se mouvoir comme auparavant. Si donc les masses partielles de ces quatre fragments supposés nous étaient un jour bien connues, on pourrait déterminer les positions successives du centre de gravité de leur ensemble, et on devrait alors le trouver décrivant une ellipse autour du soleil comme foyer, en y traçant des aires proportionnelles au temps, de manière à nous représenter, en un mot, le mouvement primitif de la planète unique. En constituant ainsi une confirmation décisive de l'hypothèse , il est d'ailleurs évident que la nature instantanée d'une telle altération nous interdirait tout espoir d'en assigner l'époque , puisque les témoignages appréciables resteraient toujours les mêmes , soit que la catastrophe fût récente ou ancienne.

Le cas des explosions peut avoir été, dans notre monde, beaucoup plus fréquent qu'on ne le pense , en ayant égard à l'heureuse conjecture de Lagrange sur l'origine des comètes. En remarquant que les grandes excentricités et les fortes inclinaisons, qui constituent les vrais caractères distinctifs de ces petits astres, se rangent précisément parmi les effets des changements brusques sur l'état ordinaire des mouvements planétaires, il fut conduit à regarder les comètes comme provenues des planètes par voie d'explosion intérieure. Si, en effet, un astre éclate en deux fragments très-inégaux, la principale masse, peu affectée de cette impulsion, conservera presque sans altération le mouvement antérieur de leur ensemble, tandis que la moindre, recevant alors un grand accroissement de vitesse, pourra décrire une ellipse fort excentrique et aussi très-inclinée, de manière à devenir une véritable comète. Cet événement pourrait même survenir de nos jours et pourtant échapper à notre exploration ; car plusieurs masses planétaires nous sont connues avec trop peu de précision pour que de telles diminutions y devinssent appréciables : si , par exemple, Uranus perdait ainsi un cen-

tième de sa masse, nous n'aurions, sans doute, aucun moyen
de le reconnaître. De toutes les conjectures imaginées jusqu'ici
sur l'origine des comètes, celle-ci satisfait le mieux à l'ensemble
des caractères qui distinguent ces petits astres. Elle est surtout
fort supérieure à l'hypothèse de Newton, reproduite par Laplace
en un temps où l'ensemble des notions acquises avait cessé de
la rendre excusable : car, il serait radicalement contraire désormais à la saine philosophie astronomique de regarder les comètes comme essentiellement étrangères à notre monde, et destinées à passer successivement d'un système planétaire à un
autre.

Considérons maintenant le second et principal genre de modifications du mouvement fondamental, consistant dans les perturbations proprement dites, dues à l'action continue des gravitations secondaires. Il en faut distinguer deux sortes, suivant
qu'elles affectent les translations ou les rotations. Quoique nous
ayons d'abord considéré ces derniers mouvements, en géométrie
céleste, parce que leur étude propre y est naturellement plus
simple, l'ordre inverse doit prévaloir en mécanique céleste,
soit en vertu de leur moindre importance, soit surtout à raison
des difficultés supérieures qu'y présente leur théorie. Nous devons donc apprécier essentiellement les perturbations relatives
aux mouvements de translations, où chaque astre doit être supposé condensé en son centre de gravité.

Si cette immense recherche mathématique pouvait être traitée
d'une manière pleinement rationnelle, il faudrait envisager son
ensemble comme formant réellement un seul problème indivisible, où les mouvements inconnus de tous les astres de notre
monde seraient à la fois déterminés : car, il existe entre eux
une intime solidarité continue, d'après la simultanéité spontanée de toutes les forces perturbatrices, qui nécessairement
réagissent toujours les unes sur les autres, puisque chacune

d'elles dépend de la position effective de l'un des mobiles. Mais, quoiqu'il fût aisé de poser ainsi les équations des mouvements célestes, elles constitueraient une énigme mathématique profondément inextricable, où les vraies lois de chaque phénomène ne seraient pas moins cachées que dans la simple exploration directe. On n'a pas tardé à reconnaître qu'une telle manière de cultiver la mécanique céleste excède beaucoup les limites nécessaires que notre faible constitution cérébrale impose à nos facultés de déduction. D'une autre part, une expérience prolongée montrait clairement que les perturbations sont assez petites et assez lentes, au moins dans les cas principaux, pour que le mouvement elliptique de Kepler, correspondant à la seule gravitation prépondérante, puisse toujours représenter suffisamment l'état du ciel, pourvu que les six éléments n'y soient plus regardés comme invariables, mais assujettis à certains changements, qui,. si la mécanique céleste n'en assignait pas les lois nécessaires, devraient être constatés, de temps à autre, d'après des observations directes. C'est ainsi que les géomètres du dernier siècle, en développant la théorie de la gravitation, ont été doublement conduits à concevoir spontanément l'étude des perturbations en la rattachant au simple type elliptique, quoique la continuité des variations simultanées des six éléments d'un tel mouvement en change réellement la nature mathématique. Lagrange a systématisé définitivement cette marche naturelle, par sa grande théorie de la variation des constantes arbitraires. Alors l'étude des perturbations de chaque astre consiste à apprécier successivement l'influence modificatrice propre à chaque gravitation secondaire, malgré les pénibles circuits qu'occasionne souvent un morcellement aussi contraire à la connexité réelle de toutes ces spéculations, que notre faiblesse intellectuelle nous oblige seule à séparer.

D'après cette manière de procéder, le développement graduel

de la dynamique céleste dépend surtout de la solution du célèbre *problème des trois corps* , où l'on étudie les mouvements de
deux masses secondaires gravitant vers une masse principale et
en même temps l'une vers l'autre : quoique ce nom ait été d'a-
bord introduit, par Clairaut et Euler, pour le seul conflit mécanique entre la lune, la terre, et le soleil, il a été ensuite
étendu à toutes les combinaisons analogues. Si ce problème
comportait une solution pleinement rationnelle, il nous ferait
connaître un mouvement plus rapproché de la réalité que ne
peut l'être le mouvement elliptique, correspondant au simple
problème des deux corps. En prenant alors un type plus exact,
l'étude ultérieure des perturbations deviendrait à la fois plus
simple et plus parfaite, comme se rapportant à des variations
moins compliquées et moins étendues. Mais, en mécanique
céleste, le problème des deux corps est seul susceptible d'une
solution vraiment rigoureuse, sauf les divers embarras d'exécution ; et nous sommes dès lors forcés de rattacher toutes les
autres approximations à ce type fondamental plus éloigné de la
réalité, ce qui nécessairement complique davantage l'étude des
perturbations. C'est ainsi que les conditions subjectives se mê-
lent aux difficultés objectives pour produire l'imperfection générale d'un tel ordre de connaissances : elle tient même, sans
doute, beaucoup plus à la faiblesse de notre intelligence qu'à la
complication des lois extérieures.

Ainsi instituée, l'étude des perturbations donne naturellement lieu à distinguer trois degrés essentiels de complication
et d'imperfection croissantes, suivant que l'on y considère successivement les planètes, les satellites, et les comètes. Les
mêmes motifs qui ont exigé cette distinction en géométrie céleste la rendent ici encore plus indispensable.

Dans le premier cas, les perturbations sont beaucoup moindres et bien mieux connues, par une suite nécessaire des prin-

cipales circonstances qui le caractérisent, et surtout de la petitesse des excentricités et des inclinaisons, qui déjà y simplifie tant les calculs purement géométriques. Comme les mouvements s'accomplissent tous de l'ouest à l'est, les orbites presque circulaires et leurs plans presque identiques retiennent chaque planète entre des limites peu écartées pour ses relations mécaniques avec les autres, en vertu des variations moins prononcées de leurs distances respectives. Il en résulte d'ailleurs ordinairement que la principale influence perturbatrice appartient à un seul astre, ou très-voisin ou fort massif, dont l'appréciation n'exige ensuite que de faibles modifications pour y joindre successivement les autres troubles secondaires. Mais, outre ces motifs essentiels, il faut aussi attribuer la petitesse des perturbations planétaires à l'immense prépondérance de la masse centrale, environ mille fois plus grande que toutes les autres réunies, et d'après laquelle chaque force modificatrice n'est jamais qu'une minime portion de l'action fondamentale. Enfin, on doit encore avoir égard pour cette importante explication générale, au grand écartement mutuel des diverses planètes, et à la notable diversité de leurs masses. Si, en effet, ces astres, sans être d'ailleurs plus nombreux, se trouvaient plus rapprochés et moins inégaux, les perturbations y deviendraient certainement plus prononcées et plus compliquées, quand même ces masses resteraient toujours une aussi faible fraction de la masse solaire : le problème des trois corps y constituerait alors une abstraction beaucoup plus éloignée de la réalité. Telles sont les diverses sources essentielles de cette remarquable petitesse des perturbations qui distingue les planètes proprement dites. Elle était d'avance indiquée spécialement envers la terre chez tous les esprits philosophiques, d'après la fixité qu'exigent, dans l'ensemble des influences extérieures, les conditions générales de l'existence des corps vivants, radicalement incompatible avec des perturbations trop brusques ou trop étendues, comme je l'ai déjà noté au sujet des comètes. Mais, outre que cette considération indirecte ne pouvait nullement annoncer le degré d'une telle relation, la conclusion ne pouvait ainsi s'étendre aux autres planètes que par une vague et insuffisante analogie. On doit donc regarder cette grande notion comme exclusivement due au développement effectif de la mécanique céleste par les successeurs de Newton.

Toutes ces petites inégalités sont essentiellement périodiques, quoique quelques-unes soient spécialement distinguées sous le nom de *séculaires*, qui indique seulement la longueur plus prononcée de leurs périodes : la petitesse et la lenteur de ces dérangements les font d'ailleurs supposer habituellement uniformes, sans que toutefois aucun d'eux puisse l'être strictement, vu la variation nécessaire des influences déterminantes. Le système planétaire oscille donc, en vertu des perturbations, autour d'un certain état moyen, dont il s'écarte toujours fort peu, et que représentent directement les lois de Kepler avec des données convenables. Aucun des six éléments du mouvement elliptique n'est entièrement préservé de ces altérations : mais deux d'entre eux, qui heureusement sont les plus importants, c'est-à-dire la moyenne distance et le temps périodique, s'en trouvent beaucoup moins affectés que tous les autres. Ce sont ensuite les excentricités et les inclinaisons qui offrent le plus de stabilité relative. Les perturbations affectent surtout les éléments qui déterminent la direction de l'orbite, savoir la longitude du nœud et celle du périhélie; mais, pour se former une juste idée de la petitesse effective des dérangements planétaires, il suffit de noter ici que ces dernières variations, les plus prononcées de toutes, ne s'élèvent en aucun cas, jusqu'à deux degrés par siècle. Quant aux diversités nécessaires qui existent, à tous ces titres, entre les différentes planètes, elles dépendent surtout de deux conditions générales qui ne sont pas toujours d'accord, d'une part le rang de l'astre ou sa proximité relative du soleil, et d'une autre part son éloignement plus ou moins grand des mobiles les plus voisins. Pour les planètes peu distantes du soleil, comme Vénus ou la Terre, la prépondérance plus prononcée de la gravitation principale tend à diminuer les perturbations. Mais, sous un autre aspect, elles peuvent aussi être moindres envers une planète très-éloignée, si son isolement est plus complet, comme dans le cas de Saturne ou de Jupiter.

En passant maintenant aux satellites, il est d'abord évident que l'étude mécanique de leurs perturbations doit recevoir, comme leur étude géométrique, une nouvelle complication générale par la mobilité propre du foyer auquel se rapporte alors le mouvement elliptique fondamental. Tous les troubles auxquels la planète est assujettie viennent ainsi se réfléchir en quelque sorte sur le satellite, où ils occasionnent des variations dont la source est souvent difficile à démêler. On en peut citer un exemple caractéristique dans la petite accélération continue à laquelle se montre assujetti le moyen mouvement de la lune, et qui excita beaucoup d'hésitations et de divisions parmi les géomètres du dernier siècle, jusqu'à ce que Laplace eût découvert qu'il faut l'attribuer à la légère variation qu'éprouve l'excentricité de l'orbite terrestre.

Pour apprécier convenablement l'étude générale des perturbations des satellites, il y faut distinguer deux cas essentiels, selon qu'il existe, autour d'une même planète, un seul satellite ou plusieurs. Quoique le premier cas ne se rapporte qu'à la lune, il n'en est pas moins le plus important de tous, puisque cet astre est, après le soleil ou la terre, celui dont la vraie théorie nous intéresse le plus : l'extrême proximité, qui nous fait un besoin de le mieux connaître, rend aussi son appréciation plus délicate, en nous manifestant ses moindres inégalités. Dans ce cas, la principale force perturbatrice résulte de l'inégale action du soleil sur la terre et la lune. Si la commune gravitation de ces deux astres vers la masse dominante de notre monde avait, chez l'un et l'autre, la même intensité et la même direction, elle ne pourrait, d'après la seconde loi fondamentale du mouvement, troubler aucunement la circulation relative de la lune autour de la terre en vertu de leur gravitation mutuelle. Mais, quoique la diversité de direction soit à peu près négligeable, il en est tout autrement quant à l'intensité, dont l'inégalité détermine une force perturbatrice plus prononcée qu'en aucun cas antérieur, puisqu'elle s'élève à $\frac{1}{180}$ de là force principale. Cette influence étant provenue d'une soustraction, doit varier, comme dans les marées, en raison inverse du cube de la distance. Les variations qu'éprouve, pendant le cours de l'année, la distance de la terre au soleil, doivent donc, quoique peu prononcées, s'y faire notablement sentir. Telle est la principale source des fortes perturbations que subit le mouvement de la lune, d'ailleurs troublé, à de moindres degrés, par les planètes voisines de la terre, et même par Jupiter, malgré son éloignement, en vertu de sa grande masse. Ces dérangements se font d'ailleurs sentir surtout, comme envers les planètes, quant à la direction de l'orbite. Sa variation devient tellement prononcée que l'observation l'avait pleinement manifestée longtemps avant que la mécanique céleste en dévoilât l'explication. Dès l'origine de l'astronomie mathématique, on a reconnu la période d'environ dix-neuf ans pour la révolution rétrograde des nœuds de l'orbite lunaire, et le déplacement encore plus rapide de son grand axe, qui fait le tour du ciel en un peu moins de neuf ans.

Quelle que soit la complication effective de la théorie de la lune, qui constitue le principal embarras des géomètres aussi bien que des purs astronomes, cela tient surtout au besoin supérieur que nous éprouvons de perfectionner une étude dont les moindres lacunes nous frappent. Car, en lui-même, le cas de la pluralité des satellites constitue un problème mathématique encore plus embarrassant, quoique sa solution satisfaisante nous intéresse heureusement beaucoup moins. Les complications idéales supposées ci-dessus envers les planètes, afin de mieux caractériser par contraste l'état réel, se trouvent là pleinement réalisées. Dans un système aussi complexe que celui des sept satellites de Saturne ou des six satellites d'Uranus, le problème des trois corps doit certainement constituer une approximation trop imparfaite, d'après le peu d'écartement et probablement aussi la faible inégalité de masse de ces astres nombreux, envers chacun desquels il faut considérer à la fois plusieurs forces perturbatrices peu différentes. Il n'y a jusqu'ici d'études mécaniques vraiment satisfaisantes qu'envers les satellites de Jupiter qui, outre leur moindre nombre, se trouvent surtout placés sous la commune prépondérance d'une planète beaucoup plus massive, qui doit notablement contenir leurs perturbations. Pour tous les autres cas, l'étude purement géométrique est seule encore pleinement instituée dans la construction des tables correspondantes.

Ces divers degrés successifs de complication astronomique nous conduisent enfin à l'étude qui, en mécanique céleste comme en géométrie céleste, offre les plus graves embarras, celle des comètes proprement dites, et toujours par suite des mêmes conditions essentielles, la grande excentricité et la forte inclinaison de leurs orbites, outre l'extrême petitesse de leurs masses. D'après les deux premiers caractères, chaque comète se trouve alternativement transportée dans toutes les régions du ciel, de manière à changer extrêmement, et quelquefois très-rapidement, ses principaux rapports mécaniques, en passant tantôt très-près et tantôt fort loin de chacune des planètes, qui toutes peuvent ainsi tour à tour affecter ses mouvements. Le troisième attribut rend d'ailleurs ces petits corps spécialement sensibles aux moindres forces perturbatrices, au point que l'action même des satellites n'est pas toujours négligeable envers eux. Ainsi l'intensité et la multiplicité des actions modificatrices se trouvent ici augmentées à la fois, de manière à constituer une complication presque inextricable. Il faut d'ailleurs ajouter à ces sources nécessaires d'embarras, et même d'incertitude, une nouvelle altération, encore moins appréciable, qui affecte jusqu'aux masses de ces astres exceptionnels. En effet, la masse qui, en tout autre cas, doit être supposée constante, est nécessairement exposée alors à une diminution continue, par l'action des astres considérables auprès desquels une comète vient se placer au moment où le voisinage du soleil a extrêmement raréfié sa masse : à chaque passage au périhélie, le soleil doit surtout absorber ainsi une partie de l'atmosphère cométaire ; et, quoique cette altération doive être toujours fort petite, à raison même d'une telle raréfaction, sa répétition périodique peut accumuler à la longue une réduction très-notable, que nous ne saurions déterminer : c'est là peut-être l'un des motifs réels de l'excessive petitesse des masses cométaires dont nous observons les mouvements.

D'après un tel ensemble de difficultés nécessaires, il faut peu s'étonner que la théorie mathématique des comètes soit encore si imparfaite, et nous n'avons pas lieu d'espérer qu'elle puisse jamais parvenir à un état aussi satisfaisant, à beaucoup près, que celle des planètes, ou même que celle des satellites. Tous les modes d'approximation, mécanique aussi bien que géométrique, qui sont usités envers les autres cas cessent de convenir à celui-ci, vu l'énorme intensité que peuvent y acquérir les forces perturbatrices, quelquefois susceptibles alors de surpasser même la force principale, au point d'obliger la comète à devenir un simple satellite de quelque grosse planète très-voisine. La marche partielle de notre élaboration dynamique, où nous ne pouvons apprécier à la fois qu'un seul agent modificateur, doit évidemment exposer souvent ceux qui poursuivent les immenses calculs qu'exigent les perturbations cométaires à oublier ou à négliger quelqu'une des nombreuses influences qui y participent. On ne peut douter que les désappointements survenus à plusieurs prévisions sur le retour des comètes ne soient essentiellement dus, d'ordinaire, comme on le constata spécialement envers la comète de 1770, à ces erreurs presque inévitables, sans qu'il y ait lieu de supposer aucunement que ces petits astres ne sont point aussi complétement soumis que tous les autres à la théorie générale de la gravitation; sauf la simple variété des circonstances. L'imperfection de leur étude n'intéresse donc nullement la vraie philosophie, qui ne doit plus craindre désormais que les esprits rétrogrades y puisent aucune argumentation dangereuse contre le dogme fondamental de l'invariabilité des lois naturelles, première base universelle de l'état final propre à l'ensemble des opinions humaines. Au fond, cette inévitable imperfection n'intéresse guère plus la science astronomique elle-même; car, en vertu même de l'extrême petitesse qui rend ces masses si impressionnables, elles ne peuvent exercer aucune influence notable, directe ou même indirecte, sur les astres dont l'étude nous offre quelque véritable importance. L'événement de 1770 fournit une confirmation manifeste de l'insignifiante action des comètes dans un ordre de phénomènes où l'influence se mesure au poids : car une comète vint à passer alors au milieu des satellites de Jupiter, sans y occasionner aucun dérangement appréciable ; leurs tables dressées avant cet accident imprévu purent également servir après, tandis que la comète fut, au contraire, tellement troublée, probablement par Jupiter, qu'on ne put ensuite la retrouver distinctement, quoique sa révolution normale dût s'accomplir en moins de six ans. On peut aussi ajouter, d'après Laplace, afin de mieux manifester le peu d'énergie mécanique de ces petits corps, qu'aucune comète connue jusqu'ici ne pourrait altérer sensiblement nos marées, même quand elle se rapprocherait de la terre deux ou trois fois plus que la lune. Toutefois, j'indiquerai ci-dessous un nouvel aspect scientifique sous lequel le perfectionnement de la théorie mathématique des comètes offrirait naturellement une véritable importance spéciale, s'il n'y avait pas lieu de penser plutôt que l'on devra finalement renoncer à la poursuite réelle des spéculations correspondantes.

Il ne nous reste maintenant qu'à considérer les perturbations relatives aux rotations, dont le seul cas vraiment important concerne notre propre planète. La force perturbatrice est alors d'une tout autre nature qu'envers les translations, car elle résulte uniquement du léger défaut de sphéricité des astres. En effet, d'après une notion générale de mécanique rationnelle, rappelée à la fin du chapitre préliminaire de cette quatrième partie, la rotation d'un corps quelconque autour de son centre de gravité s'accomplit comme si ce centre était fixe; d'où il suit qu'elle ne peut être nullement affectée par aucune force, quelque considérable qu'elle soit, dont la direction passe exactement en ce point; telle que le poids même du corps ou la gravitation mutuelle de ses molécules. Or, suivant un théorème de Newton déjà employé, si les corps célestes étaient parfaitement sphériques et de plus homogènes ou seulement composés de couches concentriques homogènes, la résultante générale de leurs actions réciproques serait toujours dirigée vers leurs centres. Ainsi, les astres qui peuvent troubler la rotation terrestre ne l'affectent qu'en vertu du défaut de sphéricité de notre

planète, qu'on peut réduire, sous cet aspect, pour plus de simplicité, à son renflement équatorial. Comme la résultante générale des gravitations propres à cette protubérance ne peut
passer exactement au centre, il en résulte, en principe, de la
part d'un astre quelconque, une certaine tendance à modifier
la rotation. En tant que provenue encore d'une soustraction,
cette nouvelle force perturbatrice doit toujours varier en raison
inverse du cube de la distance, ainsi que dans les marées. Les
divers astres doivent donc y suivre aussi la même proportion
d'influence; en sorte que la lune et le soleil y exercent seuls
une action appréciable, $2\frac{1}{2}$ fois plus grande de la part du premier corps. Dans l'élaboration fondamentale de d'Alembert sur
ce sujet difficile, il a été établi que l'altération principale devait
affecter la direction générale de l'axe, sans toutefois changer
sensiblement son inclinaison sur l'écliptique. En un mot, le
grand phénomène de la précession des équinoxes, connu dès
l'origine de la géométrie céleste, a été enfin pleinement expliqué par la mécanique céleste, non-seulement quant à sa nature
propre, mais aussi quant à son degré effectif. La modification
périodique que Bradley y a géométriquement reconnue, sous
le nom de nutation, s'est trouvée ainsi soumise complétement
presqu'en même temps à la grande théorie de d'Alembert, qui
eût certainement suffi pour en signaler aux astronomes l'existence et la loi. On a pareillement établi la permanence spontanée
des pôles de la rotation et de sa vitesse angulaire, qui ne peuvent éprouver que des variations toujours négligeables : ce
résultat général était philosophiquement indiqué par les conditions d'existence des corps vivants à la surface du globe, qui
dépendent surtout de ces deux éléments de la rotation, tandis
que la direction générale de l'axe n'y influe point, tant qu'il
conserve la même inclinaison sur l'orbite annuelle; mais rien
ne pouvait indiquer d'avance le degré véritable d'une telle sta-

bilité. La durée du jour proprement dit est l'élément le plus fixe que présente toute notre astronomie ; une réaction naturelle, très-ingénieusement invoquée par Laplace, permet d'assurer que, depuis Hipparque, cette durée n'a pas varié d'un centième de seconde ; car, une telle variation, accumulée sans cesse pendant ce temps, produirait aujourd'hui un changement fort appréciable dans l'accélération séculaire que nous offre le moyen mouvement de la lune.

Cette théorie mathématique des rotations célestes fournit un exemple très-caractéristique de l'admirable solidarité que le principe de la gravitation a organisée entre toutes les parties de la science astronomique, en permettant presque d'y lier deux à deux, d'une manière plus ou moins directe, tous les phénomènes quelconques, même ceux qui devaient d'abord sembler les moins connexes. On y voit, en effet, l'intime correspondance, tantôt scientifique, tantôt logique, qui rattache désormais les uns aux autres les grands phénomènes, jusqu'alors hétérogènes, de la précession des équinoxes, des marées, et de l'aplatissement terrestre. Non-seulement les altérations de la rotation terrestre, mais aussi son genre de stabilité, dépendent également de la vraie figure de notre globe, primitivement liée elle-même à la rotation. Car, si ce mouvement altère nécessairement la sphéricité primitive d'une planète fluide, la surface se trouve modifiée de manière à déterminer ensuite la stabilité essentielle de la rotation, soit quant à ses pôles ou à sa durée ; en effet, la théorie générale d'Euler sur les rotations démontre que cette double stabilité existe spontanément quand la rotation s'effectue autour du moindre diamètre du corps, ce qui, en ce cas, doit évidemment avoir lieu. Mais, outre l'éminente satisfaction philosophique résultée de telles connexités, qui nous représentent de plus en plus l'ordre général comme dérivé naturellement du simple jeu des forces fondamentales, la science proprement dite y a puisé de nouvelles ressources pour perfectionner, à divers égards, ses déterminations spéciales. L'étude de la précession des équinoxes, par exemple, a pu ainsi concourir utilement à l'estimation de l'aplatissement de la terre, et aussi à celle des masses relatives de la lune et du soleil. Quelque minime que soit en lui-même le phénomène de la nutation, sa mesure exacte a pareillement fourni un moyen de mieux déterminer la masse lunaire, qui seule régit cette modification, par suite de la rétrogradation de ses nœuds dans une période égale à celle de cette petite variété de la précession.

La théorie des rotations célestes offre encore un résultat utile à signaler ici, au sujet de la lune, et, en général, de tous les satellites. Nous avons reconnu, en géométrie céleste, la remarquable identité qui existe entre les périodes des deux mouvements simultanés de la lune, et d'où il suit que ce corps présente toujours la même face à la terre. Or, la mécanique céleste a pleinement dissipé le caractère exceptionnel qui semblait propre à un tel phénomène, où désormais on doit voir, au contraire, l'état normal des satellites. En effet, le grand travail spécial de Lagrange a démontré, envers la lune, que cette égalité provient simplement de la prépondérance statique qu'a dû naturellement acquérir, pendant la fluidité primitive, l'hémisphère lunaire d'abord tourné vers la terre, en vertu de la moindre gravitation que l'excès d'éloignement procurait à l'hémisphère opposé. Une telle diversité ne doit influer sensiblement qu'à l'égard des satellites, seuls corps dont le diamètre soit une fraction assez considérable de la distance au centre de leurs mouvements pour donner lieu, sous ce rapport, à quelque différence sensible. Mais, quoique cette condition soit spécialement prononcée dans le cas de la lune, elle existe vraisemblablement aussi, à un degré suffisant, chez tous les autres satellites : en sorte qu'on est justement autorisé à leur étendre

la même relation générale des deux mouvements, surtout quant
à ceux de Jupiter, soumis à la prépondérance d'une masse
beaucoup plus considérable, dont ils sont même bien plus rapprochés, du moins comparativement à son diamètre, sinon au
leur propre, qui est inconnu.

Tels sont les principaux résultats de l'immense élaboration
mathématique accomplie, pendant le siècle dernier, par les
divers successeurs de Newton, d'abord Clairaut et Euler, ensuite d'Alembert et Daniel Bernouilli, enfin Lagrange et Laplace.
Ces éminents travaux ont ordinairement exigé la création simultanée des plus importantes théories de la mécanique rationnelle,
qui ne sauraient jamais trouver d'application à la fois plus précieuse et plus complète. Outre cette grande destination scientifique, l'ensemble de cette élaboration capitale comporte une
haute efficacité logique, trop peu sentie jusqu'ici, comme constituant spontanément la plus décisive manifestation du caractère
judicieusement abstrait propre à la seule marche rationnelle qui
puisse conduire, en un cas quelconque, à la vraie découverte des
lois fondamentales de la nature. Car, le succès total d'une telle
opération philosophique a, évidemment, dépendu de ce que son
immortel fondateur avait d'abord considéré les mouvements
célestes en ce qu'ils offrent seulement de plus essentiel, en y
faisant soigneusement abstraction de toutes les perturbations,
qui ensuite ont pu être graduellement ramenées du même principe de gravitation résulté de cette simple appréciation initiale. Si, au contraire, on se fût obstiné primitivement à
n'envisager l'ensemble de ces phénomènes que dans son entière
complication effective, il est clair qu'aucune théorie mécanique
n'y aurait jamais été établie. En terminant la seconde partie de
ce traité, nous avions déjà signalé une pareille remarque logique quant à la première ébauche fondamentale de l'astronomie
mathématique, où la loi élémentaire du mouvement diurne

n'eût pu même être découverte, si l'on avait toujours eu égard aux diverses irrégularités qui en compliquent l'observation précise. Mais, dans ce cas primitif, l'écartement des anomalies apparentes était essentiellement involontaire ; tandis que, dans le cas final que nous offre la mécanique céleste, cette abstraction préliminaire est provenue d'une délibération systématique, ce qui achève de caractériser ce grand précepte logique, susceptible d'une application nécessairement universelle. Après avoir ainsi reconnu pleinement son importance envers les plus simples phénomènes, on ne saurait douter qu'il ne doive naturellement devenir de plus en plus indispensable à mesure qu'on aborde des spéculations plus complexes.

En cultivant cette étude fondamentale des perturbations, les géomètres ont dû être conduits à examiner si, au milieu de ces nombreux dérangements qui affectent, quoique très-inégalement, tous les éléments quelconques des divers mouvements célestes, il n'existerait pas quelques combinaisons nécessairement inaltérables sous l'action mutuelle qui modifie sans cesse l'intérieur de notre monde. Le fondateur de la mécanique céleste avait déjà signalé le centre de gravité général, toujours très-voisin du centre du soleil et à peine extérieur à sa surface, comme devant être nécessairement à l'abri de toute altération quelconque due à l'influence mutuelle des différents corps du système, vu l'égalité fondamentale entre la réaction et l'action. Cet aperçu initial a été complété par Laplace, qui découvrit en outre un plan doué de la même invariabilité, celui sur lequel la projection des aires décrites, en un temps donné, autour d'un point quelconque, et surtout du centre de gravité, par les divers éléments de notre monde, et multipliées chacune par la masse correspondante, fournirait la plus grande somme algébrique. Les déplacements effectifs de ce point et de

ce plan à l'égard des étoiles constitueraient donc, par leur nature, la meilleure appréciation des mouvements généraux de
notre groupe planétaire, si la saine philosophie astronomique
ne devait proscrire une telle étude comme étant à la fois essentiellement inutile et radicalement inaccessible, ainsi que ce
traité l'a tant établi. Mais, restreint à l'intérieur de notre
monde, l'usage de ce double terme de comparaison, sans offrir
autant d'importance idéale, comporterait une certaine utilité
réelle, afin de mieux manifester les perturbations proprement
dites, que l'on est obligé jusqu'ici de rapporter à des repères
qui sont eux-mêmes plus ou moins variables, surtout quant aux
plans. Cet office général doit être, malheureusement, ajourné
à un avenir très-éloigné, d'après l'indispensable rectification
que M. Poinsot a récemment apportée à la doctrine du plan
invariable, où Laplace n'avait eu égard qu'aux aires provenues
des mouvements principaux, en y confondant même les satellites avec leurs planètes, tandis que l'invariabilité n'existe qu'envers le plan déterminé conformément à toutes les aires quelconques tracées simultanément, y compris celles qui résultent des
rotations, et que leur nature ne permet d'estimer que d'une
manière indirecte, par la lente application du procédé rationnel déjà indiqué, dans l'avant-dernier chapitre, au sujet des
masses. Il devient ainsi vraisemblable que l'usage de ce terme
de comparaison restera sans cesse illusoire; ce qui offre, au
fond, peu d'inconvénients réels, dès qu'on a reconnu l'inanité
nécessaire de la principale destination qu'on lui avait d'abord
assignée, quant à la manifestation des mouvements généraux de
notre système solaire.

L'étude des divers mouvements intérieurs de notre monde a
toujours été conçue et poursuivie jusqu'ici comme si le milieu
commun où ils s'accomplissent ne leur offrait aucune résistance
quelconque; ce qui, en principe, serait difficilement admissi-

ble. Mais le minutieux accord des phénomènes journaliers avec les prévisions résultées d'une telle théorie constate clairement que ce genre d'altérations n'a pu exercer encore aucune influence appréciable. Néanmoins, afin de mieux constituer l'ensemble des conceptions propres à la mécanique céleste, Euler et Lagrange ont tenté d'apprécier à l'avance cette nouvelle source de dérangements généraux, autant que le permet l'extrême imperfection actuelle des doctrines mathématiques relatives à une telle force. Son action continue, toujours opposée à la direction tangentielle de l'astre, doit consister directement à diminuer, à chaque instant, sa vitesse acquise. L'influence accumulée de cette suite d'altérations sur chaque révolution totale ne saurait encore comporter une exacte appréciation générale, puisqu'on ignore jusqu'ici la vraie loi suivant laquelle l'intensité de la résistance dépend du degré de vitesse, les suppositions les plus contraires ayant été concurremment proposées au sujet de ce principe mathématique, sans que les phénomènes aient suffisamment prononcé entre elles. On s'est donc borné à reconnaître, à cet égard, d'après l'évidente nature d'un tel ordre de perturbations, que sa marche doit radicalement différer de celle des dérangements ordinaires dus aux gravitations secondaires, surtout en ce que son action ne saurait être périodique ou oscillatoire, mais toujours exercée dans le même sens, de manière à repousser toutes les idées de stabilité moyenne que nous ont offertes les perturbations proprement dites, au moins envers les planètes. En second lieu, en distinguant, sous ce rapport, les divers éléments du mouvement elliptique, on voit d'abord que cette influence continue se répartit entre eux tout autrement que l'oscillation résultée de la gravitation mutuelle ; car le plan et la direction de l'orbite, que celle-ci affectait surtout, ne sauraient, au contraire, être nullement altérés par cette nouvelle force, dont tout l'effet concerne les éléments presque épargnés par l'autre. Lagrange et Euler ont ainsi reconnu que l'orbite doit se contracter en s'arrondissant, pendant que le temps périodique diminue : en sorte que, dans un avenir indéfini, la seule persévérance de cet inévitable obstacle doit finir par réunir toutes les planètes à la masse solaire, d'où elles sont peut-être émanées, suivant la hardie conjecture de W. Hershell, où plutôt de Laplace. Telle est, du moins, l'influence nécessaire finalement inhérente à la résistance d'un milieu fixe, et que pourrait seulement empêcher sa propre mobilité, dont l'existence, encore plus cachée, nous échappera probablement toujours.

Quoique les astronomes, et surtout les géomètres, aient cru quelquefois, pendant l'élaboration de la mécanique céleste, avoir saisi, dans certains phénomènes exceptionnels, une manifestation réelle de ce nouvel ordre de perturbations, une judicieuse discussion spéciale a constamment prouvé jusqu'ici que cette appréciation prématurée était essentiellement illusoire. En comparant, sous cet aspect, les divers genres de mouvements célestes, il est aisé de sentir que le cours des comètes se trouve spontanément le mieux adapté à une telle décision ; par une suite nécessaire des caractères propres à ces petits astres. Si on les considère surtout au voisinage de leurs périhélies, où ils sont d'ailleurs plus spécialement visibles, l'immense volume que leur procure alors une excessive dilatation thermologique, et la grande vitesse dont ils sont aussi animés, doivent les rendre beaucoup plus sensibles que tous les autres astres à de semblables altérations. Aussi un habile astronome de nos jours (M. Encke, de Berlin) croit-il devoir attribuer déjà à une telle influence certaines perturbations de la comète qui porte justement son nom, et dont le cours est peut-être le mieux connu, vu la brièveté de sa période, qui excède à peine 1200 jours. Mais, quoique cette appréciation particulière, jusqu'ici contestée, soit peut-être trop prématurée, surtout tant qu'on ignore la vraie loi fondamentale de la résistance des milieux, il n'est pas douteux, en principe, que l'étude des comètes ne doive mieux convenir qu'aucune autre à une pareille manifes-tation. Tel est donc le principal office scientifique annoncé ci-dessus comme spécialement réservé à cette partie transcendante de la géométrie et de la mécanique célestes, après toutefois que le principe mathématique correspondant aurait été convenablement établi. On conçoit que cette destination exige le plus grand perfectionnement possible de la théorie des comètes, afin de permettre une confrontation vraiment décisive au sujet d'une influence aussi minime, qui a jusqu'ici échappé envers les mouvements les mieux connus. Si le calcul de la course cométaire n'était pas rendu extrêmement exact, sa comparaison avec l'exploration directe laisserait nécessairement subsister une incertitude supérieure à la faible perturbation qu'il s'agirait d'apprécier ainsi, même en ayant égard à l'influence accumulée de plusieurs révolutions. Mais, à raison même d'une exigence aussi difficile à satisfaire, il y a tout lieu de craindre que cette efficacité scientifique propre à l'étude mathématique des comètes ne comporte jamais une suffisante réalisation : ce qui, au fond, devra laisser peu de regrets raisonnables, puisque l'expérience a déjà constaté, de la manière la plus décisive, que le genre d'altérations ainsi étudié n'exerce aucun trouble quelconque, direct ou même indirect, sur notre propre planète, à moins de considérer un avenir tellement lointain que sa contemplation actuelle serait aussi superflue que chimérique, chez tous ceux qui ont sagement renoncé, à tous égards, aux notions absolues.

En terminant notre sommaire appréciation de la mécanique céleste, il convient de remarquer la haute confirmation générale qu'elle procure spontanément au dogme vraiment fondamental, posé dès le début de ce traité, et que l'ensemble de la géométrie céleste nous a déjà suffisamment démontré, savoir : l'entière indépendance des mouvements intérieurs de notre monde, les seuls que nous puissions connaître, envers les mouvements généraux quelconques que peut avoir un tel système, et qui nous sont nécessairement inconnus: Nous avons d'abord constaté géométriquement cette indépendance effective, d'après le scrupuleux accord journalier des phénomènes astronomiques avec les prévisions toujours fondées sur l'isolement continu de notre monde, comme si les autres n'existaient pas. Mais, en s'élevant du simple point de vue géométrique au vrai point de vue définitif de la mécanique céleste, cette notion capitale acquiert une pleine rationnalité, au lieu du caractère essentiellement empirique qu'elle conservait jusqu'alors. Quelle que soit, en effet, l'action réelle d'un astre extérieur sur l'ensemble de notre monde, elle n'en peut troubler l'économie intérieure qu'en vertu de son inégale énergie envers les diverses parties de ce système : or, l'immensité bien constatée des distances sidérales par rapport aux distances planétaires doit évidemment annuler toute influence réelle d'une telle inégalité. Si l'on étendait aux actions cosmiques notre loi de gravitation, cette force perturbatrice, en tant que provenue aussi d'une différentiation, varierait, comme dans les marées, en raison inverse du cube de la distance : dès lors, en partant du fait incontestable que l'étoile la plus voisine est plus de deux cent mille fois plus éloignée de nous que le soleil, il serait facile de calculer, avec Laplace, qu'une masse même infiniment supérieure à celle de notre monde ne pourrait troubler nos marées que d'une quantité imperceptible. Mais, aucun phénomène n'autorisant réellement une telle extension, il serait vicieux de fonder, même en apparence, sur une supposition purement gratuite un dogme philosophique aussi important. Il est donc plus sûr, en même temps

que plus simple, de recourir pour cela à la seconde loi fondamentale du mouvement, qui établit, en principe, l'indépendance de tous les mouvements intérieurs d'un système quelconque envers son déplacement commun, pourvu que toutes
les parties y participent identiquement. Or, l'immensité des distances sidérales, plus de dix mille fois supérieures aux plus
grandes distances planétaires, nous donne évidemment le droit
d'appliquer ici cette loi de Galilée : on est déjà habitué, en
astronomie, à traiter comme rigoureusement parallèles les
diverses droites menées à la fois de tous les astres de notre
monde à une étoile quelconque ; l'égalité essentielle de leurs
longueurs n'est pas moins manifeste, puisque, vu d'une étoile,
notre système est toujours réductible au soleil. Nous pouvons
donc, sans faire aucune hypothèse hasardée sur la loi mathématique des actions cosmiques, expliquer ainsi l'indépendance effective des phénomènes intérieurs de notre monde envers tous les
phénomènes plus généraux de l'univers proprement dit. Cette
grande notion devient alors parfaitement analogue au principe,
déjà pleinement familier, qui nous fait envisager tous les divers
mouvements partiels des corps terrestres comme naturellement
indépendants du mouvement total de notre globe.

Plus on méditera sur un tel sujet, mieux on sentira combien
son importance est vraiment extrême, soit pour la saine philosophie, soit même pour la science proprement dite. Cette restriction nécessaire de l'ensemble de nos spéculations réelles détermine le point de vue solaire comme le plus élevé que nous
puissions et devions atteindre, de manière à écarter enfin l'idée
vague et indéfinie d'*univers*, pour y substituer habituellement
l'idée nette et circonscrite de *monde*, en résultat final de la
grande rénovation mentale commencée par la découverte du
mouvement de la terre. En faisant pénétrer jusqu'aux conceptions les plus simples et les plus vastes ce passage définitif de

l'absolu au relatif, qui caractérise toujours la positivité rationnelle, ce dogme fondamental constitue réellement aujourd'hui la première condition de l'établissement normal d'un système philosophique suffisamment adapté à la maturité de notre raison. La nature, à la fois subjective et objective, de toutes nos connaissances réelles, se manifeste alors envers les notions les plus éloignées de toute personnalité humaine. Car; la relation à l'humanité, qui disparaîtrait entièrement dans l'idée d'univers proprement dit, reste encore clairement irrécusable dans la simple pensée de monde, qui nous rappelle un ensemble nettement défini, où l'influence mutuelle de toutes les parties quelconques peut toujours aboutir à une réaction inévitable sur les phénomènes terrestres, et par suite sur nos propres conditions d'existence. En même temps, cette grande transformation n'est pas moins indispensable, au fond, à la science qu'à la philosophie, comme je l'ai indiqué dans le discours préliminaire. D'après notre ignorance nécessaire de toute loi cosmique, il est clair que le caractère subjectif ainsi imprimé irrévocablement à la véritable astronomie constitue la première condition générale de la perfection supérieure qui lui est si justement attribuée. Si notre astronomie est envisagée, suivant sa vraie destination, comme un indispensable préambule, à la fois scientifique et logique, de l'unique science de l'humanité, son état présent doit être, en effet, réputé très-satisfaisant, puisqu'il remplit convenablement toutes les conditions essentielles de ce double office. Mais si, au contraire, cette étude n'est qu'une portion de la science de l'univers, elle doit être jugée extrêmement imparfaite, puisqu'elle se borne aux phénomènes spéciaux d'un petit groupe céleste, placé au milieu d'une multitude d'autres qui nous sont entièrement inconnus, et dont elle ignore totalement les relations générales avec ce seul système partiel.

L'exposition systématique que je viens d'achever a successivement placé l'esprit du lecteur attentif dans les diverses phases essentielles qui sont propres à la filiation historique des vraies connaissances astronomiques. Nos études initiales ont représenté l'âge, purement préliminaire mais pleinement indispensable, où la vraie science céleste, ébauchée par les conceptions de Thalès et de Pythagore, développée et propagée par les travaux de l'école d'Alexandrie, reçoit enfin, du génie trop peu apprécié du grand Hipparque, l'ensemble de sa première constitution géométrique. Immédiatement prolongée par la double imperfection nécessaire de l'exploration angulaire ou horaire et des théories mathématiques, la longue durée de cette grande phase initiale a surtout dépendu des influences sociales, même politiques, directement relatives au mouvement général de l'humanité, et que ce traité ne pouvait considérer. Elle s'est ainsi perpétuée essentiellement jusqu'au grand observateur Tycho-Brahé, le vrai précurseur direct de l'astronomie actuelle. Une seconde série d'études convenablement préparées nous a fait ensuite parcourir la phase, courte mais immortelle, qui s'étend de Copernic à Kepler, et où nous avons vu la doctrine fondamentale du double mouvement de notre planète commencer une rénovation décisive, aboutissant bientôt à la constitution définitive de la géométrie céleste d'après les trois grandes lois de Kepler. Après un nouvel intervalle, nécessaire à une indispensable préparation mathématique, surtout en ce qui concerne la fondation de la dynamique rationnelle par Galilée et Huyghens, nous avons vu la science atteindre enfin son état le plus systématique, sous l'ascendant universel de l'admirable principe découvert et établi par Newton. Dès lors, l'appréciation mécanique, prévalant à jamais sur la simple appréciation géométrique, a constitué, par l'immense élaboration du dernier siècle, l'unité définitive de la véritable science céleste, dont tous les phénomènes quelconques se trouvent désormais ramenés habituellement à une seule et même loi fondamentale.

Une telle succession d'études a du se présenter au lecteur comme éminemment propre à remplir le double office philosophique, à la fois scientifique et logique, que lui avait assigné notre discours préliminaire. D'une part, elle nous a graduellement manifesté les influences générales et continues qui dominent nécessairement l'ensemble des vraies conditions d'existence de l'humanité, en tendant à caractériser le milieu inorganique où s'accomplit le développement humain. En même temps, elle a mis en pleine évidence, d'après les cas les mieux appréciables, la nature propre de nos connaissances réelles, et la marche qui peut seule conduire à des convictions vraiment inébranlables.

La contemplation familière d'un tel ordre de spéculations tend directement à développer à la fois les deux sentiments, aujourd'hui trop antipathiques, de l'ordre et du progrès, dont la conciliation fondamentale doit caractériser l'état normal de l'humanité. C'est là que l'éducation individuelle devra toujours puiser, comme l'a fait l'éducation collective, une irrésistible conviction initiale de l'invariabilité des lois naturelles, première base de tout ordre réel. D'une autre part, c'est aussi là que la notion de progrès se présente spontanément dans sa plus éclatante pureté, avec ce double caractère de filiation et de continuité qui est indispensable à sa pleine rationnalité aussi bien qu'à sa salutaire application.

En considérant que ces immenses travaux appartiennent essentiellement aux trois derniers siècles, envers lesquels tout le reste du passé ne constitue, à cet égard, qu'un long préambule nécessaire, on comprend l'injustice et la frivolité de cette vulgaire appréciation historique qui représente cette mémo-

rable période sociale comme exclusivement vouée à une œuvre de
destruction envers l'ensemble des opinions qui avaient jusqu'a-
lors plus ou moins servi de base au gouvernement de l'humanité. Conjointement avec cette opération négative, d'ailleurs
aussi indispensable qu'inévitable, une observation mieux appro-
fondie montre le cours graduel d'une admirable construction
mentale, dont nous venons d'étudier le premier résultat capital,
et qui tend directement à établir le seul système de convictions
fixes et communes qui puisse désormais comporter une véritable
efficacité sociale. Si cette immense rénovation, dont Bacon et
Descartes ont, dès son début, entrevu et signalé la marche générale, n'est encore vraiment satisfaisante qu'envers les phénomènes les plus simples et les plus universels, par lesquels elle
devait nécessairement commencer, elle n'en doit pas moins s'é-
tendre graduellement, comme l'indique une réalisation croissante, à tous les autres ordres de phénomènes, suivant la
hiérarchie fondamentale que j'ai établie entre eux, et qui aboutit nécessairement aux phénomènes sociaux. Outre la commune
application des données initiales de l'astronomie sur la vraie
condition inorganique de l'humanité, cette science pourra
transporter partout son admirable type logique de la positivité
rationnelle, pourvu qu'on sache le dégager suffisamment d'une
précision numérique de plus en plus incompatible avec la complication croissante des phénomènes ultérieurs. Telle sera désormais, aux yeux des bons esprits, la principale destination de
cette grande étude, dont la perfection actuelle doit, en effet,
faire attacher de moins en moins d'importance à sa culture spéciale et isolée, qui n'exige plus maintenant que de médiocres
efforts intellectuels, plutôt relatifs à la conservation qu'à l'extension. Quand on y aura suffisamment renoncé aux vagues et
chimériques espérances d'essor indéfini qu'y maintient encore
un vicieux régime scientifique, on sentira que sa valeur fon-

damentale doit finalement consister à fournir un indispensable préambule à l'unique science qui puisse régulièrement exister pour nous, la grande science de l'humanité, à laquelle toutes nos études réelles doivent de plus en plus se rapporter.

FIN.

TABLE DES MATIÈRES.

PREMIÈRE PARTIE.

INTRODUCTION GÉNÉRALE.

Pages

blème général des longitudes, d'abord purement géographiques, et surtout ensuite nautiques. Sommaire indication de la manière dont l'ensemble des phénomènes astronomiques étudiés jusque-là peut être naturellement résumé d'après les observations gnomoniques; d'où suit le principe mathématique de la théorie des cadrans. 161

SECONDE PARTIE.

INSTITUTION FONDAMENTALE DES MOYENS GÉNÉRAUX D'OBSERVATION PRÉCISE.

TROISIÈME PARTIE.

GÉOMÉTRIE CÉLESTE.

QUATRIÈME PARTIE.

MÉCANIQUE CÉLESTE.

FIN DE LA TABLE.

PARIS. — IMPRIMERIE DE FAIN ET THUNOT,
Rue Racine, 28, près de l'Odéon.

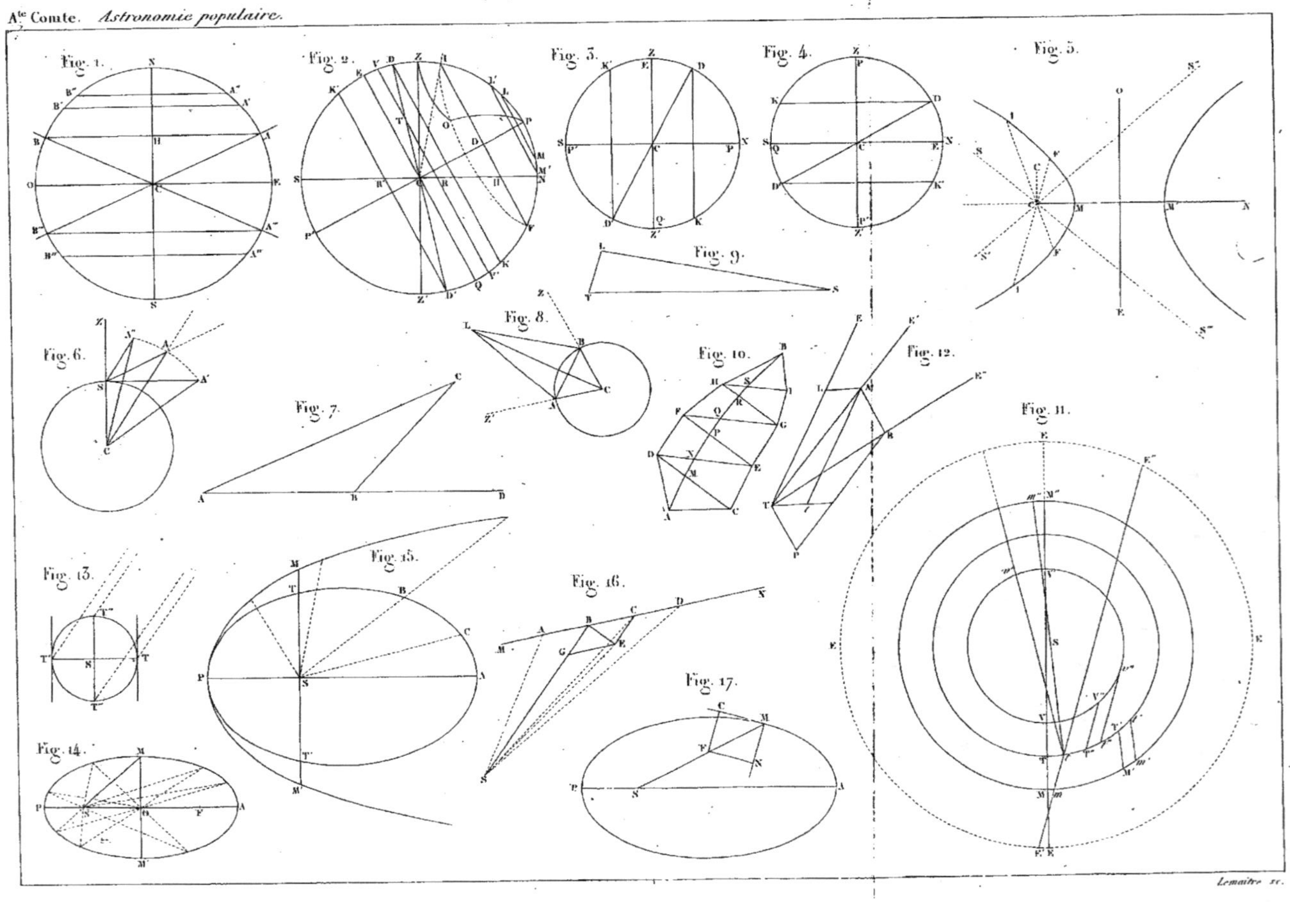

A^te Comte. Astronomie populaire.
Lemaitre sc.
Fig. 1. Fig. 2. Fig. 3. Fig. 4. Fig. 5. Fig. 6. Fig. 7. Fig. 8. Fig. 9. Fig. 10. Fig. 11. Fig. 12. Fig. 13. Fig. 14. Fig. 15. Fig. 16. Fig. 17.